菜

根

谭

新

解

［明］洪应明／著

冀元／译解

民主与建设出版社

·北京·

© 民主与建设出版社，2021

图书在版编目 (CIP) 数据

菜根谭新解 / (明) 洪应明著；冀元译解 . -- 北京：
民主与建设出版社，2021.4

ISBN 978-7-5139-3448-0

Ⅰ . ①菜… Ⅱ . ①洪… ②冀… Ⅲ . ①个人 – 修养 –
中国 – 明代②《菜根谭》– 译文 Ⅳ . ① B825

中国版本图书馆 CIP 数据核字 (2021) 第 054837 号

菜根谭新解
CAIGENTAN XINJIE

著　者	［明］洪应明
译　解	冀　元
责任编辑	郭丽芳　周　艺
封面设计	子鹏语衣
出版发行	民主与建设出版社有限责任公司
电　话	（010）59417747　59419778
社　址	北京市海淀区西三环中路 10 号望海楼 E 座 7 层
邮　编	100142
印　刷	北京柯蓝博泰印务有限公司
版　次	2021 年 5 月第 1 版
印　次	2021 年 5 月第 1 次印刷
开　本	880 毫米 × 1280 毫米　　1/32
印　张	19.75
字　数	478 千字
书　号	ISBN 978-7-5139-3448-0
定　价	68.00 元

注：如有印、装质量问题，请与出版社联系。

序

《菜根谭》成书于明代，是一部论述蒙养筑基，为人处世，治学齐家，迁善介节的语录体著作。著者洪应明，字自诚，号还初道人。洪应明先生早年热衷于世事，晚年归隐山林，潜心笃志钻研学问、读书精进、著述撰文，最终将个人的人生经历、体悟、感触等以三百六十则短文，写成传世之作。

"菜根"一词，其广义源于环境艰苦、条件较差等，菜根虽大多淡而无味，但不乏苦味品种。食得菜根之淡与苦可愉悦身心，从中品读人生之味。

《菜根谭》全书三百六十则短文间并无严谨的逻辑联系，但其文字精练，短小简约，分条析理；它亦骈亦散，熔经铸史，征引宏富，博采雅俗，并将大自然的和谐与景观相结合，既有山的宁静、水的温柔、竹的清逸、松的挺拔，又有花的香气、鸟的歌声，夹岸畅郁，烟霞交映，彩色相渲，清流怒瀑，奇峰峭壁，壑谷深渊，怪石嶙峋，窗牖藩篱等点染其中，其鸿论遣词措意，切中肯綮，使读者含咀无尽。

《菜根谭》一书，将儒、释、道融入其中，既有儒家的中庸又有道家的无为，也有释家的出世，还有著者对生活的体会、参悟等。其博引史策，细述微意，以深入浅出、生动活泼的笔法，阐述了净心、育德、修身、正心、为人、出世、入世等方面的人生哲理和方式方法，以此告诫后生学子做事要先做人，做人要先立德的道理，且人生要保持一颗平常心，活出生命的本真，如此才能感受到生活的乐趣。

每个人的成长环境和生活环境等各不相同，其境遇亦不尽相同。在人生路上艰苦奋斗的人，处在逆境或是命途多舛的人，以及被内心焦躁所困扰的人，等等，皆可以从《菜根谭》得到些许的平静、宽慰和鼓励。同时，学会自省。

虽然儒家的中庸、道家的无为、释家的出世思想贯穿《菜根谭》始终，但是其主旨并非消极、倦世、清高、索居等，而是劝诫世人要静心勉力、自律自新、不负韶华、笃学不倦、立身行己、修身立节、恭而有礼、俭以养德、谦虚谨慎、睦友以信等，并以此为做人的道德标准和做事的行为准则。从古至今，该书之所以备受关注，皆缘于其对开拓思路、缓解压力、砥砺前行等方面的作用。《菜根谭》自问世以来，潜移默化地影响着一代代人。

《菜根谭》的影响力不仅限于中国，而且波及日本。《菜根谭》于江户时代中期传入日本，被日本内阁文库收藏。之后，由于日本不同阶层读者对《菜根谭》甚为喜爱，所以《菜根谭》就有了更广泛的传播。到了日本明治时期，随着日本对《菜根谭》的重视程度不断提高，日本出版界多以"讲义""注解""论解""标注""真义解释"等各种形式的出版物，将《菜根谭》引介给日本读者。进入日本昭和时期，日本出版界对《菜根谭》的介绍与刊印有增无减。因此，《菜根谭》在日本就有了简装本、精装本、文库本等多种版本。

《菜根谭》一书得到了日本广大读者的好评，一直受到日本企业界人士的青睐。日本企业界将《菜根谭》中的相关内容运用到企业文化中，涉及经营管理、营销策略、选才用人、自我修养等诸多方面。特别是将"德者才之王，才者德之奴。有才无德，如家无主而奴用事矣，几何不魍魉猖狂"等论述运用到选才用人这一环节，为企业的生存和发展奠定了基础。由此可知，《菜根谭》在近现代的日本有着广泛而深远的影响。

此次编译，笔者在《菜根谭》的基础上，将全书分为上卷和下卷，上卷为二百二十五则，下卷为一百三十五则，并且按照目录、原文、注释、释义、浅析的形式编排，其中，浅析部分的典故和短文是为了进一步对该书原文进行解读，是为《菜根谭新解》。

笔者初识《菜根谭》，是深得武红渊先生的启发和指导。在编译和出版工作中，承蒙宋志军先生、蔡荣建先生等的指教，使笔者受益匪浅。

《菜根谭》一书，需要静心阅读，细心品味，待品读到"可口"之时，汝心已"净"，此时更能体味"菜根"之香！

二〇二〇年七月三日

目录

上　卷

菜根谭新解

菜根谭新解

下　卷

菜根谭新解

上　卷

一、寂寞一时　凄凉万古

【原文】

栖守①道德者，寂寞一时；依阿②权势者，凄凉万古。达人③观物外之物④，思身后之身⑤，宁受一时之寂寞，毋取万古之凄凉。

【注释】

①栖守：栖，寄托；守，遵守、奉行。栖守即持守。②依阿：曲从附顺，喻凡事都随意迎合他人。③达人：指智慧高超、胸襟宽阔、通达事理的人。《春秋左氏传·昭公七年》："圣人有明德者，若不当世，其后必有达人。"④物外之物：指世事以外的事物。此喻现实物质生活以外的精神生活和道德修养，即佛教所谓不生不灭的涅槃境界。⑤身后之身：指身逝后的名誉。

【释义】

恪守道德、矢志不渝的人，可能会有一时的孤寂与冷落；依附权贵、阿谀曲从的人，却会遭受永久的鄙弃与凄凉。富有智慧、通达事理的人，既重视精神生活和道德修养，又会考虑自身逝后的名誉，所以宁愿忍受一时的寂寞，也不愿遭受万古不易的凄凉。

【浅析】

"富而可求也，虽执鞭之士，吾亦为之。如不可求，从吾所好。"如果富贵之事符合"道"，就可以去做；如果不符合

"道"，就要按照自己的志趣做事。"道"是做人的原则，也是做事的依据。即使忍受冷落，也不可行违"道"之事。自古"栖守道德者"如西汉的苏子卿、南宋的文天祥等，与"依阿权势者"如明朝的严惟中、清朝的和珅等不胜枚举，因对守"道"的态度大相径庭，而有了"寂寞一时"与"凄凉万古"的霄壤之别。正反两个方面的例子令人深思，以史为鉴，才能做出正确的选择。心胸开阔、通达事理的人以"观物外之物，思身后之身"的道理告诫世人，做人、做事要排除物扰，清净自心，着眼于人生之路，行稳致远，因为"功名到底是身外之物，德行是要紧的"。

二、与其练达① 不若抱朴②

【原文】

涉世浅，点染③亦浅；历事深，机械④亦深。故君子与其练达，不若朴鲁⑤；与其曲谨⑥，不若疏狂⑦。

【注释】

①**练达**：指干练通达，阅历丰富且通晓世故人情。②**抱朴**：抱，持守、奉；朴，质朴、本质、本性、纯朴。抱朴即持守质朴本性。《道德经》："见素抱朴，少私寡欲。"③**点染**：沾染，黏附。喻沾染上不良习气。④**机械**：机巧。此喻城府。《庄子·外篇·天地第十二》："吾闻之吾师，有机械者必有机事，有机事者必有机心。"⑤**朴鲁**：朴实鲁钝。喻憨厚朴实。⑥**曲谨**：指谨小慎微。⑦**疏狂**：豪放，不受拘束。唐·白居易《代书诗一百韵寄微之》："疏狂属年少，闲散为官卑。"

【释义】

一个涉世未深的人，所沾染的不良习气就会比较少；一个饱经世事的人，其城府就会随之加深。所以君子为人处世，与其精明圆通，不如憨厚朴实；与其谨小慎微，不如豁达豪迈。

【浅析】

"练达"与"朴鲁"，"曲谨"与"疏狂"，关键在"度"。涉世浅者受外物干扰相对较少，阅历深者则机巧亦深。为人处世，抱朴守拙才是做人之本。"吾日三省吾身，为人谋而不忠乎？"做人、做事要遵守道义，并且要经常扪心自问，这样才能找出自身的不足，从而在进步中磨炼意志，提高自身修养。"是故，诚之者，人之道也。""诚"是立身之本，而追求"诚"，是为人处世的准则。"古之人，在混芒之中，与一世而得淡漠焉。当是时也，阴阳和静，鬼神不扰，四时得节，万物不伤，群生不夭，人虽有知，无所用之，此之谓至一。当是时也，莫之为而常自然。"古人以纯朴、简约、踏实、恬淡的生活态度去顺应自然，与自然相融合。今人则随着环境和条件的改变很难把持住自我，其心态亦由敦厚质朴、自然纯真转变为虚浮不实、轻浮急躁。所以说，与其精明圆通，不如憨厚朴实；与其谨小慎微，不如豁达豪迈。每个人应通过修冶生性、涵养本性来完善自身，无论"涉世浅"，还是"历事深"，都要持守质朴无华的本性，从而返归本真。

三、心地明澈　才华蕴藏

【原文】

君子之心事①，天青日白②，不可使人不知；君子之才华，玉韫珠藏③，不可使人易知。

【注释】

①心事：指心地、胸襟，亦指志向、志趣。②天青日白：天青，古人称"如秋雨乍晴，蔚蓝无际"；日白，喻阳光明媚。此喻清天朗日。③玉韫珠藏：韫，收藏、隐藏、蕴藏。喻似珍珠美玉一般珍藏不露。《论语·子罕》："子贡曰：'有美玉于斯，韫椟而藏诸？求善贾而沽诸？'"

【释义】

君子的理想与志向，要像清天朗日般明澈，做任何事都能使人一目了然；君子的才学与智虑，要像珍藏珠宝般隐秘，做任何事不可使人轻易知晓。

【浅析】

"君子之心事，天青日白"寓意做人胸怀坦荡，清朗纯净；"君子之才华，玉韫珠藏"，寓意做事虚怀若谷，大智若愚。二者既是为人处世的原则，也是锤炼心性、修身进德的人生哲理。在现实生活中，每个人因性格差异使其表现方式亦有所不同：有的人性格外向，善于在各种场合充分表现自我，能言善道；有的人性格内敛，少言寡语；有的人做事比较圆通，既能应对各种场合，也能巧妙地把握时机；等等。这些既是自身的生存方式，也是自我适应社会环境能力的体现，然而这些因自身性格而形成的表现须适"度"，太过则适得其反。譬如，能言善道固然好，但若不分时间、不分地点或场合等随意言谈，则有浮言虚论、哗众取宠之嫌；少言寡语虽然显得老成持重，但过之易使人有自命清高、难以接近之感；能适应场合、善于把握时机，聪明应对，反应敏捷，才是中庸之道，但个人过于聪明易骄傲自满，恃才傲物，往往使人敬而远之。由此可见，做人做事把握"度"的重要性。真正高明的人既能够揆情度理，也能屈己待人，因屈己待人是一种淡泊和从容，可谓宽仁大度，胸怀坦荡。做人做事要谦虚谨慎，"三人行，必有我师焉；择其善者而从之，其不善者而改之"，谦虚谨慎可以使人不断进步。正所谓"自家好处，要掩藏几分，这是涵育以养深。涵养冲虚，便是身世学问"。如此才能潜心贯注，排除物扰，安心做人，静心处世。

四、保持高洁　污泥不染

【原文】

　　势利①纷华，不近者为洁，近之而不染者为尤②洁；智械机巧③，不知者为高，知而不用者为尤高。

【注释】

　　①势利：指权势和财利。此喻权势和利欲。《汉书·张耳陈余传》："势利之交，古人羞之，盖谓是矣。"②尤：尤其，更加，格外，特别。③智械机巧：智械，运用机谋；机巧，机智巧妙，衡善机巧。此喻运用心计权谋，权谋诡诈。

【释义】

面对世间的纷华靡丽与权势利欲,不去趋近的人即可称为"品行端洁",虽接近但不被沾染的人尤为高洁;面对刁滑奸诈运用心计权谋之事,不去了解的人即可称为"品德高尚",虽了解但不使用的人尤为高尚。

【浅析】

"数虽有定,而君子但求其理,理既得,数亦难违;变固宜防,而君子但守其常,常无失,变亦能御。"人生之路要自己一步一个脚印地去走,而能否行稳致远,与自身的勤奋、努力、谦虚和道德修养等有密切关系。无论面对的是世间的纷华靡丽、权势利欲,还是刁滑奸诈运用心计权谋的事情,都要保持头脑清醒。如此,才能做到提前预防或沉着冷静应对。明事理、守本分的人,在纷繁复杂的环境中,能够洞明世事而不去趋近,且能做到净心正性、"思无邪",正是因为懂得"世虽有侥幸之事,断不可存侥幸之心"的道理,所以才能"近之而不染""知而不用"。

<本分做人,诚实处事>:许衡(字仲平,宋元之际人)尝暑中过河阳,渴甚,道有梨,众争取啖之,衡独危坐树下自若。或问之,曰:"非其有而取之,不可也。"人曰:"世乱,此无主。"曰:"梨无主,吾心独无主乎?人所遗,一毫弗义弗受也。庭有果,熟烂堕地,童子过之,亦不睨视而去。其家人化之如此。"

这则典故告诫世人,梨可以无主,而心不可无主。无论外界环境如何纷扰,诚实即为金,只有诚实的人才能得到别人的尊敬和信任。立身做人要恪守原则,为人处世要恪守道德标准,要耐得住纷扰,抵得住诱惑,诚实待人。诚然,"磨而不磷,涅而不缁"。出淤泥而不染,知巧不用,才能坚守自己的人格。

五、逆耳拂心① 修行②砥石③

【原文】

耳中常闻逆耳之言，心中常有拂心之事，才是进德修行的砥石。若言言悦耳，事事快心④，便把此生埋在鸩毒⑤中矣⑥。

【注释】

①拂心：指违逆其心意，不娱心之事。②修行：指通过一个过程修正言行，符合特定风格的生活方式，以期达到一种理想的境界。③砥石：指磨石。喻磨炼、教训。④快心：指感到畅快，或满足，或称心。⑤鸩毒：指毒酒、毒药，即以毒酒害人。喻毒害。⑥矣：文言助词，用于句末，与"了"相同。

【释义】

耳中常听到不中听的话，心中常有不顺心的事，是增进品德修正言行的磨炼。倘若所听到的话句句悦耳，所遇到的事件件称心，便是把此生全浸泡在毒酒之中。

【浅析】

众所周知，"良药苦口利于病，忠言逆耳利于行"，言者虽易，但施者甚难，古今皆是。对症下药，即使苦口也要服用，因为可以使身体早日康复，由此引出"忠言逆耳利于行"。世人都喜欢听悦耳顺心的话，然而听多了有百害而无一益。首先，喜欢听顺耳之言，可谓人的一大弱点。"闻谤而怒者，谗之隙；见誉而喜者，佞之媒"，即听到毁谤的话易生怨发怒的人，往往最容易听进谗言；而听到赞誉的话便沾沾自喜的人，最容易接受献媚之言。其次，人生之路不可能一帆风顺，其成长过程如同植树，需要浇水、培土、施肥与剪枝等才能使之茁壮成长。而人若能常听且能听得中肯之言，即便"逆耳、拂心"，也要保持平静心态，洗耳恭听。言有中的，可以使自身引以为戒，摆脱困境，无则加勉，还可积累经验。"兼听则明"既能保持头脑清醒，明辨是非，亦能广纳善言，从而提高自身的分析能力和判断能力。

六、天地和气 和气致祥①

【原文】

疾风怒雨，禽鸟戚戚②；霁日光风③，草木欣欣④。可见天地不可一日无和气，人心不可一日无喜神⑤。

【注释】

①和气致祥：致，招致。和气致祥即和睦融洽，可致吉祥。《汉书卷·楚元王传》："由此观之，和气致祥，乖气致异；祥多者其国安，异众者其国危，天地之常经，古今之通义也。"②戚戚：忧惧貌，惶惶不安。《论语·述而》："子曰：'君子坦荡荡，小人长戚戚。'"③霁日光风：霁，雨后转晴；光风，雨后初晴时之风。指天气晴朗、风和日丽。④欣欣：指草木茂盛貌。⑤喜神：是民间普遍信仰的神祇，亦即吉神，俗传为喜乐之神。此喻心神愉快。

【释义】

在疾风骤雨来临时，飞禽走兽会惶惶不安；在风和日丽之时，花草树木会充满生机。可见天地间不可以一日没有祥和之气，而人的内心不可以一天没有喜悦之情。

【浅析】

"和气致祥"，重在"和气"。无"和气"无以"致祥"，更何谈"喜"和"瑞"。"万物负阴而抱阳，冲气以为和。"万物背阴而向阳，阴阳二气在相互激荡、相互交融中形成新的和谐体。简而言之，万物虽然千差万别，但最终能够达到交融和谐，相生相伴。大自然如此，人类亦无例外。"和气"既是一种文化，也与自身的修养密不可分。为人处世只有做到心平气和，才能表现出和颜悦色，使人感到和蔼可亲，从而与之和睦相处，和衷共济；而家庭亦离不开和气的氛围，家庭成员之间恪守孝悌，谦恭有礼，互相尊敬，互相理解，宽容大度，才能形成和谐的气氛，宽容可以化解怨气，又能够培养和气，所以人们常说"家和万事兴"。而和谐融洽的环境，不仅有益于身心健康，亦能使精神轻松愉悦。

<和睦融洽，可致吉祥>：廉颇者，赵之良将也。蔺相如者，赵人也。既罢归国，以相如功大，拜为上卿，位在廉颇之右。廉颇曰："我为赵将，有攻城野战之大功，而蔺相如徒以口舌为劳，而位居我上，且相如素贱人，吾羞，不忍为之下。"宣言曰："我见相如，必辱之。"相如闻，不肯与会。相如每朝时，常称病，不欲与廉颇争列。已而相如出，望见廉颇，相如引车避匿。于是舍人相与谏曰："臣所以去亲戚而事君者，徒慕君之高义也。今君与廉颇同列，廉君宣恶言而君畏匿之，恐惧殊甚，且庸人尚羞之，况于将相乎！臣等不肖，请辞去。"蔺相如固止之，曰："公之视廉将军孰与秦王？"曰："不若也。"相如曰："夫以秦王之威，而相如廷叱之，辱其群臣，相如虽驽，独畏廉将军哉？顾吾念之，强秦之所以不敢加兵于赵者，徒以吾两

人在也。今两虎共斗，其势不俱生。吾所以为此者，以先国家之急而后私仇也。"廉颇闻之，肉袒负荆，因宾客至蔺相如门谢罪。曰："鄙贱之人，不知将军宽之至此也。"卒相与欢，为刎颈之交。

廉颇与蔺相如的智慧与勇猛、耿直与谦恭、鲁莽与仁厚等尽在字里行间，更重要的是"礼之用，和为贵"。

七、真味清淡　至人平凡

【原文】

醲肥①辛甘非真味，真味②只是淡；神奇卓异③非至人④，至人只是常。

【注释】

①**醲肥**：醲，美酒；肥，美食。喻美酒佳肴。②**真味**：指真实的意旨，或意味，或食物本来的味道。清·曹庭栋《老老恒言卷一·饮食》："凡食物不能废咸，但少加使淡，淡则物之真味真性俱得。"③**卓异**：指才智出众的人。④**至人**：指思想或道德修养至上的人。《庄子·逍遥游》："至人无己，神人无功，圣人无名。"

【释义】

美酒佳肴的辛辣甘甜并不是食物的真实味道，其真实味道只能从清茶淡饭中体味到；举止神奇、才智出众并非道德修养完美的人，道德修养完美的人只是平凡无奇人中的一员。

011

【浅析】

"人言天不禁人富贵，而禁人清闲，人自不闲耳。若能随遇而安，不图将来，不追既往，不蔽目前，何不清闲之有？"做事讲究劳逸结合，张弛有度，才不会搞得自身心力交瘁。无论处于何种环境都能安心自在，既不图求将来，也不追究过往，更不被眼前的事物所蒙蔽，哪有不清闲的道理呢？其理亦深亦浅，全在自身领悟。"醲肥辛甘"抑或烹饪调味的技艺之功，殊不知"醲肥辛甘"之物对健康多无益处，只因人的味欲所致而嗜此不疲。世人在生活中亦是如此，大多因不满足眼下的生活环境而驱赶自身，产生无尽的追求。攀比之念、贪欲之心使得此身向往"神奇卓异"，因此做人做事既不是本心，也不是真性，都是受物欲的诱惑而使身心疲惫不堪。"不离于真，谓之至人"，倘若人在生活中失去纯真、自然、质朴与平静的心灵，又怎能懂得"清淡"与"平凡"的意趣，又如何彻悟"真味只是淡""至人只是常"的哲理？

<平淡之中，学兼内外>：洪（葛洪，字稚川，东晋时人）少好学，家贫，躬自伐薪以贸纸笔，夜辄写书诵习，遂以儒学知名。性寡欲，无所爱玩，不知棋局几道，摴蒲齿名。为人木讷，不好荣利，闭门却扫，未尝交游。于余杭山见何幼道、郭文举，目击而已，各无所言。时或寻书问义，不远数千里崎岖冒涉，期于必得，遂究览典籍，尤好神仙导养之法。在山积年，优游闲养，著述不辍。其自序曰："洪体乏进趣之才，偶好无为之业。假令奋翅则能陵厉玄霄，骋足则能追风蹑景，犹欲戢劲翮于鷃鹦之群，藏逸迹于跛驴之伍，岂况大块禀我以寻常之短羽，造化假我以至驽之蹇足？"考览奇书，既不少矣，率多隐语，难可卒解，自非至精不能寻究，自非笃勤不能悉见也。自号抱朴子，因以名书。其余所著碑诔诗赋百卷，移檄章表三十卷，神仙、良

吏、隐逸、集异等传各十卷，又抄《五经》《史》《汉》百家之言、方技杂事三百一十卷，《金匮药方》一百卷，《肘后要急方》四卷。

八、闲时不懈　忙处悠闲

【原文】

天地寂然①不动，而气机②无息少停③；日月昼夜奔驰，而贞明④万古不易⑤；故君子闲时要有吃紧的心思，忙处要有悠闲的趣味。

【注释】

①寂然：指肃静的样子，寂静的状态。唐·白居易《偶作二首》："寂然无他念，但对一炉香。"②气机：气，构成天地万物的三原物质；机，运转、活动。使气变化的本源力量，此指天地有规律运行的自然机能。③无息少停：喻永不停息或永不休止。④贞明：指日月能固守其运行规律而常明。《易·系辞下》："天地之道，贞观者也；日月之道，贞明者也。"⑤万古不易：易，改变、变更、转变。指万世不变。

【释义】

广袤的天地看似寂静不动，实则有规律的运转活动丝毫没有停息；太阳与月亮于昼夜交替运行，其固守常明的自然特性亘古不变；同样，君子即使处在闲时也要有毫不懈怠的意识，在繁忙时更要有悠闲自适的情趣而劳逸结合。

【浅析】

"天地寂然不动，而气机无息少停；日月昼夜奔驰，而贞明万古不易。"讲的是天地万物的变化规律中存在着静与动、行与止，两者相辅相成，是自然界变幻的基本法则。人的生存亦必然依照其自然法则，如日出则起，日暮则眠。人在日常生活中亦需要动与静、急与缓、忙与闲、劳与逸等。譬如，做事既不可以操之过急，也不可以懈怠处之；既不能辛劳过度，也不能游手好闲，否则人生将难以为继。其处之有"度"，收放自如皆在自心。动与静相结合才能延续生命，若动中有静，可谓自然，亦即"勤靡余劳，心有常闲。乐天委分，以至百年"；若动中无静，既劳其心，也伤其身，切记不可为之。若静中有动，即常存反躬自省之心，常思谦虚谨慎，宽仁大度，以人之长补己之短，常持学无止境的心态，既可以增品进德，也可以修身养性。若静中无动，则会久卧伤气、久坐伤肉。因肺主气，所以久卧易使肺部功能减弱；久坐不动，周身气血运行渐缓，致使肌肉松弛而萎缩。所以，动静结合既可以愉悦心性，也是养生之道。处事之时宜"闲时要有吃紧的心思"，正是"宜未雨而绸缪，毋临渴而掘井"；而"忙处要有悠闲"，即急缓分开，先急后缓，忙里偷闲，劳逸结合才能有悠闲自适的情趣。

九、静坐观心① 真妄②悉见

【原文】

夜深人静，独坐观心，始觉妄穷而真独露③，每于此中得大机趣④；既觉真现而妄难逃，又于此中得大惭忸⑤。

【注释】

①**观心**：佛教语。指以心为万法的主体，无一事在心外，即能究明一切事（现象）理（本体），亦指观察心性。喻自省。②**真妄**：指真心、妄心，又称真识、妄识。指自性清净而且恒常不变之心，称为真心；杂染虚假而有生灭转变之心，称为妄心。③**妄穷而真独露**：妄指妄见，真指真境。泛指脱离妄见所达到的涅槃境界。喻世人应排除杂念。④**大机趣**：机趣，天趣、风趣。此喻大有天趣。⑤**大惭忸**：惭忸，惭愧、不好意思。喻非常羞愧。

【释义】

当夜深人静的时候，独自端坐反躬自省，就会觉得妄念全消而真心显露，每当此刻便颇得祛妄归真的自然情趣；已经感到真性显露而妄念难以消尽，此时内心又会感到非常惭愧。

【浅析】

"只有一毫粗疏处，便认理不真，所以说惟精；不然，众论淆之而必疑。只有一毫二三心，便守理不定，所以说唯一；不然，利害临之而必变。"如果要准确地了解和认识事理，就不能有丝毫的粗疏之处，要保持清醒和冷静，否则在众口纷纭下必然会心生疑惑。如果有点滴杂念妄心，就难以持守事理。所以，凡事必求笃志，否则，在利害、得失面前必然会产生动摇。犹如"静坐观心，真妄悉见"。世事繁剧纷扰，都有真妄之分。真似风恬月朗，妄如乌云蔽月，而心如止水与顿起妄心都是在一念之间。与其说是夜深人静的时候，顿时感觉到妄念皆无而心灵真性流露无遗，莫如说只要能真正静下心来则妄念自去而真性显露，可谓"无波真古井"，否则真性虽然流露但妄念难以根除。虽然真心与妄心难以分离，特别是情感之事往往会藕断丝连难以断尽，即使断尽，断而复生的情形亦时常会出现。但在现实生活中还是应该多一些真心，少一些妄心杂念，这就需要自身不断地磨炼与提高修养，从而认清客观事物的本质，排除外界各种现象的干扰。

十、得意回首　拂意莫停

【原文】

恩里①由来生害，故快意②时须早回头；败后或反成功，故拂心③处莫便放手。

【注释】

①恩里：指得到恩惠，蒙受好处。②快意：指称心如意，心情舒畅。喻得意。宋·陈师道《绝句》："书当快意读易尽，客有可人期不来。"③拂心：指违逆其心。喻事与愿违。东晋·葛洪《抱朴子·博喻》："洁操履之拘苦者，所以全拔萃之业；纳拂心之至言者，所以无易方之惑也。"

【释义】

人生在得到恩惠的时候，这其中往往潜藏着祸根，所以在称心如意的时候更要保持头脑清醒，及早回头；人生在遭遇失败的时候，或有历尽反转成功在即，所以当事与愿违的时候切记不要轻易放弃，知难而退。

【浅析】

"书当快意读易尽，客有可人期不来。世事相违每如此，好怀百岁几回开？"世事哪能尽如意，凡事只求半称心。这是一种平和的心态，亦是一种修养。读一本好书，当读到津津有味的时候，却遗憾地读完了，可谓意犹未尽；而"人生难得相知心"，却常常盼而不来，世上之事多有美中不足或是略感遗憾，而且人生百年又能有多少愉心悦意之事？道理浅显，通俗易懂，既劝慰世人凡事要想开些，顺应自然；亦告诫人们"快意"与"拂心"总会伴随人生，所以要能保持"得意淡然，失意夷然"的心态，即顺心得意之时需要内敛，坦然处之；失意之时要镇定自若，切勿躁动。春秋末期的范蠡、秦末汉初的张良，都能在志得意满之时，保持头脑清醒，做到急流勇退。然而人们在称心如意之时，往往缺乏冷静，所以真正能够做到自我约束的人既懂得"忍痛苦之药石者，所以除伐命之疾"的道理，又能把握好自己的人生之路。东晋王献之在练习书法的过程中，既有娇气，又有锐气，但更多的是拂意、挫折和意志的磨炼，最终其所书之字力透纸背，炉火纯青，能与其父王羲之同被世人赞誉为"二王"，足见其功力与成就。这其中既有"纳拂心之至言者"而精进，又有知难而进、持之以恒的精神。

<快意回首，谦谨做人>：晏婴（字仲，春秋时期人，史称"晏子"）为齐相，出，其御之妻从门闲而窥其夫。其夫为相御，拥大盖，策驷马，意气扬扬甚自得也。既而归，其妻请去。夫问其故。妻曰："晏子长不满六尺，身相齐国，名显诸侯。今者妾观其出，志念深矣，常有以自下者。今子长八尺，乃为人仆御，然子之意自以为足，妾是以求去也。"其后夫自抑损。晏子怪而问之，御以实对。晏子荐以为大夫。

这则故事启示我们做人宜当谦虚谨慎，诚恳朴实，知错就改以免造成人生路上不必要的损失。

十一、肥甘①失节　淡泊明志②

【原文】

藜口苋肠③者，多冰清玉洁④；衮衣玉食⑤者，甘婢膝奴颜⑥。盖志以澹泊明，而节从肥甘丧也。

【注释】

①肥甘：指肥美的食品。此喻物质享受。②淡泊明志：指的是不追求名利，心情平静沉着。三国·蜀汉·诸葛亮《诫子书》："非澹泊无以明志，非宁静无以致远。夫学须静也，才须学也，非学无以广才，非志无以成学。"③藜口苋肠：藜是一年生草本植物，茎直立，嫩叶可吃。苋是一年生草本植物，叶和茎常作蔬菜食用。即指藜苋之菜入口充肠。此喻粗茶淡饭。④冰清玉洁：指像冰那样清澈透明，像玉那样洁白无瑕。喻人的操行清白。西汉·司马迁《与挚伯陵书》："伏唯伯陵材能绝人，高尚其志，以善厥身，冰清玉洁，不以细行荷累其名，固已贵矣。"⑤衮衣玉食：衮衣，古代帝王及上公穿的绘有卷龙的礼服，借指帝王或上公；玉食，珍贵的饮食或享受美食。即指华丽的衣着和佳肴。⑥婢膝奴颜：古指丧失自由、受人奴役的男女，男称奴，女称婢。此喻卑躬屈膝、谄媚奉承的奴才相。

【释义】

习惯食用粗茶淡饭的人，其操守大多如冰玉那样清澈透明；贪求锦衣玉食的人，大多甘愿做出卑躬屈膝的奴才相。由此可见，人的气节可以从恬淡寡欲中得以显现，而人的节操多从贪求物质享受中丧失。

【浅析】

"高尚其志，以善厥身，冰清玉洁，不以细行荷累其名，固已贵矣。"习惯粗茶淡饭也好，贪求锦衣玉食也罢，看似小事，但因其志向与追求的目标不同，所以就有了质的区别。前者多志向高远，志趣高雅，以善立身处世，恪守品质上的冰清玉洁，实为难能可贵；后者多有贪图享受之心，生活上追求奢侈靡丽，情愿奴颜婢膝，摧眉折腰而求得一时的虚荣，甚者内抱贪浊，不择手段，唯利是图，如此，最易丧失做人的气节。"勿以恶小而为之，勿以善小而不为"，一个"小"字为分界线，正与负相去甚远。人的气节可以从恬淡寡欲中得以显现，而人的节操多从贪求物质享受中丧失。所以，切记不要忽略小善之事，更不要因其小恶之事就去做，以免在外物的诱惑下难以把持住自心，更不应以"细行荷累其名"。

<不拒本心，是谓自在>：东晋吴隐之，字处默。隆安中，以隐之为龙骧将军、广州刺史、假节，领平越中郎将。未至州二十里，地名石门，有水曰贪泉，饮者怀无厌之欲。隐之既至，语其亲人曰："不见可欲，使心不乱。越岭丧清，吾知之矣。"乃至泉所，酌而饮之，因赋诗曰："古人云此水，一歃怀千金。试使夷齐饮，终当不易心。"及在州，清操逾厉，常食不过菜及干鱼而已，帷帐器服皆付外库，时人颇谓其矫，然亦终始不易。帐下人进鱼，每剔去骨存肉，隐之觉其用意，罚而黜焉。元兴初，诏曰："夫孝行笃于闺门，清节厉乎风霜，实立人之所难，而君子之美致也。龙骧将军、广州刺史吴隐之孝友过人，禄均九族，菲己洁素，俭愈鱼飧。夫处可欲之地，而能不改其操，飨惟错之富，而家人不易其服，革奢务啬，南域改观，朕有嘉焉。可进号前将军，赐钱五十万、谷千斛。"

十二、心地①开阔　恩垂②久远

【原文】

面前的田地③要放得宽，使人无不平之叹；身后的惠泽要流得久，使人有不匮之思。

【注释】

①**心地**：佛教语。指心，即思想、意念等。《大乘本生心地观经·观心品第十》："众生之心犹如大地。五谷五果从大地生。如是心法生世出世善恶五趣。有学无学独觉菩萨及于如来。以是因缘。三界唯心。心名为地。"②**恩垂**：指恩泽流传后世。③**田地**：指地步、境地。喻心田、心胸。宋·黎靖德《朱子语类卷七·学一》："敬已是包得小学。敬是彻上彻下功夫。虽做得圣人田地，也只放下这敬不得。"

【释义】

为人处世只有做到心胸开阔、宽仁大度，才不会使人愤懑不平而心生怨恨；逝后留下的恩惠德泽要使其流传久远，才能使人肃然起敬而怀有不断的思念。

【浅析】

"圣贤之量空阔，事到胸中如一叶之泛沧海。"一个人的宽宏大量可以表现在多个方面。譬如，宽容他人，礼让他人，体谅他人，凡事能够做到换位思考，不去斤斤计较，不苛求他人，和蔼近人，特别是对外界的冷嘲热讽等不以为意，往往付之一笑。所以，真正心胸宽阔、气量宏大的人，凡事到了心中犹如沧海中的一叶扁舟一般微小。而能做到心胸"空阔"、宽容大度，要通过自身长期的磨炼，陶冶情操，提高自身的修养等才能修成。而世人对提高自身的道德修养，既有认识不到的，亦有认识到而不予重视的，更多的是缺乏持之以恒的精神，所以"圣贤之量"难以修成。由此可见，做人的方式有两种：一种是心胸狭隘、谲诈多端，待人锱铢必较，做事好高骛远；另一种是心胸开阔、光明磊落，待人宽仁大度，做事踏实本分。而采取何种做人方式将会对一个人的生前与逝后产生不同的影响。前者易使人愤懑不平而心生怨愤，且逝后难以被人提及；后者则使人肃然起敬，长久思念。因此，做人做事都应该有所觉悟。

（宽仁大度，以诚待人）：尝有人妄认徽（司马徽，字德操，东汉时期人）猪，徽便推猪以与之。后数日，亡猪者得其猪。既以猪还徽，乃叩头自责。徽又厚谢之。

十三、路留一步　味减三分

【原文】

径路①窄处，留一步与②人行；滋味浓的，减三分让人嗜③。此是涉世一极④安乐法。

【注释】

①径路：小路，泛指道路。②与：此指等候、等待。喻敬让。③嗜：指嗜欲。借喻饱口福。④一极：喻最佳。

【释义】

经过狭窄难行的路段时，要留一步等候他人先行；遇到美味可口的食物时，需留出三分让给别人吃。这是待人接物，与人和睦相处最快乐的方法。

【浅析】

"相逢好似初相识，到老终无怨恨心。"人与人相逢总是希望如初次相见，以至到老亦不会心生怨恨。世间所有的相遇，无论初次见面，还是多次相逢，总希望以诚相待，以礼相敬，互帮互助，这样彼此都会感到怡情悦性，既有益于身心健康，又能营造和谐的氛围。但这在现实生活中却难以做到，所以才有"退一步，让三分"等礼仪之训，浅显易懂的处世哲理揭示了既要尊重善待他人，又要尊重善待自己。譬如，经过狭窄难行的道路时，理应退留一步让他人先行，可谓"德让"。倘若都有"狭路相逢勇者胜"之心，既会浪费彼此的时间，亦容易产生矛盾，切不可取。遇到美味可口的食物，应当留出三分甚至更多请他人吃，可谓"德礼"。倘若此时为满足自身的食欲而尽食之，则既缺"德"，又无"礼"。孔融四岁能让梨，做人做事都要设身处地为他人着想，少些自私自利、损人利己，多些换位思考、关爱他人，这才是待人接物，与人和睦相处最好的方法。

<以德睦邻，相互尊重>：昔日，南海番禺人罗威，字德仁。邻家牛数入食其禾。既不可逐，乃为断刍，多着牛家门中，不令人知，数数如此。牛主惊怪，不知为谁。阴广求，乃觉是威。自后更相约率检袜，不敢复侵威田。

十四、脱俗高远　寡欲入圣

【原文】

做人无甚高远事业，摆脱得俗情①便入名流；为学无甚增益功夫，减除得物累^②便超圣境^③。

【注释】

①俗情：指世俗的情感，不高尚或不高雅的情态。唐·杜甫《久客》："羁旅知交态，淹留见俗情。"②物累：外物给予人的拖累。喻心为外物所牵累。《庄子·天道》："静而与阴同德，动而与阳同波。故知天乐者，无天怨，无人非，无物累，无鬼责。"③圣境：对所崇拜的事物的尊称。即指引人开慧和有所领悟的环境或场景。

【释义】

做人并不是必须要开创一番远大的事业，若能摆脱世俗的尘情，便可以跻身名流之列；要做好学问并不需要什么特殊的方法，只要能排除物累，便可以达到超凡入圣的境界。

【浅析】

"所谓诚其意者，毋自欺也。富润屋，德润身，心广体胖，故君子必诚其意。"真诚对于人生的重要性不言而喻。所谓意念真诚，是讲不要自欺欺人。财富虽可以修饰房屋，使房屋变得华丽，但贤德能够惠及身心，提高自身的修养，心胸宽广则体态安适，所以，君子一定要意念真诚。做人意念真诚，既可以坦坦荡荡、廉洁质朴，又可以摆脱尘俗的世情，排除功利杂念；做事意念真诚，既可以安分守己、谨言慎行，又可以宽仁大度、以诚待人，避免投机取巧、急功近利；做学问意念真诚，既可以摒除外物所带来的牵累，也可以潜心笃志、孜孜不倦，以求精进。在纷繁复杂的生活中，常持意念真诚，既可以清静内心，也可以不受任何外物的侵袭，从而"除烦恼业障"，体现人的真性。"菩提本无树，明镜亦非台。本来无一物，何处惹尘埃"，因为尘在外，心在内，所以要常清拂，御物扰，才能使心净无尘。心净，可以"摆脱得俗情""减除得物累"，从而达到超凡脱俗的境界。

<煞有介事，贻笑大方>：有一道学，高屐大履，长袖阔带，纲常之冠，人伦之衣，拾纸墨之一二，窃唇吻之三四，自谓真仲尼之徒焉。时遇刘谐（字宏源，明代人）。刘谐者，聪明士，见而哂曰："是未知我仲尼兄也。"其人勃然作色而起曰："天不生仲尼，万古如长夜。子何人者，敢呼仲尼而兄之？"刘谐曰："怪得羲皇以上圣人尽日燃纸烛而行也！"其人默然自止。然安知其言之至哉！

十五、侠气交友　素心①做人

【原文】

交友须带三分侠气，做人要存一点素心。

【注释】

①素心：指本心，纯洁的心地。此喻纯净之心。东晋·陶潜《归园田居》："素心正如此，开径望三益。"

【释义】

结交朋友要坦荡、诚信、宽仁，有侠肝义胆的气概，待人接物要有善解人意和天真无邪的赤子之心。

【浅析】

"白首如新，倾盖如故。"与人交往，用心相交，以诚相

待，才能够有深刻的了解。有人相识到老，却犹如初次见面不甚
了解，而有人初次相识，却犹如故交。个中原因既有性格、志
趣的不同，又有认识、修养的差别。倘若性格、志趣、认识和
修养等相互趋近，就会一见如故，志气相投。交友若能恪守平淡
如水、不尚虚华的原则，才能有坦荡、诚信、宽仁的气概。"义
侠"二字常被世人用来形容侠肝义胆之士。若分开来看，"义"
有情谊之解，"侠"有见义勇为、豪放直爽、坦荡无私之解。若
怀义侠之心去结交良师益友，便是以德交友，以友辅仁。"益者三
友，损者三友。友直，友谅，友多闻，益矣。友便辟，友善柔，友
便佞，损也。"结交正直、诚信、见闻广博的人，是有益的；结
交邪途、阿谀奉承、花言巧语的人，是有害的。所以，交友更要
择善友，即人生要择良路而行，择良友而交。"素心正如此，开
径望三益"，"素心"既是一种品德，又是一种修养。若能"存
一点素心"，并以"此心"待人，就能够清交直谅多闻的素友。

　　<纯心做人，诚心交友>：公沙穆（字文义，东汉时期人）来
游太学，无资粮，乃变服客佣，为佑（吴佑，字季英，东汉时期
人）赁舂。佑与语大惊，遂共定交于杵臼之间。

十六、利毋居前　德毋落后

【原文】

　　宠利①毋居人前，德业②毋落人后；受享毋逾③分④外，
修为⑤毋减分中。

【注释】

　　①**宠利**：指恩宠与利禄，引申为荣誉和财富。北宋·苏轼

《谢应中制科启》："在家者能孝而恭，在官者能廉而慎，临之以患难而能不变，邀之以宠利而能不回。"②德业：指德行与功业。《后汉书·杨震列传》："自震至彪，四世太尉，德业相继。"③逾：越过、超过、超越。④分：范围、界限。⑤修为：修，学习、培养。即指一个人的修养、素质、道德、涵养、造诣等。喻修行。

【释义】

荣誉与财富之事不要抢在他人前面，进德与修业之事不要落在他人后面；享受物质生活之事不要逾越本身的地位，品德修养之事不要降低自身应遵循的标准。

【浅析】

"劳苦之事则争先，饶乐之事则能让，端悫诚信，拘守而详；横行天下，人莫不任。劳苦之事则偷儒转脱，饶乐之事则佞兑而不曲，辟违而不悫，程役而不录：横行天下，虽达四方，人莫不弃。"无论做人还是做事，大致可分为两种态度：一种是遇到辛苦劳累的事情就抢先去做，遇到逸乐的事情则主动让给他人，正直诚谨、敦厚质朴，恪守礼仪而明察事理，这样的人行遍天下，都能得到人们的尊重和信任；另一种是遇到辛苦劳累的事情便苟且偷懒或借机躲避，遇到求得享乐的事情则会以献媚取悦之态恐落人后，行邪僻悖理之事而丝毫不拘谨，放纵自身的欲望而不检束，这样的人即使飞黄腾达，人们也没有不嫌弃他们的。两种心态的做人方式，是否有德尽在其中。"君子役物，小人役于物。此之谓矣。身劳而心安，为之；利少而义多，为之。士君子不为贫穷怠乎道。"如何做人，如何行路都是由自身把控，君子以心役物，小人以物役心，说的就是这个道理。身体劳累，但合乎情理且问心无愧的事情，获益相对较少，但符合道义的事情都要努力去做，有志操、修养的人不会因为贫穷与困苦而怠慢道义，这便是"受享毋逾分外，修为毋减分中"寓意所在。"利毋居前，德毋落后"，即在陶冶身心、涵养德行等方面要争在他人之前，在名利、荣誉、享受、安乐等方面要甘居人后。简而言之，"吃苦在前，享乐在后"。如此，乐观向上、恪守本分是一个人崇高的思想境界。

<德在人先，利居人后>：孔融（字文举，东汉时期人）年四岁时，与诸兄共食梨，融辄引小者。大人问其故，答曰："我小儿，法当取小者。"

"孔融让梨"早已是家喻户晓。由此可见，古人对道德常识，特别是谦让的礼仪非常重视。"让梨"二字看似简单，实则寓意深刻，既包含了进德明善，又包含了修为立身。道德常识是启蒙教育的基本内容，融于世人日常生活、学习等各个方面。

十七、退让是进　给予是得

【原文】

处世让一步为高，退步即进步的张本①；待人宽一分是福，利人实②利己的根基。

【注释】

①张本：指为事态的发展预先做的安排。喻前提，准备。唐·刘知几《史通·浮词》："盖古之记事也，或先经张本，或后传终言，分布虽疏，错综逾密。"②实：就是。

【释义】

为人处世若能退让一步是明智之举，因为退让一步是日后前进的必要步骤；待人接物若能宽厚一分则是造福之为，因为待人宽厚就是为方便自己奠定基础。

【浅析】

"忍，是修行者的功夫，宽容的涵养，仁者的心量。"修行包括修养品德，恪守节操，积德行善等，通过对思维、心理、言行等的磨炼与培养，达到胸怀宽阔、做人坦荡、做事踏实、待人诚恳、谦虚谨慎等自我完善的境界。涵养是控制情绪，是自身的道德修养……这些都是有德之人的功夫和心量所致，如此才能有为人处世退让一步和待人接物宽厚一分的胸襟。"知己知彼""将心比心"，懂得换位思考和"己所不欲，勿施于人"的道理，既是为人处世的宽厚之道，也是积德造福的根本。"退让是进，给予是得"，退让是为了求得进步，而给予才能获得帮助，这既是人生的智慧，也是一种美德。常言道："忍一时风平浪静，退一步海阔天空。"忍让能够消除烦恼，宽仁可得人心，与人和睦相处，从而荡涤心灵，愉悦心性。

<严于律己，宽以待人>：霸（魏霸，字乔卿，东汉时期人）少丧亲，兄弟同居，州里慕其雍和。霸建初中，举孝廉，八迁，和帝时为巨鹿太守。以简朴宽恕为政。掾史有过，霸先诲其失，不改者乃罢之。吏或相毁诉，霸辄称它吏之长，终不及人短，言者怀惭，谮讼遂息。

十八、骄而无功　悔即销罪

【原文】

盖世功劳，当不得①一个"矜"字；弥天②罪过，当不过一个"悔"字。

【注释】

①当不得：亦作"当不的"。指禁不住，拗不过。②弥天：指漫天、滔天，极言其大。

【释义】

即使立下盖世无双的功劳，亦难以承受一个"矜"字所带来的不良后果，伐功矜能势必跌跤；即使犯有难以饶恕的弥天大罪，亦难代替一个"悔"字所产生的正面效果，即幡然悔悟可重新做人。

【浅析】

"一念收敛，则万善来同；一念放恣，则百邪乘衅。"是与非在自身能否准确把握。做人做事收敛一个欲念，会带来许多善行；骄傲放纵一个欲念，诸多邪恶就会乘虚而入。其"收敛"也好，"放恣"也罢，皆在一念之间，其性质和效果截然不同。尘世多纷扰，自心宜当静，念头源于自心，只有把控好自心，才能做到在处于顺境的时候，能够保持谦虚谨慎，戒骄戒躁，低调做人；处在逆境的时候，能够扪心自问，积累经验，不言放弃；在犯有过错甚至罪过的时候，能够幡然警醒，悔过自新，可谓"悔即销罪"。否则，轻者，伐功矜能，恃才傲物；重者，自心失控，诱惑自来，物欲充盈，心魔作怪，便会有福去而祸来。生活中只有做到不矜不盈，即不矜骄、不过分，才能摆正自身的位置，处理好趋恶与向善之间的关系。所以，为人处世只有保持平和的心态，才能沉声静气，泰然自若。

<自恃其才，骄矜无功>：魏公子无忌（魏无忌，战国人，战国"四公子"之一，称"信陵君"）者，魏昭王少子而魏安釐王异母弟也。魏王怒公子之盗其兵符，矫杀晋鄙，公子亦自知也。已却秦存赵，使将将其军归魏，而公子独与客留赵。赵孝成王德公子之矫夺晋鄙兵而存赵，乃与平原君计，以五城封公子。公子闻之，意骄矜而有自功之色。客有说公子曰："物有不可忘，或有不可不忘。夫人有德于公子，公子不可忘也；公子有德于人，愿公子忘之也。"

十九、守节远害　修己养德

【原文】

　　完名美节①，不宜独任，分些与人可以远害全身②；辱行污名，不宜全推，引些归己可以韬光③养德④。

【注释】

　　①完名美节：指完美的名誉和高尚的节操。②远害全身：指保全生命，远离灾祸、危险之地。③韬光：韬，弓或剑的套子，引申为掩藏。喻隐藏声名才华。南朝·梁·萧统《〈陶渊明集〉序》："不忮不求者，明达之用心。是以圣人韬光，贤人遁世。"④养德：指修养无为而治的德行。三国·蜀汉·诸葛亮《诫子书》："夫君子之行，静以养身，俭以养德。"

【释义】

对能获得完美名誉和高尚节操的事情，绝不能独自享用，只有与人共享才能避免灾祸而保全自身；对于遇到那些有辱德行和毁坏名誉的事情，绝不能全部推诿，只有主动承担才能修身慎行，涵养品德。

【浅析】

"圣人韬光，贤人遁世，其何故也？含德之至，莫逾于道；亲己之切，无重于身。故道存而身安，道亡而身害。"注重品德修养，遵守道德规范，明晓事理，方得平安。圣人隐藏自己的锋芒，贤人躲避俗世。这些品德高尚、智慧高超、有才德的人，都是通过刻苦磨炼，笃志精进，静心修为，才得以成就自我。而藏锋芒，躲俗世，这又是什么原因呢？简而言之，藏锋芒主要是谦虚谨慎，虚怀若谷；躲俗世不在于身处何处，而在于内心能否清净；追求浑厚的品德涵养，重要的是不能超越道德规范。所以，对于遇到那些有辱德行和毁坏名誉的事情，主动承担才能修身慎行，涵养品德；爱惜自己，重要的是注重身心健康。所以对能获得完美的名誉和高尚节操的事情，只有与人共享才能避免灾祸而保全自身。因此，如果自己的言行符合道德规范，则安然无恙，否则，就会受到伤害。正所谓"守节远害，修己养德"。

<让名守节，韬光养身>：东汉王丹（字仲回，京兆下邽人）。哀平时，仕州郡。王莽时，连征不至。家累千金，隐居养志，好施周急。每岁农时，辄载酒肴于田间，候勤者而劳之。其堕懒者，耻不致丹，皆兼功自厉。邑聚相率，以致殷富。会前将军邓禹西征关中，军粮乏，丹率宗族上表二千斛。禹在领左冯翊，称疾不视事，免归。

二十、业不求满　功不求盈

【原文】

事事留个有余不尽的意思①，便造物②不能忌我，鬼神③不能损我。若业必求满，功必求盈者，不生内变，必召外忧④。

【注释】

①意思：此指意义、道理。②造物：指创造天地万物的神力或造物主。《庄子·大宗师》："伟哉夫造物者，将以予为此拘拘也！"③鬼神：指中国传统文化里不同的生物状态，泛指神灵、精气。④外忧：指外来的忧患、忌恨。

【释义】

若能做每件事都留有充分的余地，即便是造物者都不能忌恨我，鬼神也不能拨弄损害我。若对人生事业必须求得完满无缺，对功劳和业绩必须求得盖世无双，即使不会因此产生内患，也必会招致外忧。

【浅析】

事不要做绝，话不要说尽。换句话说，说话办事要留有余地。凡事把握分寸，进退有度，不仅是一种智慧，也是一种修养，更是自我调整能力的体现。在生活中，强调更多的是道德义理，只有说话办事符合道义，才会有使造物者不忌恨我和鬼神亦不拨弄损害我的因果关系。"持而盈之，不如其已；揣而锐之，不可长保"，做人要做到恰如其分才好，这是做人的一种境界。与其执持盈满，不如适可而止；若是锋芒显露，其锐势难以长久。所以，若对人生事业必须求得完满无缺，对功劳和业绩必须求得盖世无双，最容易产生"全则必缺，极则必反"的后果，必会有"内变"或是"外忧"。"满招损，谦受益"，自身一旦满足于所取得的成绩，必会招致损失或祸患。只有保持谦虚谨慎的态度，反躬自省，纠正不足，才能有所受益。"业不求满，功不求盈"，既可以明鉴行义，又可以涵养品德。

<业不求满，循礼让功>：（士燮，春秋时期人，祁姓，士氏，名燮，又名范文子。父范武子也）晋师归，范文子后入。武子曰："无为吾望尔也乎？"对曰："师有功，国人喜以逆之，先入，必属耳目焉，是代帅受名也，故不敢。"武子曰："吾知免矣。"郤伯见，公曰："子之力也夫！"对曰："君之训也，二三子之力也，臣何力之有焉！"范叔见，劳之如郤伯，对曰："庚所命也，克之制也，燮何力之有焉！"栾伯见，公亦如之，对曰："燮之诏也，士用命也，书何力之有焉！"

二十一、诚心和气　愉色婉言

【原文】

家庭有个真佛[①]，日用有种真道[②]。人能诚心和气愉色婉言，使父母兄弟间形骸两释[③]，意气交流[④]，胜于调息[⑤]观心[⑥]万倍矣！

【注释】

①**真佛**：指报身佛，系对化身佛而称为真佛，又谓无相之法身。此喻信仰。佛经曰："光明相好，具如真佛。"②**真道**：指真理。喻原则。③**形骸两释**：形骸，肉体、身形；释，消除、消

散。泛指相互之间毫无身体外形的对立，即和睦相处。④**意气交流**：指意态、气概。即指彼此的意态和气概能够互相影响。《史记·管晏列传》："拥大盖，策驷马，意气扬扬，甚自得也。"⑤**调息**：佛道两教都把静坐和坐禅称为"调息"，是取自调理呼吸，保持内部机体运转自如之意。⑥**观心**：指观察自己行为的动机，亦即反省自己。

【释义】

每个家庭都应有一种为人真挚的信仰，平日里亦应有一种真诚处事的道理可循。这样人与人之间的交流都能和颜悦色，坦诚相待，使父母兄弟之间和睦相处，一片至诚，如此敬老尊贤意态和气，其所能得到的益处远胜过静坐调养身心千万倍！

【浅析】

"家门和顺，虽饔飧不继，亦有余欢。"一个家庭如果能够有一种和睦融洽的气氛，家庭成员之间能够常以和善顺适相待，即使生活贫苦，家庭中也能够充满欢笑。由此可见，家庭如果能保持一种和睦相处的关系，成员之间能够"诚心和气愉色婉言"，遵守孝悌，互敬互爱，不仅能够摆脱困境，而且能有安康美好的未来，将此家风世代相传，正所谓"家和万事兴"。"爱人者，人恒爱之；敬人者，人恒敬之。""礼之用，和为贵。"按照礼来处理一切事务，能将人与人之间的相互关系调节得恰到好处，彼此间融洽相处。"有和气者，必有愉色；有愉色者，必有婉容。"若人的心中充满和顺之气，脸上就会有和悦之色，更显和顺仪容。持有这种心态，能够调节好气氛，平心静气，修养身心，由此得到的益处远胜过静坐调养身心千万倍！

<举案齐眉，相敬如宾>：东汉梁鸿，字伯鸾。后受业太学，家贫而尚节介，博览无不通，而不为章句。"势家慕其高节，多欲女之，鸿并绝不娶。同县孟氏有女，状肥丑而黑，力举石臼，择对不嫁，至年三十。父母问其故。女曰：'欲得贤如梁伯鸾者。'鸿闻而娉之。女求作布衣、麻屦，织作筐缉绩之具。及嫁，始以装饰入门。七日而鸿不答。妻乃跪床下请曰：'窃闻夫子高义，简斥数妇，妾亦偃蹇数夫矣。今而见择，敢不请罪。'鸿曰：'吾欲裘褐之人，可与俱隐深山者尔。今乃衣绮缟，傅粉墨，岂鸿所愿哉？'妻曰：'以观夫子之志耳。妾自有隐居之服。'乃更为椎髻，着布衣，操作而前。鸿大喜曰：'此真梁鸿妻也。能奉我矣！'字之曰德曜，名孟光。"遂至吴，依大家皋伯通，居庑下，为人赁舂。每归，妻为具食，不敢于鸿前仰视，举案齐眉。

· 世人常以"举案齐眉，相敬如宾"赞美家庭和睦。

二十二、动静合宜　道之心体

【原文】

好动者云电风灯①，嗜寂②者死灰槁木③。须定云止水④中，有鸢飞鱼跃⑤气象，才是有道的心体⑥。

【注释】

①**云电风灯**：指云中的闪电和风中的油灯。喻为短暂、不稳定。②**嗜寂**：指特别喜好寂静，酷好静谧。③**死灰槁木**：指冷了的灰烬，枯槁的树木。喻毫无生气或意志消沉，对世事无动于衷。《庄子·齐物论》："曰：'何居乎？形固可使如槁木，而心固可使如死灰乎？今之隐机者，非昔之隐机者也？'"④**定**

云止水：定云，静止不动的云；止水，停止不动的水。皆喻极其宁静的心态。⑤鸢飞鱼跃：鸢，鹰科，头顶及喉部白色，喙带蓝色，体上部褐色，两翼黑褐色，腹部淡赤，尾尖分叉，四趾都有钩爪，捕食蛇、鼠、蜥蜴、鱼等，俗称"老鹰"。即指鱼在水里跳，鹰在天上飞。喻各得其所，自由自在。⑥心体：心即本体，因为古时把思想、感情都称作"心"，"心"又有中央、中心等义。

【释义】

生性好动的人，就像倏然而逝的雷电、随风摇曳的灯火；本性好静的人，就像燃尽熄灭的灰烬、毫无生机的枯木。做人应该动静得体，静需要有浪恬波静般的心态，动则要有鱼跃鸢飞般的生动景象，如此才是对动静之意了悟有道的境界。

【浅析】

"形固可使如槁木，而心固可使如死灰乎？"身体静下来容易，但心能静下来可谓难上加难！譬如，一个人在禅坐的时候，其肢体状态虽然可以像枯朽之木一般毫无生气，但是其心神可以像燃尽熄灭的灰烬一样而毫无生气吗？这里强调的是内心要"静"，即不起杂念而静心养性，实为动静结合。生性好动的人，就像倏然而逝的雷电、随风摇曳的灯火；本性好静的人，就像燃尽熄灭的灰烬、毫无生机的枯木。非动即静，是事物发展的两个极端，都是不可取的。"静则雅，动则俗"是世人的一种普遍认识，多源于稳重与浮躁之别。动是一种美，静亦是一种美，动与静皆有其魅力，动与静的和谐，是人生的一种境界。动与静要相互协调，动是人的形体要动，静是心、脑、精神要静。做人要动静得体，静要有浪恬波静般的宁静心态，动要有鱼跃鸢飞般的生动景象。做事要动静得当，静要澄思渺虑，统筹兼顾；动要有条不紊，循序渐进。静动得宜有益于身心健康。"静"既可以调节情绪，排除干扰，摒弃杂念，从而保持宁静淡泊的心态，亦可以消除疲劳，恢复体能，养精蓄锐。"动"可以舒筋活络，增强体质，促进血液循环和新陈代谢。静而不动，易造成气血瘀滞；动而不静，易疲惫不堪，甚至积劳成疾，对身心都无益处。切记身心健康要动静有常。做人的动与静是修养的两个方面，做事的动与静是生存活动的两个方面。无论做人还是做事，只要动与静适中、有度就是自然之道。

二十三、苛毋太严　教毋过高

【原文】

攻①人之恶②毋太严，要思其堪受③；教人以善毋过高，当使其可从。

【注释】

①攻：指责备、指责、驳斥、诘难。东汉·王充《论衡·顺鼓》："攻者，责也，责让之也。"②恶：指不好、过失或缺点。③堪受：指能否接受或承受。

【释义】

当指责他人过失的时候，不可以太过严厉，要考虑他人能否承受；当教诲他人行善的时候，不要期盼过高，操之过急，应当使他人容易做到。

【浅析】

　　"责人要含蓄，忌太尽；要委婉，忌太直。""责人"与"责己"虽一字之差，但是能体现出一个人的修养。责备他人的过失既是一种关爱，也是一种责任。首先是抱着善意的态度，要依靠智能，并且含蓄一些，切忌把他人说得一无是处；其次是指出他人的不足要委婉一些，切忌直截了当地指责、批评。有三种情况造成人的过失：第一种是疏忽抑或麻痹大意造成，第二种是情绪不稳定或无心为之，第三种是故意为之。不过第三种纯属例外，对此要区别对待，只有对症下药才会有效果。在指责他人过失的时候，不可以太过严厉，要做到"善体人者要在识其难言之情，而不使其为言与事所苦"，即善于体谅他人的人应该考虑其他人是否有难言之隐，而且不使他人为所谈到的话与事所困扰，还要考虑他人是否容易接受，如此才能事半功倍。"临事须替别人想，论人先将自己想"，教诲他人做善事，要考虑他人的心情和能力，循序渐进，以身作则，以使其能够做到。当他人有了进步时，应热情地给予鼓励和帮助。当他人所做之事未达预期目标时，首先要考虑自身是否能够做到，切忌期盼过高，强人所难；其次要做到耐心细致的引导，才能达到育人的目的。

　　<温和宽厚，平易近人>：原吉（夏原吉，字维喆，明代人）有雅量，人莫能测其际。同列有善，即采纳之。或有小过，必为之掩覆。吏污所服金织赐衣。原吉曰："勿怖，污可浣也。"又有污精微文书者，吏叩头请死。原吉不问，自入朝引咎，帝命易之。吕震尝倾原吉。震为子乞官，原吉以震在"靖难"时有守城功，为之请。平江伯陈瑄初亦恶原吉，原吉顾时时称瑄才。或问原吉："量可学乎？"曰："吾幼时，有犯未尝不怒。始忍于色，中忍于心，久则无可忍矣。"

二十四、洁自秽出　明从晦生

【原文】

粪虫①至秽，变为蝉②而饮露于秋风③；腐草无光，化为萤④而耀采⑤于夏月。固知洁常自污出，明每从晦生也。

【注释】

①粪虫：此喻蝉的幼虫，经羽化（指昆虫由蛹变为成虫）成蝉。《史记·屈原列传》："蝉蜕于浊秽。"②蝉：指昆虫纲半翅目颈喙亚目的其中一科，幼虫生活在地下吸食植物的根，成虫以植物的汁液为食。俗称知了（蛭蟟）。③饮露于秋风：指蝉不食常食，只以饮露为主，故古人喻蝉为高洁的象征。唐·虞世南《蝉》："垂緌饮清露，流响出疏桐。居高声自远，非是藉秋风。"④腐草化为萤：腐草能化为萤火虫是中国古代的一个传说，但并不科学。萤火虫多生长在潮湿的草丛和茂密的植被之地，目前的科学发现有陆栖和水栖两类。古人常以其能发光的特征来描写刻苦学习等，如囊萤映雪。⑤耀采：喻跳动的光彩。

【释义】

粪土中的虫卵是最脏的幼体，当它羽化为知了后，却只吸吮秋风送爽季节中的清露；腐败的野草本身黯淡无光，但孕化出的萤火虫，却能在夏日的夜晚发出点点光彩。由此观之，高洁常常自污秽浑浊中形成，光明每每从晦暗无光中产生。

【浅析】

"粪虫至秽，变为蝉而饮露于秋风；腐草无光，化为萤而跃采于夏月。"这是说事物的发展既有滋生和酝酿的转变过程，也有经过羽化和孕化逐步形成的高洁和闪光。事物的演变都有其基础，并且有因必有果，揭示了事物发展的两个方面，即外因是变化的条件，内因是变化的关键。"意趣清高，利禄不能动也；志量远大，富贵不能淫也"，其理相同，具有"意趣清高，志量远大"的情怀，需要经过人生的不断磨砺才能逐步形成而并非一日之功。其形成过程，不仅要提高自身道德修养，而且要磨炼自身的意志和品质，如此才能具有"利禄不能动，富贵不能淫"的心态。由此可见，人生的经历如同大自然的发展和转变过程。"故夫河冰结合，非一日之寒；积土成山，非斯须之作。"凡事都有一定的条件才能有所发展和变化。譬如，黄河水结冰，并不是骤然寒冷一天形成的；把泥土堆积成山，也不是一时半会儿就可的。所以，无论做人还是做事都要有脚踏实地的精神、坚韧不拔的毅力才能不断取得进步。学习也要有孜孜以求、勤奋好学的精神和持之以恒的决心才能取得真才实学。

<**持之以恒，遂成大学**>：西汉匡衡，字稚圭。勤学而无烛。邻居有烛而不逮，衡乃穿壁引其光，以书映光而读之。邑人大姓，文不识，家富多书，衡乃与其佣作而不求偿。主人怪，问衡，衡曰："愿得主人书遍读之。"主人感叹，资给以书，遂成大学。

二十五、降傲消妄　真心自现

【原文】

矜高倨傲①，无非客气②，降伏得客气下③，而后正气④伸；情欲意识，尽属妄心⑤，消杀得妄心尽⑥，而后真心⑦现。

【注释】

①矜高倨傲：指唯我独尊，高傲自大。②客气：指外邪侵入体内之气，亦指言行虚骄，毫无诚意。《宋书·颜延之传》："虽心智薄劣，而高自比拟，客气虚张，曾无愧畏。"③下：指卸掉、卸下。④正气：指至大、至刚之气，泛指浩然的气概、刚正的气节。《孟子·公孙丑上》："曰：'我知言，我善养吾浩然之气。'"⑤妄心：佛教语。妄之虚幻不实，即指妄生分别之心。⑥尽：竭，消失。⑦真心：佛教用语，指真实无妄之心，亦指纯洁善良之心。

【释义】

人之所以高傲自大、妄自尊崇，是毫无诚意、心性浮躁的表现，只要能抑制言行虚假的性情，自是心静。如此，心中合于义理的浩然正气才能够得以伸张。世人的俗情欲望、杂念臆想，都属于生贪嗔痴、荒诞不经的妄心，若能够消杀虚幻不实的妄心，自是心净。因此，心中合乎情理的真心实意才能得以显现。

【浅析】

"矜高倨傲，无非客气。"无论高傲自大、傲慢不恭，还是唯我独尊、目空一切，都是外邪之气侵其肌体，伤其身心，亦即戾气太重。最好的方法就是做到清静内心，这既能抵御戾气，又能排除物扰，更能抑制心浮气躁。在此基础上，才能生活得踏实，不断提高自身的修养，培养浩然正气。"七情总是个欲，只得其正了都是天理；五性总是个仁，只不仁了都是人欲"，即喜、怒、哀、惧、爱、恶、欲这七种情感。简而言之，总是围绕着一个"欲"字，只有将其摆正位置，才符合天理；而仁、义、礼、智、信这五种本性，简单说总是围绕着一个"仁"字，倘若无"仁",就都成了人的欲望。世人都想保持自心的清静,但又不能脱离现实生活,因此"降伏得客气下,消杀得妄心尽"至关重要。"无欲者则无求,无求者所以成其俭也",没有私欲就无所欲求,只有无所欲求的人才能做到节俭,才能守节不移、培养美德,提升思想道德素质,显现真心实意。

二十六、事悟性定　解惑归正

【原文】

饱后思味,则浓淡之境都消;色后思淫,则男女之见①尽绝。故人常以事后之悔悟,破临事②之痴迷,则性定③而动无不正。

【注释】

①见:古通"现"。即指显现、暴露。②临事:指遇事或处事。《晏子春秋·杂下》:"临事守职,不胜其任,则过之。"③性定:性,本然的,即本性、真心;定,安定、不动摇。即指本性安定不动。

【释义】

当酒足饭饱之后再去回想美味佳肴的味道,就会发现醇浓清香的甘美之味尽失;当满足色欲后再去回想房中的趣事,就会觉得男欢女爱的欢愉之兴已无。所以,人们经常以事后的幡然悔悟,来解除处事之际的执迷不悟,若能够引以为戒且坚守本性,在行为上就不会偏离正轨。

【浅析】

"欲大无根。好之莫极，强之有咎。"人皆有欲望，而能把握"度"尤为重要。欲望是人想达到某种目的的心理活动，是人的本能，它包含了生理根源、社会根源等。食欲、性欲本无善恶之分，关键在于如何控制自身的行为，过则不能站稳立根。凡是喜欢的事切忌过度，强求不仅有害身心，而且必然招致灾祸。人在处事之时往往难以自控，动辄有悔不该当初等，多有"事后诸葛"之说。"迷悟如隐显，明暗不相离"，临事时经常会犯糊涂，然而在经历一事之后便会有了了解，清楚与否，全在自心。所以，"迷"，不仅是认识事物的发端，而且是一个过程；"悟"，既是人生的经验，也是结果。要想真正能做到破"迷"得"悟"，就需要"不以困为困，不以厄为厄，方不为厄所困"。人生并非一帆风顺，重在直面困厄、解厄脱困，化不利为有利，化灾厄为吉祥。这既是一种修炼，也加强了自律性，提高了克服困厄的自信心，能够始终保持平和的心态，只有这样才能做到凡事坚守本性，在行为上就不会偏离正轨。

<事悟痴除，惜时笃学>：三国时皇甫谧，字士安，幼名静。出后叔父，徙居新安。年二十，不好学，游荡无度，或以为痴。尝得瓜果，辄进所后叔母任氏。任氏曰："《孝经》云：'三牲之养，犹为不孝。'汝今年余二十，目不存教，心不入道，无以慰我。"因叹曰："昔孟母三徙以成仁，曾父烹豕以存教，岂我居不卜邻，教有所阙，何尔鲁钝之甚也！修身笃学，自汝得之，于我何有！"因对之流涕。谧乃感激，就乡人席坦受书，勤力不怠。居贫，躬自稼穑，带经而农，遂博综典籍百家之言。沈静寡欲，始有高尚之志，以著述为务，自号玄晏先生。着《礼乐》《圣真》之论。后得风痹疾，犹手不辍卷。遂不仕。耽玩典籍，忘寝与食，时人谓之"书淫"。

二十七、淡泊宁静　胸怀大志

【原文】

居轩冕①之中，不可无山林的气味②；处林泉之下，须要怀廊庙③的经纶④。

【注释】

①轩冕：古时大夫以上的官吏，凡出门时都要穿着礼服（冕）乘坐马车（轩）。借指官位爵禄。《庄子·缮性》："古之所谓得志者，非轩冕之谓也，谓其无以益其乐而已矣。"②气味：此喻意趣或情调。《抱朴子·外篇·自叙》："不喜星书及算术、九宫、三棋、太一、飞符之属（类别），了不从焉，由其苦人而少气味也。"③廊庙：指殿下屋和太庙，亦指朝廷。喻为官从政。《管子·立政》："生则有轩冕、服位、谷禄、田宅之分，死则有棺椁、绞衾、圹垄之度。"④经纶：指筹划治理国家的抱负和才智。《中庸》："唯天下至诚，为能经纶天下之大经，立天下之大本，知天地之化育。"

【释义】

身居高爵显位的人，要持有一种隐逸山林宁静恬淡的情趣；栖身林木山泉的人，必须有胸怀天下堪当重任的抱负和才智。

【浅析】

"多闻阙疑，慎言其余，则寡尤；多见阙殆，慎行其余，则寡悔。"生活中，每天都会遇到各种各样的事情，对于所闻所见的事情，多有种种疑问，这就需要有意识地锻炼自身的思维能力。即使是了解且有把握的事情，也要谨言慎行。如此，既可以减少过失，也可以减少懊悔，是提高自身分析和判断能力的过程。能做到少过失、少后悔，不仅可以多积累一些经验，而且是一种修炼，这些皆源于做人谦虚谨慎，保持心态平和等因素。反观身居高爵显位的人，更要谦虚谨慎，戒骄戒躁，低调做人，踏实做事，"不可无山林的气味"，要持有一颗平常心和淡泊的志趣。"深山毕竟藏猛虎，大海终须纳细流。"深山卧虎，是谓"潜山隐市"，胸怀大志；海纳细流，既是虚怀若谷，韬光养晦，也是宽仁大度。一个人能做到包容不仅是一种修养，而且是一种胸襟，如此才能有"处林泉之下，怀廊庙的经纶"的胆识和气魄。

<淡泊宁静，胸怀大志>：东晋谢安，字安石。弱冠，诣王，清言良久，既去，蒙子修曰："向客何如大人？"蒙曰："此客亹亹，为来逼人。"王导亦深器之。由是少有重名。初辟司徒府，除佐著作郎，并以疾辞。寓居会稽，与王羲之及高阳许询、桑门支遁游处，出则渔弋山水，入则言咏属文，无处世意。扬州刺史庾冰就以安有重名，必欲致之，累下郡县敦逼，不得已赴召，月余告归。复除尚书郎、琅邪王友，并不起。吏部尚书范汪举安为吏部郎，安以书距绝之。有司奏安被召，历年不至，禁锢终身，遂栖迟东土。尝往临安山中，坐石室，临浚谷，悠然叹曰："此去伯夷何远！"

二十八、不必邀功① 不求感德②

【原文】

处世不必邀功，无过便是功；与人不求感德，无怨便是德。

【注释】

①邀功：邀，取得、希求；功，功绩、功业、成就。即指求取功劳。三国·魏·刘劭《人物志·接识》："何以论其然？伎俩之人，以邀功为度，故能识进趣之功，而不通道德之化。"②感德：指为其德行所感动，亦指感激恩德。

【释义】

人生在世不必想方设法邀功请赏，只要自身不犯错误便是功劳；济助他人不要希求对方感激恩德，只要他人毫无怨恨便是恩德。

【浅析】

"本无远虑深谋，意在邀功求赏。"做人做事无论抱有何种心态都会在身上有所表现，正所谓"相由心生"。此时，其内心活动自知，抑或旁观者更清楚。譬如，一种急功近利的心态，多采用邀功请赏的方式。邀功求赏的形式多种多样，既有言过其实、浮夸之辞，亦有邀功希宠、盛气凌人，等等，不仅容易伤害到他人，也不利于营造和谐的氛围，自身也更容易招致非议和怨恨。这些都是其目光短浅，心浮气躁，心胸狭隘，缺乏休养所致。凡事皆非一人之力可为，亦不可能都一帆风顺，倘若能够顺利做完一件事，切记要宽仁大度，谦虚谨慎，亦要低调做人，保持"无过便是功"的心态。"惠不在大，赴人之急可也"，帮助他人，并不在于采取何种形式，重要的是要做到急人之急，如此才能体现诚意。"施惠无念，受恩莫忘"，当受到他人的恩惠时，一定要记在心上。对人施了恩惠，不必放在心里，这是做人的品德，一种修养。诚心乐善好施、助人为乐，并且使他人毫无怨恨，才是最大的恩德。

<无过是功，无怨是德>：楚昭王，芈姓，熊氏，名壬，又名轸。楚国人名说，以屠羊为业，故称屠羊说。楚昭王失国，屠羊说走而从于昭王。昭王反国，将赏从者。及屠羊说。屠羊说曰："大王失国，说失屠羊。大王反国，说亦反屠羊。臣之爵禄已复矣，又何赏之有？"王曰："强之。"屠羊说曰："大王失国，非臣之罪，故不敢伏其诛；大王反国，非臣之功，故不敢当其赏。"王曰："见之。"屠羊说曰："楚国之法，必有重赏大功而后得见。今臣之知不足以存国，而勇不足以死寇。吴军入郢，说畏难而避寇，非故随大王也。今大王欲废法毁约而见说，此非臣之所以闻于天下也。"王谓司马子綦曰："屠羊说居处卑贱而陈义甚高，子綦为我延之以三旌之位。"屠羊说曰："夫三旌之位，吾知其贵于屠羊之肆也；万锺之禄，吾知其富于屠羊之利也。然岂可以贪爵禄而使吾君有妄施之名乎？说不敢当，愿复反吾屠羊之肆。遂不受也。"

屠羊说以自身经历阐明"无过便是功，无怨便是德"的人生哲理。后人以"低头一拜屠羊说，万事浮云过太虚"来赞誉屠羊说淡泊名利的美德。

二十九、忧勤①淡泊　切忌苦枯②

【原文】

忧勤是美德，太苦则无以适性怡情③；澹泊是高风，太枯则无以济人利物④。

【注释】

①忧勤：指忧愁劳苦。喻做事费心尽力。《史记·司马相如列传》："且夫王事固未有不始于忧勤，而终于佚乐者也。"②枯：

指没趣味、无生趣。此喻没情味。③**适性怡情**：适性，称心如意；怡情，使心情愉快。喻使心情舒畅愉快。④**济人利物**：指救助别人，对世事有益。南宋·朱熹《记外大父祝公遗事》："公每清旦辄携粥药造之，遍饮食之，而后反日以为常，其他济人利物之事不胜计，虽倾资竭力无吝色。"

【释义】

做事忧虑勤劳、尽心竭力虽然是良好的品德，但是太过辛苦反而难以涵养情趣，使自己心力交瘁；做人清心寡欲、淡泊名利固然是高尚的风操，然而太过冷漠反而难以济人利物。

【浅析】

"处事宜宽平，而不可有松散之弊；持身贵严厉，而不可有激切之形。"处理事情的方式、方法，对自身和其他人有重要的影响。因此，处理事务要宽舒平和，但切忌放松、懈怠，这样会产生弊端；要求自己贵在严格，但切忌过激，以免劳形苦心。"宽平与松散，严厉与激切"都有个"度"的把握，过分与不足都是不可取的。同理，"忧勤淡泊，切忌苦枯"，讲的就是做人做事要讲究适度的原则，否则将适得其反。处理事务恪尽职守、尽心尽力是良好的品德，但过于劳累就会有害身心；做人淡泊名利虽是高尚的操守，但过分清高反而无法济人利物。因此无论做人还是做事，都要依据具体情况，本着切合实际、统筹兼顾、有条不紊、张弛有度的态度，切忌心浮气躁，急于求成。

<凡事有度，过则无益>：（匡章，陈姓，田氏，名章，战国时期人。陈仲子，字子终，本名陈定，战国时期人）匡章曰："陈仲子岂不诚廉士哉？居于陵，三日不食，耳无闻，目无见也。井上有李，螬食实者过半矣，匍匐往，将食之三咽，然后耳

有闻，目有见。"孟子曰："于齐国之士，吾必以仲子为巨擘焉。虽然，仲子恶能廉？充仲子之操，则蚓而后可者也。夫蚓，上食槁壤，下饮黄泉。仲子所居之室，伯夷之所筑与？抑亦盗跖之所筑与？所食之粟，伯夷之所树与？抑亦盗跖之所树与？是未可知也。"曰："是何伤哉？彼身织屦，妻辟垆，以易之也。他日归，则有馈其兄生鹅者，己频顣曰：'恶用是鶃鶃者为哉？'他日，其母杀是鹅也，与之食之。其兄自外至，曰：'是鶃鶃之肉也！'出而哇之。以母则不食，以妻则食之；以兄之室则弗居，以及陵则居之。是尚为能充其类也乎？若仲子者，蚓而后充其操者也。"

三十、不忘初心　留其末路①

【原文】

　　事穷势蹙②之人，当原③其初心；功成行满④之士，要观其末路。

【注释】

　　①**末路**：路途的终点，最后一段路程。此喻退舍之路。《战国策·秦策五》："《诗》云：'行百里者半于九十。'此言末路之难。"②**事穷势蹙**：事穷，事情陷入了困境；蹙，困窘、愁苦的样子；势蹙，形势窘迫。喻困难重重。③**原**：此指推究、寻找、追溯。④**功成行满**：旧，功德成就。道行（谓能力、本领）圆满，借指事业有所成就。元·岳伯川《吕洞宾度铁拐李岳》："等他功成行满，贫道再去点化他。"

【释义】

在事业上困难重重，受到挫折的人，应找回最初创业时的信心；在功业上取得成就、志满意得的人，应当考虑到将来的退舍之路。

【浅析】

"事到手，且莫急，便要缓缓想。"遇到任何事，切记不可心急火燎，要缜密考虑事情的来龙去脉和应对措施。特别是，在事业上遇到挫折、陷入困境之时，切忌惊慌失措，更不应该沮丧气馁，应平静心态，找出产生问题的根源以及解决方案，总结失败的经验和教训。更重要的是，只有不忘初心，坚定信心，持之以恒才能善始善终。由此可见，三思而行，既可以明辨是非，减少失误，也可以审时度势，把握人生的走向。能够取得成功的因素有很多，除了外界的有利条件和自身的基础外，还要有决心与信心、积极的态度、机遇与应对挑战的能力、学习与勤勉、谦虚与自律、忍耐与毅力等。一个人的失败往往是在一件事取得成功之后，心浮气盛、骄傲自大所致。所以，人的一切意念与动向即失败与成功的根源。因此，成功的艰难要珍惜，失败的教训要牢记。"行百里者半于九十，此言末路之难也。"行路难，特别是行至九十里路时，剩下的一段路更难行，越是接近成功就越发困难重重。此时，要增强信心，谨言慎行，"凡事当留余地，得意不宜再往"，保持知足常乐的心态和健康的体魄才是人生的成功。

<观其末路，智以保身>：范蠡（字少伯，春秋时期人）浮海出齐，变姓名，自谓鸱夷子皮，耕于海畔，苦身戮力，父子治产。居无几何，致产数十万。齐人闻其贤，以为相。范蠡喟然叹曰："居家则致千金，居官则至卿相，此布衣之极也。久受尊

名，不祥。"乃归相印，尽散其财，以分与知友乡党，而怀其重宝，间行以去，止于陶，以为此天下之中，交易有无之路通，为生可以致富矣。于是自谓陶朱公。复约要父子耕畜，废居，候时转物，逐什一之利。居无何，则致赀累巨万。天下称陶朱公。范蠡三迁皆有荣名，名垂后世。

三十一、富宜宽厚　智宜敛藏

【原文】

富贵家宜宽厚而反忌刻①，是富贵而贫贱其行矣！如何能享？聪明人宜敛藏而反炫耀，是聪明而愚懵②其病矣！如何不败？

【注释】

①忌刻：亦作"忌克"。忌，猜忌、嫉妒；刻，刻薄寡恩。即指为人刻薄善妒。《左传·僖公九年》："无好无恶，不忌不克之谓也。今其言多忌克，难哉！"②愚懵：同"愚瞢"。指愚笨，愚昧不明。南朝·宋·鲍照《谢永安令解禁止启》："岂臣浮朽所可恭从，实非愚瞢所宜循践。"

【释义】

富贵家庭的人本应待人待士宽厚仁慈，然而却以尖酸刻薄待人，虽然是富贵家庭的人，但是其品行反而贫贱卑劣！这样的人又怎能安享富贵呢？聪明睿智的人本该谦恭有礼、深藏不露，然而却以炫耀卖弄处世，有些看似聪明的行为其实是愚昧肤浅的！这样的人又怎能遇事不败呢？

【浅析】

"富贵家宜宽厚而反忌刻。"凡事皆有常理，但亦有违背常理之事。富贵家庭的人应该宽厚仁慈，济人利物，却反而刻薄善妒，其品行即贫贱卑劣。由此可见，能够做到宽厚仁慈的，应该是心胸豁达、知情达理之人，他们更注重道德修养、精神上的"富贵"和品行高洁。"智而能愚，则天下之智莫加焉。"真正有智慧的人从来不会炫耀自己的智慧，能做到大智若愚，因为他们最清楚"满招损，谦受益"的道理，这是智慧的最高境界。

做人真正有智慧，并不是投机取巧、耍小聪明，而是在做人、做事、言行举止等方面都能有所体现。首先是正直无私、淡泊名利，重视自身品德的修养；其次是拥有宽容大度的胸怀，且能够保持豁达开朗的心态；最后是谦虚谨慎、戒骄戒躁，始终保持低调做人、虚心求教的心态。如此，人生才能敦本务实，矢志有成。

<既贵且富，而性悭吝>：王戎（字浚冲，西晋人）俭吝，其从子婚，与一单衣，后更责之。司徒王戎，既贵且富，区宅、僮牧、膏田、水碓之属，洛下无比。契疏鞅掌，每与夫人烛下散筹算计。王戎有好李，卖之，恐人得其种，恒钻其核。王戎女适裴，贷钱数万。女归，戎色不说；女遽还钱，乃释然。王戎身为名士、官员富贵兼得，却视财如命，不但忌刻，更是毫无宽厚仁慈之心。

三十二、处晦知明　养默知躁

【原文】

居卑①而后知登高之为危，处晦而后知向明之太露②；

守静③而后知好动之过劳，养默④而后知多言之为躁。

【注释】

　　①**居卑**：指处于卑微的地位。《孟子·万章下》："为贫者，辞尊居卑，辞富居贫。"②**太露**：太，过于、过分；露，云气、烟雾等。此喻太过显现，显露。③**守静**：指保持清静，无所企求。喻遁匿山林修身养性。《道德经》第十六章："致虚极，守静笃。"④**养默**：指静心养性，沉默寡言。

【释义】

　　当身处低矮的地方时，才知道趋居高位的陡峻和危险；当身在阴暗的地方时，才感觉到光亮之处太过显露。只有保持清静之心，才能悟到四处奔波的繁难和辛劳；只有保持沉默寡言，才能体会到言多失实的浮躁不安。

【浅析】

　　"忠言谨慎，此德义之基也。"做人做事只有心静，才能做到忠诚守信、谨言慎行，恪守道德信义。而"居卑、处晦、守静、养默"的要义皆在于沉心静气，由此才能知道趋居高位的陡峻和危险、光亮之处的耀眼、四处奔波的繁难和辛劳、言多失实的浮躁不安等道理。有比较才有鉴别，有鉴别才能认清事物的差异。现实中这些很容易被忽略掉，当置身高处时，因风光无限而忽略自身所处的危境；身居耀眼之处，忽略太过显露的不利；在繁忙不已、四处奔波之时，忽略过劳成疾的痛苦；因浮躁而多言，忽略"祸从口出"带来的伤害，难以得悟"多言数穷，不如守中"的哲理。因此，若能常持平静的心情，不仅可以保持头脑清醒，而且在遇事时能沉着镇定，淡然处之，起到修身

053

养性的作用。

<能近取譬，其理自明>：惠子（惠氏，名施，战国时期人）相梁，庄子往见之。或谓惠子曰："庄子来，欲代子相。"于是惠子恐，搜于国中三日三夜。庄子往见之，曰："南方有鸟，其名为鹓鶵，子知之乎？夫鹓鶵发于南海而飞于北海，非梧桐不止，非练实不食，非醴泉不饮。于是鸱得腐鼠，鹓鶵过之，仰而视之曰：'吓！'今子欲以子之梁国而吓我邪？"庄子与惠子游于濠梁之上。庄子曰："儵鱼出游从容，是鱼之乐也。"惠子曰："子非鱼，安知鱼之乐？"庄子曰："子非我，安知我不知鱼之乐？"惠子曰："我非子，固不知之矣；子固非鱼也，子之不知鱼之乐，全矣。"庄子曰："请循其本。子曰'汝安知鱼之乐'云者，既已知吾知之而问我，我知之濠上也。"

三十三、放得①心下　脱凡入圣

【原文】

放得功名富贵②之心下，便可脱凡；放得道德仁义之心下，才可入圣。

【注释】

①**放得**：放，放弃、舍弃，亦指搁进去、加进去、放入；得，能，能够。故前者放得指能放弃，后者放得指能加进。②**功名富贵**：指升官发财。唐·李白《江上吟》："兴酣落笔摇五岳，诗成笑傲凌沧洲。功名富贵若长在，汉水亦应西北流。"

【释义】

一个人若能放弃追求富贵功名之心，便能做到自心清净超凡脱俗；一个人若能真诚地接受道德仁义之心，就能够达到圣贤玄妙的境界。

【浅析】

"好名而立异，立异则身危。故圣人以名为戒。"甘苦皆在是非中，烦恼皆由心生。人如果想有名气，就容易标新立异，就会处境危难。所以，圣人以不出名为戒约。人好名是为了追求虚荣、高人一等，这些是受到功名富贵的驱使，是对物质享受的欲望。只有悟得"不义而富且贵，于我如浮云"的道理，才能体会到平凡生活的意义。"世人都晓神仙好，唯有功名忘不了！可知世上万般事，好即了，了则好。若不了，便不好；若要好，须是了。"其中的"好了"二字，看似简单，实则寓意深刻。真正能够放下追求富贵功名之心，正所谓"知天乐者，无天怨，无人非，无物累"，而消除了物累，即"好了"，能做到自心清净超凡脱俗。就道德仁义而言，博爱可谓仁，符合仁的行为则是义，用仁义约束自身，自主践行仁义即是道德，自主践行缘于自心，人心清净，既能接受道德仁义，又能付诸行动。倘若刻意追求道德完美，则有贪位取容、处世诡谲、弄虚作假之嫌，既与道德之意相悖，也不可取。所以，只有纯洁心性，才能够达到圣贤玄妙的境界。

<言传身教，仁爱之心>：北宋欧阳修，字永叔。四岁而孤，母郑，守节自誓，亲诲之学，家贫，至以获画地学书。幼敏悟过人，读书辄成诵。及冠，嶷然有声。母尝谓曰："汝父为吏，常夜烛治官书，屡废而叹。吾问之，则曰：'死狱也，我求其生，不得尔。'吾曰：'生可求乎？'曰：'求其生而不得，则死者与

我皆无恨。夫常求其生，犹失之死，而世常求其死也。'其平居教他子弟，常用此语，吾耳熟焉。"修闻而服之终身。修始在滁州，号醉翁，晚更号六一居士。天资刚劲，见义勇为，虽机阱在前，触发之不顾。放逐流离，至于再三，志气自若也。

三十四、消除偏见　谦虚做人

【原文】

利欲未尽害心，意见①乃害心之蟊贼②；声色③未必障道④，聪明乃障道之藩屏。

【注释】

①意见：指对人、对事不满意的想法。喻偏见、臆念、邪念。明·李贽《与焦漪园太史书》："盖意见太多，窠臼遂定，虽真师真友将如之何哉！"②蟊贼：指两种食苗的害虫。喻危害之敌。③声色：指美好的声音与颜色，亦指淫声和女色。此喻沉湎于享乐的颓废生活。《吕氏春秋·孟春纪·重己》："其为声色音乐也，足以安性自娱而已矣。"④障道：障，阻塞、阻隔。即指阻塞遮蔽之道。

【释义】

追求私利的欲望未必都能伤害自身的心性，只有深闭固拒、自以为是的偏见才是摧残心灵的大敌；贪恋歌舞美色未必都会妨碍修省自身品行，只有自恃聪明、目中无人的傲气才是修心养德的障碍。

【浅析】

生活本身就是一种学习，所以人们每天都在学习。学习的方法多种多样，一是读书，读书可以增长见识，学到很多的知识；二是识字，汉字是中华文化的载体，是人类智慧的结晶。因此，要在实践中身体力行，把在书本中学到的知识与实际相结合，加深理解；要在与人交往中学习，正所谓"三人行，必有我师焉；择其善者而从之，其不善者而改之"，同行人中必有可以做老师的人，虚心请教，学习别人的优点可以取长补短，对于别人的缺点，有则改之、无则加勉，人有长处，皆可取之。学习的关键在于笃志、谦虚、勤勉、持之以恒，切忌偏见和自作聪明等。偏见是脱离客观实际而产生的对人或事物的消极态度，多源于心胸狭窄、视角偏斜、主观意识太强等，既不利于人生之路，对自身的心性也十分有害。所谓的"聪明"，是"知其然而不知其所以然"，心浮气躁的体现，"群居终日，言不及义，好行小慧"而已，自作聪明是对自身学习进步、修身立德最大的障碍。利欲虽然危害很大，但只要能够及时警悟，克制欲念，排除杂念与物扰，便可以去除，而"声色音乐也，足以安性自娱而已矣"。所以说，师心自用、深闭固拒的偏见才是摧残心灵的大敌，自恃聪明、目中无人的傲气才是修心养德的障碍。

<意诚心正，万物荣茂>：京兆田真兄弟三人共议分财生赀，皆平均，惟堂前一株紫荆树，共议欲破三片。明日，就截之，其树即枯死，状如火然。真往见之，大愕，谓诸弟曰："树本同株，问将分斫，所以憔悴。是人不如木也。"因悲不自胜，不复解树，树应声荣茂。兄弟相感，合财宝，遂为孝门。世间万物皆有生命，切不可起偏见妄心。

三十五、知退一步　加让三分

【原文】

　　人情反复，世路①崎岖②。行不去处，须知退一步③之法；行得去处，务加让三分之功④。

【注释】

　　①世路：指人世的经历，生活道路，亦指人们一生处世行事的历程。《后汉书·张衡列传》："吾子性德体道，笃信安仁，约己博蓺，无坚不钻，以思世路，斯何远矣！"又，唐·杜甫《春归》诗："世路虽多梗，吾生亦有涯。"②崎岖：指地势或道路高低不平，亦指困厄，历经险阻。唐·元结《宿无为观》："九疑山深几千里，峰谷崎岖人不到。"③退一步：指后退另谋出路或稍退一步。喻不与人争。《宋史·道学四·李燔》："因诵古语曰：'分之所在，一毫跻攀不上，善处者，退一步耳。'"④功：此喻善。

【释义】

　　人情冷暖变幻无常，人生道路崎岖不平。当你遇到障碍行路受阻的地方时，一定要懂得退一步让人先行的处世方法；当你走到能顺利通过的地方时，一定要有遇事多谦让三分的气度和美德。

【浅析】

　　"人情似纸张张薄，世事如棋局局新。"告诫人，要有勇气、有信心去面对现实，凡事要靠自身脚踏实地的努力才能取得进步。劝慰人只有自律、行善，修身立德，才能行稳致远。人生之路崎岖不平，要克服无数的困难；当遇到行路受阻的时候，必须懂得明礼诚信，暂退一步，让他人先行的处世之法。当你在行路中畅行无碍的时候，亦要有遇事多谦让的气度和美德。行路如此，做人、做事亦当如此。由此可知"退一步，让三分"，既可以省去诸多的烦恼、怨气和不如意，又是对他人的尊重，还能体现出自身修养和胸襟。进而既能够做到仁礼存心，又能做到以礼相待，和睦相处，正所谓"安身为乐，无忧为福"。

<**以德持身，以善待人**>：玠（卫玠，字叔宝，西晋时期人）妻先亡。征南将军山简见之，其相钦重。简曰："昔戴叔鸾嫁女，唯贤是与，不问贵贱，况卫氏权贵门户令望之人乎！"于是以女妻焉。遂进豫章，是时大将军王敦镇豫章，长史谢鲲先雅重玠，相见欣然，言论弥日。敦谓鲲曰："昔王辅嗣吐金声于中朝，此子复玉振于江表，微言之绪，绝而复续。不意永嘉之末，复闻正始之音，何平叔若在，当复绝倒。"玠尝以人有不及，可以情恕；非意相干，可以理遣，故终身不见喜愠之容。

三十六、不恶①小人② 礼敬君子③

【原文】

待小人不难于严，而难于不恶；待君子不难于恭，而难于有礼。

【注释】

①不恶（wù）：此指不讨厌，不憎恨。《周易·遯卦》："天下有山遯，君子以远小人，不恶而严。"②小人：指妄言恶口的人，人格卑下的人。喻品行不端的人。③君子：与"小人"或"野人"对举，指人格高尚，才德出众的人。《论语·述

而》："子曰：'君子坦荡荡，小人长戚戚。'"

【释义】

对待小人的态度严厉苛责并不难，难的是在内心不要去憎恶、怨恨他们；对待君子的态度毕恭毕敬并不难，难的是以真诚有礼的态度尊重他们。

【浅析】

"能容小人，是大人；能培薄德，是厚德。"能容小人即宽宏大量之人。能够做到耐心、细致地引导，使薄德之人能够受到教育，得到感化，即厚德。进而言之，做人做事能够容人、让人，特别是对小人的看法和态度能够做到容忍，亦是积德，而小德日积月累可为大德。小人常使人生厌，主要是"小人喻于利"，即唯利是图，见利忘义；"小人之交甘若醴，小人甘以绝"，即无情无礼；"小人同而不和"，即小人能够偷合苟从、同流合污而不能和人真诚相处等。因此，倘若能够做到对小人严厉苛责而在内心不去憎恶怨恨他们，就可谓"大人"。"处人，处己，处事，都要有余，无余便无救性，这里甚难言"，之所以对待君子要恭而有礼，主要是"君子宽而不慢，廉而不刿，辩而不争，察而不激，直立而不胜，坚强而不暴。柔从而不流，恭敬谨慎而容"，简而言之，君子对待他人能够宽宏大量而不怠慢，品行方正且不伤害人，能言善辩的人不与人争长论短，明察事理而不激切，立身正直而不盛气凌人，坚定刚强而不急躁粗暴，柔和顺从而不随波逐流，恭敬谨慎而能大度包容，等等。"恭而无礼则劳"，真诚自然才是"礼"，所以，对待君子与其毕恭毕敬，不如以真诚有礼的态度尊重他们。

<宽厚待人，不恶小人>：寔（字仲弓，东汉时期人）在乡

间，平心率物。其有争讼，辄求判正，晓譬曲直，退无怨者。至乃叹曰："宁为刑罚所加，不为陈君所短。"时岁荒民俭，有盗夜入其室，止于梁上。寔阴见，乃起自整拂，呼命子孙，正色训之曰："夫人不可不自勉。不善之人未必本恶，习以性成，遂至于此。梁上君子者是矣！"盗大惊，自投于地，稽颡归罪。寔徐譬之曰："视君状貌，不似恶人，宜深克己反善。然此当由贫困。"令遗绢二匹。自是一县无复盗窃。

三十七、留得正气　名在乾坤

【原文】

宁守浑噩①而黜聪明，留些正气还天地②；宁谢纷华③而甘淡泊，遗个清名在乾坤④。

【注释】

①浑噩：指混沌无知，纯朴。喻天真纯朴的本性。②正气还天地：指浩然的气概、刚正的气节充塞天地之间。③纷华：指繁华，富丽。《史记·礼书》："犹云：'出见纷华盛丽而说，入闻夫子之道而乐，二者心战，未能自决。'"④清名在乾坤：乾坤，天地、日月、阴阳等。即指清美的声誉长存天下。

【释义】

宁可保持纯朴与敦厚的本性而摒弃机巧诈伪的聪明，这样就能保留一些清刚正气回还天地自然；宁愿舍弃富丽且繁华的诱惑而甘于淡泊恬静的生活，这样就能留下一个清正纯洁的名声在世间。

【浅析】

"能脱俗便是奇，不合污便是清。处巧若拙，处明若晦，处动若静。"人生在世若能脱离庸俗，即为不平凡；如能做到不与世沉浮，即为清高；对于机巧诈伪之事，要以朴拙的方法应对，身处显露之处，要懂得遮蔽；置身于动荡的环境中，要保持心境平和，处之泰然。如果能够保持超凡脱俗、志高行洁、纯真敦厚、谦虚谨慎、平心静气等品格，就能保留一些清刚正气回还天地自然。因此，要守自然纯朴的本性，而不行虚伪狡诈之事。

"欲而不知足，失其所以欲；有而不知止，失其所以有"，欲望是人的本性，但做人要懂得进行自我约束和克制，否则便会失去自己所得到的。做人做事要懂得节制和知足，如此，既能清净自心，排除物扰，亦能甘于朴实无华、淡泊恬静的生活，真可谓知足常乐。"律己足以服人，量宽足以得人"，人若能恪守本性，顺应自然，并能做到严于律己，宽以待人，既能使人信服，又能赢得人心，自然可以"遗个清名在乾坤"。

<正气浩然，名誉天下>：西汉苏武，字子卿。武帝嘉其义，乃遣武以中郎将使持节送匈奴使留在汉者，因厚赂单于，答其善意。武与副中郎将张胜及假吏常惠等募士斥候百余人俱。既至匈奴，置币遗单于。单于益骄，非汉所望也。律知武终不可胁，白单于。单于愈益欲降之，乃幽武置大窖中，绝不饮食。天雨雪，武卧啮雪与旃毛并咽之，数日不死。匈奴以为神，乃徙武北海上无人处，使牧羝，羝乳乃得归。别其官属常惠等，各置他所。武既至海上，廪食不至，掘野鼠去草实而食之。杖汉节牧羊，卧起操持，节旄尽落。积五六年，单于弟于靬王弋射海上。武能网纺缴，檠弓弩，于靬王爱之，给其衣食。三岁余，王病，赐武马畜、服匿、穹庐。王死后，人众徙去。其冬，丁令盗武牛羊，武复穷厄。武留匈奴凡十九岁，始以强壮出，及还，须发尽白。彰

显其节操。

三十八、降伏自心　平气①则静

【原文】

降魔②者先降自心，心伏则群魔退听③；驭横④者先驭
此气，气平则外横不侵。

【注释】

①气：指精神状态，情绪。三国·蜀汉·诸葛亮《出师
表》："恢弘志士之气，不宜妄自菲薄。"②降魔：佛教语。
降，降服；魔，梵语"魔罗"的简称，意译是"夺命障碍、扰乱
破坏"。此喻外降邪魔，内降心魔。③退听：指退让顺从。《周
易·艮卦》："六二：艮其腓，不拯其随，其心不快。象曰：不
拯其随，未退听也。"④驭横：驭，驾驭、控制、制约；横，横
暴、横逆、祸害。即指控制强横无理的外物。

【释义】

若要降服邪魔的人，必须先降伏自己内心的邪念，自身若能
祛邪心净，则一切邪魔都将会俯首退避；若要驾驭悖理之事，必
须先驭制自身躁动的脾气，自身若能心平气和，则一切强横事物
都不能侵扰。

【浅析】

"降魔者先降自心。"这是讲外因与内因的关系，面对外
物的诱惑，倘若内心不动，自身就不会受到干扰。所以说，内心

清净，而不潜生悖理之念，便能使人的身心倍感轻松、愉悦。"魔"是什么？又在何处？简而言之，"魔"是世间一切邪恶的总称，它包括妄言与高傲、嗔怒与怨恨、欺骗与盗窃、奸诈与狡黠、淫乱与杀生、诬陷与毁谤、固执与偏见、贪婪与隐恶，等等，皆因心生，即"魔非外来，出自你心"。换言之，若心淡然，则能不攀不比；若心平和，则能不嗔不怒；若心坦然，则能不艾不怨。只有消除内心的幻觉，摒弃自身的杂念和贪欲，才能够做到正身清心，使邪魔外道毫无魔力而俯首避退。清心能排除急躁妄动，做到心平气和，保持头脑清醒，由此，一切强横事物都不能侵扰内心。

<立身清白，廉明勤俭>：东汉杨震，字伯起。大将军邓骘闻其贤而辟之，举茂才，迁东莱太守。当之郡，道经昌邑，故所举荆州茂才王密为昌邑令，谒见，至夜怀金十斤以遗震。震曰："故人知君，君不知故人，何也？"密曰："暮夜无知者。"震曰："天知，神知，我知，子知。何谓无知！"密愧而出。后转涿郡太守。性公廉，不受私谒。子孙常蔬食步行，故旧长者或欲令为开产业，震不肯，曰："使后世称为清白吏子孙，以此遗之，不亦厚乎！"杨震以其廉明勤俭而立身从仕，以心净气平而"降魔，驭横"。

三十九、教谕弟子[①]　择善交友

【原文】

教弟子如养闺女[②]，最要严出入，谨交游[③]。若一接近匪人[④]，是清净田中下一不净的种子，便终身难植嘉禾矣！

【注释】

①弟子：指门徒、徒弟、学生。亦指接受他人教导，从师学习并帮助传播和实行的人。②闺女：闺，闺房或闺阁，即古代女子坐卧起居，练习女红，研习诗书礼仪的所在。即指未出嫁或未婚的女子。③交游：指交际，结交朋友。《管子·权修》："审其所好恶，则其长短可知也；观其交游，则其贤不肖可察也。"④匪人：此指行为不端的人。

【释义】

教谕弟子如同呵护女儿养育儿子那样，关键是要严格地管束他们的出入，更要谨慎识人，择善交友。倘若稍有疏忽而结交了行为不端的人，就等于在沃土中播下一粒不良的种子，其终身将难以长成苗壮的禾稻！

【浅析】

"谨交游"即谨慎地结交朋友，其中既强调了家庭的严格管束，也强调了择善交友，还强调了自身的修养和约束能力。当然，就儿时的培养、教育和管束而言，家长有着义不容辞的责任和义务。"人之初，性本善。性相近，习相远。"人刚出生时，其生性都是善良的，而天性也相近，只因各自的成长环境和接受教育的不同，彼此的习性才有了巨大的差异。人在生长和发育过程中所形成的性，称为生性，即人的自然本性；人由于受到环境熏陶和自身模仿习以成性，称为习性，即人获得的本性。"与善人居，如入芝兰之室，久而不闻其香，则与之化矣。与恶人居，如入鲍鱼之肆，久而不闻其臭，亦与之化矣。"一个人的能力与环境有着一种潜移默化、密不可分的联系，对人的一生起到非常关键的作用，正所谓环境造就人。譬如，接触有修养、有道德的人，就如同进入放有芝兰的屋子，虽然时间久了其香气会消退但是人会受到香气的熏染；接触道德败坏、品质恶劣的人，就像进了咸鱼铺子，久了其腥臭气味自然难消。所以，人成长环境的重要性不言而喻，这既包括家庭环境，也包括外界环境。"近朱者赤，近墨者黑"，除了环境因素外，结交朋友对人的一生也会产生重要影响。如果能结识良师益友，就会终身受益；如果是酒肉之交，就会烦心多扰、俗情难除，就等于在沃土中播下了一粒不良的种子，其终身都难以长成茁壮的禾稻。

<夫人教子，志在孔子>：孟子，名轲（战国时期人）。邹孟轲之母也。号孟母。其舍近墓。孟子之少也，嬉游为墓间之事，踊跃筑埋。孟母曰："此非吾所以居处子也。"乃去。舍市傍，其嬉戏为贾人炫卖之事。孟母又曰："此非吾所以处吾子也。"复徙居学宫之傍。其嬉游乃设俎豆，揖让进退。孟母曰："真可以处居子矣。"遂居。及孟子长，学六艺，卒成大儒之名。君子谓孟母善以渐化。

即谓孟母为育子成人择邻而处，曾两迁三地真是用心良苦。千百年来，"孟母三迁"被世人传为佳话，历代对其多有赞美之词。

四十、欲路①勿染　理路毋退

【原文】

欲路上事，毋乐其便而姑为染指②，一染指便深入万仞③；理路上事，毋惮其难而稍为退步，一退步便远隔千山。

【注释】

①欲路：泛指欲念、欲望的心思。即佛教语谓色、声、香、味、触五境生起的情欲。亦谓财欲、色欲、饮食欲、名欲、睡眠欲之意。②染指：染，沾染、习染。多指分取非分利益。《左传·宣公四年》："公问之，子家以告，及食大夫鼋，召子公而弗与也。子公怒，染指于鼎，尝之而出。"③万仞：仞，测量深度，古时以八尺为一仞，约合二十三厘米。即指高耸险峻。

【释义】

涉及欲念方面的事，千万不可贪图其中的便宜而随意染指，一旦贪乐非分之物，便会坠入万丈深渊难以自拔；对于义理方面的事，绝对不可忌惮其中的困难而稍有退缩，一旦退缩不前，便会与义理正气相隔万里。

【浅析】

"理路宜截，欲路多岐；理路光明，欲路微暧；理路爽畅，欲路懊烦；理路逸乐，欲路忧劳。"人若能早些得悟义理，便能够感受到其行路的坦荡、光明、舒畅和安逸；若是欲念充盈，便会感到行路多崎岖、做事多隐蔽、平日多懊恼厌烦、身心多后患劳苦等，由此可见，"理路"与"欲路"截然不同。然而，"理路"并非一帆风顺，其中布满了荆棘，倘若稍有倾摇懈弛、犹豫不决、畏缩不前等就会背道而驰。此时，需要头脑清醒，恪守本心，坚定信心。对于"欲路"，如利欲熏心、爱慕虚荣、喜欢攀比等，切忌持有侥幸心理而涉足其中，否则后悔莫及。此时，需要及时醒悟，戒除妄念，清净自心。所以说"从善如登，从恶是崩"，即走向好之路犹如登山，很艰难，贵在坚持，"一退步便远隔千山"；走向恶之路犹如路遇山崩，很急速且难以警醒，

"一染指便深入万仞"。所以，"欲路勿染，理路毋退"。

<立身行己，秉德履道>：西晋山涛，字巨源。初，涛布衣家贫，谓妻韩氏曰："忍饥寒，我后当作三公，但不知卿堪公夫人不耳！"及居荣贵，贞慎俭约，虽爵同千乘，而无嫔媵。禄赐俸秩，散之亲故。初，陈郡袁毅尝为鬲令，贪浊而赂遗公卿，以求虚誉，亦遗涛丝百斤，涛不欲异于时，受而藏于阁上。后毅事露，槛车送廷尉，凡所以赂，皆见推检。涛乃取丝付吏，积年尘埃，印封如初。

四十一、不可浓艳　不宜枯寂

【原文】

念头浓①者自待厚，待人亦厚，处处皆浓；念头淡者自待薄，待人亦薄，事事皆淡。故君子居常②嗜好，不可太浓艳，亦不宜太枯寂。

【注释】

①念头浓：念头，心思，内心的想法或动机；浓，稠密，厚，多，与"淡""薄"相对，此指程度深。②居常：指平素，时常。《后汉书·崔骃列传》："瑗爱士，好宾客，盛修肴膳，单极滋味，不问余产。居常蔬食菜羹而已。"

【释义】

心胸宽厚的人，不仅能够厚待自己，而且对他人也能宽厚大方，所以处处讲究丰盛和气派；意欲淡泊的人，不仅处处薄待自己，而且对待他人也是薄情寡义，所以事事显得疏淡且冷漠无情。而有道德修养的人，对于日常的衣食之谋和兴趣爱好，既不过于铺张以至奢华，亦不过于吝啬甚至刻薄。

【浅析】

"钱能福人，亦能祸人，有钱者不可不知；药能生人，亦能杀人，用药者不可不慎。"对于"钱"的认识，因人而异。"钱"本身并无善恶之分，要看怎样用心去安排和使用它，其关键在于自身的"念头"是否合乎义理、用得得当。所以说，钱能够造福于人，也能害人，这是当有了钱之后需要了悟的道理；同理，药能够治病救人，也能够害命杀人，所以，在用药时，既要对症下药，又要慎服慎用。由此可见，做人、做事都要有"度"。做人要真诚、善良、守信、谦虚和包容等，切忌浮夸和虚荣；做事要扎实、本分、换位思考、将心比心等，切忌吝啬与刻薄。凡事要将浓与淡、厚与薄、冷与热等做到恰到好处，太过会显得虚情假意，不及则会显得拘谨、冷漠、缺少人情味。只有去除杂念，客观面对现实并能顺应自然，才能正确理解和处理事物。

四十二、尚德修身　我仁我义

【原文】

彼富我仁①，彼爵我义，君子固不为君相②所牢笼③；人定胜天，志一动气④，君子亦不受造化之陶铸⑤。

【注释】

①**彼富我仁**：泛指别人富贵，我有仁德。《孟子·公孙丑

下》："晋、楚之富不可及也。彼以其富，我以吾仁；彼以其爵，我以吾义，吾何谦乎哉？"②**君相**：指君王相国。喻权势。③**牢笼**：牢，本义是养牛马的地方，此含有限制、束缚等义。《淮南子·本经训》："牢笼天地，弹压山川。"④**志一动气**：志，一个人心中对人生的一种理想愿望；一，专一或集中；动，统御、控制发动；气，情绪、气质、禀赋。《孟子·公孙丑上》："志壹则动气，气壹则动志也。"⑤**陶铸**：以土制器为陶，熔金制器为铸。即指熔化，融合。此喻摆布。

【释义】

别人注重财富而我重视仁德，别人注重贵爵而我重视正义，所以君子决不会被君相的高官显爵所束缚；人的智慧一定能够战胜自然，锐志亦可以统御情绪养浩气，所以君子亦决不会屈受造物者的摆布。

【浅析】

"志一动气。"所谓"志"是内心对人生的一种理想和愿望，心志专一则能控制情绪，培养浩气，只有其"气"中道和义与之相配合，才能形成刚强、盛大之气，即浩气。心志专一、心境平和、浩气长存能摆脱一切皋牢束缚，不会屈受造物之神的拨弄与摆布，可谓悠然自适。"多欲为苦，生死疲劳，从贪欲起。少欲无为，身心自在；得失从缘，心无增减。"其实，搞得身心疲惫，积劳成疾，甚至过劳伤身害命多是贪得无厌所致；相反，如果能够做到清心寡欲，得失随缘，注重道德仁义和自身的修养，就会无欲则刚，"我仁我义"，身心自在。

<不图名利，高风亮节>：西汉严遵，字君平。隐居不仕，常卖卜于成都市，日得百钱以自给。卜讫，则闭肆下帘，以着书

为事。扬雄少从之游，屡称其德。李强为益州牧，喜曰："吾得君平为从事足矣！"雄曰："君可备礼与相见，其人不可屈也。"王凤请交，不许。蜀有富人罗冲者，问君平曰："君何以不仕。"君平曰："无以自发。"冲为君平具车马衣粮，君平曰："吾病耳，非不足也。我有余而子不足，奈何以不足奉有余。"冲曰："吾有万金，子无儋石，乃云有余，不亦谬乎！"君平曰："不然。吾前宿予家，人定而役未息，昼夜汲汲，未尝有足。今我以卜为业，不下床而钱自至，犹余数百，尘埃厚寸，不知所用。此非我有余而子不足邪？"冲大惭。君平叹曰："益我货者损我神，生我名者杀我身，故不仕也。"时人服之。

严遵不慕富贵、不图名利、高风亮节的思想品格，深受后世的赞誉。

四十三、立身①高远　处世要退

【原文】

立身不高一步立，如尘里振衣②，泥中濯足③，如何超达④；处世不退一步处，如飞蛾投烛⑤，羝羊触藩⑥，如何安乐。

【注释】

①立身：指立足、安身。此喻待人接物。②尘里振衣：振衣，抖掉衣服上沾染的尘土。即指在灰尘中抖衣服上的尘土会越抖越多。喻适得其反。③泥中濯足：濯，洗。指在泥水里洗脚，必然会越洗越脏。喻事与愿违。《孟子·离娄上》："有孺子歌曰：'沧浪之水清兮，可以濯我缨；沧浪之水浊兮，可以濯我

足。'"④**超达**：指超脱旷达。旧喻超凡脱俗，见解高明。⑤**飞蛾投烛**：飞蛾是一种喜欢近火的昆虫，又名灯蛾，飞蛾接近灯火往往葬身其中。借喻引火烧身。《梁书·到溉传》："如飞蛾之赴火，岂焚身之可吝。"⑥**羝羊触藩**：羝，公羊；藩，篱笆。即指公羊常用犄角顶藩而困不能自拔。借喻做事进退两难。《周易·大壮卦》："小人用壮，君子用罔，贞厉。羝羊触藩，羸其角。"

【释义】

人如果不能立足于登高出尘的境界，既像在飞尘中拍打衣物徒劳无益，又像在泥水中洗涤赤脚劳而无功，那么这样立身又如何能超然旷达？处世如果不能留退舍一步的余地，就好比飞蛾直扑烛火自取灭亡，亦即所谓公羊顶撞篱笆进退维谷，如此处世又怎能安宁快乐？

【浅析】

"两君子无争，相让故也。一君子一小人无争，有容故也。"见贤而思齐可谓君子，所以两位君子之间是不争吵的，这亦缘于相互谦让，以礼相待；君子与小人亦不争吵，这缘于君子懂得"退一步处事"和心存包容。谦让与包容既是一种智慧，又是"高一步立身"。倘若遇事都争吵不休，既难以解决问题，又浪费彼此的时间，更有害双方的身心健康，如此，既像在飞尘中拍打衣物徒劳无益，又像在泥水中洗涤赤脚劳而无功，这样立身又如何能超然旷达？而争吵的原因大致有彼此间的意见相左，抑或性情急躁、事理不明等，最重要的是内心不能得到满足，这种心态由小及大无益于人生。人生凡事都不能"满"，若非要求"满"，内易生傲气，外易招损辱，更会有"羝羊触藩"之苦，"飞蛾投烛"之难。所以，人生在世要能做到谦恭有礼，宽仁大度，明事理、知进退，如此就能够享有安宁与快乐！

四十四、修德收心　读书深心

【原文】

学者要收拾精神①，并归一路。如修德而留意于事功名誉，必无实诣②；读书而寄兴于吟咏③风雅④，定不深心。

【注释】

①**收拾精神**：收拾，整理、整顿和收拢。即指尽其精神专心致志。②**实诣**：指真实造诣。③**吟咏**：即歌唱，作诗词。指有节奏地诵读，原指作诗歌时的低声朗诵。④**风雅**：指风流儒雅，亦指诗文之事。

【释义】

做学问的人不仅要聚精会神，并且要目不窥园，潜究不懈。如果既立志进德，又留意功名利禄之事，三心二意势必不会取得真实的造诣；若在读书时又寄兴于吟诗颂赋等风雅之事，如此心浮气躁必定不会在学业上有所成就。

【浅析】

"学而时习之，不亦说乎？"学习原本就是一件辛苦的事情，当认真、仔细地去钻研、探究时，便会觉得学习的趣味无穷。在学习之后，能常常温习所学过的知识，也是一件令人喜悦的事。可谓"温故知新"。这种喜悦主要来自两个方面：首先是能够静下心来读书，潜下心来学习，花大力气去思考，自然会乐在其中；其次是能做到目不窥园，笃学求进，这不仅能有益健康，而且是一件愉悦身心之事。除此之外，还能使人感到精神上的充实。在学习过程中如果不能获得这份喜悦之情，若非功名利禄的诱惑，亦有物扰所致，抑或心浮气躁等，三心二意地学习，其结果不是肤浅未学，就是半途而废。"书山有路勤为径，学海无涯苦作舟。"读书学习没有捷径，要勤奋和不懈地努力。"业精于勤，荒于嬉；行成于思，毁于随。"做事、学习都要有勤奋的精神，只有勤奋才能达到精深，切忌贪安好逸而荒废；做事只有脚踏实地的努力才能取得进步，学习只有克服心浮气躁、集中精力才能有所收获。所以，专心致志、勤奋努力对自身的品德修养、读书学习都会大有裨益，亦即是"修德收心，读书深心"。

<执志不倦，学有所成>：东汉高凤，字文通。少为书生，家以农亩为业，而专精诵读，昼夜不息。妻尝之田，曝麦于庭，令凤护鸡。时天暴雨，而凤持竿诵经，不觉潦水流麦。妻还怪问，凤方悟之。其后遂为名儒，乃教授于西唐山中。凤年老，执志不倦，名声着闻。

四十五、一念之差　相隔千里

【原文】

人人有个大慈悲①，维摩②屠刽③无二心也；处处有种真趣味，金屋④茅檐⑤非两地也。只是欲闭情封，当面错过，便咫尺千里⑥矣。

【注释】

①**大慈悲**：佛教术语，指大慈大悲。即能给他人以快乐叫"慈"，消除他人疾苦叫"悲"。借喻众人都具有佛性。《观无量寿佛经疏》："佛心者，大慈悲是。以无缘慈，摄护众生。"②**维摩**：维摩诘的简称，是印度大德居士，汉译为"净名"，与释迦同时代人，辅佐佛来教化世人，被称为"菩萨化身"。③**屠刽**：屠，宰杀家畜的人；刽，执行罪犯死刑为专业的人。即指以屠杀牲畜为业及刽子手一类的人，为人同样具有佛性。④**金屋**：指富丽华美之屋。⑤**茅檐**：茅屋，茅草搭成的房舍。茅，盖屋的草；檐，房檐。南宋·辛弃疾《清平乐·村居》："茅檐低小，溪上青青草。"⑥**咫尺千里**：咫尺，周制八寸为咫、十寸为尺，即接近或刚满一尺。即指咫尺之内，便觉千里之遥。唐·鱼玄机《隔汉江寄子安》："烟里歌声隐隐，渡头月色沉沉。含情咫尺千里，况听家家远砧。"

【释义】

每个人都有与人为善的仁慈之心，维摩诘与屠夫、刽子手的本性别无二致；世间处处都有充满真实的生活情趣，金屋玉宇与茅舍陋室的本质亦相差无几。只因人心常被贪欲所封闭而沉迷不悟，即使有各种善意和真趣亦会当面错过，看似只有毫厘之差，实际已是相隔千里。

【浅析】

"人无有不善，水无有不下。"人的本性没有不善良的，而水也没有不趋向下流的。水流方向是迫于地势或某种压力的因素，而人之善恶始于心念，向恶、向善只在一念。"恻隐之心，人皆有之；羞恶之心，人皆有之；恭敬之心，人皆有之；是非之

075

心，人皆有之。恻隐之心，仁也；羞恶之心，义也；恭敬之心，礼也；是非之心，智也。仁义礼智，非由外铄我也，我固有之也，弗思耳矣。故曰：'求则得之，舍则失之。'"即同情心、羞耻心、恭敬心和是非心每个人都有，同情心属于仁，羞耻心属于义，恭敬心属于礼，是非心属于智，其仁、义、礼、智并非是外力授予我的，而是我固有的，只是平素缺少这方面的思考，所以，有心探求就可以得到，否则就会失去。而对于能否"得到"，往往容易被忽略。由此可见，若能恪守本心，脚踏实地，凡事有度，知行知止，就能领悟到真正的生活情趣。"茅檐低小，溪上青青草"，草屋的茅檐虽然低小，但溪边布满了碧绿色的小草，这与现代都市的生活环境形成了反差，只有自心清净，才能体会到环境的幽雅，否则很难体会到"真趣味"。

四十六、木石念头　云水趣味

【原文】

进德修道①，要个木石②的念头，若一有欣羡，便趋欲境；济世经邦，要段云水③的趣味，若一有贪着④，便堕危机。

【注释】

①修道：佛教语。"谓见道之后，更修习真观"，指修炼佛、道两派心法，任道自然运化于身中，名为修道。泛指处世的理想、目标及做人的行为准则。②木石：指树木和山石。借喻无欲望、无情感之物。《孟子·尽心上·》："舜之居深山之中，与木石居，与鹿豕游。"③云水：佛家称行脚僧为"云水"，即

指僧道云游四方，如行云流水。喻闲逸自在、淡泊雅趣。唐·黄滔《寄湘中郑明府》："莫耽云水兴，疲俗待君痊。"④贪着：指贪恋，贪嗜，对富贵等欲念的执着。

【释义】

若要增进品德，锤炼心性，一定要有木石般的坚贞意志，若对功名利禄稍有歆羡，就会陷入物欲困扰的厄境；若要济时拯世，励精图治，当有行云流水般的淡泊雅趣；若对富贵荣华稍有贪恋，就会陷入危险的窘境。

【浅析】

"不诱于誉，不恐于诽，率道而行，端然正己。"心静则能定，既能不为外物所动，包括不被称誉所诱惑，不会因为诽谤感到恐惧等，又能保持头脑清醒，遵循道义行事，正直无私地纠正思想，改正自身的错误。做人做事始终保持坦坦荡荡，低调处事，谦虚谨慎，不仅可以克制自身的欲望，而且不会为虚荣所迷惑，不畏惧各种诋毁和责难，能恪守道义，反躬自省，对于善意的建议，能做到有则改之，无则加勉，有如此良好的心态，便能不断增进品德，锤炼心性。"把意念沉潜得下，何事不可理；把志气奋发得起，何事不可做。"沉心静气则易明事理，立志奋发则能树立信心，克服困难，取得进步，这种静心与奋进正是因为有行云流水般的淡泊雅趣。

<勤勉好学，淡泊清逸>：西晋夏统，字仲御。幼孤贫，养亲以孝闻，睦于兄弟。雅善谈论。统时在船中曝所市药，诸贵人车乘来者如云，统并不之顾。太尉贾充怪而问之，统初不应，重问，乃徐答曰："会稽夏仲御也。"充使问其土地风俗，统曰："其人循循，犹有大禹之遗风，大伯之义让，严遵之抗志，

黄公之高节。"又问:"卿居海滨,颇能随水戏乎?"答曰:"可。"统乃操柂正橹,折旋中流。于是风波振骇,云雾杳冥,俄而白鱼跳入船者有八九。观者皆悚遽,充心尤异之,乃更就船与语,其应如响,欲使之仕,即俯而不答。充欲耀以文武卤簿,觊其来观,因而谢之,遂命建朱旗,举幡校,分羽骑为队,军伍肃然。须臾,鼓吹乱作,胡葭长鸣,车乘纷错,纵横驰道,又使妓女之徒服袿襦,炫金翠,绕其船三匝。统危坐如故,若无所闻。充等各散曰:"此吴儿是木人石心也。"

夏统,虽然家境贫寒,但是他勤勉好学,饱读诗书,见解独到,文采风流,识多才广,淡泊清逸。夏统的才学虽然远近闻名,但是毫无求取功名之心,更为世人称道的是他意志坚定,无欲则刚,不为任何诱惑所动的可贵之处。

四十七、吉人[①]和气　恶人狠戾

【原文】

　　吉人无论作用[②]安详,即梦寐神魂[③],无非和气;凶人无论行事狠戾,即声音笑语,浑是杀机[④]。

【注释】

　　①吉人:指心地善良、有福之人。《周易·系辞下》:"吉人之辞寡,躁人之辞多。"②作用:此指作为、行为。此喻言行举止。《魏书·孙绍传》:"治乖人理,虽合必离;作用失机,虽成必败。"③梦寐神魂:梦寐,睡梦、梦中;神魂,灵魂、心神。喻梦寐神态。④浑是杀机:浑,浑然、全、满;杀机,杀人的念头。即指言谈举止间流露着害人的迹象。

【释义】

心地善良的人，不仅言谈举止显现出安详稳重，即便在睡梦中的神态也会表露出和气善相；心性凶残的人，不仅所作所为暴露出心狠手辣，而谈笑间的一举一动都充满着凶嚣杀气。

【浅析】

"善人者，不善人之师；不善人者，善人之资。"简而言之，顺理为善，悖理为恶，善人作为一面镜子，可以做恶人的老师，相反，不善之人可以使善人引以为鉴。七尺之躯不如七寸之面，七寸之面不如三寸之鼻，三寸之鼻不如一点之心。可见"心"主宰着七尺之躯，心理活动即使隐藏再深，也会有所显露。

人的相貌包括形貌和神貌，其形貌是天生的，而神貌除天性外，还有后天的培养、熏陶和修炼。"相由心生，境由心转"，经过岁月的沉淀，一个人的经历总会在相貌上呈现出来。通过善良与邪恶、诚恳与狡诈、高洁与龌龊、真诚与虚伪、仁慈与凶狠、愉悦与愁肠等的对比，在一定情况下，也能使人窥见其内心。所以，人的心念影响着自己整个人生。内心善良、柔和、宽厚的人，其面貌并非精心修饰可得。内心平和，能使气血和畅，神志安宁，滋养五脏，身心愉悦，待人和善，与人和睦相处。心胸宽厚的人多有福相，性情凶狠暴戾的人自带凶相，心怀歹毒的人面带刻薄相，心存佛理的人自有佛仪。如果一个人的心念起了变化，其言谈举止、神情状态也会随之改变，对己对人都会产生一定的影响。

四十八、君子远祸 省身克己

【原文】

肝受病①则目不能视，肾受病则耳不能听；受病于人所不见，必发于人所共见。故君子欲无得罪于昭昭②，先无得罪于冥冥③。

【注释】

①受病：指身体致病，遭受损伤。《周礼·考工记·弓人》："斫目不荼，则及其大修也，筋代之受病。"②昭昭：指明亮，光明。喻显而易见，公开场合。《庄子·达生》："今汝饰知以惊愚，修身以明污，昭昭乎若揭日月而行也。"③冥冥：指昏暗不明。喻隐蔽场合。《荀子·修身》："行乎冥冥而施乎无报……"

【释义】

肝脏染上疾病，易造成双目失明；肾脏有了病变，易导致双耳失聪。虽然病灶发生在人们所看不到的体内部位，但病状必发作于人们所能看到的身体表面。所以君子要想在人所共见的地方没有过错，必先在人所不见的地方省身克己，不犯错误。

【浅析】

"任事者，当置身利害之外；建言者，当设身利害之中。"为人处世要省身克己、谨言慎行，做事的人宜将自己置身于利害关系之外，这样就不会被其中的利弊得失等所缠束；提出建议的人宜将自己置身于利害关系之中，这样就可以做到换位思考，提出更切实可行的方法。换言之，人在"任事，建言"的过程中，自心清静就能在处事的过程排除利害关系，踏实本分地去做事，而不会束手缚脚；继而，"建言"就能辩明事理，通观全局，出谋划策，行之有效，而不会畏首畏尾。两者都体现了做人做事的坦荡胸怀，光明磊落，可谓"为人莫做亏心事，半夜敲门心不惊"。只有心地坦然，豁达大度，才能做到"处难处之事愈宜宽，处难处之人愈宜厚，处至大之事愈宜平"，即对棘手之事，应当保持头脑冷静，放宽心态；对待难缠之人，应当设身处地，宽仁厚道；对待重大之事，宜平心静气，泰然处之，如此行事便能全身远祸。

<廉洁奉公，光明磊落>：北朝袁聿修，字叔德。性深沉有鉴识，清净寡欲，与物无竞。数年，大有声绩，远近称之。为政清靖，不言而治，长吏以下，爰逮鳏寡孤幼，皆得其欢心。魏、齐世，台郎多不免交通馈遗，聿修在尚书十年，未曾受升酒之馈。尚书邢邵与聿修旧款，每于省中语戏，常呼聿修为清郎。大宁初，聿修以太常少卿出使巡省，仍命考校官人得失。经历兖州，时邢邵为兖州刺史，别后，遣送白绸为信。聿修退绸不受，与邢书云："今日仰过，有异常行，瓜田李下，古人所慎，多言可畏，譬之防川，愿得此心，不贻厚责。"邢亦忻然领解，报书云："一日之赠，率尔不思，老夫忽忽，意不及此，敬承来旨，吾无间然。弟昔为清郎，今日复作清卿矣。"

四十九、少事为福　多心为祸

【原文】

福莫福于少事①，祸莫祸于多心。唯苦事者，方知少事之为福；唯平心②者，始知多心之为祸。

【注释】

①少事：指没有烦心劳神的琐事，亦指少起事端。②平心：指使心情平和，态度冷静。《礼记·深衣》："下齐如权衡者，以安志而平心也。心平志安，行乃正。"

【释义】

人生最大的幸福莫过于毫无琐事忧心，人生最大的祸端莫过于多疑猜忌之心。只有整日忙碌劳心费神的人，才能体味到清静闲适的人生幸福；只有心如止水保持安详的人，才能感悟到疑神疑鬼的祸患。

【浅析】

"明白简易，此四字可行之终身。役心机，扰事端，是自投剧网也。"人生若能遵守光明、坦率、简单、平易的行事准则，就可以减省诸多杂事、烦事忧心，做到清心；而多用心机，将增添许多事端，即自投罗网，咎由自取。世路多枯荣，"行坦途者，肆而忽，故疾走则蹶；行险途者，畏而谨，故徐步则不跌"，这是一种自然反应。人走在平坦的路上最容易肆意放纵或疏忽大意，因为走得快而跌跤。行走在陡峻、险路上的人，由于内心的畏惧和谨慎反而不易跌倒。保持内心清静，谨言慎行，将复杂的事情简单化，不仅是行路简易之法，而且有益于身心健康。但在现实生活中，人们往往舍易求难，弃简取繁，这是自身的杂念欲望所致，殊不知"多言则背道，多欲则伤生"，即言多必然有纰漏，欲望多了不能得到满足自然会劳心伤神。所以，多事又源于多心，且"祸莫祸于多心"，心不清，则无以见道，而多事为劳心苦事之源，只有身处多事而感到困苦之时，才能体悟到清静闲适才是人生的最大幸福。

<唯平心者，胸怀坦荡>：春秋时祁奚，姬姓，祁氏，名奚，字黄羊。晋平公问于祁黄羊曰："南阳无令，其谁可而为之？"祁黄羊对曰："解狐可。"平公曰："解狐非子之雠邪？"对曰："君问可，非问臣之雠也。"平公曰："善。"遂用之。国人称善焉。居有间，平公又问祁黄羊曰："国无尉，其谁可而为之？"对曰："午可。"平公曰："午非子之子邪？"对曰："君问可，非问臣之子也。"平公曰："善。"又遂用之。国人称善焉。孔子闻之曰："善哉！祁黄羊之论也，外举不避雠，内举不避子。祁黄羊可谓公矣。"

由春秋时期晋国人祁奚向晋平公举荐贤能之人不避仇家和亲人，可见祁奚胸怀坦荡，出于公心。正所谓为人处事坦坦荡荡，无牵无挂身自在。

五十、处世有度　待人明理

【原文】

处治世①宜方②，处乱世③宜圆④，处叔季之世⑤当方圆并用；待善人宜宽，待恶人宜严，待庸众⑥之人当宽严互存。

【注释】

①**治世**：指和平昌盛之世。②**方**：指方正、正直、端正。喻人行为、品性正直无邪。③**乱世**：指混乱不安定的时代。《春秋公羊传·哀公十四年》："拨乱世，反诸正，莫近诸《春秋》。"④**圆**：指圆通，灵活，随机应变。《周易·系辞上》："是故蓍之德圆而神，卦之德方以知，六爻之义易以贡。"⑤**叔季之世**：古时少长顺序按伯、仲、叔、季排列，叔季在兄弟中排

行最后。旧喻末世将乱之时。⑥**庸众**：指常人、一般人、普通人。《荀子·修身》："食饮、衣服、居处、动静，由礼则和节，不由礼则触陷生疾；容貌、态度、进退、趋行，由礼则雅，不由礼则夷固僻违，庸众而野。"

【释义】

生活在太平盛世，做人应当正直无邪，泾渭分明；生活在动荡纷争的时代，做人应当处世圆融，临机应变；处在趋向衰落的末世，做人应当审时度势，刚柔并用。对待善良的人应当宽厚仁慈；对待恶毒的人应当严词厉色；对待平庸的人应当揆理度情，宽严相济。

【浅析】

"方、圆、方圆并用"讲的是根据不同年代、不同情况和不同场合等采取不同的处事方法。方，贵在有原则，洁身自好。方并非固执，而是一种刚强坚毅的正直；圆并非世故，而是一种智慧，能够保持平和的心态。恪守方正之心是立身之本，以"圆"处世是一种历练。以方正、圆融处世要能做到把握好"度"，过"方"则显得生硬、死板和执拗等，过"圆"则显得滑头、敷衍和狡诈等。由此可见，凡事过之容易弄巧成拙。世事多变，古人方法可以借鉴，但不可教条从之，更不能生搬硬套。处世得当，恰如其分，关键要懂得知足和静心。"人生待足何时足，未老得闲始是闲。"人的生活态度，将伴随其一生。人生在世到底什么时候才能得到真正的满足，不得而知。其实，只有得到一份清闲的心境，才是真正的清闲，体会到悠闲自适的乐趣。所以，处世的方法虽然重要，但心境的平和更重要，即身处尘世中，静心而为之。处世"方、圆"用在做人上，即严于律己，宽以待人。

严于律己主要是日常善于自省，摆正位置，懂得吃亏是福，感恩是德，和睦相处是礼；能做到换位思考，懂得己所不欲，勿施于人。而待平庸的人要揆理度情，宽严相济。如此，才能营造和谐的气氛，和为贵，谐为美，以"和谐"恒久处世，即做人的内在涵养和道德修养。

五十一、念过忘功 念恩忘怨

【原文】

我有功①于人不可念，而过②则不可不念；人有恩于我不可忘，而怨则不可不忘。

【注释】

①有功：功，对他人有恩或帮助的事宜。此喻有功德，有功绩。《周易·象传上·需》："利涉大川，往有功也。"②过：此指对他人的歉疚或冒犯行为。

【释义】

自己若有济助过别人的恩惠，切记不可挂在嘴边，记在心上；自己若有对不起别人的过错，要牢记在心，常念咎改窃。别人若对自己有过帮助的恩德，切记不可轻易忘怀，受恩不报；别人若对自己有过伤害或过失，不可不包容大度而彻底忘掉。

【浅析】

"施惠无念，受恩莫忘。"生活中，人与人之间互相帮助是常有的事，对他人有所帮助，本是做人的真诚和修养，倘若将助人之事记在心上则意义全无。换言之，行"善欲人见，不是真善"。受人之恩，无论其能力大小，只要有知恩图报之心，亦是做人的朴实与厚道。"以责人之心责己，则寡过；以恕己之心恕人，则全交。"人无完人，孰能无过？自身有过错，首先要及时改正，其次要牢记于心引以为戒。他人对自身有过失、怨恨，甚至伤害，首先要做到有则改之，无则加勉；其次要以"以责人之心责己"，这样就会减少自己人生之路上的过错。要有"以恕己之心恕人"的心态，并且要将他人对己身之过彻底忘掉，这样才能结交更多的朋友。责人不必苛尽，留些余地与人，如此，也是做人的涵养和度量。"但责己，不责人，此远怨之道也"，因为发生任何事情都是由两方面甚至多方面因素造成的，此时，只责备自己，而不责备他人，是远离怨恨的最好方法。

<入孝出悌，为人善良>：西晋王祥，字休徵。祥性至孝。早丧亲，继母朱氏不慈，数谮之，由是失爱于父。每使扫除牛下，祥愈恭谨。父母有疾，衣不解带，汤药必亲尝。母常欲生鱼，时天寒冰冻，祥解衣将剖冰求之，冰忽自解，双鲤跃出，持之而归。母又思黄雀炙，复有黄雀数十飞入其幕，复以供母。乡里惊叹，以为孝感所致焉。有丹柰结实，母命守之，每风雨，祥辄抱树而泣。其笃孝纯至如此。

怨嫌皆可忘，百善孝为先。因王祥孝悌之举，世人多有赞誉之词，如"继母人间有，王祥天下无；至今河水上，留得卧冰模"等。"忘功忘怨，念过念恩"，全在心静且自身修为，王祥深知"身体发肤，受之父母"，父母养育之恩深似海。亦以入孝出悌待人处世，故为人善良，处事宽厚，真令人钦佩！

五十二、施惠不求 责求无功

【原文】

施恩者，内不见己，外不见人，即斗粟①可当万钟②之惠；利物者，计己之施，责人之报，虽百镒③难成一文之功。

【注释】

①斗粟：斗，量器的名，即十升为一斗；粟，古时五谷的总称，凡未去壳的壳粮都叫粟，有一斗之粟。即指少量的粮食。②万钟：钟，古量器名，即指丰富的粮食或优厚的俸禄。《孟子·告子上》："万钟则不辨礼义而受之，万钟于我何加焉！"③百镒：镒，古代黄金计量单位，二十两或二十四两为一镒。即指货币极多。

【释义】

行善施惠于人的人，既不要把善行之事记在心上，也不要有使人赞美的念头，这样即使是帮助别人一斗米也可堪当万钟米的恩惠；施以财物于人的人，总是计较对他人的财物济助，要求他人受恩后给予回报，这样即使是支济了万两黄金也难得到一文钱的功效。

【浅析】

"救饿者以圆寸之珠，不如与之橡子；贻溺者以方尺之玉，不如与之短绠。"帮扶人在关键点上，才是诚心助人。急人之所急，接济饥饿的人，与其给予其直径一寸的珍珠，不如给他一颗橡栗；救助溺水的人，与其给予其一尺见方的琼玉，不如用一截绳子将他拉上岸。简而言之，当他人有困难时，要为他人着想，帮助他人解决其急需解决的问题，即使是一斗之粟。但切忌将此善行记在心上，更不应该有使人赞美的念头，否则有伪善之嫌。帮助他人，其能力有大小，方法各不相同，重要是要有助人为乐之心。"赠人以轩，不若以言"，与其赠给他人上乘的车子，不如给予他人有益之言，说的就是这个道理。良言一句受用终身。倘若施恩责报，执意计较个人得失，不是沽名钓誉，也是心胸狭隘，如此心存名利虚荣，即使支济了万两黄金给他人，也难以得到一文钱的功效。由此可见，"为善不欲人知"是一种源于内心的真诚。

<言而有信，知恩图报>：西汉韩信，始为布衣时，贫无行，不得推择为吏，又不能治生商贾。常从人寄食饮，人多厌之者。常数从其下乡南昌亭长寄食，数月，亭长妻患之，乃晨炊蓐食。食时，信往，不为具食。信亦知其意，怒，竟绝去。信钓于城下，诸母漂，有一母见信饥，饭信，竟漂数十日。信喜，谓漂母曰："吾必有以重报母。"母怒曰："大丈夫不能自食，吾哀王孙而进食，岂望报乎！"信至国，召所从食漂母，赐千金。及下乡南昌亭长，赐百钱，曰："公，小人也，为德不卒。"

受恩莫忘，即或斗粟亦可堪当万钟之惠，恩深义重。韩信言而有信，知恩图报，牢记于心，付诸于行。漂母施恩勿念，其心可谓真诚朴实！倘若计己之施，施恩图报，实难成一文之功。

五十三、相观对治　方便法门

【原文】

　　人之际遇，有齐①有不齐，而能使己独齐乎②？己之情理，有顺有不顺，而能使人皆顺乎？以此相观对治③，亦是一方便法门④。

【注释】

①齐：指相同、相等、相平。《孟子·公孙丑》："……地丑德齐……"②乎：文言助词，表示疑问。③相观对治：治，修省、修正。即指相互对照修省。④方便法门：佛教语。方便，善巧，权宜；法门，众生超凡入圣的门户。即指随机度人的一种方法，众生的根器不同，要选择最适合自己且最易接受的，又使人便利、得益的途径。

【释义】

每个人的机遇、运势各不相同，运气好的人尽可以施展才华，运气差的人则可能一无所成，所以有谁能永远福星高照呢？自身的情绪并非总能稳定，即有时平静，有时烦躁不安，所以又有谁能苛求别人事事皆顺己意呢？若以此理反躬自省，推己及人，也是一种为人处世中行之有效的立身之道。

【浅析】

"颜子之不校，孟子之自反，是贤人处横逆之方；子贡之无谄，原思之坐弦，是贤人守贫穷之法。"做人有很多方式，但只有恪守本心做人，才能行稳致远。当遇到有人冒犯甚至伤害自身的时候，所采取的方法因人而异，颜渊采取的方法是不去与人计较，而孟子则是反求诸己，这些才是有才德的人在遇到蛮横之事时所采取的应对之法。当人处在底层时，因每个人的志向不同，其方法亦各有不同，子贡采取的是不去阿谀谄媚，子思则是拨弦自娱，这是有才德的人所采取的安贫乐贱之法。前者体现了宽仁大度、谦虚谨慎；后者体现了人品、骨气、修为，清静守节，安贫乐道。由此可见，恪守本心做人，并不是一件很容易做到的事情。人生在世，其机遇、运气等只是一方面，关键在于自身的心态、修养和应有的准备等，机遇总是给有准备的人，切忌怨天尤人。"见贤思齐焉，见不贤而内自省也"，只有谦虚才能有所进步，当看到别人优于自己时，就像他学习、看齐；当看到别人有不足之处时，自己就以此为鉴、反省自我，保持这种心态，是一种在为人处世中行之有效的勤德立身之道。

五十四、读书学古　切忌济私

【原文】

　　心地干净①方可读书学古，不然见一善行窃以济私②，闻一善言假以覆短③，是又籍寇兵而赍盗粮④矣。

【注释】

　　①**心地干净**：心地，佛教语，指心，亦指人的存心、用心。此指心性洁白无瑕。《朱子全书·学二》："自古圣贤，皆以心地为本。"②**窃以济私**：指暗自谋求私利、满足私欲。③**假以覆短**：假，借用、利用。此指借佳句名言掩盖缺点或过失。④**籍寇兵而赍盗粮**：籍，借；寇，盗匪、侵略者，亦指敌人；兵，兵器；赍，赠物与人。即指借武器给贼兵，送粮食给盗匪。喻助力盗贼，稚拙害己。《荀子·大略篇》："非君子而好之，非其人也；非其人而教之，赍盗粮，借贼兵也。"

【释义】

只有心地纯朴的人，才能笃学古籍中的道德真髓来修身养德，否则便会见到一种好的处事方法被借以牟取私利，听到一句名言妙语便用来粉饰自身的缺点，这好比把武器借给贼兵，把粮食送给强盗。

【浅析】

"古之学者为己，以补不足也；今之学者为人，但能说之也。"这里讲的是学习的目的，古代求学的人，其意在充实自己，从而弥补自身的不足，现在求学的人多有向他人炫耀之嫌，只能说说而已。就求学的目的而言，"古今"二字只是时间节点不同，但刻苦精进、笃学不倦不乏其人其事。譬如，凿壁偷光、囊萤映雪、悬梁刺股、读书三余等，其刻苦之人皆因"心地干净"学有所成，其求学精神因感人至深而成为佳话流传至今。"进学不诚则学杂，处事不诚则事败，自谋不诚则欺心而弃己，与人不诚则丧德而增怨。"无论是学习、做事、思考还是交友能否做到质朴、真诚，其结果都截然不同。学习目的正确，才能做到诚心笃学，否则就会学得杂乱无章；做事缺乏诚心则易因处理不当而失败；自己思考事情因缺乏诚心会昧心而失去自我；与人交往因缺乏诚心不仅会丧失道德，而且会增加他人对自己的怨恨。同理，见到一种好的处事方法便借以牟取私利，听到一句名言妙语便用来粉饰自身的缺点的行为，无论从学习、做事、思考还是交友等方面都无诚心，其结果多是在学习上半途而废、一无所获，在做事上屡屡受挫、一事无成，在思考上欠缺周全、伤人害己，在待人上丧失道德、积怨成祸。这些自以为聪明之举切不可取。

<勤奋好学，立身修德>：东晋车胤，字武子。胤恭勤不倦，

博学多通。家贫不常得油，夏月则练囊盛数十萤火以照书，以夜继日焉。及长，风姿美劭，机悟敏速，甚有乡曲之誉。

车胤年少时笃志不倦，进而从学古中感悟为人之道，立身之本。由于他为人处世谦恭朴实，常能把握、利用周边的事物，并将困境、苦事转变为顺境、乐事，所以凡他所任之职，皆能任劳任怨，竭尽心力。

五十五、崇俭养德①　守拙全真②

【原文】

奢者富而不足，何如俭者贫而有余；能者劳而府怨③，何如拙者逸而全真④。

【注释】

①崇俭养德：指崇尚节俭，培养并保持廉洁的美德。②守拙全真：全真，道家语，道家称品行端正或完美无缺之人为"真人"。此指封建士大夫自诩清高，不做官，清贫自守保全天性。③劳而府怨：府，泛指聚集之地或府聚。即指劳苦而怨谤集身。④逸而全真：真，本性、本源。即指安逸而能保全天性。

【释义】

贪婪奢侈的人，即使财富再多仍贪心不足，欲壑难填，这又怎能比得上贫薄勤俭而岁计有余的人呢！聪明能干的人，虽然操劳忙碌，心力交瘁，但是往往积怨甚多，这又怎能比得上拙守闲逸而能淡泊名利、保全天性的人呢！

【浅析】

"君子食无求饱，居无求安，敏于事而慎于言，就有道而正焉，可谓好学也已。"人生本应平和宁静、知足常乐，但因私心杂念作怪，难以抵御物欲的诱惑，便会搞得身心疲惫，轻者惹祸招愆，重者积劳成疾，毫无清闲自在可言，抑或自身的修养与学习欠缺所致。君子在饮食上不追求饱腹，居住上不追求安逸舒适，即对生活要求不高，对工作勤劳不懈，说话谨慎且注意分寸与场合，接近有道德、有学问的人并虚心向其求教，从而弥补自身的不足，改正缺点，这便称得上好学了。"崇俭养德"即崇尚节俭，培养并保持廉洁的美德，养"德"是做人修"道"的基础，没有"德"的基础谈不上修"道"，在为人处世的过程中容易受到挫折，甚至失败。"罪莫大于可欲，祸莫大于不知足。故知足之足，恒足矣。"人生最大的罪恶莫过于放纵欲望，最大的灾祸莫过于不知足。所以，处事有"度"，懂得满足的人，才能保持恒久的满足。"奢者富"也好，"能者劳"也罢，皆因贪心而导致"不足"和"府怨"，这又怎能比得上勤俭贫薄而清心寡欲、岁计有余的人和拙守闲逸而淡泊名利、保全天性的人呢！

五十六、讲学躬行①　立业种德

【原文】

读书不见圣贤，为铅椠②佣；居官不爱子民，为衣冠盗③；讲学不尚躬行，为口头禅④；立业不思种德，为眼前花。

【注释】

①讲学躬行：指当众讲解、阐述自己的学术理论且身体力行。②铅椠：铅，铅粉笔；椠，木板。二者均为古人记录文字的工具，此指书本。《西京杂记》："扬子云好事，常怀铅提椠，从诸计吏，访殊方绝域四方之语，以为裨补（輶轩）所载。"③衣冠盗：衣冠，穿衣戴帽，专指礼服，引申为官服。喻盗窃俸禄的官吏。④口头禅：源自佛教禅宗，本意指不去用心领悟，而是把某些经验挂在口头，装作有思想，自以为懂得禅理，被列在禅之歧途中的一种。现指常挂口上毫无实际意义的词句。

【释义】

若读书不去探究古代圣贤的真谛哲理，就会成为誊抄书中文字的匠人；若做官不能关爱百姓，不能替他们排忧解难，就无异于尸位素餐的衣冠盗人；若讲授知识不注重身体力行，不能学以致用，就像不悟佛理只会念经的和尚；若树功立业而不能勤思铭记，不能修身种德，就如昙花一现，其艳丽不会长久。

【浅析】

"古人学问无遗力，少壮工夫老始成。纸上得来终觉浅，绝知此事要躬行。"做学问没有捷径可走，必须精益求精，若流于形式，只会一知半解。读书亦是如此，要悉心揣摩书中的字义、词义、内容及其寓意等，仔细领会，要做到"字求其训，句索其旨；未得乎前，则不敢求乎后"，务求句斟字酌，只有经过刻苦钻研，才能获得较深刻的理解。所以，古人钻研学问不遗余力，从年轻的时候就力学不倦，持之以恒，往往学到老才取得成就，可谓以书为友，学伴终生；而从书本上学到的知识终究不够完善，要想深入理解其中的道理，还须困知勉行、躬行践履才能巩固学到的知识，切忌成为"口头禅"。换言之，"学者犹种树也，春玩其华，秋登其实。讲论文章，春华也；修身利行，秋实也"，做学问要勤恳踏实，静中求进，乐中取静；学习好比种树，春天观赏其花开，秋天摘取其果实。讲解评论文章，犹如欣赏春花；修养身心，改善德行，好似收获硕果。而树立功业更要勤思铭记，修身种德，只有不断加强自身的道德修养，才能心存仁爱，恪尽职守，否则将难以为继。

五十七、扫除外物　直觉本来

【原文】

　　人心有一部真文章①，都被残篇断简②封锢了；有一部真鼓吹③，都被妖歌艳舞湮没了。学者须扫除外物，直觉本来，才有个真受用④。

【注释】

　　①文章：指文学作品。喻灵明之心。②残篇断简：简，把书写在竹片上。即指古人所遗留的诗文，残篇或残缺不全的书籍。借喻物欲杂念。北朝·周·庾信《谢滕王集序启》："至如残编落简，并入尘埃；赤轴青箱，多从灰烬。"③鼓吹：指古代用鼓、钲、笳等的合奏曲，泛指乐曲。④受用：指受益，得益，享用。即得到好处。宋·黎靖德《朱子语类·学三》："今只是要理会道理，若理会得一分，便有一分受用；理会得二分，便有二分受用。渐渐理会去，便多。"

【释义】

每个人心中都有一篇真实淳朴的好文章，却被那些残缺不全的书籍所禁锢；每个人心中都有一曲真情实感的好乐章，却被那些妖歌曼舞的形声所掩盖。所以凡是做学问的人，必须清净自心，排除外界的诱惑和干扰，并且致力于探究事物内部的特有本性，才能领悟其中的真谛奥义而受益无穷。

【浅析】

"虽有至道，弗学，不知其善也。故学然后知不足。知不足，然后能自反也，知困，然后能自强也。"为人处世都有其规矩和道理，首先是抱着谦虚谨慎的态度去学习，即使是最好的道理，如果不去认真学习，也不会深刻理解其中的意义，知道它的有益之处；其次是只有通过不断的学习才能知道自身的不足，知道了自身的不足，便能经常抚躬自问，从而做到清净自心，知道了自身不懂的地方，就能够勉励自己，从而弥补其不足。"扫除外物"，避免心劳意攘，才能抱着良好的心态去面对人生。"上学以神听，中学以心听，下学以耳听。以耳听者，学在皮肤；以心听者，学在肌肉；以神听者，学在骨髓。"人生总是在不断地学习和提高，对于事理的理解程度和知识掌握的深度，最好的学习方法就是聚精会神地去听，通过自身的努力，达到神悟；其次是用心去听，求得知识；最后是用耳朵去听，获取知识。用耳朵去听，只会浮在皮肤表层；用心去听，则会深入肌肉；如果能够做到聚精会神地听，便能浸入骨髓。如此，既能"直觉本来""不以物累形"，致力于探究事物内部的特有本性，又能领悟其中的真谛奥义而受益无穷。

五十八、苦中有悦　得意生悲

【原文】

苦心①中，常得悦心之趣；得意时，便生失意之悲。

【注释】

①苦心：指费尽心力。喻困苦的感受。《庄子·杂篇·渔夫》："客乃笑而还，行言曰：'仁则仁矣，恐不免其身；苦心劳形以危其真。'"

【释义】

当处在逆境中焦思苦虑之时，需要保持镇静并学会排忧解难，这样会体悟到为之努力奋斗的人生乐趣；当处在顺境中惬心得意之时，需要心情平静，保持头脑清醒，因为常有不顺之事导致失意消沉的悲哀。

【浅析】

"古来贤者，进亦乐，退亦乐。"人生在世只有其心态宜当平和，凡事才能看淡随缘；性情宜当稳重，遇事才能不急不躁、泰然自若；意志宜当若水，处世才能弘毅宽厚，如此，自会"常得悦心之趣"。自古以来，贤明豁达的人，谂知苦是乐的种子，乐是苦的根苗，所以，无论遇到困苦与艰辛、挫折与教训，顺境与逆境，机遇与挑战，还是取得进步与成就等，都能做到客观面对，保持良好的心态和稳定的情绪。欲望人人有，关键在于自控，否则便会有"三苦"，即难觅之苦、觅得之苦和弃琼拾砾懊悔之苦。"难觅"与"觅得"皆有欲望过"度"之嫌，应当及时警悟，适可而止；而对于弃琼拾砾的"弃"与"拾"，首先要辨明的是真与伪、是与非、实与虚，如果弃的是伪、非、虚，拾的是真、是、实，便不会有懊悔之苦；其次要懂得知足，因为"万物安于知足，死于无厌"。人生再苦、再难，也不能失去信心，只有坚定意志，不断努力，才会取得进步。"天道最公，人能苦心，断不负苦心，为善者须当自信"。世间处处有乐，全在自心取。"吉凶祸福是天主张，毁誉予夺是人主张，立身行己是我主张。此三者不相夺也。"人的命运总是让人难以琢磨，毁损与赞誉、给予与剥夺全由他人主宰，而持身严正，躬行节俭是由自心主宰。这三者不能互相取代。做人如果能恪守立身行己，就能正心诚意，看淡得意与失意。

五十九、富贵名誉　自道德来

【原文】

富贵名誉，自道德来者，如山林中花，自是舒徐①繁衍；自功业来者，如盆槛②中花，便有迁徙废兴；若以权力得者，如瓶钵中花③，其根不植，其萎可立而待④矣。

【注释】

①舒徐：舒，伸展；徐，缓慢。即指从容自然、恬适闲逸貌。唐·元稹《贻蜀五首·张校书元夫》："远处从人须谨慎，少年为事要舒徐。"②盆槛：槛，栏杆。即指栽花用的木制围栏。③瓶钵中花：瓶钵，僧人出行所带的餐具，瓶盛水，钵盛饭。此喻花瓶中的插花或无根之花。④可立而待：即立而可待，指将会、即刻。喻为期不远。

【释义】

就世间的富贵荣华、声誉显名而言，若是从提高道德修养中获得的，就如同生长在山林中的琪花瑶草，自然是枝繁叶茂，绵延不绝；若是自创立功业鸿绩中所赢得的，就好比生长在庭院中的奇花名卉，随着环境的变化会有枯荣盛衰；若是凭借着权位与势力取得的，就好像生长在瓶钵中的嫩枝花朵，因为没有根系很快便会凋谢枯萎！

【浅析】

"富与贵，是人之所欲也，不以其道得之，不处也；贫与贱，是人之所恶也，不以其道得之，不去也。君子去仁，恶乎成名？颠沛必于是。"世人往往想摆脱贫贱求得富贵，如果自身又不去努力，反而采用非正当的手段处之，贫困是很难摆脱的，这是对生活的一种态度，而世间亦多有安贫乐贱之人，他们只是保持了一颗平常心。同理，如果自己不能脚踏实地、日积月累地去付出努力，而是采用不正当的手段处之，即使得到了富贵，也难以享受它。无论在任何时候，一定要遵循道义去做人做事，否则，又怎能称得上君子呢？凡事如果规规矩矩地去做，特别是努力去做个名副其实的君子，是难能可贵的。所以无论立身处世，还是求取富贵与名誉，都应该恪守初心，本本分分，遵守道义，因此才有了"自功业来者"与"以权力得者"之分。正因为如此，富贵名誉应为有德者居之，而横财及不义之财切忌染指。

<名誉富贵，来自道德>：战国田稷子相齐，受下吏之货金百镒，以遗其母。母曰："子为相三年矣，禄未尝多若此也，岂修士大夫之费哉！安所得此？"对曰："诚受之于下。"其母曰："吾闻士修身洁行，不为苟得。竭情尽实，不行诈伪。非义之事，不计于心。非理之利，不入于家。言行若一，情貌相副。今

子反是，远忠矣。夫为人臣不忠，是为人子不孝也。不义之财，非吾有也。不孝之子，非吾子也。子起。"囗稷了惭而出，反其金。君子谓，稷母廉而有化。诗曰："彼君子兮，不素飧兮。"

无功而食禄，不为也，况于受金乎！子不教母之过，喻之以理，果行育德。本分做人，踏实做事，正身清心，才能行稳致远，可见作为母亲的用心良苦。

六十、花铺好色　人行好事

【原文】

春至^①时和^②，花尚铺一段好色，鸟且啭几句好音。士君子幸列头角^③，复遇温饱，不思立好言、行好事，虽是在世百年恰似未生一日。

【注释】

①**春至**：指春分。春秋·管仲《管子·轻重己》："以冬日至始，数九十二日，谓之春至。"②**时和**：指天气和顺，气候和暖。③**头角**：指出众，优胜。喻青少年的气概或才华。唐·韩愈《柳子厚墓志铭》："虽少年，已自成人，能取进士第，崭然见头角。"见谓"崭露头角"。

【释义】

当春天到来的时候，时常伴有阳光温煦，和风吹拂，群芳争艳宛若为大地铺设一层绚丽多姿的景色，就连鸟儿也为大好春光发出婉转悦耳的鸣叫。读书人不但学业有成，而且有幸出人头地，过上丰衣足食的生活，若不去想为世间写些有益的篇章，做些造福之事，那么即使他能够活上一百岁也如同枉度人生。

【浅析】

　　"学不贵博，贵于正而已。"就学习而言，学到广博的知识固然可贵，但更可贵的是所学为正道，只有学在正道上，才能力求知识更广博。一方面，要躬身力行、学以致用，即将学到的知识运用在实践中，而且要做到切实可行；另一方面，要将所学到的知识用在正道之上，多思"立好言，行好事"，才能更有价值，简而言之，"为善最乐，读书更佳"。反之，利用所学到的知识多行悖理之事，不仅有失德、仁、义、礼，而且即使能活上一百岁也如同枉度人生。学习的方法大致可归纳为两种，一种是从书本上学，另一种是从生活实践中学。无论哪种方法，其目的都是学会做人，树立正确的人生观。正确的人生观不仅能对自我的人生目标、价值和意义等做出正确的定位，也能通过各种磨炼提高自身的修养，从而做一个有道德、明事理的人。只有心存博爱，凡事淡然处之，知足常乐，懂得"学莫大于知本末终始"的道理，才不会枉费所学到的知识。

六十一、潇洒清苦　适度为宜

【原文】

　　学者有段兢业①的心思，又要有段潇洒的趣味，若一味敛束②清苦，是有秋杀③无春生④，何以⑤发育万物？

【注释】

　　①兢业："兢兢业业"的略语。指谨慎戒惧，尽心尽力。②敛

束：指收敛、约束。唐·司空图《唐故太子太师致仕卢公神道碑》："及公至镇，待之有节，重美虽渐敛束，故态未锄。"③秋杀：指秋天气象凛冽，寒意甚浓。此喻杀谢。④春生：指春季萌生或春天将至。⑤何以：指怎么、用什么、拿什么。

【释义】

钻研学问的人，不仅要有勤勉、兢兢业业的精神和毅力，而且要有潇洒自若的情怀和趣味。倘若总是约束自己，生活过于单调清苦，就像只有秋寒冷峭，而毫无春和的生机，这样又如何能够培育万物，从而繁衍生息呢？

【浅析】

"问渠哪得清如许？为有源头活水来。"细品"源头活水"之境，其寓意永不枯竭。借描述实景，来比喻学习对人的重要性，以及人的学习之路只有通过日积月累、努力钻研与探求、在补充与更新知识的前提下，才能在精神上不断地得到充实，既愉悦身心，又充满活力，如此才能使生活更加有意义。而做学问的人不仅要抱有勤勉、兢兢业业的精神和毅力，而且要有潇洒自若的趣味和情怀，如此，才不会使生活变得单调枯燥，更有益于身心健康。人们常以"学会休息是为了更好地工作，而有效的工作才能得到更好的休息"来形容做事的方法。休息既包括睡眠、小憩，也包括放松心情、适当锻炼等。换言之，休息既可以避免久坐对身体健康造成的伤害，又可以起到自我调节的作用。凡事要有"度"，过犹不及不可取，学习如此，生活亦是如此。倘若过于潇洒超逸，就会有失庄重稳健而流于轻浮冒失；过于"敛束清苦"就会刻板迂腐，失去机敏活力。所以，"潇洒清苦，适度为宜"。

<敛束清苦，以致损明>：清汪价，字介人。"余小时读书西圃，以林鸟为里舍。每展卷，自首讫尾，方理他册，不抽阅，不中辍。坐必竟夜，不停晷，不知寒饿，不栉发颒面。余短于目，穷睫之力，不及寻丈，道途拱揖，不辨为谁。迨老而视不加眊，昏暮能审文字点画，灯下书红笺，能作细楷，以光常内敛也。相传文人目多眚，归咎读书焚膏继晷，以致损明。"读书勤勉研求、生活敛束清苦均为恪守本分，若能循序渐进，劳逸结合更佳。既要学会读书，自得其乐，又要乐于生活，闲情逸致。如此，勿偏一方，才能持之以恒。

上卷

六十二、图名者贪　用术者拙

【原文】

真廉无廉名，立名者正所以为贪；大巧无巧术[①]，用术者乃所以为拙。

【注释】

①巧术：巧，巧妙、机巧、虚浮不实、伪诈；术，方法、策略、权术、计谋。

【释义】

真正恪守廉洁的人，并不在意清廉之名，亦不追求显达，看重清廉之名的人，正是为贪图虚名而常常乘伪行诈；真正聪明睿智的人，并不炫耀自己的才华且深藏若虚，耍弄机巧的人，正是为掩饰其拙劣而经常故弄玄虚。

【浅析】

"欲而不知止，失其所以欲；有而不知足，失其所以有。"无论贪图虚名的人，还是耍弄机巧的人，都是因其欲心重而多贪图，前者为了贪图虚名而常常弄虚作假，即"名心胜者必作伪"，伪者易损；后者为了贪图蝇头小利而耍弄机巧，往往会弄巧成拙，拙者易失。所以，有欲望而不知道节制，必然会失去想得到的；已经拥有了却不懂得知足，就会失去所拥有的。这是告诫世人，做人做事要懂得自律，即做人要守本分，做事要有规矩，摒弃欲心杂念，保持心境平和，才是"人若无欲品自高"。在现实生活中，不乏为了沽名钓誉而弄虚作假、为了追名逐利而"用术"之人，但终究都不会得逞，而因贪欲之心而自毁前程。注重廉洁与聪明睿智的人，都能恪守"利不可以虚受，名不可以苟得"的做人准则，前者重视立身处世谦卑恭谨，淡泊名利，坦荡做人；后者虽学富五车，但能做到虚怀若谷，宽厚敦和等，各位可为良师益友。

<有淡雅之风，怀旷远之度>：隋人牛弘，字里仁，本姓裛氏。弘荣宠当世，而车服卑俭，事上尽礼，待下以仁，讷于言而敏于行。性宽厚，笃志于学，虽职务繁杂，书不释手。有弟曰弼，好酒而酗，尝因醉，射杀弘驾车牛。弘来还宅，其妻迎谓之曰："叔射杀牛矣。"弘闻之，无所怪问，直答云："作脯。"坐定，其妻又曰："叔忽射杀牛，大是异事！"弘曰："已知之矣。"颜色自若，读书不辍。其宽和如此。有文集十三卷行于世。

六十三、盛满招损①　克己慎行

【原文】

欹器②以满覆，扑满③以空全。故君子宁居无不居有，宁处缺不处完。

【注释】

①**盛满招损**：盛满，骄傲自满。即指骄傲自满招致损失。②**欹器**：古代一种倾斜易覆的盛水器，水少则倾，中则正，满则覆。引申古代放置在座位旁使人警戒的礼器。《荀子·宥坐》："孔子曰：'吾闻宥坐之器者，虚则欹，中则正，满则覆。'孔子顾谓弟子曰：'注水焉！'弟子挹水而注之。中而正，满而覆，虚而欹。孔子喟然而叹曰：'吁！恶有满而不覆者哉！'"③**扑满**：指蓄钱的瓦器或陶罐，形制不一，有入口无出口，蓄满时扑碎取钱。《西京杂记》："扑满者，以土为器，以蓄钱具，其有入窍而无出窍，满则扑之。"

【释义】

警诫用的欹器，因为装满了水才会倾覆；蓄钱用的扑满，只有空无一钱才能保全。因此君子宁可无为无累也不愿意争名逐利，宁可有所缺憾、磨炼意志也不愿意十分圆满。

【浅析】

做人只有谦虚谨慎，做事安分守己，才能脚踏实地、有知足常乐的心态。人们往往因私欲妄念而心浮气躁、唯利是图，所以，常以"满招损，谦受益"这一自然规律来告诫他人，警诫自己。而这与"欹器以满覆"的寓意可谓异曲同工。"相由心生"，倘若心存骄傲自满，就会显现出妄自尊大，凡事刚愎自用，这既伤人又害己；若能保持谦虚谨慎的态度，处世不仅能够做到平易近人，营造和谐的气氛，又能做到戒急用忍，避祸趋福，更能做到安然若素，行稳致远，所以君子宁可无为、无累也不愿意争名逐利，宁可有所缺憾、磨炼意志也不愿意十分圆满。

六十四、拔除名根^①　消融客气

【原文】

名根未拔者，纵轻千乘^②甘一瓢^③，总堕尘情；客气未融者，虽泽四海利万世，终为剩技。

【注释】

①名根：指好名的根性，亦指名利欲望。②千乘：指兵车千辆，古以一车四马为一乘。春秋战国时期，诸侯国小者称"千乘"，大者称"万乘"，借指地位和身份。③一瓢：瓢，舀水或取东西的工具，多用对半剖开的匏瓜或木头制成。即指生活简单清苦。春秋《论语·雍也》："子曰：'贤哉，回也！一箪食，一瓢饮，在陋巷，人不堪其忧，回也不改其乐。'"

【释义】

没有根除追逐名利欲望的人，即使蔑视荣华富贵去过清苦的生活，也无法摆脱尘情世俗的诱惑；不能改正虚情假意的人，即使恩惠润泽四海以至惠利千秋万代，最终也只能是一种多余的伎俩而已。

【浅析】

"言由中发，心诚而逸，久而信之。人与我一，若作伪任数，欲为欺人，适以致败而已。"语言是心灵的窗口，也是心灵的映照，即言为心声，人与人若能以诚相待，处久了就会相互信任，可谓"路遥知马力，日久见人心"，若能真诚相见，相与为一，彼此就会感到轻松愉悦。反之，做人没有根除追逐名利的欲望，处处玩弄权谋心机，做事虚情假意，多有自欺欺人，终究会失败。"一箪食，一瓢饮，在陋巷，人不堪其忧，回也不改其乐。贤哉，回也！"其意是指，颜回的生活即使是一竹篮饭、一瓜瓢水，身居简陋的小巷里，忍受着别人难以忍受的穷困清苦，也没能改变他学好的乐趣，由此可见颜回的品质是多么高尚啊！所以，生活简单、心地纯净的人，既无物累，又无须刻意遁世，自然能享受人生的乐趣。

<妄心未去，总堕尘情>：唐人卢藏用，字子潜。藏用少以辞学着称。初举进士选，不调，乃着《芳草赋》以见意。寻隐居终南山，学辟谷、练气之术。时藏用工篆隶，好琴棋，当时称为多能之士。少与陈子昂、赵贞固友善，二人并早卒，藏用厚抚其子，为时所称。然初隐居之时，有贞俭之操，往来于少室、终南二山，时人称为"随驾隐士"。及登朝，趑趄诡佞，专事权贵，奢靡淫纵，以此获讥于世。

卢藏用通过"随驾隐士，终南捷径"的隐居方式，以求仕进，只因其利欲名根尚未拔脱根除，"总堕尘情"。

六十五、心体光明　念毋暗昧①

【原文】

心体光明，暗室中有青天②；念头暗昧，白日下生厉鬼。

【注释】

①暗昧：昧，昏暗、不明或糊涂。即指愚昧，昏庸，不光明磊落或隐晦不明。②青天：指晴天。喻光明美好的世界。《庄子·外篇·田子方》："夫至人者，上窥青天，下潜黄泉，挥斥八极，神气不变。"

【释义】

一个光明磊落的人，即使处在幽暗隐蔽的室内，也像置身于晴空朗日之下；一个卑污馋愿的人，即使在晴天朗日之下，也常会觉得有厉鬼缠身索命。

【浅析】

"为人莫做亏心事，半夜敲门心不惊。"言行是一个人内心的体现，所以待人接物切忌伤害他人，行悖理的事，否则，其内心就会惊慌不安。做人不仅要踏实本分，而且要不断提高自身修养，否则，就会被外界各种表象所迷惑，对名利得失牵肠挂肚，这样就难以权衡利弊，去伪存真，由此及彼、由表及里地客观认识事物，即使是处在晴天朗日之下，也常会有厉鬼缠身索命的感觉。"宇泰定者，发乎天光。发乎天光者，人见其人，物见其物"，能否做到心地清静，其表现会截然不同。心境安泰的人，会有其自然的光辉与神色，而这种人也能展现出天然的本质，而物亦各显其为物。外界的真与伪、善与恶、美与丑、正与邪等都是人内心世界的反映，倘若心中有真诚、善良、仁爱等，无论遇到任何矛盾，都能理智、客观地去看待和应对，亦即"心体光明，暗室中有青天"；反之，心里装着猥琐、算计、过分计较，甚至贪慕虚荣、图作不轨等，就很难走出狭隘、偏见、固执和自私的阴影。

<念头暗昧，自然心虚>：北宋陈襄，字述古。陈述古密直知建州浦城县日，有人失物，捕得莫知其为盗者。述古乃绐之曰："某庙有一钟，能辨盗，至灵！"使人迎置后合祠之，引群囚立钟前，自陈不为盗者，摸之则无声，为盗者摸之则有声。述古自率同职，祷钟甚肃，祭讫，以帷帷之，乃阴使人以墨涂钟，良久，引囚逐一令引手入帷摸之，出乃验其手，皆有墨。唯有一囚无墨，讯之，遂承为盗。盖恐钟有声，不敢摸也。至此，偷盗之人，惶怖失色，不知所言，汗出浃背，徒唯唯而已。正所谓，身正不怕影子斜，只有心体光明的人做事才会坦坦荡荡，而念头暗昧的人做事只能是畏首畏尾。

六十六、勿羡名位[①]　勿忧饥寒

【原文】

人知名位为乐，不知无名无位之乐为最真；人知饥寒为忧，不知不饥不寒之忧为更甚。

【注释】

①名位：指名誉和地位、官职与品位，亦指功名与利禄。《春秋左氏传·庄公十八年》："王命诸侯，名位不同，礼亦异数。"

【释义】

世人只知道求得名誉和爵位是人生一大乐事，却不知不图虚名且不求官位的快乐才是最真实的；世人只知道饥饿和寒冷是人生最大忧苦之事，却不知衣食无忧后的患得患失产生的忧困更难解脱。

【浅析】

知"羡名位"，而平淡无奇、无名无位之身所能得到的乐趣则鲜为人知；知"忧饥寒"，而丰衣足食之后，因种种欲望所产生的忧思之苦更不易被人知晓。平凡是人生常态，平凡是一种享受，也是一种快乐；平凡既能使人脚踏实地、循序渐进，又能使人平心静气、修身养德。外界纷华靡丽的干扰往往使人潜生心动，此时若能够保持头脑清醒、心绪平稳就能做到客观应对，并且从中积累经验。生活在平淡中，既是一种幸福，也是一种安宁，更是一种惬意。其实，平淡无奇、轻松质朴的生活才是人生最大的乐趣，这种乐趣既包含了心境平和，又能够历练性情，提高修养，不断完善自我。"名者，实之宾也；吾将为宾乎？"其"名"是"实"所派生出来的，是位于次要的，然而其中的深刻含义却不易被人识悟。所以，世人常会舍"实"求"名"，为了名利四处奔波忙碌、不辞劳苦，也常会在经历过坎坷不平的人生之路抑或大起大落之后得悟平淡中的人生真趣。"名与身孰亲？身与货孰多？得与亡孰病？"即名声与生命相比哪个更为亲切？生命与货利相比哪个更为贵重？获取名利与丧失生命哪个更为有害？如果不能做到静心思考，则很难悟得其中的道理。贪和嗔根源在痴。世人往往因追求身外之物而抛弃本真，倘若贪求而不能得到，便又生嗔心，妄造恶业。正所谓"世人都晓神仙好，唯有功名忘不了！世人都晓神仙好，只有金银忘不了！终朝只恨聚无

110

多，及到多时眼闭了。"所以，人若能做到净心处世且不断提高自身的素养，即使生活清贫也无以利累形，言行举止平易谦恭而无劳神苦思，其安贫若素中的真实情趣也不失为一种人生享受。

六十七、阴恶害大　显善①无益

【原文】

为恶而畏人知，恶中犹有②善路③；为善而急人知，善处即是恶根。

【注释】

①显善：指扬善。《汉书·古今人表》："而诸子颇言之，虽不考乎孔氏，然犹着在篇籍，归乎显善昭恶，劝诫后人，故博采焉。"②犹有：犹，还、仍然、尚且；泛，还有、仍然有、尚且有。③善路：指向善学好的想法。

【释义】

一个人若做了坏事害怕别人知道，说明这个人还能够回心转意，皈向善路；一个人若做了点善事就急于让他人知晓，说明他的善行目的不单纯，心存妄念恶根。

【浅析】

"羞恶之心，人皆有之；是非之心，人皆有之。"是非、羞恶之心，人人都有，然而是非、羞恶只在人的一念之间，倘若做到把控自心，保持冷静，就能懂得是非、羞恶的道理，才会多有积德行善之举。如果做了不为人知的恶行坏事，则可谓阴恶，其

111

恶恶大；相反，如果做了不为人知的善行好事，可谓阴善，其善善大。"羞恶之心，义之端也；是非之心，智之端也。"羞耻之心是义的开端，如果没有羞耻之心，自身的缺点、错误就难以改正；是非之心是智的开端，如果没有是非之心，就无智慧，不明事理，而"端"，犹如人的肢体不可或缺。"耻存则心存，耻忘则心忘"，一个人即使做了坏事，如果还有羞耻之心和良知，就说明这个人并非恶大，仍有悔过自新、弃恶从善之心；如果一个人动机不纯，因其别有用心而做了点滴好事，那么这种心存妄念恶根的人更是无耻之尤。

六十八、居安思危① 天亦无伎

【原文】

　　天之机缄②不测，抑而伸，伸而抑，皆是播弄英雄，颠倒豪杰处。君子只是逆来顺受③，居安思危，天亦无所用其伎俩矣。

【注释】

　　①居安思危：居，处于。即指虽然处在平安的环境里，但是随时有应付意外事件的思想准备。《春秋左氏传·襄公十一年》："《书》曰：'居安思危。思则有备，有备无患。'"②机缄：指机关开闭，推动事物发生变化的力量，亦指气数、气运、玄机。《庄子·外篇·天运》："天其运乎？地其处乎？日月其争于所乎？孰主张是？孰维纲是？孰居无事推而行是？意者其有机缄而不得已邪？"③逆来顺受：指对恶劣的环境或无礼的待遇采取顺从和忍受的态度。元·高则诚《琵琶记》："事当逆来顺受，抑

情就礼通今古。"

【释义】

大自然的变幻莫测，时而使人深感压抑而后轻松，时而使人颇觉振奋而后沮丧，不时地捉弄英雄人物，使无数豪杰无可奈何。所以君子既要顺应自然，随机应变，又要居安思危，防患未然，这样即使天公亦无伎俩可以施展！

【浅析】

大自然的变幻莫测，世事的变化难以预料，从古至今皆如此。所以人们常说"尽人事以听天命"，这里"天命"是指自然规律，只因可变因素太多，其结果无法预测。所以，仍须尽心竭力，但不要抱有任何幻想。同理，因为世间所有事情的发展都存在着太多的变化和未知，所以人们难以把控，因此，生活既要尽自身的能力脚踏实地地去做事，又要认识、适应和尊重自然规律。由此可见，人生之路能否行稳致远，关键要靠自身的意志、刻苦、自律、学习和努力等。"居安思危，思则有备，有备无患"，人们对"居安"往往易行，而对"思危"则难有警悟。正因如此，才引起人们重视。无论处在顺利还是进步之时，都要居安思危，戒骄戒躁防患于未然。古往今来，人们通过对大自然奥秘的不断探索，对宇宙发展规律的认识也在不断加深，将过去由天命而定的事物通过科学的方法加以解决。自然界中不可抗的事物在不断探索科学发展的基础上得到了充分证实，而且通过人力逐步得到克服，做到未雨绸缪。如此，"天亦无所用其伎俩矣"。

<勤于思考，居安思危>：春秋孙叔敖，芈姓，蔿氏，名敖，字孙叔。孙叔敖作期思陂，即此是也。故汉王景为庐江太守，重修起之，境内丰给。又按芍陂上承淠水，南自霍山县北界驳虞石

入，号曰"濠水"是。北流注陂中，凡经百里，灌四万顷。

孙叔敖主持治水，历时三载，不畏艰辛，终于修筑成了中国历史上第一座水利工程——史上著名的"芍陂"。做人做事不仅要勤于思考、尽心尽力，而且要尊重自然法则，适应发展规律，更要做到居安思危，防患于未然，如此即使是天公也无计可施啊！

六十九、偏激之见　难建功业

【原文】

燥性者火炽^①，遇物则焚；寡恩者冰清^②，逢物必杀；凝滞固执^③者，如死水腐木，生机已绝。俱难建功业而延福祉。

【注释】

①火炽：指火势炽盛。比喻使人情绪激动。东汉·王充《论衡·论死》："火炽而釜沸，沸止而气歇，以火为主也。"②冰清：此喻清高冷漠。③凝滞固执：凝滞，心思局限于某个范围，拘泥或不灵活；固执，不易改变自己的认识。此喻顽固不化。

【释义】

一个性情暴躁的人，他的言谈举止就像烈火般炽盛，似乎与他相触之物尽被焚烧殆尽；一个寡恩薄义的人，他的言谈举止有如冰雪般寒冷，好像与他相触之物皆有刺骨之痛；一个顽固不化的人，他的言谈举止犹如死水朽木般毫无生气，仿佛与他相处之物都被冷凝固化。这几类人都难以建功立业造福于人。

【浅析】

　　谦恭有礼、谨言慎行、和颜悦色是宽以待人、和睦相处且能踏实做事、行之以信的一种处世方法。无论遇到何种情况都能够始终坚持这种方法实属不易，只有心若止水、以虚养心、以道为本、以德修身的人才能做到。宇宙万物都包含着阴阳，阴阳既可互相运化，亦可互相作用，从而达到中和。人体与自然的阴阳是相通的，皆有阳盛与阴盛之分，春夏阴少阳盛，秋冬阳少阴盛。人体处于阳盛之时，多有火气亢盛、口燥唇干等，而阳盛会显现出心烦气躁、情绪不稳、燥性火炽、遇物则焚等；人体处于阴盛之时，多有体弱无力、面色苍白等，而阴盛会显现出寡恩薄义、逢物必杀等。凡事皆有"度"，有"度"则有"中"，之后能生"和"，而"和"只有恪守天地法则、自然规律，才有利于生存和发展。人若能消除浮华，恪守本真就能心平气和。"心慎杂念，则有余灵，目慎杂观，则有余明。"一个"静"字，可以使人心清目明。由此可知，无论暴躁轻狂的人、寡恩薄义的人，还是顽固不化的人，都是由心存杂念、目入杂观的干扰导致的，这类人缺少宽容忍让的胸襟，因此既难以与人共事，又难以与人和睦相处。换言之，暴躁轻狂的人在处世过程中缺乏纵观全局、审时度势的态度，匆忙行事往往会造成事倍功半甚至失败；寡恩薄义的人在处世过程中由于自心的偏狭，待人冷酷无情，往往使人不寒而栗且难以取信于人；顽固不化的人在处世过程中往往刚愎自用，一意孤行，容易失去理智，使人感到与之相处尴尬并且难以沟通。这三种人，由于自身的性情乖僻都难以有所成就和获得幸福感，更难以造福于人。

七十、福不可徼　去杀远祸

【原文】

　　福不可徼①，养喜神①以为召福之本而已②；祸不可避，去杀机以为远祸③之方而已。

【注释】

　　①喜神：泛指吉神、福神。②而已：用在陈述句末，表示限止语气，相当于"罢了"，常跟"只""不过""仅仅"等连用，对句意起冲淡作用。③远祸：指避免祸患。《旧唐书·于志宁传》："然杜渐防萌，古人所以远祸。"

【释义】

　　福不可以强求，如果能保持乐观向上的心态，就很可能招来福气、好运；祸患难以避免，打消伤害他人的恶念，正是远离祸患的良策。

【浅析】

　　"祸兮，福之所倚；福兮，祸之所伏。"祸与福，既对立又统一，幸福依傍灾祸，而灾祸亦潜藏着幸福。获"福"能使人快乐，遭"祸"令人悲伤，所以两者"对立"。继而，得"福"者因高兴失度，多有乐极生悲；遭"祸"者因从中吸取经验教训且能振作精神，或许能得"福"，所以两者"统一"。福与祸之间既是相互依存，又是相互转化的关系，而各自又有其因果报应。"祸之至也，人自生之；福之来也，人自成之"，是福是祸因人而异，是人之所为、收缘结果。福不可以强求，如果能保持乐观向上的心态，就很可能招来福气好运；祸患难以避免，打消伤害他人的恶念，正是远离祸患的良策。换言之，从贪求"利"而得到的"福"，很有可能潜藏着"祸"；通过辛勤劳动而收获的"福"，才是真正的福报。所以，只有踏实做人，静心做事，以诚待人，以礼处世才能招来福气好运，远离祸患。

<福祸相依，泰然处之>：夫祸富之转而相生，其变难见也。近塞上之人有善术者，马无故亡而入胡。人皆吊之。其父曰："此何遽不为福乎？"居数月，其马将胡骏马而归。人皆贺之。其父曰："此何遽不能为祸乎？"家富良马，其子好骑，堕而折其髀。人皆吊之。其父曰："此何遽不为福乎？"居一年，胡人大入塞，丁壮者引弦而战，近塞之人，死者十九，此独以跛之故，父子相保。故福之为祸，祸之为福，化不可极，深不可测也。

"塞翁失马，焉知非福"是说，虽然暂时蒙受损失，但是可能会因此得到好的结果；坏事随着事态的发展亦可转化为好事，反之亦然。这取决于人的处世心态和对"度"的把握。

七十一、宁默毋躁　宁拙毋巧

【原文】

十语九中未必称奇，一语不中则愆尤①骈集②；十谋九成未必归功，一谋不成则訾议③丛兴④。君子所以宁默毋躁，宁拙毋巧。

【注释】

①愆尤：愆，过失、罪咎；尤，怨恨、归咎。此指责怪归咎。②骈集：骈，并联，合并。即指凑集，聚会。此喻接踵而至。③訾议：訾，指责。即指责他人的缺点，非议。④丛兴：

117

丛，聚集，许多事物凑在一起；兴，发动，产生，旺盛。

【释义】

即使十句话说对了九句也未必有人啧啧称奇，但是若说错了一句就会受到他人的指责和怨恨；即使献出十个计谋能有九个成功未必归功于你，但是若一计未能奏效你就会遭到他人的非议和责难。因此君子宁可保持沉默寡言也不冲动冒进，宁可表现出愚昧拙笨也不展示自身的才能。

【浅析】

不昧己之心，不责人之过，是立身处世的基本准则。做人如此才可谓踏实本分。然而十根手指不可能一样齐，而且人的秉性、生活环境、成长过程等皆有不同，更何况大千世界有千奇百怪的现象，所以，很难统一要求。对此，人们常说多一事不如少一事、言多必失，等等。"智者千虑，必有一失"，因为事做多了免不了会有纰漏或失误，话说多了难免会有不妥或失口，尤其是在取得点滴成功的时候，因为你的突出和显露，可能会影响或妨碍到他人，甚至会招来嫉妒和怨恨。一旦当你受到挫折甚至失败，其批评、指责甚至恶语相加之声就会接踵而至，譬如"十语九中未必称奇，一语不中则愆尤骈集；十谋九成未必归功，一谋不成则訾议丛兴"。除此之外，不乏吹毛求疵、幸灾乐祸、夸大其词、搬弄口舌之辈，正所谓"好事不出门，坏事传千里"。路只有自己走过了，才知其路有短有长；事只有亲身经历过了，才知道有喜有愁、有乐有苦、有成功有失败。如果你非要争长论短，执意其中，既伤人又害己，是失德之举，并且亦很难做到事事称心如意。倘若自身心胸狭小，事事斤斤计较，小事就会变成大事；若是自身胸襟宽大、为人坦荡，大事就会化为小事，关键

118

在自身的心态。人心叵测，为了避免不测之忧，聪明能干的人，宁可保持沉默寡言也不冲动躁进，宁可表现出愚拙之态也不展示自身的才能。

七十二、和气热心　福厚禄长

【原文】

天地之气，暖则生，寒则杀。故性气①清冷②者，受享亦凉薄③；唯和气热心之人，其福亦厚，其泽亦长。

【注释】

①性气：指性情、脾气。②清冷：指寂静寒冷。此喻清高冷漠。③凉薄：指微薄，不富足。

【释义】

自然界四季轮转，春夏气候暖热，万物便会丛生繁茂；秋冬气候寒冷，万物便会萧索枯落。为人处世同样如此，所以性情清高冷漠的人，能够得到的福分就很寡薄；性情和善热忱的人，得到的福德不仅丰厚，而且所得恩泽亦更长久。

【浅析】

自然界中的一切生物都会受其生存环境的变化而发生改变，花草树木随着四季气候变化既有丛生繁茂、花团锦簇、生机盎然，又有萧索枯落、日趋衰败的境况，而人的情绪也有高潮、低谷等，其变化除受自然环境的影响外，还会受到尘情俗世的种种干扰，若想排除这些烦扰，关键在于如何克制自己的情绪、调整心态。如果能够清醒做人，踏实做事，保持心境平和，自然能减少或抵御自然环境和尘情俗世的影响。"和为祥气，骄为衰气"，待人宽和，处事祥和，自身心境平和，自然是一种祥瑞之气；心高气傲、盛气凌人、处世冷漠自然是一种衰败之气。性情清高、待人冷淡的人，内心多有愁苦，难以与人和睦相处，从而福运也会渐渐远去；而性情和善，热情待人的人，不仅自身心情愉悦，而且善于营造快乐祥和的气氛，所得的恩泽既丰厚又长久。

　　<仁慈善良，福厚禄长>：弘农杨宝（东汉时期人），性慈爱。年九岁，至华阴山，见一黄雀为鸱枭所搏，逐树下，伤瘢甚多，宛转复为蝼蚁所困。宝怀之以归，置诸梁上。夜闻啼声甚切，亲自照视，为蚊所啮，乃移置巾箱中，啖以黄花。逮十余日，毛羽成，飞翔，朝去暮来，宿巾箱中，如此积年。忽与群雀俱来，哀鸣绕堂，数日乃去。是夕，宝三更读书，有黄衣童子曰："我，王母使者。昔使蓬莱，为鸱枭所搏，蒙君之仁爱见救，今当受赐南海。"别以四玉环与之，曰："令君子孙洁白，且从登三公，事如此环矣。"宝之孝大闻天下，名位日隆。子震，震生秉，秉生彪，四世名公。

　　杨宝自幼心地仁慈，待人接物和善热情，才有"杨宝救治黄雀"的传世佳话。也正是他的仁慈善良，才使其"子孙位列三公"，其贤能美德皆为后人所传颂。正所谓"其福亦厚，其禄亦长"。

七十三、正气路宽　欲情①路窄

【原文】

　　天理②路上甚宽，稍游心③胸中便觉广大宏朗；人欲④路上甚窄，才寄迹⑤眼前俱是荆棘⑥泥涂⑦。

【注释】

①**欲情**：欲，想得到某种东西或想达到某种目的的要求；情，外界事物所引起的喜、怒、爱、憎、哀、惧等心理状态，泛指欲念情态。②**天理**：佛教语。指天道（即日月星辰等天体的运行规律），亦指自然法则，儒家认为本然之性。③**游心**：指潜心、留心或心神倾注在某一方面。此喻心念出入的天理路上。④**人欲**：指人的本能欲望或人的欲望嗜好。西汉·戴圣《礼记·乐记》："人化物也者，灭天理而穷人欲者也。夫物之感人无穷，而人之好恶无节，则是物至而人化物也。人化物也者，灭天理而穷人欲者也。"⑤**寄迹**：指在外乡停留或暂住。此喻涉世、涉足。⑥**荆棘**：荆，荆条，无刺；棘，酸枣，有刺。两者常丛生为从莽。此喻路途崎岖坎坷，亦借指艰难困苦的处境。⑦**泥涂**：指陷入灾难、困苦之中。喻灾难、困苦的境地。

【释义】

天道自然运行之路十分广阔，人只要稍有笃志求学之心，便会觉得前景宽阔、豁然开朗；人奢求欲望之路十分狭窄，只要稍有动念刚一迈步，便有泥泞荆棘满途、举步维艰。

【浅析】

"天地有正气，杂然流形。于人曰浩然，沛塞苍冥。"正气是充满天地间至浩至刚的气象，正气于人体内即为元气，其气既可以抵御邪气，又可以维护、保全人的肌体。正气体现在人的品行上时是光明正大、积极向上的浩然之气。所以，正气之路宽广。"天地间真滋味，唯静者能尝得出。天地间真机栝，唯静者能看得透。"人们对于天地间各种事物的表象，可以用眼睛去观察，但对于其本质，天地间各种事物的真谛与关键之处，只有

121

内心清静的人才能领悟透彻。换言之，内心静则事理明，事理明则行路正且广。否则"人化物也者，灭天理而穷人欲者也"，倘若内心被物欲所蒙蔽，就会丧失天理，即"欲情路窄"。正所谓"正己而不求于人则无怨。上不怨天，下不尤人"。由此可知，正心修身是关键。"人心宽处皆是路，心底无私天地宽。"静心处世，无欲无求，踏实做事，恪守本分的人，虽然平凡无奇，偶尔也会感到孤寂，但其人生之路会宽阔明亮，胸襟广大宏朗；反之，当人的种种妄念和贪心不能得到满足而误入歧途时，可能暂时会得到名利、虚荣等方面的满足，但这条路十分狭窄，路上充满陷阱和荆棘，当及早醒悟。

<欲情路窄，哀溺不悟>：永之氓咸善游。一日，水暴甚，有五六氓，乘小船绝湘水。中济，船破，皆游。其一氓尽力而不能寻常。其侣曰："汝善游最也，今何后为？"曰："吾腰千钱，重，是以后。"曰："何不去之！"不应，摇其首。有顷益怠。已济者立岸上，呼且号曰："汝愚之甚，蔽之甚，身且死，何以货为？"又摇其首。遂溺死。

虽皆为落水之人，但无欲者生，贪心者亡。"哀溺"既是哀叹溺水者之意，又是哀叹腰缠钱财落水而不能醒悟之人，哀叹因贪欲丧失了对生命理性认识之人。这是与"天理"之路相悖而行，也正是"欲情道狭"。

七十四、磨炼成福① 参勘②知真

【原文】

一苦一乐相磨炼，练极而成福者，其福始久；一疑一信相参勘，勘极而成知③者，其知始真。

【注释】

①**成福**：指盛福、大福。泛指获得幸福。②**参勘**：参，加入，查看；勘，校对，复看核定。即指对比核定，交互勘定。③**成知**："知"古同"智"。即指智慧、才智，泛指获得知识或智慧。

【释义】

人生路上苦乐相伴，只有历尽艰辛磨炼获得幸福的人，他的幸福才能长久；求学路上信疑参半，只有历经反复探究与考证而获得知识的人，他的知识才是真才实学。

【浅析】

"把意念沉潜得下，何理不可得，把志气奋发得起，何事不可做。"意念可以改变人的命运，如果能把意念沉静下来，任何事理都能得到彻悟；志气可以使人养成吃苦耐劳的精神，如果有志奋发图强，任何事情都有信心做好。"世事洞明皆学问"，明事理，任劳任怨，有信心去做事，本身就是以苦为乐面对人生。人生的快乐与幸福都是自艰苦的环境中磨炼得来的，只有历经不懈的劳作和艰苦的努力，才能获得真实的快乐与幸福。"书山有路勤为径，学海无涯苦作舟。"求学之路亦是如此，既要虚心求教，不耻下问；亦要当勤精进，日积月累，如此才能逐步理解和掌握知识。"学贵有疑，小疑则小进，大疑则大进；疑者，觉悟之基也。"所谓"勤"，就是对知识不断进行探究，而探究是对不理解之处或疑难之点反复进行推究与考证，从而有更大的进步。只有不断完善和巩固所学到的知识，才能越发深刻理解知识，从而获得真才实学。

七十五、谦虚诚实　明理寡欲

【原文】

心不可不虚，虚则义理①来居；心不可不实，实则物欲②不入。

【注释】

①义理：指合于伦理道德的行事准则，亦指讲求儒家经义的学问。此喻伦理道德。②物欲：指对物质享受的欲望。宋·黎靖德《朱子语类·易七》："众人物欲昏蔽，便是恶底心；及其复也，然后本然之善心可见。"

【释义】

为人要持有虚怀若谷的胸襟，只有谦虚才能够彻悟义理之学的奥义；做人要有淡然朴实的心境，唯有朴实才能够抵御各种物欲的诱惑。

【浅析】

"以虚养心，以德养身。"两句话中虽然都有"养"字，但其意有所不同，前者为修养，后者为涵养，其共通之处是使身心得到滋补、教育和培养。做人既要以德养身，恪守善念、崇尚德行，又要保持淡然朴实的心境，如此才能不断祛除私心妄念，进而做到心无杂欲、目无杂观，抵御各种物欲的诱惑。"以能问于不能，以多问于寡，有若无，实若虚。"做人既要懂得，又要做到谦虚，不仅是一种智慧，而且是一种美德。所以，为人处世不仅要谦虚谨慎，戒骄戒躁，而且要保持心清意静，这样才能做到取人之长，补己之短，从而不断地提高自身的道德修养。做人如此，做学问更是如此。"君子之学必好问。问与学，相辅而行者也。非学无以致疑，非问无以广识；好学而不勤问，非真能好学者也。"所以，求学之路是"问"在"学"之先，只有好问决疑才能学到真知识。只有笃学不倦才能加深对知识的理解。"得一善言，附于其身"，可以充实自我，切忌"得一善言，务以悦人"，这样会失去自我。懂得这个道理，才能做到不耻下问，虚怀若谷。

七十六、厚德载物①　宽宏大量

【原文】

地之秽者多生物，水之清者常无鱼②。故君子当存含垢纳污③之量，不可持好洁独行④之操。

【注释】

①厚德载物：厚德，有大德，深厚的恩德。即指道德高尚者能承担重大任务。《周易·坤》："地势坤；君子以厚德载物。"②水之清者常无鱼：指水太清了，鱼就无法生存，借指对人要求太苛刻，就无人与他为伴。喻人太精明，就不能容人。《孔子家语·入官》："水至清则无鱼，人至察则无徒。"③含垢纳污：指能够容纳一切污垢之物。此喻气度宽宏而有容忍器量。④好洁独行：好洁，爱清洁。常指嗜洁成癖。《春秋左氏传·定公三年》："庄公卞急而好洁，故及是。"独行，一人行路，独自行走。即指生活中偏嗜独善其身的态度。

【释义】

污秽的土壤往往有利于许多生物的繁衍生长，而清澈的水中通常不会有鱼儿游弋栖息。所以，君子理当有包容万物的气度和宽恕他人的德量，绝不可因自命清高而成为踽踽独行的孤家寡人。

【浅析】

"躬自厚而薄责于人，则远怨矣。"做人做事要严于律己，宽以待人，这样才能远离他人的怨恨。世间百态，芸芸众生，秉性各异，在与人交往的过程中并非都是情投意合，志趣相同，只有严以律己，包容他人，以诚待人，在信任和尊重他人的同时，自己也感到幸福和快乐，才能与他人和睦相处。"水至清则无鱼，人至察则无徒"，世间本无绝对，而是良莠不齐、洁言污行、炎凉百态，等等。如果能够多一些容忍，就能减少一些矛盾；多一些宽容，就能减少一些隔阂；多一些理解，便能拉近彼此间的距离，从而减少一些怨恨。做人只有以包容的心态、从客观的角度去待人接物，才能大事化小、小事化了。"人善我，我亦善之；人不善我，我亦善之。"无论他人对自己是否友善，自己都要友善待人，只有不去计较他人对自己的态度才会去掉自我烦恼。反之，"世上本无事，庸人自扰之"。人生修养的高度不只是能看清诸事，更重要的是能看轻诸事；胸襟的宽度不仅在于能多识人，更重要的是能多容人。

<宽仁大度，雅量容人>：曹掾杨戏索性简略，琬与言论，时不应答。或欲构戏于琬，曰："公与戏语而不见应，戏之慢上，不亦甚乎！"琬曰："人心不同，各如其面；面从后言，古人之所诫也。戏欲赞吾是耶，则非其本心，欲反吾言，则显吾之非，是以默然，是戏之快也。"又督农杨敏曾毁琬，曰："作事愦愦，诚非及前人。"或以白琬，主者请推治敏。琬曰："吾实

不如前人，无可推也。"主者重据听不推，则乞问其愤愤之状。琬曰："苟其不如，则事不当理，事不当理，则愤愤矣。复何问邪？"后敏坐事系狱，众人犹惧其必死。琬心无适莫，得免重罪。其好恶存道，皆此类也。（蒋琬，字公琰，三国时人；杨戏，字文然，三国时人）

被誉为"蜀汉四相"的蒋琬既能服众，又有德量，所以世人以"小心自可襄诸葛，大度尤能恕杨戏"来赞誉蒋琬的道德情操和宽仁大度。

七十七、病未足羞　无病吾忧

【原文】

泛驾之马①可就驰驱②，跃冶之金③终归型范④；只一优游不振，便终身无个进步。白沙⑤云："为人多病未足羞，一生无病是吾忧。"真确论也。

【注释】

①**泛驾之马**：泛驾，难以驾驭。东汉·班固《汉书·武帝纪》："夫泛驾之马，跅弛之士，亦在御之而已。"即指性情凶悍而不易驾驭的马。喻才华出众而不循旧规的人。②**驰驱**：指策马疾驰。《孟子·滕文公章句下》："吾为之范我驰驱，终日不获一，为之诡遇，一朝而获十。"③**跃冶之金**：指在高温下熔化的铁水，翻滚不止没有定型，故称"跃冶"。将铸造器具熔化金属往模型里灌注时，金属有时会突然爆出模型外面，即"跃冶之金"。此喻不守本分、自恃清高的人。《庄子·内篇·大宗师》："今大冶铸金，金踊跃曰：'我且必为镆铘！'

127

大冶必以为不祥之金。"④**型范**：指铸造时用的模具，即模子。此喻成器。⑤**白沙**：明代思想家、教育家、书法家、诗人陈献章（1428—1500）。广东新会人，字公甫，号石斋，别号碧玉老人、玉台居士、江门渔父、南海樵夫、黄云老人等。他提倡较为自由开放的学风，逐渐形成一个有自己特点的学派，史称"江门学派"。因曾在白沙村居住，人称"白沙先生"，世称"陈白沙"，于明正统十二年（1447）进士及第，然而并未步入仕途，被誉为"活孟子"，著有《白沙集》传世。

【释义】

　　一匹性情暴烈的马，经过驯化仍然可以驾驭疾驰；烈焰中翻腾的铁水，最终被注入磨具铸成器物。做人如果贪图享乐、游手好闲，进而萎靡不振，一辈子便不会有任何出息。正如白沙先生所言："做人多有缺点未必足以羞耻，一生若无过错才是我的心病。"真是至理名言。

【浅析】

　　"宝剑锋从磨砺出，梅花香自苦寒来。"宝剑的刀锋之所以锐利是经过了不断的磨砺，梅花的幽香来自它度过了寒冬。寓意任何宝贵的东西都不可能轻而易举地获得，只有经过不断的努力，持之以恒的坚持才能有所收获。同理，做人要想培养良好的道德品质、高雅的志趣，求得真才实学，要省察克制，谦虚谨慎，克服困难，笃志前行，坚持不懈。"黄金无足色，白璧有微瑕"，在做事的过程中即使再细心、谨慎也难免出现种种瑕疵甚至过错，这亦在情理之中，正如白沙先生所言："做人多有缺点未必足以羞耻，一生若无过错才是我的心病。"有了过错并不可怕，可怕的是看不到自身的缺点或不足。"人非圣贤，孰能无过，过而能改，善莫大焉。"做人最难能可贵的是处世能自我约束、克制且能不断反躬自省和觉悟，进而不断地完善自我，提高自身的修养和学识。人是在磨炼中成长的。磨炼是懈怠的人成长的最大障碍，这种障碍会使其知难而退，甚至一蹶不振；而对于有志之士则是一种激励和鞭策，同时是其最宝贵的人生经历。

<铁杵成针，贵在恒心>：唐人李白，字太白，号青莲居士。磨针溪，在眉州象耳山下。世传李太白读书山中，未成，弃去。过小溪，逢老媪方磨铁杵，白怪而问之，媪曰："欲作针。"白曰："铁杵成针，得乎？"曰："但需工夫深！"太白感其意，还而终业。

七十八、一念贪私　塞智变恩

【原文】

人只一念贪私，便销刚为柔[①]、塞智为昏[②]、变恩为惨、染洁为污[③]，坏了一生人品。故古人以不贪为宝，所以度越[④]一世。

【注释】

①销刚为柔："销"通"消"。销刚，削弱刚烈之性。即指销蚀刚烈而为柔懦。②塞智为昏：塞智，失去或丧失理智。即指丧失理智进而头脑昏聩。③染洁为污：染洁，操行受到污染。即指变纯洁无瑕为污浊不堪。④度越："度越"同"渡越"。指超越，度过。东汉·班固《汉书·扬雄传》："今诊子之书文义至深，而论不诡于圣人，若使遭遇时君，更阅贤知，为所称善，则必度越诸子矣。"

【释义】

　　人只要心生贪求私利的念头，就会使他原本刚毅的性格变得柔弱，使其头脑发昏从而丧失理智，使其由恩慈仁爱变为凶残狠毒，更能使其由纯洁无瑕变为污浊不堪，这样就毁坏了他一辈子的品行。所以古圣先贤认为，做人需要以"不贪"二字为修身至宝，这才能够排除物欲干扰，安度一生。

【浅析】

　　"百年成之不足，一旦败之有余。"做事难，难在持之以恒；做人难，难在自律自省。努力若干年去做一件事未必能够取得成功，但是稍有懈怠，就会毁于一旦。虽然做事的方法因人而异，特别是长期的坚持往往很难做到，其过程亦千差万别，但都有成功与失败，只有通过自身的不懈努力才有可能成功，否则将难以维系，正所谓"成事之难，败事之速"。"一念之欲不能制，而祸流于滔天"，做人亦是如此，修身进德是终生之事，其过程虽然有些艰难和清苦，但是一旦松懈便会心生贪欲，随之会患得患失，轻者身心疲惫，甚者难以自拔，即"伤其身者不在外物，皆由嗜欲以成其祸"。一生贪心则良知泯灭，气节尽失，使原本刚毅的性格变得柔弱，头脑发昏从而丧失理智，进而使其由恩慈仁爱变为凶残狠毒，更能使其由纯洁无瑕变为污浊不堪，可谓"善化不足，恶化有余"。所以，做事之前要学会做人，即做事以立身在先，做人既要恪守原则，又要知礼、懂礼、明礼、用礼等，这样才能做到适可而止，安分知足，便会"知足常足，终身不辱；知止常止，终身不耻"。所以，做人需要以"不贪"二字为修身至宝，这才能够排除物欲干扰，安度一生。

　　<保全名节，恪守正气>：东汉羊续，字兴祖。时，权豪之家多尚奢丽，续深疾之，常敝衣薄食，车马羸败。府丞尝献其生

130

鱼，续受而悬于庭；丞后又进之，续乃出前所悬者以杜其意。续妻后与子秘俱往郡舍，续闭门不内妻，自将秘行，其资藏唯有布衾、敝衹裯，盐、麦数斛而已，顾敕秘曰："吾自奉若此，何以资尔母乎？"使与母俱归。六年，灵帝欲以续为太尉。时拜三公者，皆输东园礼钱千万，令中使督之，名为"左驺"。其所之往，辄迎致礼敬，厚加赠赂。续乃坐使人于单席，举缊袍以示之，曰："臣之所资，惟斯而已。"以此故不登公位。

东汉人羊续从"羊续悬鱼""羊续拒妻""未至三公"等做起，一生保全名节，恪守正气，他在百姓的心目中远比"三公"位重，其清廉自守的形象更是流芳千古！故有诗赞曰："鱼悬洁白振清风，禄散亲宾岁自穷。单席寒厅惭使者，葛衣何以至三公。"

七十九、惺惺不昧　诸贼无踪

【原文】

　　耳目见闻为外贼[①]，情欲意识为内贼[②]。只是主人翁惺惺不昧[③]，独坐中堂，贼便化为家人矣！

【注释】

　　①外贼：指来自外部或体外的侵害、侵蚀。佛家称"六根"为色、声、香、味、触、法"六尘"，都是以眼等为媒介劫夺一切善法，所以佛家才用"贼"这个字代表"六尘"。②内贼：指出自内在的或内心的侵扰、侵蚀。③惺惺不昧：惺惺，清醒、机警；不昧，不晦暗、不昏愦或不糊涂。

【释义】

耳闻目睹的诱人之物均属于外部侵害，情欲杂念等自身的私欲都属于内在侵蚀。只要能保持心净且头脑清醒，存浩然正气做人，遵循原则做事，无论"外贼"还是"内贼"都会变成修身养性的助手、磨炼意志的砥石。

【浅析】

"心猿归正，六贼无踪。"人如果生妄念贪欲，都是由"六贼"——眼、耳、鼻、舌、身、意"六根"在作怪，因为"六根"与外界接触，便会有眼见色、耳闻声、鼻嗅香、舌尝味、身感触、意见欲，由此便可以区分出"内贼"与"外贼"。欲望人皆有之，只有做到自我约束和克制才是一个人最好的修养。生存条件与外界环境的影响使人们对现实产生了善与恶、美与丑、优与劣、情与礼、高与低、贵与贱、富与贫等的认识，而认识的差异在于自身能否分清是非、辩明事理。正确对待它们，既要遵守规矩，克己慎行，又要不断反省自我，抵御物欲，其自心清净尤为重要，只有"惺惺不昧"才能做到淡泊明志。"祸莫大于不知足；咎莫大于欲得。故知足之足，常足矣。""祸"起因于不知足，人如果能够懂得知足，无论"外贼"还是"内贼"，都会变成修身养性的助手、磨炼意志的砥石。

<内心清净，惺惺不昧>：春秋时期人乐喜，子姓，乐氏，字子罕。宋人或得玉，献诸子罕。子罕弗受。献玉者曰："以示玉人，玉人以为宝也，故敢献之。"子罕曰："我以不贪为宝，尔以玉为宝，若以与我，皆丧宝也。不若人有其宝。"稽首而告曰："小人怀璧，不可以越乡。纳此以请死也。"子罕置诸其里，使玉人为之攻之，富而后使复其所。

人只有以"不贪"为修身进德至宝，才能驱除"外贼"和

"内贼"的侵扰和销蚀，保持内心清净、惺惺不昧，恪守淡泊寡欲；也可以将"诸贼"变成自身提高修养、磨砺意志的砥石。

八十、保已成业　防将来非

【原文】

图未就①之功，不如保已成之业；悔既往之失，不如防将来之非。

【注释】

①未就：指刚开始做，尚未完成或没有成功。

【释义】

与其想做没有把握且刚开始做的事业，还不如尽心竭力保全已经完成的基业；与其苦思冥想追悔以往的种种过失，还不如预防将来可能发生的过错。

【浅析】

"过犹不及。"做事情不可"过"，"过"与"不及"都是不恰当的，做人同理。人生有两件难事，即做人难和做事难。做人先于做事，自身心静才能辩明事理，而其难点的关键是要有"度"，即为人要有分寸，进退要有度，要清醒地认识到自身所处的位置，既不要为尘俗所迷，也不要为物欲所困。思想太少容易失去做人的尊严，而思想太多又会失去人生的快乐，只有把握好"度"才能做到恰到好处，这是做人的最高境界。做事亦要有"度"，要恪尽职守，做好本分之事，在此基础上逐步提高自身的能力，扩大视野，循序渐进，求真务实，切忌心浮气盛、操之过急，急于求成往往欲速不达，甚至会产生偏激或导致失败。立志要切实可行，急功近利则会遭受挫折；要切合实际，切勿好高骛远，这两种都是不可取的。同理，与其做不能预测且心里没底的事业，不如尽心竭力保全已经完成的基业。只有驱除自身的私心杂念，抛开世俗的喧嚣，克制动辄膨胀的欲望和贪念，才能知足常乐。无论做人还是做事，都要做到心如止水，脚踏实地、尽心尽力去做好能做的事情，才能在原有的基础上做好当下，进而获得发展与提高。"前车之覆轨，后车之明鉴"，既要牢记以往遭受的挫折、失败的教训，又要不拘泥于过往的失误，增强信心，这样才能在前进的路上减少纰漏、过失，心无旁骛地致力于未来。

八十一、立身行事 不可偏枯

【原文】

气象①要高旷，而不可疏狂②；心思要缜密③，而不可琐屑；趣味要冲淡，而不可偏枯；操守要严明，而不可激烈。

【注释】

①气象：指气概、气度、气局、气派。②疏狂：指豪放，不受拘束。唐·白居易《代书诗一百韵寄微之》："疏狂属年少，闲散为官卑。"③缜密：指细致精密，细致周全。西汉·戴圣《礼记·聘义》："缜密以栗，知也。"

【释义】

做人要豁达开朗，不可以粗疏轻狂；做事要谨慎周密，不可以烦琐杂乱；生活要清淡高雅，不可以偏执枯燥；志向和节操要严谨明达，不可以刚烈激进。

【浅析】

"月满则亏，水满则溢，人满则骄。"月圆之时最容易发生月蚀，水满就会外溢，人有自满情绪便会骄傲。"大曰逝，逝曰远，远曰返。"简而言之，事物发展到一定程度，盛至极点就会由盛转衰，而衰至极点自然会向相反的方向转化，没有永恒的完美，极则必反。所以，"立身行事，不可偏枯"，否则难以达到自我修养的目的。"酒饮半酣正好，花开半吐偏妍。帆张半扇免翻颠，马放半缰稳便。半少却饶滋味，半多反厌纠缠。百年苦乐半相参"，短短几句话便讲明了做人做事都要有一定的量度，而这个量度就是"半"字。达不到这个量度就是"不及"，超过这个量度就是"过之"，做得"不及"或是"过之"都难达到预期的效果。做人和做事亦要有度，做人气度要豁达开朗，但不可以粗疏轻狂，心中有度则不乱，过则为灾，功不求盈，业不求满。有功不可邀功，要心存谦让；谈吐不可没尺度，要留些余德；行事不可冒进，要留有余地；交友要以诚相待、宽仁厚道。明事理、晓世俗，但不世故，不沾染世俗。做事的心思"要缜密，而不可琐屑"，要有所为，有所不为。做人做事只有平心静气且胸无贪欲和杂念，才能及时把握机遇、化险为夷。人不必刻意脱离俗世，所处的生活环境就是磨炼灵魂最好的地方，生活本身就是修行。聪明睿智的人面对富贵顺其自然，能让自身欲望的潮水有涨有落，从不越位。"半智半愚半圣贤"，既是一种为人处世的人生哲理，也是一种磨砺心性的善策。

135

八十二、事来事去　不留声影

【原文】

风来疏竹，风过而竹不留声；雁渡寒潭①，雁去而潭不留影。故君子事来而心始现，事去而心随空。

【注释】

①寒潭：指寒凉的水潭，大雁多在秋天南飞，此时河水更显寒冷清澈，故称寒潭。唐·王勃《秋日登洪府滕王阁饯别序》："潦水尽而寒潭清，烟光凝而暮山紫。"

【释义】

轻风吹动纤疏的竹林会发出沙沙的声响，可是当轻风吹过之后竹林又会寂静如常；大雁飞越寒潭之时潭面会有鸿形映现，可是当大雁飞过之后潭面却难觅雁影。所以，君子只在临事当时才会用心处事，而当事情过后其内心又恢复了平静。

【浅析】

"春生夏长，秋收冬藏，此天道之大经也。"春、夏、秋、冬四季中的应有之物，既是自然之道的大准则，又属于自然规律。做人做事既要遵守道义，又要顺其自然，清心寡欲，恪守本分，勿生贪求之心，勿起追名逐利之念，若能如此，对人生将大有裨益。倘若非要悖理而行，其人生之路不仅越行越窄，眼前更是无穷的苦海。所以凡事要心态平和，客观面对，因为"天下不如意，恒十居七八"，即世间之事，不可能样样顺心，与其事事穷思极想、烦恼不断，不如随遇而安。一个有修养的人能够正视所遇到的挫折或失败，并且在坎坷不平的人生路上保持一颗平静的心。"风过而竹不留声""雁去而潭不留影。"这说的是事过而静，从而引出"事去而心随空"，这里强调的亦是静，而能够保持"静"是人生的一种态度。如此，处事行路不乱于心，不困于情，自然就天地宽，就能做到审时度势，顺势而为。

八十三、修身进德　中庸①之道

【原文】

　　清能有容②，仁能善断，明不伤察，直不过矫。是谓蜜饯③不甜，海味不咸，才是懿德④。

【注释】

　　①中庸："庸"古同"用"，亦称"中用"。指儒家的道德标准，待人接物不偏不倚，调和折中，保持中正平和。②有容：有所包含，宽宏大量。③蜜饯：亦称"果脯"，古称"蜜煎"。指汉族民间用糖浆浸渍水果食品，多以桃、杏、李、枣或冬瓜、生姜等果蔬为原料，加工制成。④懿德：懿，美好。即指美德。

【释义】

　　清廉公正又有宽容大度的胸怀，仁爱慈祥又有好谋善断的素质，聪明睿智又有不忘细察的作风，刚直果敢有不矫枉过正的态度。这就好比蜜饯甜而适度，海产之味咸淡适宜，为人处世若能做到恰如其分才是美德。

【浅析】

　　"好学近乎知，力行近乎仁，知耻近乎勇。齐明盛服，非

137

礼不动。所以修身也。"学习伴随着人的成长之路，而德行是立身之本。所以说，喜爱学习就会接近智慧，尽力去实行就会接近仁爱，知道羞耻就会接近勇敢，清心寡欲，着装端正，不做无礼的事情等，这些都是修养德行的方法。居中履正，修身进德是中庸之道，其"道"在脚下，即要顺应自然规律，严格自律，注重自身的品德修养，保持刚正的气节，而能否脚踏实地地去做，关键在于自心。中庸之道并非简单的中立、平庸等，中庸有多种含义，譬如不偏、不易、中正、平和等，其核心在于"诚"，即真诚，自心至诚则待人接物会真诚。进一步说，只有为人处世真诚，才能营造和谐的氛围，这既包括自身心态的和谐，又包括与人交往的和谐，还有接触环境的和谐等，和谐即相敬守礼，处事有"度"。恪守清廉的人往往容易矫枉过正，聪明能干的人往往容易骄傲自满，仁爱慈善的人往往容易犹豫不决，善于观察的人往往容易待人苛刻，秉性正直的人往往容易处事偏激。所以，做到不偏不倚这个"度"，而且持之以恒是非常不容易的，即"中庸其至矣乎，民鲜能久矣"！这就好比人们都要吃饭，但真正细心品尝到其中滋味的人甚少。由此可知，要使自身成为"中用"的人，才是恰到好处。

八十四、穷能益工^①　气度风雅

【原文】

　　贫家净拂地，贫女^②净梳头，景色虽不艳丽，气度自是风雅。士君子一当穷愁^③寥落，奈何辄自废弛^④哉^⑤！

【注释】

①益工：益，更加。喻更加努力地劳作。②贫女：指贫穷的女子。唐·李白《陈情赠友人》："沉忧心若醉，积恨泪如雨。愿假东壁辉，余光照贫女。"③穷愁：指穷困忧愁，穷苦而忧伤。《史记·平原君虞卿列传》："然虞卿非穷愁，亦不能着书以自见于后世云。"④废弛：指荒废懈怠。即应施行而未施行。元·王冕《剑哥行次韵》："我未四十鬓已斑，学书学剑具废弛。五更闻鸡狂欲起，何事英雄心未已？"⑤哉：文言语气助词。此表感叹。

【释义】

贫穷的人家常把地面打扫得十分干净，贫家的女子常把头发梳洗得柔顺整洁，其摆设和装束虽然不是精美艳丽，但是却能显现出一种高雅脱俗的气质。而作为读书人，一旦境遇不佳处于穷愁潦倒之时，为什么总是荒废懈怠、自暴自弃呢？

【浅析】

"竹篱茅舍风光好，僧院道房终不如。"这既是心静，也是一种意境，虽是竹篱茅屋，但是因为干净整洁，显得简朴清雅。干净整洁的环境可以使人身心愉悦，简朴清雅的氛围可以使人宁静淡泊。茅舍简洁风光好是由于"明窗净几，有坐卧之安"。贫家与富家、简朴与奢华、淡雅与艳丽的差别在于人的心态不同，其贫家简朴与淡雅是一种自然与淳朴的美，这与富家奢华和艳丽形成了鲜明的对比，而清净的心态最能与自然和淳朴的环境相融合。"贫家净拂地"且陈设简朴能呈现清新别致的景象，"贫女净梳头"且仪态端庄能呈现出高雅脱俗的气质。清新别致的景象和高雅脱俗的气质都与自身品德和内在修养有关，而欠缺修养的人在遇到困难的时候会感到信心不足，如一些缺乏修养的书生一旦自身境遇不佳便牢骚满腹，当遇到坎坷或挫折的时候更是穷愁潦倒，一蹶不振。"言非礼义，谓之自暴也；吾身不能居仁由义，谓之自弃也。仁，人之安宅也；义，人之正路也。"缺乏仁义和道德修养的人又怎能在人生之路上有所作为呢？缺乏理性认识抑或不明事理的人，往往会在失望和忧郁中自暴自弃。

八十五、绸缪未雨① 立身正己

【原文】

闲中不放过，忙处有受用；静中不落空，动处有受用；暗中不欺隐，明处有受用。

【注释】

①**绸缪未雨**：绸缪，紧密缠缚。即指天还没有下雨，先把门窗绑牢。喻凡事要事先做好准备工作。

【释义】

在闲暇无事的时候，千万不可以虚度宝贵的时光，要充分利用这段空闲时光为将来的忙碌做些准备，这是未雨绸缪；在清静宁心的时候，尽可以充实自身的内心世界，充分利用这段宁静为将来的变动做准备，这是有备无患；即使独自在无人的地方，也不可以做欺骗隐瞒的事情，只有自身做到光明磊落才能在众人面前备受尊重，这是品行高洁。

【浅析】

人生很宝贵，不辜负韶华，才是负责任的态度，即使在闲暇无事的时候，也不可以虚度宝贵的时光。做事既要有勇气，又要有信心，坚持走自己的路，虽然艰难，但是要懂得合理分配时间、精力和体力等，这一切能为将来的繁忙奠定基础，使届时的紧张程度得到些许缓解，做到未雨绸缪，游刃有余。而在清静宁心的时候，尽可以充实自己的内心世界，继续自己的跋涉，虽然有些辛苦，但从长远来考虑，若能创造良好的发展条件，即使人生之路上有何变动，也可以做到有备无患，泰然自若。而"不放过"与"不落空"的更深寓意在于对时间的珍惜，人们很容易忽略人生有多少个二十四小时，甚至对时间的浪费毫不吝啬，实际上，时间比金子还珍贵，因为它稍纵即逝，永不复返。"迨天之未阴雨，彻彼桑土，绸缪牖户"，告诫世人无论做任何事情，都要事先做好准备工作，切忌临时抱佛脚，临渴掘井，虽然事到临头而动，或许可以解燃眉之急，但终究不是长远之计。独自在无人的地方，亦不可以做欺骗隐瞒的事情，做人要胸怀坦荡，诚实谦谨，表里如一才能得到他人的尊重，提高自身的修养。

八十六、临崖勒马[①]　起死回生

【原文】

念头起处，才觉向欲路上去，便挽从理路上来。一起便觉，一觉便转，此是转祸为福，起死回生的关头，切莫轻易放过。

【注释】

①临崖勒马：亦称悬崖勒马，指走到悬崖边缘勒住了奔马。喻到了危险边缘能及时醒悟回头。元·郑光祖《钟离春智勇定齐》："这厮不识咱运机，将人来紧追袭。呀！你如今船到江心补漏迟，抵多少临崖勒马才收骑。"

【释义】

当你萌生贪念时，会意识到这是在走向贪欲之路，就要立即打消贪念将思绪拉回到正路上来。因此要做到，贪念一起立刻警觉，一旦警悟立即转念，如此才能做到转祸为福，在挽救自己，矫正人生方向的紧要关头，千万不要轻易放过良机。

【浅析】

"金无足赤，人无完人。"是说没有成色十足的金子，亦没有十全十美之人。所以不能要求一个人没有一点过失或错误，特别是在大千世界中，人事无常，变幻莫测。丝毫不受外界干扰，或内心毫无私欲杂念产生绝不现实。而人一旦产生私欲杂念亦就难免多有过失或错误，甚至铸成大错。但是如果及早觉悟，纠正偏差，调整好心态，即"才动即觉，觉之即无"，就能消除"心魔"，摆脱困扰，转危为安。"人谁无过？过而能改，善莫大焉。"人难免犯错误，如果知道错了，能够诚心去改正错误，并以此作为人生道路上的经验教训，就可以避免重蹈覆辙。人只有克制欲望贪念，才能保持一颗平常心。人常会产生贪欲之心，往往得到了一分，还想着再得九分，正如常言所说："贪心不足蛇吞象。"但如果能够克制想要得到一分的贪心，就能够做到安分守己。"祸兮福所倚，福兮祸所伏"，是福是祸，全在自心，贪念一起立刻警觉，一旦警悟立即转念，如此才能做到转祸为福。

八十七、念虑澄澈^① 观心证道

【原文】

静中念虑澄澈，见心之真体；闲中气象从容，识心之真机^②；淡中意趣冲夷^③，得心之真味。观心证道^④，无如此三者。

【注释】

①**澄澈**：指清澈见底，清亮明洁。东晋·王献之《镜湖帖》："镜湖清澈，清流泻注。"②**真机**：指玄妙之理，秘要，亦指真正的动机、目的。③**冲夷**：冲，谦虚、平和、淡泊；夷，平易、和顺、和乐。即指淡泊平易。④**证道**：道，极致的宇宙世界观、宇宙世界规律、规则。即指悟道。

【释义】

当人处在宁静之时，思虑就会清明澄澈，此时最容易看清人性的真实本体；当人处在悠闲之际，气概就会舒缓从容，此时最容易发觉内心的真正动机；当人处在淡泊之中时，性情就会淡泊平易，此时最容易悟出人生的真情意趣。通过省察内心世界来体悟人生的真谛，恐怕再没有比这三种方法更为有效的了。

【浅析】

"致虚极，守静笃。万物并作，吾以观复。"如果能够保持自身的心神清虚和宁静的笃定状态，当自然界中的事物同时发生的时候，便可以这种心态去观察事物循环往复的规律，正是"欲淡则心虚，心虚则气清，气清则理明"。同理，如果能保持"静""闲""淡"的心态，就容易看清人性的真实本体、发觉

内心的真正动机、体会人生的真情意趣，不仅能审慎观察事物发展和变化的规律，从中得到诸多感悟，而且能获得磨炼，提高自身的修养。宁静是人生的一种智慧，保持宁静便可以做到"不诱于誉，不恐于诽"；闲适能使人精神愉悦，使心灵超越世俗；淡泊能使内心恬静如水，有助于明辨是非、恪守本分，有助于提高修养和学习知识，还有助于身心健康。保持宁静、闲适和淡泊，其内心犹如一尘不染的明镜，既能反映出人的本然之性，又能彻悟"真体、真机和真味"，是"观心证道"的有效方法。

　　<超脱生死，乐观洒脱>：林类者，魏人也，年且百岁。底春披裘，拾遗穗于故畦，并歌并进。孔子适卫，望之于野，顾谓弟子曰："彼叟可与言者，试往讯之。"子贡请行，逆之陇端，面之而叹曰："先生曾不悔乎，而行歌拾穗？"林类行不留，歌不辍。子贡叩之不已，乃仰而应曰："吾何悔邪？"子贡曰："先生少不勤行，长不竞时，老无妻子，死期将至，亦有何乐，而拾穗行歌乎？"林类笑曰："吾之所以为乐，人皆有之，而反以为忧。少不勤行，长不竞时，故能寿若此。老无妻子，死期将至，故能乐若此。"子贡曰："寿者，人之情。死者，人之恶。子以死为乐，何也？"林类曰："死之与生，一往一反。故死于是者，安知不生于彼。故吾知其不相若矣。吾又安知营营而求生非惑乎？亦又安知吾今之死不愈昔之生乎？"子贡闻之，不喻其意。还，以告夫子。夫子曰："吾知其可与言，果然。"

　　这正是平凡中蕴含着人生的真谛，最容易悟出人生的真情意趣。

菜根谭新解

八十八、动处静真　苦之乐真

【原文】

　　静中静非真静，动处静得来，才是性天①之真境②；乐处乐非真乐，苦中乐得来，才见心体之真机。

【注释】

　　①性天：指天性，亦指人得之于自然的本性。西汉·戴圣《礼记·中庸》："天命之谓性，率性之谓道，修道之谓教。"②真境：指超越物质外形的境界或仙境。北宋·李弥逊《渡横溪》："尘埃何处寻真境，试农寒流认落花。"

【释义】

　　人在空静的环境中得到的宁静并不是真正的安静，只有在喧嚣躁动的环境中仍能保持心态平静才是天赋的安宁真境；人在欢乐气氛中得到的乐趣并不是真正的快乐，只有在艰难困苦的境遇下仍能保持心态乐观才是内在的真实乐境。

【浅析】

　　"静中静非真静。"置身动处能够保持心静才是真静。内心安定的人，既不受外界的任何干扰，又能保持淡泊宁静的心理状态。所以，当身处空静的环境中时，并非都能够做到沉心静气，这是心存杂念所致，更无乐趣可言，而在喧嚣躁动的环境中能做到心平气定便可以悟出静中的真正乐趣。"常人之心，私意盘结，欲情浓厚，须随事磨炼，难忍处须忍，难舍处须舍，难行处须行，难受处须受。如日不能忍，今日忍一分，明日又进一分，久久练习，胸中廓然。此是现前真实功夫也。"人总会遇到坎坷不平之路，生活中常会有不尽如人意之事，每于此，既要学会自我调节和安抚心灵，还要学会自我沉淀，即沉淀经历，沉淀心绪，沉淀处事之理，更要学会能耐能忍，能收能放，能苦能乐，从容自若。而这些都需要在实践中锤炼心性，在艰苦的环境中磨砺意志，从中取得的经验才是最宝贵的财富。做人要有"行到水穷处，坐看云起时"的气魄和胸怀，在遇到困难或挫折的时候，能够保持心态平和，做到泰然自若，才是真正洒脱智慧的人生，才能体悟到快乐。即"乐"要发自内心，调动周身的气血，愉悦身心。为人处世要在宁静中耐得住寂寞，在躁动中经得起各种诱惑，在欢乐中不得意忘形，在困苦中能找到乐趣，如此，既是人生的至高境界，也能笑对人生而有所作为。

<**安贫乐道，恬于进趣**>：晋人王欢，字君厚。安贫乐道，专精耽学，不营产业，常丐食诵《诗》，虽家无斗储，意怡如也。其妻患之，或焚毁其书而求改嫁，欢笑而谓之曰"卿不闻朱买臣妻邪"，时闻者多哂之。欢守志弥固，遂为通儒。

王欢在人生路上心无旁骛地专注学业，且能孜孜以求，虽然生活清苦，但是他的内心充盈，最终成为大学者。

八十九、舍己毋疑　施毋责报

【原文】

舍己毋处其疑[1]，处其疑即所舍之志多愧矣；施人[2]毋责其报，责其报并所施之心俱非矣。

【注释】

①**毋处其疑**：此喻不要有犹疑不决之心。②**施人**：指施恩于

人。东汉·崔瑗《座右铭》："施人慎勿念，受施慎勿忘。世誉不足慕，唯仁为纪纲。"

【释义】

需要做出自我牺牲时，不要犹豫不定，若是顾虑重重会使舍己为人之志蒙受愧耻；需要施恩济助他人时，不要指望感恩酬报，若是苛求寸报就会使这种施泽之心面目全非。

【浅析】

"有德者必有言，有言者不必有德。仁者必有勇，勇者不必有仁。"只有心存"德"与"仁"，才能有善言善行与舍己为人的精神，而"德"与"言"、"仁"与"勇"是真情实意、赤诚相待的关系。同理，需要"舍己"之时，切记不要犹豫不决，倘若顾虑重重会使舍己为人之志蒙受愧耻；需要"施人"之际，切忌要求感恩谢德，倘若苛求寸报就会使这种施泽之心面目全非。舍己为人既是一种修养和宽容，一种纯洁奉献精神的具体体现，也是一种发自内心的真实情意，因此，不会有一丝一毫的顾虑和犹豫。乐善好施既是一种从精神上给予他人的微笑和友善，一种诚心济人之难的仁爱之举，也是一种高尚的道德观念，所以，不会有丝毫的施恩望报之心。若非如此，其"舍己"与"施人"多有另有图谋、表里不一之嫌。"真者，精诚之至也。不精不诚，不能动人。"古往今来真诚舍己者不乏其人。

九十、劳我以形　逸心①补之

【原文】

大薄我以福，吾厚②吾德以迓③之；天劳我以形④，吾逸吾心以补之；天厄我以遇⑤，吾亨吾道以通之。天且奈我何⑥哉？

【注释】

①逸心：逸，放松、闲适。此喻愉悦身心。②厚：此指重视、崇尚。喻勤勉强化。③迓：指迎接、迎候。④劳我以形：劳，劳顿、劳累；形，身体。即指劳累我的身体。⑤厄我以遇：厄，灾难、困苦；遇，际遇。泛指使我遭遇痛苦。⑥奈我何：奈，如何。指能把我怎样。

【释义】

倘若上天一定要减少对我的赐福，我就增强品德修养来迎接自身的福分；倘若上天一定要使我的筋骨劳顿，我就加强调养身心来滋补筋骨的劳乏；倘若上天一定要使我身处困苦中，我就努力磨炼意志来摆脱命运的困境。如此，上天还能把我怎么样呢？

【浅析】

"天地所以能长且久，以其不自生，故能长生。"天地并非为了自身的生存而自然地运行着，所以能够长久。这寓意着一种无私的奉献。如果效仿天地自然之道，排除私心杂念面对人生便可以行稳致远。所以，重视道德品质、择善而行可以多积福，保持自心清净可以洗涤尘劳，努力虔心修为可以祛除厄运。"人不学则无以有懿德"，不努力去做事就不懂得如何克服困难，人不

148

勤于学习就无法使自身具备美德。只有克服困难，才是人生最宝贵的财富，通过努力"厚德"才能"积福"。如果上天减少赐福与我，我就增强品德修养来培育自身的福分，可谓德配其福；如果上天使我筋骨劳顿，我就加强修养身心来滋补筋骨的劳乏，可谓劳逸结合；如果上天使我身处厄境，我就努力磨炼意志来摆脱命运的困境，可谓自我把握。修身进德，强筋壮骨，磨炼意志，消除俗累，心境常静，本分做人，踏实做事，如此上天又能把我怎么样呢？

<机智善辩，将计就计>：春秋时期人晏子，名婴，字仲。晏子使楚。楚人以晏子短，为小门于大门之侧而延晏子。晏子不入，曰："使狗国者，从狗门入。今臣使楚，不当从此门入。"傧者更道，从大门入。见楚王。王曰："齐无人耶，使子为使？"晏子对曰："齐之临淄三百闾，张袂成阴，挥汗成雨，比肩继踵而在，何为无人？"王曰："然则何为使子？"晏子对曰："齐命使，各有所主。其贤者使使贤主，不肖者使使不肖主。婴最不肖，故宜使楚矣！"

晏子将使楚。楚王闻之，谓左右曰："齐之习辞者也，今方来，吾欲辱之，何以也？"左右对曰："为其来也，臣请缚一人，过王而行。王曰，何为者也？对曰，齐人也。王曰，何坐？曰，坐盗。"晏子至，楚王赐晏子酒，酒酣，吏二缚一人诣王。王曰："缚者曷为者也？"对曰："齐人也，坐盗。"王视晏子曰："齐人固善盗乎？"晏子避席对曰："婴闻之，橘生淮南则为橘，生于淮北则为枳，叶徒相似，其实味不同。所以然者何？水土异也。今民生长于齐不盗，入楚则盗，得无楚之水土使民善盗耶？"王笑曰："圣人非所与熙也，寡人反取病焉。"

晏子出使楚国，遇事沉着冷静，机智善辩，既维护了自己国家的尊严，又不辱使命。所以，无论遇到什么事情，只要善于创造条件，就不会受困。亦即"天厄我以遇，吾亨吾道以通之"。

九十一、天机最神　智巧①何益

【原文】

贞士②无心徼福③，天即就无心处牖④其衷⑤；憸人⑥着
意⑦避祸，天即就着意中夺其魄。可见天之机权⑧最神，人
之智巧何益！

【注释】

　　①智巧：指机谋与巧诈，智慧与技巧。《韩非子·扬权》：
"圣人之道，去智与巧，智巧不去，难以为常。"汉·枚乘《七
发》："于是极犬马之才，困野兽之足，穷相御之智巧，恐虎
豹，慑鸷鸟。"②贞士：指志节坚定、操守方正之士。《韩非
子·守道》："托天下于尧之法，则贞士不失分，奸人不徼
幸。"③徼福："徼"通"邀"。指招致、求取。即指祈福、求
福。《春秋左氏传·僖公四年》："对曰：'君惠徼福于敝邑之
社稷，辱收寡君，寡君之愿也。'"④牖：通"诱"。指诱导、
启发。⑤衷：指福、善，亦指内心。⑥憸人：憸，邪恶。即指奸
佞之人或行为不正的小人。⑦着意：用心，集中注意力。⑧机
权：机，灵巧；权，变通。即指机智权谋或灵活变通。

【释义】

　　志节坚定的人，虽然无意祈福降临，但是上天偏要在他无心
无意之间牖导他完成心愿；奸佞邪恶的人，虽然刻意逃避祸患，
但是上天偏要在他着意避祸之中夺其魂加以惩罚。由此可见，上

天巧妙运用神力灵活变通、玄机莫测，而世间凡人智慧再高明也万般无奈啊！

【浅析】

"人生贵贱，各有赋分；君子处之，遁世无闷。"人生的贵与贱，除了与其天赋或资质有关外，也有些机遇和偶然；君子的贵贱规则是"贵贱得失，用舍行藏，皆宜乐天知命，候时而动，不可出位妄求也"，所以君子无论遇到任何困难，都能做到超凡脱俗，心无烦扰。生活中的大多数"无心"，往往是"有心"为之，其原因皆在平日言行举止中的点滴积累。"有心栽花花不开，无心插柳柳成荫。"若能对身外之物如名声、利益和地位等多几分"无心"，对自身的历练和修养等如品德、志节、涵养、能力等多几分"用心"，就会得到意想不到的惊喜。正是无意祈福降临，而上天偏要在他无心无意之间牖导他达成心愿。人生中有很多东西是可遇不可求的，需要自身脚踏实地的努力，所谓艺多不压身，不曾期盼的往往会不期而至，出自意外。"圣人之道，去智与巧，智巧不去，难以为常"，志节坚定的人能受到上天的眷顾，是因为他持有高尚的节操、良好的道德修养和淡泊名利之心。奸佞邪恶的人之所以受到惩罚，是因为他道德败坏、狡诈诋諆、利欲熏心，纵然百般逃遁也难以避祸。因此，做人若要有所作为，不但要加强自身的道德修养，而且要谦虚谨慎、戒骄戒躁，持之以恒。

<贞士无心，天牖其衷>：西汉朱买臣，字翁子。家贫，好读书，不治产业，常艾薪樵，卖以给食，担束薪，行且诵书。其妻亦负戴相随，数止买臣毋歌呕道中。买臣愈益疾歌，妻羞之，求去。买臣笑曰："我年五十当富贵，今已四十余矣。女苦日久，待我富贵报女功。"妻恚怒曰："如公等，终饿死沟中耳，何能

富贵！"买臣不能留，即听去。其后，买臣独行歌道中，负薪墓间。故妻与夫家俱上冢，见买臣饥寒，呼饭饮之。初，买臣免，待诏，常从会稽守邸者寄居饭食。拜为太守，买臣衣故衣，怀其印绶，步归郡邸。直上计时，会稽吏方相与群饮，不视买臣。买臣入室中，守邸与共食，食且饱，少见其绶，守邸怪之，前引其绶，视其印，会稽太守章也。守邸惊，出语上计掾吏。皆醉，大呼曰："妄诞耳！"守邸曰："试来视之。"其故人素轻买臣者入内视之，还走，疾呼曰："实然！"坐中惊骇，白守丞，相推排陈列中庭拜谒。买臣徐出户。有顷，长安厩吏乘驷马车来迎，买臣遂乘传去。会稽闻太守且至，发民除道，县长吏并送迎，车百余乘。入吴界，见其故妻、妻夫治道。买臣驻车，呼令后车载其夫妻，到太守舍，置园中，给食之。居一月，妻自经死，买臣乞其夫钱，令葬。悉召见故人与饮食诸尝有恩者，皆报复焉。

九十二、一生一世　重在晚节

【原文】

声妓①晚景从良②，一世之胭花③无碍；贞妇④白头失守，半生之清苦俱非。语云："看人只看后半截。"真名言也。

【注释】

①声妓：指古代宫廷和贵族家中的歌姬舞女，亦指妓女。②从良：古时妓女隶属乐籍（户），被一般人视为贱业。旧指脱离乐籍嫁于良民。③胭花：谓浓妆艳抹的女子。旧时特指妓女。此指妓女生涯或卖笑。④贞妇：旧指从一而终的妇女。

【释义】

即使是从业半生的歌姬舞女，到了晚年若能嫁人从良，她昔日的烟花生涯并不会妨碍她后半生的正常生活；可是坚守大半生贞洁的妇女，如果到了晚年不能保持节操，那么她大半生的恪守贞操和清苦度日的名节就会前功尽弃。俗谚说："看人只看后半截。"真是至理名言。

【浅析】

"愈老愈知生有涯，此时一念不容差。"人生几曾明事理，莫待朽迈得悟时。世间万物都会经历从开始到消亡的过程，这是客观规律，人生亦是如此，生老病死是自然法则，生命可贵，容不得有一念之差，否则既浪费生命，也难以弥补。善始不易，善终更难。一个人的功过与成败，关键要看他后半生的晚节，其是非与得失，要待得出最后的结果才能评定，即所谓"看人只看后半截"。人生中的每个阶段，多会有成败、得失与利害等经验和教训，这些并非我们所能预料和把握的，很多事情亦并非我们所能承担的。所以人们常说，"看事容易，做事难"，但是只要自身能保持良好的心态，努力去做，求得一份付出后的坦然，且珍惜每一个小小的收获，坚定信心，坚持不懈，多一分耕耘，就会多一分收获，这种收获正是一种自然的乐趣。一日得失看黄昏，一生成败看晚节。一个人的境遇并没有绝对的好与坏、优与劣，其成败与得失，只在一念之间，心态不同，人生的境遇就可能有霄壤之别。"悟"与"悔"是人生的清醒剂，只要能修炼一颗淡泊宁静的心，人生自会风清月明。

九十三、种德①施惠②　皆系修为

【原文】

　　平民肯种德施惠，便是无位的公相③；士夫④徒贪权市宠⑤，竟成有爵的乞人⑥。

【注释】

　　①种德：指布德，施恩德于人。②施惠：指给人以恩惠。宋·何薳《春渚纪闻·市药即干丞》："性好施惠，遇人有急难，如在己也。"③公相：指公卿、宰相一类的显官。喻公卿将相。唐·韩愈《祭十二郎文》："诚知其如此，虽万乘之公相，吾不以一日辍汝而就也。"④士夫：士大夫的简称，因在文学上要与"平民"对称，故把士大夫写成"士夫"。⑤贪权市宠：贪，求多、不知足；市，求取、交易。即指贪图权势以博取别人的喜爱或宠信。⑥乞人：指讨饭之人，乞丐。《孟子·告子》："一箪食，一豆羹，得之则生，弗得则死，呼尔而与之，行道之人弗受；蹴尔而与之，乞人不屑也。"

【释义】

　　一个平民百姓若肯做积德行善之事，就如同一个没有高爵显位的公卿宰相；一个达官显宦若只知争权邀宠之事，就像一个有官职爵位沿街托钵的乞人。

【浅析】

　　"圣人上德而不功，尊道而贱物。道德当身，故不以物惑。"做事先做人，立身先立德，无论平民百姓还是达官显贵都可以成为道德高尚的人，关键要看怎样提高自身的修为。特别是

154

出仕之人更要保持正直的品格、朴实的作风、仁慈的胸怀、善良的心地和为民排忧解难的高尚情怀，其"德"在言行一致，表里如一。所以，圣人以德为上，其次是功业，注重道德品质而轻视身外的名利之物。反之，如果是阿谀奉承、贪权市宠者，就是失德之人。"上德不德，是以有德；下德不失德，是以无德。上德无为而无以为；下德无为而有以为"，具备"上德"的人，思"德"，行阴德，顺应自然心存"德"，可谓有"德"；具备"下德"的人，思"德"，显其"德"，注重形式而有意为之，可谓失"德"。所以，积德行善不在名位高下，亦无贵贱之分，全在于自身的素养和品行。譬如，一个平民百姓若肯做积德行善之事，就如同一个没有高爵显位的公卿宰相；一个达官显宦若只知争权邀宠之事，就像一个有官职爵位沿街托钵的乞人。换言之，"人之行善，利人者公，公则为真，利己者私，私则为假"，公与私、真与伪不言而喻。因此，做人要崇尚道德修养，不断提高自身的素养，恪守高尚的情操，谨言慎行，仁爱慈善，广积阴德。做事以诚待人，脚踏实地，勤奋不懈，"种德施惠"，无愧自心，自食其力，悠闲自适。

九十四、积累之难　倾覆之易

【原文】

问祖宗之德泽①，吾身所享者是，当念其积累之难；问子孙之福祉②，吾身所贻③者是，要思其倾覆之易。

【注释】

①**德泽**：指恩德、恩惠。《乐府诗集卷十三·相和歌辞

五·长歌行》："青青园中葵，朝露待日晞。阳春布德泽，万物生光辉。"②福祉："福""祉"同义，即指幸福、利益、福利。唐·李翱《祭福建独孤中丞文》："丰盈角犀，气茂神全。当臻上寿，福祉昌延。"③贻：和"遗"的意思相同，即指遗留、留下、赠给。《诗·周颂·思文》："贻我来牟，帝命率育。"

【释义】

若问先辈给我们留下了哪些恩泽福德，可以说我们在生活中享用的一切都是，因此理当感念先辈在积累德泽时有多艰辛；若问子孙后代将来的生活能否幸福，这要看我们的努力能给子孙留下多少福祉，但我们也要想到留下的福祉很容易遭受败家的厄运。

【浅析】

"哀哀父母，生我劬劳；拊我畜我，长我育我，顾我复我，出入腹我。欲报之德，昊天罔极。"对于"孝"字，每个人的理解不同，感悟也有早有晚，当你发自内心懂得了父母对自己成长做出一切的时候，才会真正领悟"孝"背后的寓意，才能体会到父母的养育与抚爱、庇护与看顾、教育与培养等所付出的心力与艰辛，才渐渐明白该如何去感恩图报，尽儿女的孝道。作为子女要尊敬父母，理解父母，赡养父母，侍奉父母，尽心尽力。尽孝要趁早，莫等"子欲养而亲不待也"，因为"孝居百行之先"。而对先辈留给我们的恩泽与福德，也应该怀着崇敬和感激之心，因为今人所享用之处皆能体现先辈当时积累德泽有多么艰辛。这是传统文化、民族文明，美德懿行，需要珍惜、维护和传承，这其中蕴藏着感恩戴德的思想和精神，它是我们赖以生存的基础。传统文化的精髓需要维护和传承，这其中既有精神文化层面的，也有物质文化层面的，但最重要、最宝贵的是精神文化，只有将精神文化代代相传，才不会偏离正轨。所以，吾辈不仅需要在精神文化层面精进求索、深刻领悟，而且要不断地修身积德，从而完善自我，在进德修业的基础上，多造福于子孙，正如"积善之家，必有余庆，积不善之家，必有余殃"。

<承前启后，清正俭德>：春秋时期人季文子，姬姓，季氏。季文子相宣、成，无衣帛之妾，无食粟之马。仲孙它谏曰："子为鲁上卿，相二君矣，妾不衣帛，马不食粟，人其以子为爱，且不华国乎！"文子曰："吾亦愿之，然吾观国人，其父兄之食粗而衣恶者犹多矣，吾是以不敢。人之父兄食粗衣恶，而我美妾与马，无乃非相人者乎！且吾闻以德荣为国华，不闻以妾与马。"文子以告孟献子，献子因之七日。自是，子服之妾不过七升之布，马饩不过稂莠。文子闻之，曰："过而能改者，民之上也。"

季文子为人处世谦恭谨慎，克俭持家；为政厉行节俭，开一代俭朴风气，为后世所传颂。

九十五、君子改节^① 不及小人

【原文】

君子而诈善^②，无异小人之肆恶；君子而改节，不及小人之自新。

【注释】

①改节：指改变节操，改变志节。《孔子家语·在厄》："入问孔子曰：'仁人廉士，穷改节乎？'孔子曰：'改节即何称于仁义哉？'"②诈善：诈指欺骗，用手段诓骗。即指假装为

善欺骗他人。汉·王充《论衡·答佞》："'观其阳以考其阴，察其内以揆其外。'是故诈善设节者可知，饰伪无情者可辨，质诚居善者可得，含忠守节者可见也。"

【释义】

君子若是做了欺瞒伪善之事，就与恣意作恶的小人毫无区别；君子若是改变了自身的节操，就远不及小人能悔过自新。

【浅析】

君子不可以作伪，君子作伪等同于"诈善"，这样做与小人别无两样。倘若小人悔过自新，就会成为君子，因此，君子改节不及小人。为人处世应该有道德准则，每个人都应当诚心持守，否则，必然会有虚假矫饰，这与道德准则相悖。所以，才有伪君子与真小人之分。伪君子做人善于伪饰，因此不容易被人发现；而真小人做人少有掩饰，所以使人一目了然。真小人道德低下但并无遮掩，行事往往毫无底线，且不择手段。而伪君子外表大方得体，言行有礼，正派高尚，诸事能做出退让，能容忍克制而不失风度，常被人冠以"谦谦君子"的美誉。其实内心虚伪，出尔反尔，奸佞狡诈，口蜜腹剑，笑里藏刀。正所谓"画龙画虎难画骨，知人知面不知心"。小人往往招人怨恨，其行事也会多有悖理之处，但因其表现在外在，使人易于防患；而伪君子，无论做人还是做事，往往心口不一、言不由衷，行事违背良心，其危害远大于小人作恶。"人非圣贤，孰能无过？"小人如果能迷途知返、改过自新，堂堂正正做人，就是君子，由于自身的不断改变也容易与人交往。世路之上，"择交宜慎，友直友谅友多闻益矣。误交真小人，其害犹浅；误交伪君子，其祸为烈矣"，这告诫世人，不畏小人、畏伪君子的道理，同时说明交友要多交正直、善良、能相互理解和知识丰富的良师益友，能够裨益终身。

九十六、春风和气　家庭型范

【原文】

　　家人有过，不宜暴怒，不宜轻弃；此事难言，借他事隐讽①之；今日不悟②，俟③来日再警之。如春风解冻，如和气消冰，才是家庭的型范④。

【注释】

　　①隐讽：指用暗示性的语言加以劝告或指责。②不悟：指不了解、不理会、不觉悟。《南史·江淹传》："淹曰：'不悟明公见眷之重。'"③俟：指等待。④型范：指典范。

【释义】

　　家里人如果犯有过错，不要随意大发脾气，也不要轻易放弃；对其过错若是难以直言批评指正，可以借助其他事例加以暗喻规劝；如果家人今日不能觉悟，等待明天再耐心地谆谆告诫。这就如同春风驱寒温和慈惠，好比暖意化冰融洽无间，如此才是育人有方、和睦相处的模范家庭。

【浅析】

　　"喜怒哀乐之未发，谓之中，发而皆中节，谓之和。"喜怒哀乐不仅是人的本性，人的情感表达，而且是人的内心对外界刺激做出的反应。如果能够做到遇事之时所产生喜怒哀乐的情绪不表现出来，可以称为"中"，然而，如果在发作时能够做到有节制，适度控制情绪，就能达到"和"的效果。其"不表现"与"发作"，有自身的性格和自制力等因素及外界的引导或帮助等影响。然而，"中"与"和"的关系是密不可分的。无论人的内心世界，还是外在环境，如果能常有"中"与"和"，就会怡情悦性。"大凡一家人家，过日子，总得要和和气气。从来说：'家和万事兴'。"家庭如果缺少融洽的气氛、和谐的人际关系和仁爱之心，必会日渐衰毁；如果家人之间彼此尊重、知书达礼、相亲相爱、其乐融融，那么就会有家和万事兴。正所谓"礼之用，和为贵"。人生路漫漫，即使思考周密，谨言慎行，也难免犯错。家人如果有了过错，要使其及早醒悟，明理知过，持关爱之心助其改错。善待家人使其改过既是家庭每个成员的责任，也是营造融融亲情、暖暖仁爱氛围的前提。所以，要耐心相待，细心处之；要用以诚为先的态度去劝导，以真情实感使其警醒，诚心悔过。如此，才能共建美满幸福的家庭。

九十七、心放宽平① 触处生春

【原文】

此心常看得圆满，天下自无缺陷之世界；此心常放得宽平，天下自无险侧②之人情。

【注释】

①宽平：指宽仁公平。《后汉书·郭躬传》："躬家世掌法，务在宽平，及典理官，决狱断刑，多依矜恕。"②险侧：指险恶邪僻，险怪冷僻，偏颇或偏激。

【释义】

心中若能把天生万物看得完美无瑕，那么天下就是没有缺陷的世界；世人若能常怀宽仁平和之心待人接物，那么天下就无人情险恶之事。

【浅析】

"吾有大患，及吾有身；及吾无身，吾有何患。"人因为自身的私心杂念、荣辱利益等会患得患失，轻者多有忧虑和烦恼，重者会有大的祸患。如果能够做到看淡荣辱利益，抛弃患得患失的私念，还能有什么祸患呢？只有以淡泊之心做人，以清静之心做事，才能把天生万物看得完美无瑕，那么天下就是没有缺陷的世界。保持这种心态，需要不断反躬自省，修养身心，调节情绪，在彻悟自身真性上多用功，这样不仅能消妄念、祛贪欲、存天理、明心性，而且能排忧解难，抵御物欲的干扰。"欲修其身者，先正其心；欲正其心者，先诚其意。"诚意即心志真诚，只有心志真诚才能端正思想，使人心归于正途，达到真正修身的目的，保持宽仁平和的心态，那么天下就无人情险恶之事。如此，心性无染，纯净善良，便能体会到生活的乐趣。

<心平隐逸，恬然自适>：北宋人林逋，字君复。少孤，力学，不为章句。性恬淡好古，弗趋荣利，家贫衣食不足，晏如也。初放游江、淮间，久之归杭州。逋善行书，喜为诗，其词澄浃峭特，多奇句。既就稿，随辄弃之。或谓："何不录以示后世？"逋曰："吾方晦迹林壑，且不欲以诗名一时，况后世乎！"然好事者往往窃记之，今所传尚三百余篇。林逋隐居杭州孤山，常畜两鹤，纵之则飞入云霄，盘旋久之，复入笼中。逋常泛小艇，游西湖诸寺。有客至逋所居，则一童子出应门，延客坐，为开笼纵鹤。良久，逋必棹小船而归。盖尝以鹤飞为验也。

北宋著名隐逸诗人林逋心态宽仁平和，终生不仕、不娶，酷爱植梅养鹤，自称"以梅为妻，以鹤为子"，所以世人多称其"梅妻鹤子"。正是"此心常放得宽平，天下自无险侧之人情"。

九十八、不变操履①　不露锋芒

【原文】

淡泊②之士，必为③浓艳者④所疑；检饬⑤之人，多为放肆者所忌。君子处此，固不可少变其操履，亦不可太露其锋芒！

【注释】

①**操履**：操，操行、操守；履，笃行实践。即指操守和行事。《抱朴子·外篇·博喻》："洁操履之拘苦者，所以全拔萃之业；纳拂心之至言者，所以无易方之惑也。"②**淡泊**：指恬淡朴实，不追名逐利。《汉书·叙传》："若夫严子者，绝圣弃智，修生保真，清虚淡泊，归之自然，独师友造化，而不为世俗所役者也。"③**为**：被。④**浓艳者**：指追逐富贵荣华的人。此喻急功近利者。⑤**检饬**：此指检点，自我约束。

【释义】

一个淡泊名利、清心寡欲的人，必然会遭到贪名逐利之流的疑谤；一个严于律己、谨言慎行的人，必然会遭到恣行无忌之徒的忌恨。对于这些疑谤和忌恨的侵扰，君子既不要受其干扰而改变操守，亦不要太过展现自身的才华与锐气！

【浅析】

"古之存者，乐德而忘贱，故名不动志；乐道而忘贫，故利不动心。名利充天下，不足以慨志。"古代善于保存自身的人，喜欢德行而忽略卑贱，因其志向明确而不被功名所动摇，这里强调的是淡泊以明志，宁静以致远；欢喜大道而忘记自身所处的贫困状况，因其心志坚定而不被利益所改变，这里强调的是安贫乐道，恪守志节；即使外界有再大的诱惑，身处充满名利的环境中，自身也能保持坚强的意志。保持心境平和，淡泊名利，加强自身修养，恪守志节，为人正直，意志坚强，行事严谨，踏实本分等既是美德，也是立身行己，但难免不会影响到其他人，即清廉正直、品德高尚的人，必然会遭到贪名逐利之流的疑谤；安贫守道、谨言慎行的人，必然会遭到恣行无忌之徒的忌恨。"木秀于林，风必摧之；堆出于岸，流必湍之；行高于人，众必非之"，讲的就是这个道理。"甘受人欺，定非懦弱；自谓予智，终是糊涂。"生活中的拂意之事在所难免，甚至会遭受他人欺侮，能够做到容忍并非软弱无能，而是谦谨低调做人，是一种智慧。自诩聪明才最是糊涂，而太过表现自身的才华与锐气，最容易引火烧身，积怨成祸。

<恃才傲物，羞辱黄祖>：东汉时期人祢衡，字正平。衡为作书记，轻重疏密，各得体宜。祖持其手曰："处士，此正得祖意，如祖腹中之所欲言也。"祖长子射，为章陵太守，尤善于衡。尝与衡俱游，共读蔡邕所作碑文，射爱其辞，还恨不缮写。衡曰："吾虽一览，犹能识之，唯其中石缺二字，为不明耳。"因书出之，躬驰使写碑，还校，如衡所书，莫不叹伏。射时大会宾客，人有献鹦鹉者，射举卮于衡曰："愿先生赋之，以娱嘉宾。"衡揽笔而作，文无加点，辞采甚丽。后黄祖在蒙冲船上，大会宾客，而衡言不逊顺，祖惭，乃呵之。衡更熟视曰："死

公！云等道？"祖大怒，令五百将出，欲加棰。衡方大骂，祖惫，遂令杀之。祖主簿素疾衡，即时杀焉。射徒跣来救，不及。

祢衡的结局告诉我们，低调做人，踏实做事，恭而有礼，谨言慎行才是为人处世之道。

九十九、砥节砺行①　销膏靡骨②

【原文】

居逆境中，周身皆针砭药石③，砥节砺行而不觉；处顺境内，满前④尽兵刃戈矛⑤，销膏靡骨而不知。

【注释】

①**砥节砺行**：同"砥节励行"。砥砺，磨刀石，粗者为砥，细者为砺。指磨砺操守和品行。汉·蔡邕《郭泰碑》："若乃砥节砺行，直道正辞，贞固足以干事，隐括足以矫时。"②**销膏靡骨**：销膏，灯烛燃烧时耗费油膏；靡骨，粉身碎骨。即指融化脂肪，腐蚀骨骼。③**针砭药石**：针，古时用以治病的金针、石针。针灸是针砭的一种，药石，泛称治病用的药物，指治病用的器械药物。此指规诫过失，砥砺人品德气节的良方。北宋·苏轼《休兵久矣而国用日困策》："不忍药石之苦、针砭之伤，一旦流而入于骨髓，则愚恐其苦之不止于药石，而伤之不止于针砭也。"④**满前**：指满目，遍布眼前。⑤**戈矛**：泛指兵器，亦指武士或冲突。《诗·国风·秦风·无衣》："王于兴师，修我戈矛。与子同仇！"

【释义】

一个人生活在逆境，犹如全身都处在行针敷药的痛苦过程中，不知不觉间磨炼了自身的意志和品行；一个人生活在顺境，犹如布满刀枪剑戟的寒光触目伤神，不知不觉侵蚀着身心直至衰竭。

【浅析】

"不以物喜，不以己悲。"人如果能保持一种豁达淡然的心态，不仅能够沉着冷静地待人接物，而且能不断地磨炼意志，提高修养，是一种养生之道。如此才能做到不以外物的优劣和自身的得失而产生情绪上的波动，即不会因此或喜或悲。人生活在一个纷扰的世界里，任何事物都有其相对性，既无法预测顺境和逆境什么时候降临，也无法拒绝快乐与困苦的感受。人们追求的是顺境与快乐、愉悦与幸福的生活，亦尽力驱赶并躲避逆境与困苦、悲愁与祸患，但如何面对所处的现实环境，关键在于自身的心态。如果能够保持心态平和，那么即使处在逆境中也敢于面对，勇于担当，通过自身的刻苦与努力、勤奋与韧性来磨炼心性和意志，趋利避害，如此，就能转变不利的局面，即"穷则变，变则通，通则久"。切忌气馁。倘若心态失衡，即使在顺境中也会怨天尤人、不思进取，进而贪图享乐，腐败堕落，甚至丧失做人的准则，而失去有利的局面。本应"顺境不足喜，逆境不足忧"，在顺境时常思修身进德，保持冷静，居安思危；在逆境中存思变进取之心，坚定信念，笃志前行，觅得人生苦与乐。但是在现实生活中，往往会有身在福中不知福，祸已临头不知忧的情况。

<养尊处优，乐不思蜀>：三国时期人刘禅，字公嗣。三国时期人司马昭，字子上。司马文王与禅宴，为之作故蜀技，旁人皆为之感怆，而禅喜笑自若。王谓贾充曰："人之无情，乃可

至于是乎！虽使诸葛亮在，不能辅之久全，而况姜维邪？"充曰："不如是，殿下何由并之。"他日，王问禅曰："颇思蜀否？"禅曰："此间乐，不思蜀。"郤正闻之，求见禅曰："若王后问，宜泣而答曰'先人坟墓远在陇、蜀，乃心西悲，无日不思'，因闭其目。"会王复问，对如前，王曰："何乃似郤正语邪！"禅惊视曰："诚如尊命。"左右皆笑。

一〇〇、富贵丛中　清冷气味

【原文】

生长富贵丛中的，嗜欲①如猛火，权势似烈焰，若不带些清冷气味，其火焰不至焚人，必将自烁矣。

【注释】

①嗜欲：嗜好与欲望，多指贪图身体感官方面享受的欲望。《荀子·性恶篇》："妻子具而孝衰于亲，嗜欲得而信衰于友，爵禄盈而忠衰于君。"

【释义】

生长在富贵家庭的人，对嗜欲的追求犹如猛烈燃烧的火，对权势的贪求有如炽烈的火焰，若不及时给予清冷寒凉的气息使其清醒，其猛火与烈焰即使不会伤及他人，也终将因其贪欲之火而自取焚毁。

【浅析】

"无善无恶心之体，有善有恶意之动。"人的心体本无善恶之分，但由于受生活环境的优越以及外物的诱惑力等影响而滋生种种欲望，从而使其心灵产生动摇，失去了心体的本然。特别是在富贵家庭成长起来的人，由于其优越的环境条件和丰富的物质条件，更容易产生对欲望的追求和对权势的贪恋，一旦其追求和贪恋不能得到满足便会潜生妄念，随之，做事越发居功自傲，目空一切，肆意妄为，这就会步入危险的深渊。所以，古圣先贤告诫世人做人要谦恭仁厚，做事要安分守己，并且要不断地加强自身修养，保持平和的心态，才能安度人生。但在现实生活中，随着自身条件和生活环境的改变，人在遇事时往往难以保持头脑冷静、心平气定，甚至失去理智，从而不去顾及嗜欲的猛火对身心的危害，贪求权势的烈焰对心性的腐蚀，"沉水入火"，执迷不悟。

一〇一、精诚所至　金石为开①

【原文】

人心一真，便霜可飞②，城可陨③，金石可贯④；若伪妄⑤之人，形骸徒具⑥，真宰⑦已亡，对人则面目可憎，独居则形影自愧。

【注释】

①精诚所至　金石为开：指人诚心所到，能感动天地，使金石为之开裂。喻只要专心诚意去做，任何难题皆能克服。《庄子·杂篇·渔父》："孔子愀然曰：'请问何谓真？'客曰：'真者，精诚之至也。不精不诚，不能动人。'"②霜可飞：原指天空降霜。喻人之诚心可感动上天，变不能为可能而降霜。

《初学记·天部下》："《淮南子》曰：'邹衍事燕惠王尽忠，左右赞之；王系之，仰天而哭。夏五月，天为之下霜。'"③城可陨：指城墙可摧毁。喻至诚可感动上天而使城墙毁塌。汉·刘向《列女传·贞顺·齐杞梁妻》："齐杞梁妻：杞梁之妻无子，内外皆无五属之亲。既无所归，乃就其夫之尸于城下而哭之，内诚动人，道路过者莫不为之挥涕，十日，而城为之崩。"④金石可贯：金石，金和美石之属，常用以比喻事物的坚固，刚强；贯，穿透。即指金石虽坚硬，但可以穿透，形容精诚力大无穷。喻做任何事情都只有坚持不懈地努力，有恒心，有毅力，才能把事情做成功。⑤伪妄：指虚假，不真实。喻心怀鬼胎。⑥徒具：徒，只，仅仅；具，具备，有。借指只有形式。⑦真宰：指自然之性，亦指人的灵魂。

【释义】

为人之心若能做到至诚，既可以感动上天及时降霜，也可以感动上天使城墙毁塌，更可以将坚硬的金属和石头镂空至美；一个虚伪狡诈的人，好比空有其人形和躯壳，如同人的本性和灵魂早已消亡，与人相处会使人感到其面目可憎，在独居时面对自身丧失灵魂的影子也会自惭形秽。

【浅析】

"人而无信，不知其可也。大车无輗，小车无軏，其何以行之哉？"真诚守信既是做人最基本的准则，也是为人处世可贵的品质，安身立命的根本。所以古人认为，做人若是不讲诚信，就好比大车没有车辕和横木衔接的活销，车没有辕和横木衔接的活销，靠什么行走呢？由此可见，古人对诚信的重视程度。无论身处何种环境，为人都要真心实意，做事诚实守信，这样既能够不断提高自身的修养，又是心灵朴实的具体体现，但是贵在持之以恒。诚信包含诚实和守信：忠诚老实，光明磊落，言语真切，踏实认真，可谓"诚实"；信守诺言，尽心竭力，承担责任，履行义务，可谓"守信"。反之，做人若无诚信就会虚伪狂妄、投机取巧、弄虚作假、趋炎附势、阿谀奉迎、争功诿过、言不由衷，若如此，就会形如骸骨，丧失了做人的准则和真实的心灵。

"精诚所至，金石为开"，只要真心诚意地做事，任何困难都能克服。故有"昔者，楚熊渠子夜行，寝石，以为伏虎，弯弓而射之，没金饮羽，下视，知其为石，因复射之，矢跃无迹。熊渠子见其诚心，而金石为之开，而况人乎？"诚信待人，人不欺我；诚信行事，事无不成。做人诚心实意，亦会感动天地。

<哭竹生笋，精诚所至>：三国时期人孟宗，字恭武。少丧父。母老，病笃，冬日思笋煮羹食。宗无计可得，乃往竹林中，抱竹而泣。孝感天地，须臾，地裂，出笋数茎，持归作羹奉母。食毕，病愈。

后人有诗云："泪滴朔风寒，萧萧竹数竿。须臾冬笋出，天意报平安。哭寒难作鲜笋羹，竹感宗孝出数茎。生母幸得儿除病，笋医良善扬美名。"表敬佩孟宗的真诚与孝心！

一〇二、文无奇巧①　人归本然②

【原文】

　　文章做到极处，无有他奇，只是恰好；人品做到极处，无有他异，只是本然。

上卷

169

【注释】

①奇巧：此指奇异巧妙，新奇精巧。南宋·沉作喆《寓简》："吾自高、曾世传种花，但栽培及时，无他奇巧。"②本然：指本当如此，天然、天赋。喻本来面目。

【释义】

文章能写到最高的境界，并没有奇特之处，只是将文辞意境表达得恰如其分；人品能达到高洁的境界，并没有奇异之处，只是自身的行为表现出纯朴本色。

【浅析】

"刻雕众形，而不为巧。"做人朴诚无伪，做事脚踏实地，文字平易质朴，文章朴实无华，这些即不巧饰、不文饰、不矫饰，只有简单、质朴、自然、素雅和真实等，才能感人至深。文章要精练简洁，探骊得珠，简单平实，浑然天成，如此，才能震动心灵；如果是华丽堆砌，则"文巧舌敝，将返大质"。所以，作文断章、炼句练字，保持自然本色最好；做人要踏实本分，敦厚仁慈，抱诚守真才是人的本性，如此生活，才能悠闲自得，切忌虚伪巧诈，因为"巧诈不如拙诚"。立身行事、言谈举止能够保持自然纯朴最好。作文以养心，修身以养性，两者既可以陶冶情操，又可以育人进德，当两者做到"极处"之时，就是返璞归真之际。

<从外知内，毋庸言表>：温伯雪子适齐，舍于鲁。鲁人有请见之者，温伯雪子曰："不可。吾闻中国之君子，明乎礼义而陋于知人心。吾不欲见也。"至于齐，反舍于鲁，是人也又请见。温伯雪子曰："往也蕲见我，今也又蕲见我，是必有以振我也。"出而见客，入而叹。明日见客，又入而叹。其仆曰："每

见之客也，必入而叹，何耶？"曰："吾固告子矣：中国之民，明乎礼义而陋乎知人心。昔之见我者，进退一成规、一成矩，从容一若龙、一若虎。其谏我也似子，其道我也似父，是以叹也。"仲尼见之而不言。子路曰："吾子欲见温伯雪子久矣。见之而不言，何邪？"仲尼曰："若夫人者，目击而道存矣，亦不可以容声矣！"

一〇三、看破认真　可任重担

【原文】

　　以幻迹言，无论功名富贵，即肢体亦属委形[1]；以真境[2]言，无论父母兄弟，即万物皆吾一体[3]，人能看得破认得真，才可以任天下之负担，亦可脱世间之缰锁[4]。

【注释】

　　①委形：委，赋予。即指自然或人为赋予的形体。战国·庄周《庄子·外篇·知北游第二十二》："舜曰：'吾身非吾有，孰有之哉？'曰：'是天地之委形也。'"②真境：指道教之地，亦指仙境。《宋史·志第九十三乐十五·樂十五鼓吹上》："蓬莱邃馆，金碧照三山，真境胜人间。"③万物皆吾一体：是指物我合一，永恒不变。④缰锁：指套在马脖子上控制马行动的绳索。喻束缚、拘束或尘世间的互相牵制。《汉书·叙传》："今吾子已贯仁谊之羁绊，系名声之缰锁。"

【释义】

　　若从虚幻的角度来分析，无论世间的功名还是富贵，甚至四肢和身躯，都只是上天赋予的形体；若从真实的物象来阐明，无论亲族间的父母还是兄弟，甚至天地间的万物，都和我同为一体。所以，为人若能看得透彻，认得真切，那么不仅能担负天下的重任，而且可以摆脱世间枷锁的束缚。

【浅析】

世间万物都有其真性真相，所以观察事物只有透过现象观察其本质，才能分辨真实与虚幻，而不为其虚伪和假象所迷惑。草木皆有自身的本心、本性，均不会因其艳丽芬芳且能得到世人的赞美和欣赏而刻意为之，它们因时而发，自强不息，不装不伪，不矫不饰，自然天成，等等，这些都是出于自然，亦即"丈夫自重如拱璧，安用人看一钱直"。人如果能如草木，做到"看破认真"，不与风争鸣，不与卉争艳，不与人攀比，不与世纷争，不受外物诱惑和影响、雕琢和桎梏，不必刻意做人，无须精心处世，做到"举世而誉之而不加劝，举世而非之而不加沮"；不违逆内心的本真，明事理识心愿，不为功名与富贵而生存，真实坦然地走自己的路，顺其自然，在淡泊与宁静中体悟人生的充盈，在简素与平淡中品味人生的乐趣，既能解脱"世间之疆锁"，又能得悟生活之乐趣。

<致远者也，由此观之>：齐有闾丘邛年十八，道鞍宣王曰："家贫亲老，愿得小仕。"宣王曰："子年尚稚，未可也。"闾丘邛曰："不然，昔有颛顼行年十二而治天下，秦项橐七岁为圣人师，由此观之，邛不肖耳，年不稚矣。"宣王曰："未有咫角骖驹而能服重致远者也，由此观之，夫士亦华发堕颠而后可用耳。"闾丘邛曰："不然。夫尺有所短，寸有所长，骅骝绿骥，天下之俊马也，使之与狸鼬试于釜灶之间，其疾未必能过狸鼬也；黄鹄白鹤，一举千里，使之与燕服翼，试之堂庑之下，庐室

之间，其便未必能过燕服翼也。辟闾巨阙，天下之利器也，击石不缺，刺石不锉，使之与管槁决目出眯，其便未必能过管槁也，由此观之，华发堕颠与邛，何以异哉？"宣王曰："善。子有善言，何见寡人之晚也？"

正所谓"有志不在年高"，而为人若能看得透彻、认得真切，那么不但能担负天下的重任，而且能摆脱世间枷锁的束缚。

一〇四、处事有度　便无殃悔

【原文】

爽口①之味皆烂肠腐骨②之药，五分便无殃；快心之事悉③败身丧德④之媒，五分便无悔。

【注释】

①爽口：指食物味美，入口清爽，亦指伤败胃口。南朝·梁·萧绎《七契》："金盘荐美藉之珍，玉杯沈缥清之酒，义曰和神，事非爽口。"②烂肠腐骨：烂肠，损伤胃肠，使胃肠溃烂；腐骨，死尸、贱躯。③悉：指尽，全。④败身丧德：败身，身败名裂；丧德，丧失德行。

【释义】

大凡味美可口类的珍肴，都是些伤胃侵骨损害身体的毒药，所以佳肴不可进食过量，只要食至五成就不会造成危害；大凡令人称心的事情，都是些诱人趋向身败丧德的媒介，所以凡事不可要求过分，只要行至五成通常就不会懊悔。

【浅析】

"凡食，无强厚味，无以烈味重酒，是以谓之疾首。食之以时，身必无灾。凡食之道，无饥无饱，是之谓五脏之葆。"做事要顺其自然，切忌过度。大凡香浓、味厚的美食都是生病、伤害生命的根源。进食要有规律，饮食要保持节制，即使是味美可口的珍肴，只要食至五成就不会造成危害，但是每逢遇到色香味美的菜肴时，由于眼、鼻、口等的功用，其"见"欲、"香"欲和"味"欲往往难以自控。所以，从养生的角度要求饮食要定时定量，更不可过饥，亦不可过饱。食量要使五脏安适，即使是家常便饭，每日三餐七成饱，平安健康活到老。这其中蕴含着一个"度"。做人要有度，适度能修身慎行、进德修业，无度则害人害己，自毁人生，只有宽大为怀，知足常乐才可招福；人与人之间要有度，人与事之间亦要有度，做事不能激进，要脚踏实地、勤勉谨慎、自食其力才能活得安心；触事总有不尽如人意之时，若能懂得知足，倒也无怨无悔活得坦然，如果事事都称心如意，则其实质是引诱贪心之人堕入败身丧德的陷阱。为人处世、食用佳肴都要有"度"，说话也一样。说话如果不加思考、不谨慎就会出言不逊，不仅自身有失庄重，而且会恶语伤人。所以，"非礼勿言，非礼勿动"，言行要有度，要严谨、礼貌、得体。

<事留余地，多言无益>：春秋战国时期人墨翟，别称墨子。子禽问曰："多言与少言，何益？"然而不听。今观晨鸡，时夜而鸣，天下振动。多言何益？唯其言之时也。

"事留余地"，既是养生之道，也是做人的准则。

一〇五、能近取譬^①　养德^②远害^③

【原文】

　　不责人小过，不发人阴私，不念人旧恶^④。三者可以养德，亦可以远害。

【注释】

　　①能近取譬：指能就自身打比方。喻能推己及人，替别人着想。《论语·雍也》："夫仁者，己欲立而立人，己欲达而达人。能近取譬，可谓仁之方也已。"②养德：指修养无为而治的德行，亦泛指修养德行。《庄子·外篇·天地第十二》："尧曰：'多男子则多惧，富则多事，寿则多辱，是三者，非所以养德也，故辞。'"③远害：指避免祸害。汉·刘向《列女传·母仪传·邹孟轲母》："孟母曰：'子之废学，若我断斯织也。夫君子学以立名，问则广知，是以居则安宁，动则远害。'"④旧恶：指过去的仇恨、以往的过节。春秋《论语·公冶长》："伯夷叔齐不念旧恶，怨是用希。"

【释义】

　　既不要指责别人的差错小过，也不要张扬别人的私事隐情，更不要记恨别人的嫌隙怨怼。做人若能够恪守这三点准则，就可以培养自身的品德，避免受到意外的伤害。

【浅析】

　　"己所不欲，勿施于人。"讲的是为人处世若能够懂得推己及人，换位思考最为难能可贵。做人应当以对待自身的行为作为参照来对待他人，因为每个人都会有舛误或过失，倘若自己站在遭人责难、被人揭短或是言其隐私、招人忌恨的位置来感受其时、其事的心情，便能体会到其中的痛苦，就能够恪守做人的原则，理解他人，尊重友情，正确对待和处理好人际关系。换言之，即使是责人之过也需要酌情适度，尽量使他人能够接受积极的、真诚的帮助。凡事责人先责己，自身要能做到有则改之、无则加勉，切忌揭人之短，恶语伤人。口乃伤人之斧，言系割舌之刀，知人不必言尽，这既是对他人的尊重，也是对自己的尊重。常言道："良言一句三冬暖，恶语伤人六月寒。"忌恨他人是自身的心胸狭隘，因为"念人旧恶"必存责难，就会招人痛恨，害人又害己。做人应有宽宏仁慈的胸怀，以心相交，以诚相待，与人和睦相处，平心和气才能营造和谐友善的氛围。多一些宽容，既能减少一些阴霾，又能减少一些干戈。宽容既是打开人际间交往的一把钥匙，又是自我人格和修养的具体体现，它能打开彼此的心结，消除彼此的隔阂，扫清彼此的顾忌，既能使双方更加融洽，又能增进彼此的了解和友情。所以，大度宽容不仅能使两个相对禁锢的心灵得到释放，而且能培养自身的品德，从而避免受到意外的伤害。

一〇六、持身^①毋轻 用意^②毋重

【原文】

士君子持身不可轻，轻则物能挠^③我，而无悠闲镇定之趣；用意不可重，重则我为物泥^④，而无潇洒活泼之机。

【注释】

①持身：指立身、修身。喻对自身言行的把握。《列子·说

符》："子列子学于壶丘子林。壶丘子林曰：'子知持后，则可言持身矣。'列子曰：'愿闻持后。'曰：'顾若影，则知之。'"②用意：指意图、着意、用心、企图。借喻为人处世。③挠：指搅动、恼乱、烦扰。④泥：指拘泥于、拘执。

【释义】

读书人立身行事绝不可有轻浮急躁的言行，因为轻浮急躁易招致外界因素而干扰到自身，从而失去悠闲怡然、沉着镇定的情趣；读书人待人处事不可有思虑过重的心态，因为思虑过重自身易受到外界事物的束缚，从而失去潇洒旷达、活泼开朗的生气。

【浅析】

"以约失之者鲜矣。"为人处世若能经常反躬自省，加强自身的检点约束，其错误或过失就会少之又少，因为"言而约则不烦，动而约则不躁，用而约则不费。即有蹉跌，亦不过甚矣"。从言谈举止等方面增强自律意识，提高自身修养对于人生尤为重要。凡事若能谨言慎行可谓有"约"在身，即做人要谨约，做事要践约，自身要素约，生活要勤约，"人能以约自守，则所失自少矣"。人生有苦有乐，如果能够做到正确对待苦与乐，就是守约恰当、持身有度。但在现实生活中，世人往往因为放心不下，而感到活得很累。放不下名利以致到处奔波而使身心疲惫不堪，放不下面子以致心里受屈郁闷而难言心中苦闷，所以自重、自爱、自强、大度，才能客观处事，端正持身，对得不到的东西也就不会勉强。"事理因人言而悟者，有悟还有迷，总不如自悟之了了。意兴从外境而得者，有得还有失，总不如自得之休休。"做事只有亲身经历才能积累经验，若能释放压力，才能有更多动力；消除自身烦恼，才能迎来快乐；反省自己，放弃抱怨，才能使心情愉悦；等等。这些并非无知或无能，而是一种大度和智慧。若能如此，就能做到处事泰然自若，体悟到为人处世的真趣。做人往往难以持重，这既需要自身的历练，人生的沉淀，也需要对虚荣心的克制和来自内心的坚定与自信。只有"持身毋轻，用意毋重"，才能堂堂正正地做人。

一〇七、人生百年　不可虚生

【原文】

　　天地有万古①，此身不再得；人生只百年，此日最易过。幸生②其间者，不可不知有生之乐，亦不可不怀③虚生④之忧。

【注释】

　　①万古：万代、万世。喻经历的年代久远。《宋书·顾觊之传》："皆理定于万古之前，事征于千代之外。"②幸生：指侥幸偷生。③怀：指心里存有、善怀、怀揣。④虚生：指徒然活着。喻虚度年华。唐·王建《杂曲歌辞·宫中调笑》："愁坐、愁坐，一世虚生虚过。"

【释义】

　　天地运行是亘古不变的，而人的生命只有一次；一般人的寿命只不过有近百年，每逢今日都是时间如梭转瞬即逝。有幸来到这天地世间的人，既要知晓有生之年的真正乐趣，也要为人生的虚度年华而忧虑。

【浅析】

"天地有万古""人生只百年"。人生可长亦可短，其影响寿命因素包括遗传、环境、习惯、嗜好、心态、压力、生活规律、运动等。"人"即本身，"生"可谓存活于世，亦即生活。既然是为了生存而活着，就要珍惜时光，爱惜生命，对人对己都要持同样的爱心，才能享受生活的真趣。人生来之不易，生活处处都有乐趣，如果只知道为了享受生活而奔波劳累，而不重视身心健康、爱惜生命，往往会事与愿违，就会有生命之"短"。从珍爱生命的角度着眼，人生在世既不能只为自己而活，亦不能仅为他人而活，要兼顾两者，珍惜时间才能有生活的价值和意义，也就有了生命之"长"。而生命的"长"与"短"都由自身把控。"人生境遇无常，须自谋一吃饭本领；人生光阴易逝，要早定一成器日期。"如果懂得爱惜生命和珍惜时光，就要只争朝夕、不负韶华，掌握一门"吃饭本领"，脚踏实地，循序渐进，求其可行的"成器日期"，否则，就是空谈。每个人的心中都有一条内定的人生之路，然而，常常因其外界诸多因素的干扰和影响而将其掩埋在内心，但是只要能够保持淡定的心态，处世心平气和，就能不断地提高自身修养和定力。"知为学之足恃而益思自勉"，生活就是要靠自身的勤奋和努力，但是也要懂得劳逸结合，保持身心健康且持之以恒。如此，不仅能享受人生的真实乐趣，而且能创造更多的价值而不虚度人生，主动地活出自己。

一〇八、德怨两忘[①]　恩仇俱泯

【原文】

怨因德彰[②]，故使人德我[③]，不若德怨之两忘；仇因恩立，故使人知恩，不若恩仇之俱泯④。

【注释】

①**两忘**：指两者一起忘记。《庄子·内篇·大宗师》："泉涸，鱼相与处于陆，相呴以湿，相以沫，不如相忘于江湖。与其誉尧而非桀也，不如两忘而化其道。"②**彰**：指显著，明显。③**德我**：指对我感恩怀德。《春秋左氏传·成公三年》："然则德我乎？"④**俱泯**：泯指消灭、丧失。此指一并泯灭，一起泯除。

【释义】

怨忿会因为积德累善而越发明显，所以与其让人心怀感德，还不如让人把怨忿与感德两者都忘掉；仇恨会因为恩惠情分而逐渐显现，所以与其让人心存感恩，还不如让人把仇恨与恩情两者都泯除。

【浅析】

"怨因德彰""仇因恩立"，德与怨、恩与仇只在一念之间，做人，高在忍，贵在让，心在善，如果能有如此心态，就可以将仇怨转化为恩德。任何事物的发展变化都是因其矛盾运动产生的，而事物都具有其两面性，既对立又统一，矛盾着的双方依据一定的条件，各自向与自身相反的方向转化。仇怨与恩德也不例外，既相互对立又可以相互转变。施恩布德都是源于内心的感召，如果只是为了换取赞许之言、报恩之心，就会退化为感情上的交易，如此不仅施恩布德的意义全无，而且心态也会发生变化。"怨无大小，生于所爱；物无美恶，过则成灾。"每个人因为生活环境不同，成长过程各异，思维方式和认识程度参差不齐，所以对待事物的态度和应对事物的方法以及观察事物的角度也千差万别，如果对接受的恩德没有达到期望值，心态就会发生变化，极易产生埋怨或仇恨。所以，与其让人心怀感德，不如让人把感德与怨忿都忘掉；与其让人心存感恩，还不如让人把恩情与仇恨都泯除。施恩布德本是善行义举，但常常适得其反，由德生怨、受恩思仇，就得到了以怨还德、恩将仇报的结果。由恩变仇是世间常有之事，若想不让他人怨恨自己，简单实用的良方是不让他人感念自己的恩德，而自身也能做到真诚做人，坦荡做事，无愧于心。

<德怨两忘，恩仇俱泯>：春秋时期人知罃，字子羽。晋人归公子谷臣与连尹襄老之尸于楚，以求知罃。于是荀首佐中军矣，故楚人许之。王送知罃，曰："子其怨我乎？"对曰："二国治戎，臣不才，不胜其任，以为俘馘。执事不以衅鼓，使归即戮，君之惠也。臣实不才，又谁敢怨？"王曰："然则德我乎？"对曰："二国图其社稷，而求纾其民，各惩其忿以相宥也，两释累囚以成其好。二国有好，臣不与及，其谁敢德？"王曰："子归，何以报我？"对曰："臣不任受怨，君亦不任受德，无怨无德，不知所报。"王曰："虽然，必告不谷。"对曰："以君之灵，累臣得归骨于晋，寡君之以为戮，死且不朽。若从君之惠而免之，以赐君之外臣首；首其请于寡君而以戮于宗，亦死且不朽。若不获命，而使嗣宗职，次及于事，而帅偏师以修封疆，虽遇执事，其弗敢违。其竭力致死，无有二心，以尽臣礼，所以报也。王曰："晋未可与争。"重为之礼而归之。

知罃在与楚共王的对话中，机智、巧妙的应答既不失做人的原则，亦维护了国家的利益，建立了两国间的友好关系，更是造福了百姓，保全了自身，使双方"德怨之两忘，恩仇之俱泯"。

一〇九、持盈履满^①　君子兢兢^②

【原文】

　　老来^③疾病，都是壮^④时招的；衰后罪孽，都是盛时作的。故持盈履满，君子尤兢兢焉。

【注释】

　　①持盈履满：盈，丰富；持盈，保守成业；履，福禄。即指已达到最好或美满的物质生活。春秋·老子《道德经》："持而盈之，不如其已；揣而锐之，不可长保。金玉满堂，莫之能守；富贵而骄，自遗其咎。功遂身退，天之道也。"②兢兢：指小心谨慎貌，精勤貌。③老来：指年老之后。南宋·陆游《孤坐无聊每思江湖之适》："有酒人家皆可醉，无僧山寺亦闲游。老来阅尽荣枯事，万变惟应一笑酬。"④壮：指壮年，中国古代称男子三十岁为壮。此指成年，长大。

【释义】

　　人到了年老后患上的劳伤疾病，都是在年轻时不爱护身体落下的病根；人落魄后遭受的苦难，都是在得志时不注意谦谨埋下的祸根。所以君子处在事业发达、生活美满之时，要保持为人忠厚本分、做事谨言慎行的心态。

【浅析】

　　"吾生亦有涯，而知亦无涯。以有涯随无涯，殆已；已而为知者，殆而已矣！缘督以为经，可以保身，可以全生。"生活是用心、勤奋、努力加坚持。简而言之，既要尽力而为，又要量力而行。譬如，生命是有限的，而知识是无限的，倘若以有限的生命去追求无限的知识，必然身心疲惫，神伤体损，而笃意求知的人明知此理却执意去做，那是很危险的。只有遵从自然、不偏废，凡事有度，并在生活中做到顺其自然，随遇而安，才可以保护自身，保全天性。如果能彻悟这其中的道理，就能够减少或避免人到年老后患劳伤疾病。求知如此，做人做事、养生健体亦是如此。凡事皆有因果，凡人只知"畏果"，如果能够懂得"畏因"，可谓智人。换言之，智人明其因知其果，凡人往往得其果才识其因。其实，过劳与老疾、福运与祸根、知足与不满、自警自律与贪欲奢望皆在自心，谂知"一念觉即彼岸，一念迷即此岸"的寓意，却临事而迷；"利过则为败"，轻者怨天尤人或自暴自弃，甚者难以自拔。若能悟得"多欲为苦，生死疲劳，从贪欲起"的道理，才能常怀知足之心，做到安贫守道，谨言慎行，身心自在。

<**明其事理，矜矜兢兢**>：战国时期人杨朱，字子居。杨朱曰："古语有之，生相怜，死相捐。"此语至矣。相怜之道，非难情也，勤能使逸，饥能使饱，寒能使温，穷能使达也。相捐之道，非不相哀也，不含珠玉，不服文锦，不陈牺牲，不设明器也。

一一〇、修身种德① 庸言庸行

【原文】

　　市私恩②，不如扶公议③；结新知④，不如敦⑤旧好⑥；立荣名，不如种隐德⑦；尚奇节⑧，不如谨庸行。

【注释】

　　①修身种德：修身，修养身心，修身的具体行为表现在日常

生活中就是择善而从，博学于文，并约之以礼；种德，布德，施恩德于人。②**市私恩**：市，求取、哄骗；私恩，私人的恩惠。喻出于私利而施恩惠来收买人心。《汉书·匡衡传》："不以私恩害公义。"③**扶公议**：扶，建立、培养；公议，公众舆论。借喻主持公正而赢取民意。④**新知**：指新结交的好友。⑤**敦**：喻加深。⑥**旧好**：指旧友、老朋友。《春秋左氏传·桓公二年》："公及戎盟于唐，修旧好也。"⑦**隐德**：施德于人而不为人所知。⑧**奇节**：指奇特的节操。《史记·萧相国世家》："太史公曰：'萧相国何于秦时为刀笔吏，录录未有奇节。'"

【释义】

与其施恩惠于人来收买人心，不如秉持公正从而赢得民意；与其不断广求结交新的朋友，不如加深敦睦老友间的情谊；与其设法提高自身的知名度，不如默默耕耘播种惠爱阴德；与其向他人展示奇特的节操，不如谨言慎行，做好平凡之事。

【浅析】

"事有机缘，不先不后，刚刚凑巧；命若蹭蹬，走来走去，步步踏空。"每做成一事都有其缘分，既要脚踏实地，又要不断积累，把握时机，即使遇到坎坷、挫折，也要恪守本分，坚持不懈，否则难以做好一件事。其"机缘"和"命运"都是在自身"修身种德"的日积月累中把握。"市私恩"也好，"立荣名"也罢，都是自身的私心杂念在作祟，而且做人做事也缺乏诚实本分。"善不积，不足以成名，恶不积，不足以灭身。"身立得正则无须强求自身的知名度，只要默默耕耘播种惠爱阴德，自然能够得到他人的尊重和信任。"结新知，不如敦旧好；尚奇节，不如谨庸行。"其要义强调的是正确对待交友和做人做事。人们做人做事常常见异思迁，而交友也容易恋新忘旧，如此，既需要调整好心态，提高自身的道德修养，又要谨言慎行，做好平凡之事，加深敦睦老友间的情谊。切忌凡事先计名利而后动。交友要学会识友，这不仅能明心见性、敦品励行，亦能得识知己，加深友谊。

<高山流水，磊落情怀>：战国时期人俞伯牙，伯氏，名牙。战国时期人钟子期，钟氏，名徽，字子期。伯牙善鼓琴，钟子期善听。伯牙鼓琴，志在登高山。钟子期曰："善哉！峨峨兮若泰山！"志在流水，钟子期曰："善哉！洋洋兮若江河！"伯牙所念，钟子期必得之。伯牙游于泰山之阴，卒逢暴雨，止于岩下；心悲，用援琴而鼓之。初为霖雨之操，更造崩山之音。曲每奏，钟子期辄穷其趣。伯牙乃舍琴而叹曰："善哉，善哉！子之听夫！志想象犹吾心也。吾于何逃声哉？"钟子期去世后，伯牙破琴绝弦，终身不复鼓琴，以为世无足复为鼓琴者。正所谓至交契友，贵在知己。

一一一、公论不犯　权门①不着

【原文】

公平正论不可犯手②，一犯则贻羞③万世；权门私窦④不可着脚⑤，一着则玷污⑥终身。

【注释】

①权门：指权贵人家，豪门。②犯手：指着手，沾手。此喻抵触，触犯。③贻羞：贻，遗留、留下。即指使人蒙受羞辱。④私窦：窦，储藏粮食的窖(壁间有小门叫窦)。借喻私门，暗行

请托之门，即"走后门"。⑤着脚：着，接触、挨上。指涉足。喻踏进去。⑥玷污：指弄脏，污损。喻名誉受污损或使之不光彩。东汉·王充《论衡·累害》："以玷污言之，清受尘而白取垢。"

【释义】

对公平、正确、合理的言论，切记不可触犯，一旦触犯就会落下永久的耻辱；对权贵营私舞弊的地方，切记不可涉足，一旦涉足便会玷污此生的清名。

【浅析】

岁月如梭，光阴荏苒，做人做事要珍惜每一天的时光。懂得珍惜时间的人，时间对他就会宽松大方；相反，浪费时间的人，时间对他就显得更加吝啬和无情。所以，生活在当下，应当勤勉自励，切忌敷衍放逸。而敷衍放逸亦最容易使人失去做人的准则，做人失去准则主要是心态不平和所致，轻者会多有悖理之言，重者会做出越轨之事，这些都是做人不可取的。"到处随缘延岁月，终身安分度时光"，处世之道，不仅要把握分寸，而且要做到适可而止。做事不可不努力，但不可强求或勉强为之，如果我们能够保持头脑清醒，端正心态，无论面对任何事都能做到随缘，就可以趋利避害。害宜避，但也有不可避之害；利可趋，但也有不能趋之利。如果能悟得"荣华终是三更梦，富贵还同九月霜"的寓意，便能不昧良心、谨言慎行且安分守己，保持心情愉悦，其懊恼烦心之事自会烟消云散。在待人接物的方式上亦会因人而异，有的人善于曲意逢迎，只因为"睹暧昧之利，而忘昭晰之害，专必成之功，而忽蹉跌之败"；有的人直言不讳，为人处世光明磊落，稔知生活中会有酸甜苦辣，并且能以平和的心态看待人生。因此，眼光触处皆有美好，诸事皆能遂愿，生活虽然很平凡，但是能保持一生清名。

一一二、直躬①无恶　何惧忌毁

【原文】

曲意②而使人喜，不若直躬而使人忌；无善而致人誉，不若无恶而致人毁。

【注释】

①直躬：指以直道立身、直率坦白，亦指刚直不阿。春秋《论语·子路》："吾党有直躬者，其父攘羊，而子证之。"②曲意：指委曲己意而奉承别人。南朝宋·范晔《后汉书·段颎列传》："颎曲意宦官，故得保其富贵。"

【释义】

做人与其委曲己意使他人愉悦，不如刚正不阿被他人忌恨；与其没有善行受到他人的赞扬，不如没做恶事被他人毁谤。

【浅析】

"修身正行，不能来福；战栗戒慎，不能避祸。祸福之至，幸不幸也。"修养身心、端正品行与说话有分寸、做事有尺度都是立身处世的基本行为，若能如此，自然能够正常生活，而招福与避祸并不在于此。这里强调的是做人做事不要刻意为之，如果刻意去做违心之事，既失去了自我，也失去了做人的原则。因此，做人与其委曲己意而使他人愉悦，不如刚正不阿被他人忌恨。是福是祸皆有其因果关系，而福与祸相互依存，相互转化，只要诚实做人，踏实做事，在顺境时谦虚谨慎，戒骄戒躁，在逆境时百折不挠，勤奋努力，其结果自然会由苦到甜，趋利避害，逆境转为顺境，即使没有任何善行受到他人的赞扬，也能客观面对，正确处理。所以，做人只有恪守本分，立身刚正，不昧良心，才能积德；做事不诈巧虚伪，不阿谀奉承，不心存恶念，才能行善，平易近人，宽仁大度，与人和睦相处，何惧小人的忌恨与毁谤？

<修身正行，何惧忌毁>：北宋时期人富弼，字彦国。弼性至孝，恭俭好修，与人言必尽敬，虽微官及布衣谒见，皆与之亢礼，气色穆然，不见喜愠。其好善嫉恶，出于天资。常言："君子与小人并处，其势必不胜。君子不胜，则奉身而退，乐道无闷。小人不胜，则交结构扇，千岐万辙，必胜而后已。迨其得志，遂肆毒于善良，求天下不乱，不可得也。"其终身皆出于此云。

富弼一生刚正不阿，克己奉公，不畏奸佞，不拒小人，严于律己，修身正行，深得世人敬佩。

一一三、宽容家变① 真诚交友

【原文】

处父兄骨肉之变，宜从容不宜激烈；遇朋友交游之失，宜削切②不宜优游③。

【注释】

①家变：指家中起了变故，泛指家庭成员间的关系发生了变故。②削切：指恳切，切中事理。喻直截了当。③优游：指顺其变化。西汉·刘安等《淮南子·原道训》："物（汩）穆无穷，

变无形像，优游委纵，如响之与景。"

【释义】

当遇到父亲兄长或骨肉至亲发生亲情变故的时候，应保持沉着镇定的心态，切忌言行激烈以免事态加剧；在与朋友交往的过程中，当遇到朋友存在过失的时候，应真诚恳切地加以规劝，切忌袖手旁观使过错延续。

【浅析】

世间的事纷繁复杂，人的情绪千变万化。处理好家庭成员、骨肉亲情间的关系，营造良好的家庭氛围，使家庭中的每个成员都能做到互敬互爱、和睦相处绝非轻而易举的事情。尤其是遇到家庭成员产生矛盾、发生纠纷的时候，切记要冷静处事，心存关爱、体谅，耐心细致地加以沟通和调节，既要使矛盾双方相互理解、相互包容、以诚相待，又要使他们悟得"家和万事兴"的真实意义。善良厚道是做人的根本，以这种心态来处理人际关系尤为重要，谁都不愿意看到家庭成员之间发生矛盾，但若是发生了也无法回避。不过，绝不可以感情用事，情绪冲动，简单粗暴的处理方法反而会使矛盾更加激化。"人谁无过，过而能改，善莫大焉。"每个人都难免犯错，如果不是故意为之，往往难以及时警悟进而改正，这种情况若是发生在朋友身上，应当诚心正意地加以规劝，使其醒悟并引以为戒，从而避免其过失的延续或再犯；如果能得到改正，就要从内心予以祝福。这里特别强调的是做人要心地善良、心境平和，既要有宽广的胸怀，又要有包容的心态，为人处世光明磊落，才可谓正人君子。

<心存孝悌，恳切待人>：三国时期人骆统，字公绪。父俊，官至陈相，为袁术所害。统母改适，为华歆小妻，统时八岁，遂与亲客归会稽，其母送之，拜辞上车，面而不顾，其母泣涕于后。御者曰："夫人犹在也。"统曰："不欲增母思，故不顾耳。"时饥荒，乡里及远方客多有困乏，统为之饮食衰少。其姊仁爱有行，寡归无子，见统甚哀之，数问其故。统曰："士大夫糟糠不足，我何心独饱！"姊曰："诚如是，何不告我，而自苦若此？"乃自以私粟与统，又以告母，母亦贤之，遂使分施，由是显名。

骆统自幼善解人意，心存孝悌，恳切待人，以其贤德显扬于世。

一一四、大处着眼 小处着手

【原文】

小处不渗漏[1]，暗中不欺隐，末路不怠荒[2]，才是个真正英雄。

【注释】

①渗漏：指液体向下浸透或向上溢入，走漏。借喻缝隙，破绽。宋·黎靖德《朱子语类·易四》："《易》言'元者，善之长'，说最亲切，无渗漏。"②怠荒：怠，懒惰无进取心；荒，颓丧不求上进。即指懒惰放荡。西汉·戴圣《礼记·曲礼》："毋侧听，毋噭应，毋淫视，毋怠荒。"

【释义】

为人处世即使是在细微之处也不能有粗略、错漏，即使是在无人知晓之处也绝不做见不得人的事，即使处在困苦拂意之时也决不失去进取之心，能如此处世的人才能称得上真正的英雄豪杰。

【浅析】

"大处着眼，小处着手。""群聚守口，独居守心。"做人要胸怀宽阔、志向远大，脚踏实地、砥砺前行，即使在独处之时，也要光明磊落，表里如一，切忌瞒心昧己。做事要从大处着眼，既要有大的方向和目标，又要从小处着手。注意细节，切忌粗略疏漏、草率行事。与人相处时，要以礼相待，以诚相见，切忌骄傲自大；当遇阻受挫、不如意时，既要不忘初衷、增强信心，又要保持冷静、反躬自省，切忌灰心丧气、懈怠处之。"合抱之木，生于毫末；九层之台，起于累土；千里之行，始于足下。"人生在世往往抱负远大，但一遇到困难或挫折常常会畏首畏尾，停滞不前，同时，最忌讳好高骛远、志大才疏、虎头蛇尾。凡事皆应从小事做起，既要量力而行，循序渐进，勤奋笃学，努力提高自身的学识和素养，又要"慎独、慎微"，历经磨砺才能有所作为。

<胸怀大志，注重细节>：南北朝时期人杨愔，字遵彦。口若不能言，而风度深敏，出入门闾，未尝戏弄。六岁学史书，十一受《诗》《易》，好《左氏春秋》。愔一门四世同居，家甚隆盛，昆季就学者三十余人。学庭前有柰树，实落地，群儿咸争之，愔颓然独坐。其季父旦韦适入学馆，见之大用嗟异，顾谓宾客曰："此儿恬裕，有我家风。"及长，风神俊悟，容止可观。人士见之，莫不敬异，有识者多以远大许之。愔贵公子，早着声誉，风表鉴裁，为朝野所称。重义轻财，前后赐与，多散之亲族，群从弟侄十数人，并待而举火。频遭迍厄，冒履艰危，一餐之惠，酬答必重。及居端揆，权综机衡，千端万绪，神无滞用。自居大位，门绝私交。轻货财，重仁义，前后赏赐，积累巨万，散之九族，架篋之中，唯有书数千卷。

杨愔德行出众，虚襟泛爱，礼贤好士，性周密畏慎，温良恭

俭，让恕惠和。

一一五、爱重成仇　薄极^①成喜

【原文】

千金难结一时之欢，一饭竟致终身之感，盖爱重反为仇，薄极翻成喜也。

【注释】

①薄极：薄，淡薄、冷淡；极，顶端、尽头。即指过分淡薄。

【释义】

即使拿出千金之财馈赠他人，有时也难以博得他人一时的欢愉；若他人有需要时能济人一顿粗茶淡饭，会使他人对你怀有终生感恩之情。由此可知，过分的关爱很可能引起怨仇，而济人所需的帮助反能使人感激喜悦。

【浅析】

济人之急，解人之需，助人为乐，既是心存仁爱，慈悲为怀，又是为人朴实、真诚相待的具体体现，是做人的本分和美德。每个人的能力有大小，但在他人需要的时候，切忌犹豫不定、驻足不前。做人做事"勿以善小而不为"。从客观角度去看，解人之难并不在于事的大小，贵在有助人之心，在点滴小事上能够伸出援助之手会感人至深，因为是雪中送炭。嘉言善行既能增加相互了解，又能使彼此信任，信任是心灵沟通的桥梁，还能使对方心存感激，如"一饭之恩终身不忘"，更能增进彼此间

的友谊。相反，倘若心存杂念，虽以千金博取他人的情感和欢愉之心，也常常会事与愿违。然而助人要有原则，首先要注重实际，能够理性务实；其次要看清人，并能善解人意；再次要明事理，能够深谙人情世故；最后要心存包容、宽大为怀且不求名利而好善乐施。"盖爱重反为仇，薄极反成喜也。"所以，助人要把握好一定的分寸和火候，善行义举不能给人增加心理上的负担，使人反感，否则会引起仇怨，而恰到好处常常会给人带来好感和喜悦之情；助人不能使人产生依赖性，依赖过多会使其丧失自食其力的能力。

一一六、藏巧于拙　寓①清于浊

【原文】

藏巧于拙，用晦而明，寓清于浊，以屈为伸，真涉世之一壶②，藏身之三窟③也。

【注释】

①寓：指寄托，寄寓。②一壶：壶，匏，体轻能浮于水上。喻匏虽然平日是常物，但关键时能为救命的法宝。《鹖冠子·学问》："中流失船，一壶千金，贵贱无常，时物使然。"③三窟：指多种图安避祸的方法。《战国策·齐策四》："还报孟尝君曰：'三窟已就，君姑高枕为乐矣。'"

【释义】

做人要用笨拙来掩盖智巧，要收敛锋芒切忌显露聪明，要平易近人不可自命清高，还要善于忍让以便以退为进。这些不仅是

193

至关重要的救命法宝，而且是安身避祸最有效的处世良方。

【浅析】

　　"聪明睿智，守之以愚。"所谓聪明只是自身的天资高、理解能力强、记忆力好等，并不意味着比他人高一等，切忌耍小聪明。所以，聪明睿智的人，做人既要敦厚朴实、谦虚谨慎，又要懂得遇事不可刚愎自用；做事克己慎行，并能保持"藏巧于拙"。要懂得韬光养晦，和光同尘的处世之法，这样不仅能做到"大智若愚，大巧若拙"，而且能做到心清则静、静则思、思则悟、悟则明，从而达到"无念则静，静则明道"，还能做到"无为自化，清静自在"，凡事不显扬于外，而"用晦而明"。在纷繁复杂的环境中，为人处世既要保持心净神清、头脑冷静，恪守本分、廉洁自律，又要做到励学敦行，"贵退让而黜骄盈"，通过不断磨炼意志来提高自身修养，以平淡之心面对客观现实。世人常以"出淤泥而不染"来比喻在现实生活中，排除物欲、不被点染，能保持纯洁品格的人，既要平易近人不自命清高，也要善于忍让以退为进。然而，处世尤为重要的遵守做人的原则和把握做事的准则，即首先要做到戒骄戒躁，低调做人；其次要做到韫椟藏珠，不露锋芒；最后要做到谨言慎行，平易近人。如此洒落超脱，全身远害，可谓"真涉世之一壶，藏身之三窟也"。

一一七、居安虑患① 坚忍图成

【原文】

　　衰飒②的景象就在盛满中，发生的机缄即在零落③内；故君子居安宜操一心以虑患，处变当坚百忍④以图成。

194

【注释】

①居安虑患：居安，处于安宁的环境；虑患，忧虑祸患。即指随时有应付苦难、祸患等意外事件的思想准备。②衰飒：指境遇衰落萧索，衰败没落。唐·张九龄《登古阳云台》："庭树日衰飒，风霜未云已。"③零落：此指不景气，衰落或衰败。④百忍：指多忍耐，百般忍耐。喻有极大的忍耐力。

【释义】

衰退败落的种种迹象常潜藏在鼎盛发达的境况中，生机勃勃的自然之力常孕育在零落寥萧的境遇内。所以君子身居安逸之时要做好防患御灾的思想准备，而当身处风云变幻之际仍要坚忍不拔以期事业有成。

【浅析】

"全则必缺，极则必反，盈则必亏。"这是一种自然规律。任何事物皆有两面性，而其发展变化是由矛盾运动造成的，事物自身的发展过程既相互排斥又相互依存，这是矛盾对立的统一。因此，达到完美则会转向缺失，行至极端必然转向反面，若至满盈就转向亏损，这是事物发展的客观规律，也是事物进化的必然结果。当我们充分认识到这一点的时候，就应当在思想上做好相应的准备，无论做人还是做事，切记不可懈怠。"日中则昃，月盈则亏。"这是大自然周而复始的变化规律，自然界尚且如此。即"天地盈虚，与时消息，而况乎人乎"！世事亦有盛极而衰、否极泰来、物极必反的发展法则，好的事情发展到极限就会向坏的方向转化，反之，坏的事情发展到极致也会转向好的方面。换言之，衰退败落的种种迹象常潜藏在鼎盛发达的境况中，生机勃勃的自然之力常孕育在零落寥萧的境遇内。"欲思其利，必虑其害，欲思其成，必虑其败"，大凡做事既要想到前因后果，亦要把握"度"，在全面考虑的基础之上，亦要做好发生各种情况的思想准备，切忌不假思索而草率行事。所以，品德高尚的人，在风云变幻之际往往不忘初衷、坚忍不拔，而身居安逸之时也常思安不忘危、防患未然。

一一八、奇异乏识　独行①难恒

【原文】

惊奇喜异者，无远大之识；苦节②独行者，非恒久之操。

【注释】

①独行：指独自行走，独断专行。《庄子·杂篇·盗跖》："内则疑劫请之贼，外则畏寇盗之害，内周楼疏，外不敢独行，可谓畏矣。"②苦节：指过分节俭，坚守节操。《周易·节卦》："节，亨。苦节，不可贞。"

【释义】

喜好标奇立异、矜夸炫耀的人，无非是学识浅薄，缺乏远大见识；坚守苦行节俭、以意为之的人，并非能够长久恪守其处世操守。

【浅析】

"言近而指远者，善言也；君子之言也，不下带而道存焉。"语言是内心世界和文化修养的反映，也是表达思想和情感传递的媒介，人们相互沟通的桥梁。言语浅近而寓意深远，可谓善言，而君子的言谈话语，虽然讲的是普通的事情，但是饱含深刻的道理。善于用质朴而深邃的语言来说明情况的人与喜好标奇立异、矜夸炫耀的人形成了鲜明的对比。而矜夸炫耀、口出大言既是自身的心浮气躁所致，也是学识浅薄、缺乏远见的表现。所以，做人做事其语言平和、谈吐得体、先思后言、言有分寸、事有尺度，既体现了心平气和，也是个人道德修养的重要标志。好奇心是人的天性，人皆有之，若好奇适度则能体现个人的生气和活力；若好奇过度，即一味地标新立异，则显得轻浮和草率，难有远见卓识。"不恒其德，或承之羞"，人贵在有德，倘若能长期恪守，则能避免耻辱。平淡低调为人处世固然好，但孤标傲世、踽踽独行，特别是坚守苦行节俭、以意为之的人，并非能够长久恪守其处世操守。所以，为人处世要顺应自然，共享其乐，和睦以信，相互尊重，觅志同道合的贤士，求其同频共振之心灵，方可识广行远。

一一九、猛然转念　消除邪魔^①

【原文】

当怒火欲水正腾沸处，明明知得，又明明犯着。知的是谁，犯的又是谁？此处能猛然转念，邪魔便为真君^②矣。

【注释】

①邪魔：魔是梵语Mara的音译简称，是世间一切邪恶的总称。在宗教中指迷惑人、害人性命的鬼怪，旧谓魔鬼造成惑乱慧性、妨碍修行的变态心理。②真君：指修行得道之人。此指归真、本真之人。

【释义】

当怒气冲天、欲火升腾的时候，自己明知不对却难以克制，其结果自然是明知故犯。知道事理的是谁呢？能犯事的又是谁呢？关键时刻若能幡然醒悟并能及时改变念头，那么邪魔恶鬼之徒也会转变为慈善之人。

【浅析】

一念是在极短的时间内产生的念头，仅仅如此，便会有不同的结果。譬如一念之间的智与愚、善与恶、是与非、取与舍、进与退等，其结果迥异。每个人都有佛性，譬如，作恶的人弃恶从善，放下屠刀，立地成佛，可谓自身通过修行有所证悟。而自身能够及时醒悟，改邪归正，就是觉悟之性。屠刀大致有屠夫专用屠刀、杀人所持屠刀、恶念所生屠刀，佛教称其为"所知障"和"烦恼障"。简而言之，即心贼、妄念和障碍，换句话说，就是人内心的贪、嗔、痴，即贪欲、嗔恨和愚痴，所谓的"三毒"。贪欲是对名利富贵等没有得到满足的一种精神作用；内心的怒火是对不合自身意愿的憎恨，从而难以平复心理情绪的一种精神作用；愚痴即愚昧痴呆、不明事理的一种精神作用。世人都知道"忍之痛，欲之害"的道理，但遇事往往难以控制内心的"贪、嗔、痴"之妄念。特别是对现实生活中常有的现象，如蝇附膻、趋名逐利等，对于这其中的是与非、得与失、利与害等的关系难以静悟，便产生了诸多烦恼。此时，最容易潜生邪念，甚至妄动作恶，而当触壁感到疼痛的时候，或许能顿悟初醒。"勤修戒定慧，熄灭贪嗔痴。"世人可以持"戒"，即遵守道德规范，并以此作为日常生活中行为准则，消除对外物的贪欲妄心；"定"，有"静"才能"定"，就是要修炼自心的"静"，消除因自身的心浮气躁等而引发对他人的嗔恨；慧，即了彻宇宙生命，洞悉世间所有现象，通过对身心的修炼和自我耐性的培养，祛愚痴、明事理，净化心灵，逐步趋向自我完善。如此，其邪魔恶鬼之徒就会转变为慈善之人！

<弃恶从善，立成正果>：白玉庵僧明玉言："昔五台一僧，夜恒梦至地狱，见种种变相。有老宿教以精意诵经，其梦弥甚，遂渐至委顿。又一老宿曰：'是必汝未出家前，曾造恶业。出家后，渐明因果，自知必堕地狱，生恐怖心。造成诸相。故诵经弥笃，幻象弥增。夫佛法广大，容人忏悔，一切恶业，应念皆消。放下屠刀，立地成佛。汝不闻之乎？'"是僧闻言，即对佛发愿，勇猛精进，自是宴然无梦矣。正是"此处能猛然转念，邪魔便为真君矣"。

一二〇、毋形人短　毋忌人能

【原文】

毋偏信而为奸所欺，毋自任①而为气所使；毋以己之长而形②人之短，毋因己之拙而忌人之能。

【注释】

①自任：指自信、自用。喻刚愎自用。南北朝·颜之推《颜氏家训·文章》："慎勿师心自任，取笑旁人也。"②形：指对照、比较。

【释义】

为人处世不要偏听偏信一面之词，以免被某些奸诈之徒欺瞒，立身处世不要刚愎自用、自夸其能，以免被一时的意气所驱使；不要凭借自身的长处来对比他人的短处，也不要因为自身的不足而嫉妒他人的才智。

【浅析】

"毋偏、毋自、毋以、毋因。"即切忌偏听偏信，切忌刚愎自用、意气用事，切忌以己之长讥人之短，切忌因己之短妒人之能。这是堂堂正正做人的行为准则。如此，为人处世才能做到修身正心，"所谓修身在正其心者，身有所忿懥，则不得其正；有所恐惧，则不得其正；有所好乐，则不得其正；有所忧患，则不得其正。心不在焉，视而不见，听而不闻，食而不知其味。此谓修身在正其心"。做人要平心静气，忌生嗔发狠；沉着镇定，忌恐惧不安；踏实做事，忌好逸恶劳；摒弃杂念、防患未然，忌忧愁患难；平定自身的情绪，克制自身的欲望，才能持之以恒地坚持修身正心。修身要能择善而从，"博学于文，约之以礼"，宽仁大度，谨言慎行；正心要能使人心归向于正、公正无私，使自身的知、情、意与外界融合。"欲修其身者，先正其心；欲正其心者，先诚其意。"诚意即使其意念发于精诚，不欺人亦不自欺，与人相处态度诚恳，做人做事谦和谨慎，虚心求教，取长补短。

一二一、毋攻其短　毋忿其顽

【原文】

人之短处，要曲①为弥缝②，如暴而扬之③，是以短攻短；人有顽的，要善为化诲④，如忿而疾⑤之，是以顽济⑥顽。

【注释】

①曲：指婉转，委婉含蓄。②弥缝：指弥补缝合缺陷或设法修补掩饰，以免暴露。③暴而扬之：指揭露并加以传扬。④化诲：指感化教诲。⑤疾：指厌恶，憎恨。春秋·孔子等《论语·季氏第十六》："君子疾夫舍曰欲之而必为之辞。"⑥济：指增加。喻助涨。

【释义】

对于他人的短处和过失，要尽量为其掩饰并帮助改正，若故意揭露并加以宣扬，是以自身的短处攻诋他人的疵短；对于他人的愚妄和固陋，要善意地劝导并能感化教诲，若愤其固执而横加指责，是以自身的顽陋来助长他人的疏顽。

【浅析】

"人有所优，固有所劣；人有所工，固有所拙。"世间没有十全十美的生活，也没有十全十美的人，人有优点，必然有缺点；人有所专长，必然有其短板或不足之处。所以，生活既要积极向上，又要有知足常乐的心态；人与人之间应该相互体谅、理解，相互包容、谦让，多换位思考，推己及人。当自身有过失的时候，总希望得到他人的宽容和谅解。相反，如果他人有缺点或错误，也要抱有同样的心态，不仅要多加谅解，还要耐心地帮助他人改正。此时，要特别注意的是己所不欲，勿施于人。对于他人的短处和过失，要尽量为其掩饰并帮助改正；对于他人的愚妄和顽固，要善意地劝导并能感化教诲。换言之，看到他人的缺点或固执，要反躬自省，对照检查自身，做到有则改之，无则加勉。"赠人以言，重于金石珠玉；劝人以言，美于黼黻文章；听人以言，乐于钟鼓琴瑟。"帮助他人改正过错或顽固的方法多种多样，而以善言相劝，比金石珠玉等还贵重；用善意的语言劝导人，比华美花纹更美好；如果使人听取善言，比听钟鼓琴瑟之音还能愉悦身心。正所谓"良言一句三冬暖，恶语伤人六月寒"。因此，对于他人的短处或执拗，如果故意揭露并加以宣扬，或是愤其固执而横加指责，不仅对人对己都无益，而且加深了双方的隔阂与矛盾，"不唯丧德，亦足丧身"，损人害己不可取。

<善解人意，宽以待人>：战国时期人孟尝君，妫姓田氏，名文。战国时期人鲁仲连。孟尝君有舍人而弗悦，欲逐之。鲁连谓孟尝君曰："猿猴错木据水，则不若鱼鳖；历险乘危，则骐骥不如狐狸。曹沫奋三尺之剑，一军不能当；使曹沫释其三尺之剑，而操铫鎒与农夫居垅亩之中，则不若农夫。故物舍其所长，之其所短，尧亦有所不及矣。今使人而不能，则谓之不肖；教人而不能，则谓之拙。拙则罢之，不肖则弃之，使人有弃逐，不相与处，岂非世之立教首也哉！"孟尝君曰："善。"乃弗逐之。

一二二、阴者①勿交　傲者慎言

【原文】

遇沉沉不语②之士，且莫输心③；见悻悻自好④之人，尤须防口⑤。

【注释】

①阴者：此指背地捣鬼、阴险恶毒之人。②沉沉不语：沉沉，沉稳、不外露。即指少言寡语。③输心：指表示真心。喻开诚布公表露真情。唐·杜甫《莫相疑行》："晚将末契托年少，当面输心背面笑。寄谢悠悠世上儿，不争好恶莫相疑。"④悻悻

自好：悻悻，刚愎、傲慢貌。即指固执己见，自以为是。⑤防口：此指管住自己的口舌。

【释义】

　　遇到表情阴沉、少言寡语的人，切记不要轻易交心，推诚相见；遇到固执己见、傲慢不逊的人，尤其需要闭口藏舌，说话谨慎。

【浅析】

　　"口是祸之门，舌是斩身刀。闭口深藏舌，安身处处牢。"说话是一门艺术，也是一种能力；"闭口"是一种智慧，而会说话是一种修养。为人处世谈吐要谨慎，说话要注重场合，应该做到先思后言、出言有尺、吐语有德、言语有礼，因为言多必有失，甚至惹祸招灾，而闭口藏舌的人可以减少是非、平安处世。这是一种沉稳持重、谨言慎行的人。另一种人则是城府很深、阴沉不语，遇到这种人的时候，一定要说话谨慎，倘若出言不慎很容易给这种人留下话柄，其人便会有机可乘而加以攻击，若是不假思索与之交心，必然会给自身带来很大的伤害，因而，切记不可交心。同理，对于固执己见傲慢不逊的人，更要闭口藏舌说话谨慎。无论是表情阴沉少言寡语的人，还是固执己见傲慢不逊的人，其为人处世既非胸怀坦荡、也不是以诚待人之人，所以，"少言语以当贵"，要做到少说为佳，谨慎行事。每当此，切记"逢人且说三分话，未可全抛一片心"，这不是以圆滑的方式待人接物，而是谨言慎行，话说"三分"是留有充分的余地，也是一种自我保护意识。

一二三、平静心绪　冷静处世

【原文】

　　念头昏散①处要知提醒，念头吃紧时要知放下；不然恐去昏昏②之病，又来憧憧③之扰矣。

【注释】

　　①昏散：指昏沉杂乱，迷惑不解。②昏昏：指糊涂，神志昏沉，昏迷。③憧憧：指摇曳不定貌。汉·王充《论衡·恢国》："光武起，过旧庐，见气憧憧上属于天。"

【释义】

　　每当头脑昏沉、情绪纷乱之时，务要提醒自己平静心绪，振作精神；每当工作紧张、茫然无头绪时，要懂得暂停手头工作，舒缓身心。否则恐怕才治愈神志昏沉的毛病，又被左右为难，思绪烦乱困扰！

【浅析】

　　"人心喜则志意畅达，饮食多进而不伤，血气冲和而不郁，自然无病而体充身健，安得不寿？"良性循环对事物的发展起着积极有益的作用。譬如，保持身心轻松愉悦、精神饱满，食欲亦增加而不会伤身，气血通和而不会抑郁，精力充沛、身体健康，如此，哪有不长寿的道理？懂得了这个道理，就能够做到当头脑昏沉、思绪杂乱的时候，提醒自己平静心绪，振作精神，当工作繁忙、情绪焦躁的时候，能够暂停手头工作，舒缓身心。人们常说的不会休息就不会工作，正是这个道理。高效率的工作是由高质量的休息和适当的调剂来做保障的，换句话说，只有休息好才

204

能保持良好的工作状态，提高工作效率。否则，头脑昏沉、思绪杂乱、情绪焦躁、疲惫不堪等就难以避免。即使有特殊情况，也要分清轻重缓急，重视劳逸结合。休息是仅仅保证充足的睡眠，它包括许多方面，如"少思虑以养心气，寡色欲以养肾气，常运动以养骨气，戒嗔怒以养肝气，薄滋味以养胃气，省言语以养神气，多读书以养胆气，顺时令以养元气"，等等。这些看似是细节，但能体现出一个人的素养和气质。在此基础上，要学会调整心态，养精蓄锐，这样既能治愈"昏昏之病"，又能摆脱"憧憧之扰"，做到"冷静处世"。

一二四、君子之心　毫无滞塞

【原文】

　　霁日①青天，倏②变为迅雷震电；疾风怒雨，倏转为朗月晴空。气机何尝③一毫凝滞④？太虚⑤何尝一毫障塞？人之心体亦当如是。

【注释】

　　①霁日：霁，雨后转晴，指晴日。唐·刘禹锡《琴曲歌辞·飞鸢操》："长空悠悠霁日悬，六翮不动凝风烟。"②倏：指极快地，忽然，迅速。③何尝：指哪里。④凝滞：指停流不动，聚结。《楚辞·渔父》："渔父曰：'圣人不凝滞于物，而能与世推移。'"⑤太虚：谓空寂玄奥之境，此指天空、宇宙。东晋·孙绰《游天台山赋》："太虚辽阔而无阂，运自然之妙有，融而为川渎，结而为山阜。"

【释义】

艳阳高照、碧空万里之时，转眼间却是雷鸣电闪；疾风迅雷、滂沱大雨之际，倏然间又是皓月当空。大自然的运行机能什么时候有过一丝一毫的停滞，宇宙间的玄奥变幻什么时候有过一时一刻的阻滞？所以人的心性变化也要和大自然一样毫无凝滞。

【浅析】

"天时人事日相催，冬至阳生春天来。"无论是自然运行时序，还是世间的各种事物，每天都在发生着变化，而且变化得很快。以时令季节为例，转眼间又到了冬至，过了冬至白昼渐长，日渐回暖，一转身，春的脚步也渐行渐近，春天的气息缓缓走来，看似循环往复，实则时时在发生着变化。而天气的变化同样是千态万状，忽而艳阳高照、碧空万里，忽而雷电交加、疾风暴雨，忽而皓月当空、幽静舒缓，总是变幻莫测，这是自然界的运行规律所使然。自然界的气象是复杂多变的，而自然界的各种事物包括人类也同样如此，其各种变化有着千丝万缕的联系，正所谓"人心常与天心和，生意时同春意多"。生活是多彩的，既有晴空万里、艳阳高照，又有阴云密布、电闪雷鸣，还有疾风扬沙、倾盆大雨等。人的心情也如同大自然的变化规律一样，总是时刻在发生着变化。当天气阴沉的时候，人的心情或许也会随之郁郁寡欢、惴惴不安；当天气炎热的时候，人的心情亦会随之烦躁、焦虑；当天气晴朗、万里无云，特别是在阳光灿烂的日子里，人们的心情也会随之豁然开朗、心平气舒。可见，人的心情与天气变化有着密切关系。知道了这个规律，就懂得了其中的道理，做人要知进知退，脚踏实地，恬淡寡欲，诸事随缘，才能有好心情。做事，既要尽心竭力，又要循序渐进，才不会草率盲动。待人以诚，行之以信，责人当先责己，恕己当先恕人，才能与人和睦相处。"退一步海阔天空，让几分心平气和"，才能得到快乐。快乐不仅能愉悦身心，而且能营造和谐的气氛；快乐犹如春日的和风沐浴、夏日的清风拂面、秋日的凉爽宜人和冬日的丝丝暖意，通过这些更能理解大自然与人之间有着密不可分的关系。

一二五、有识有力　胜私制欲

【原文】

胜私制欲之功，有曰识不早力不易者，有曰识得破忍不过者。盖识是一颗照魔的明珠[①]，力是一把斩魔的慧剑[②]，两不可少也。

【注释】

[①]**明珠**：指光泽晶莹的珍珠。此指眼睛。即价值昂贵的宝珠，引申为人或物的最贵重者。《黄庭内景经·天中章第六》："'眉号华盖覆明珠。'梁丘子注：'明珠，目也。'"[②]**慧剑**：佛教语，指能斩断一切烦恼的智慧。喻慧剑能斩断俗世情缘及其魔瘴。《维摩经·菩萨行品》："以智慧剑，破烦恼贼。"

【释义】

对于战胜私心和克制欲念的功力，有人说没能及早识悟而常有力所不及，有人说明知私欲有害但遇事难以自制。其实识略是一颗照鉴魔力的明珠，而意志力是一把斩断魔障的利剑，所以两者缺一不可。

207

【浅析】

世间之苦，多如牛毛，归纳起来有四种，即与亲爱之人离别时的痛苦；老病死时的痛苦；与怨憎之人相会之时，难以忍受的痛苦；心有所欲，但不能如愿时的痛苦，这也包括私心和贪欲以及五阴盛或五取蕴（色、受、想、行、识）的痛苦，其中大多是由自身造成的。既然知道了大多源于"心"而生，也就能够予以克服和摆脱。倘若能够把握一柄斩魔的"慧剑"，即充分运用自身的智慧和意志力来斩断所有的欲念和烦恼，就能跳出沉沦，摆脱苦难的境地。与此同时，以淡泊的心态面对现实生活，凡事做到随遇而安。换言之，有舍有得看意志和修养，是成是败看能力和智慧，即是如此，还可以避免因自身的私心杂念所造成的情绪不稳。万事只求半称心，并非懈怠，也不是对生活不负责任的态度，而是保持一颗平常心。而追求"半"的生活方式，既是一种知足，也是对欲望的克制，更是一种识略和智慧。

<**情绪变化，皆在自心**>：方舟而济于河，有虚船来触舟，虽有偏心之人不怒，有一人在其上，则呼张歙之，一呼而不闻，再呼而不闻，于是三呼邪，则必以恶声随之。向也不怒而今也怒，向也虚而今也实。人能虚己以游世，其孰能害之！

一二六、雅量容人　不露辞色

【原文】

觉人之诈不形于言[①]，受人之悔不动于色[②]，此中有无穷意味，亦有无穷受用。

【注释】

①形于言：形，显露、表露。即指表现在言辞上。南朝·齐·王俭《褚渊碑文》："深识臧否，不以毁誉形言。"②动于色：动，萌动、改变。即指脸上显出的表情及个人态度。《后汉书·班彪传》："君臣动色，左右相趋。"

【释义】

当察觉到他人有欺骗行为的时候，不要在言谈话语中表露出来；当遭受他人欺凌侮辱的时候，不要在面部表情上显露出来。这其中有着无穷无尽的意蕴，若能领悟将会使你受用终生。

【浅析】

"深识臧否，不以毁誉形言。"临事之时能够做到沉得住气，既是一种做人的标准，也是一种雅量，一种修养。对于外界的褒奖不喜形于色，对于因被欺骗而受到愚弄，被欺凌或毁辱而使心理上受到伤害都不怒形于色，深知凡事总有因果，而自身总是若无其事，坦然自若。宽容是一种美德，也是一种自我解脱。宽容他人，做出微笑、友善、容忍或谦让，内心总会感到踏实和轻松。宽容了他人，自己在身心和经历上都会受益，这既能保持良好的心态，处理好人际关系，又能从中得到很好的锻炼和提高，同时还能消除烦恼，加深彼此间的了解，化解彼此间的矛盾。懂得这些道理，自然就能够做到"大量能容，不动声色"。

<雅量容人，不动声色>：西晋时期人王衍，字夷甫。晋朝人王导，字茂弘。

王夷甫尝属族人事，经时未行，遇于一处饮燕，因语之曰："近属尊事，那得不行？"族人大怒，便举樏掷其面。夷甫都无言，盥洗毕，牵王丞相臂，与共载去。在车中照镜语丞相曰：

209

"汝看我眼光，乃出牛背上。"

一二七、厄运穷困　锤炼身心

【原文】

横逆①困穷是锻炼豪杰的一副炉锤②，能受其锻炼则身心交益，不受其锻炼则身心交损。

【注释】

①横逆：此指厄运、不顺。②炉锤：此指锤炼。喻磨炼心性。

【释义】

厄运与贫困就像是锻炼英雄豪杰心性的熔炉与铁锤，倘若能承受这种熔炼和锤打则身心和毅力都可受益，若不能承受这种熔炼和锤打则身心和毅力都会受损。

【浅析】

"虽有良剑，不锻砺则不铦；虽有良弓，不排檠则不正。"宝剑需要锤炼和磨砺才能尖利，弓弩亦需要经常矫正才使其箭易命中靶的，弓箭如此，人之身心宜当如此。人生来如果不经历困苦和磨难，总是衣食无忧，无所事事，就经受不起失败与挫折，承受不了压力与冲击。更可悲的是，当面对困难的时候，就会显得惊慌失措、毫无能力，这就好比生长在温室里的花草，既经不起风雨，也不能健康茁壮地成长。"忧危启圣智，厄穷见人杰。"相反，人生经历的艰辛、困厄，甚至种种危境和磨难等，不仅能够启发人的智慧，而且能锤炼心性、增长才智。只有经历了才能懂得，也只有经历了才能增长见识和才干。"大事难事看担当，逆境顺境看襟度，临喜临怒看涵养"，人生在经历了各种艰难曲折后，才能逐步成熟稳重，处世也就能够做到临危不惧。每当遇到大事和困难的时候，就能有担负责任的勇气；每当遇到逆境或是顺境的时候，就能彰显出胸襟和气度；每当喜悦与嗔怒的时候，就能体现出自身的涵养。人生既有挫折、逆境和困苦等，也有锻炼、顺境和幸福。在幸福到来之前，总要经历各种困苦和磨难，在克服和战胜这些困苦和磨难的同时，也培养了自身的坚强意志。之后，当再遇到困境的时候，就不会再有悲观、失望、灰心与沮丧等情绪，这不但能增强自信心，而且能使身心受益。

一二八、天地①胸怀　万物父母②

【原文】

　　吾身一小天地也，使喜怒不愆③，好恶有则，便是燮理④的功夫；天地一大父母也，使民无怨咨⑤，物无氛疹⑥，亦是敦睦⑦的气象。

【注释】

　　①天地：此指天地之间，自然界和社会。喻人们的活动范围。《荀子·天论》："星队木鸣，国人皆恐。曰：是何也？曰：无何也！是天地之变、阴阳之化，物之罕至者也。"②父母：借指万物化生的根源。③不愆：指无过错、无过失。《诗·大雅·假乐》："不愆不忘，率由旧章。"④燮理：指和谐治理，亦指调理。⑤怨咨：指怨恨、嗟叹。⑥氛疹：氛，古为凶气意；疹，疾病、久病。即指凶恶之病。⑦敦睦：指亲善和睦。南朝·宋·范

211

晔《后汉书·独行列传·缪肜》："肜深怀愤叹，乃掩户自挝曰：'缪肜，汝修身谨行……奈何不能正其家乎！'弟及诸妇闻之，悉叩头谢罪，遂更为敦睦之行。"

【释义】

我们的身体就像一方精微狭小的天地，若能使自身的喜悦和愤怒不逾越规矩，并能使其喜好和厌恶恪守一定的准则，便是做人应具备的和谐调理的功夫；而天地就像人类胸怀博大的父母，不仅能使天下黎民百姓没有牢骚怨叹，还能使世间万物免受灾害而茁壮成长，呈现一派亲善友睦、温馨平和的气象。

【浅析】

"夫人生于地，悬命于天，天地合气，命之曰人。人能应四时者，天地为之父母。天有阴阳，人有十二节；天有寒暑，人有虚实。能经天地阴阳之化者，不失四时；知十二节之理者，圣智不能欺。"人与自然有着密不可分的联系，人脱离了大自然生存就无从谈起。人在适应春、夏、秋、冬季节变迁的过程中，汲取的所有养分均来自大自然。换言之，大自然中的一切都是地球上的生物包括人类生命的源泉。人所呼吸的养分即天之气，人所食用的养分即地之气，因为，谷物只有扎根于大地、生长于大地，得益于大自然的抚育才能成熟，而维护自然环境、保持清洁卫生可谓良性循环。天为阳，人类得天之气能神清气爽。地为阴，人类获地之气能使气血旺盛。譬如，气通血不通为"麻"，气血皆不通为"木"，气充足则易"胀"，血不通有血瘀则易"痛"，人体有十二经络，经络通而气血亏则易"酸"，气血调理、愈合伤口则易"痒"。人之所以患疾生病，多因地之气不足所致，而大病、重病若能坚持走、接地气，则易趋向于康复。由此可

知，天之气和地之气与生物、人体息息相关，所以说，天地六合
如同人类胸怀博大的父母。阴阳平衡则气血充足、精神饱满，
体现健康之美；相反，阴阳失衡则易虚体乏、易生疾病，甚至衰
亡。因此，经常调养身心使气血充足尤为重要，而过于劳累使气
血亏损切不可取。与此同时，在生活中要做到"喜怒不愆，好恶
有则"，克制欲望，消除杂念，清净自心才能保持气血平衡。倘
若在生活中能够做到"身要严重，意要安定，色要温雅，气要和
平，语要简切，心要慈祥，志要果毅，机要缜密，事要妥当"，
并能处理好人与人、人与自然之间相互和谐的关系，既是顺应自
然，对大自然的回馈，也是自我"燮理的功夫"，从而更能呈现
一派亲善友睦、温馨平和的气象。

一二九、戒疏于虑① 警伤于察②

【原文】

害人之心不可有，防人之心不可无，此戒疏于虑也；
宁受人之欺，毋逆③人之诈，此警伤于察也。二语并存精
明而浑厚④矣。

【注释】

①疏于虑：疏，疏忽、粗疏，不周密；虑，思虑。即指考虑
不周。②伤于察：伤，过于、过度；察，观察、精明。借指警惕
性过高。③逆：指预先。喻事先推测、揣度。④浑厚：指纯朴、
朴实。北宋·曾巩《馆中祭丁元珍文》："子之为人，浑厚平
夷，不阻为崖，不巧为机。朋僚悦附，族党怀依。"

【释义】

既不能存有害人的念头，也不能没有防人的心思，这是用来告诫那些考虑不周、麻痹大意的人；宁可去忍受他人的欺妄，也不去揣度他人的诈伪，这是用来告诫那些过于警醒、谨小慎微的人。待人接物把握这两点，既精明谨察又纯朴仁厚。

【浅析】

"精明也要十分，只需藏在深厚里作用。古今得祸，精明人十居其九，未有浑厚而得祸者。"为人处世精明固然好，但是更要做到谦虚谨慎，低调做人，纯朴厚道，以诚待人，切忌张扬。否则，你的精明虽然没有伤害他人之心，但是会影响到他人，因为每个人的看法与所处的角度不同。而且，也不可能要求做到一致。你的精明使你更容易猜测他人的心理活动，这是做人做事过于警醒与谨小慎微，因此，就失去了为人纯朴敦厚的品质。而世人往往想做到的是如何更加精明，却忽略了做人应当忠厚老实，也常常忘记了踏实做人，认真做事，谨言慎行，恪守本分等，而"克勤小物最难"。特别是当被他人欺骗后却不能自省，而且多有指责他人的言行，这其实是很愚蠢的，会趋祸而远福。所以，"勿吐无益身心之语，勿为无益身心之事，勿近无益身心之人，勿入无益身心之境"，如此，待人接物既不会考虑不周或是麻痹大意，也不会过于警醒或是谨小慎微，能够做到精明谨察、纯朴仁厚。

<智者不言，言者不智>：东晋时期人王献之，字子敬。东晋时期人谢安，字安石。少有盛名，而高迈不羁，虽闲居终日，但容止不怠，风流为一时之冠。年数岁，尝观门生樗蒱，曰："南风不竞。"门生曰："此郎亦管中窥豹，时见一斑。"献之怒曰："远惭荀奉倩，近愧刘真长。"遂拂衣而去。尝与兄徽之、

操之俱诣谢安，二兄多言俗事，献之寒温而已。既出，客问安王氏兄弟优劣，安曰："小者佳。"客问其故，安曰："吉人之辞寡，以其少言，故知之。"献之神色恬然，徐呼左右扶出。夜卧斋中而有偷人入其室，盗物都尽。献之徐曰："偷儿，毡青我家旧物，可特置之。"群偷惊走。尝与徽之共在一室，忽然火发，徽之遽走，不遑取履。

一三〇、明辨是非　处事惟公

【原文】

毋因群疑而阻独见①，毋任己意而废人言，毋私小惠而伤大体，毋借公论以快②私情。

【注释】

①独见：指独到的发现，独特的见解，亦称能发现其他人不能发现的东西。《吕氏春秋·季夏纪·制乐》："故祸兮福之所倚，福兮祸之所伏，圣人所独见，众人焉知其极。"②快：借指满足，称心如意。

【释义】

不要因为众人的疑惑而放弃个人的独到见解，也不要因固执己见而听不进其他人的诚恳之言；不要因为私欲搞小恩小利而有损于整体利益，也不要利用公众舆论来满足自身的私心利欲。

【浅析】

"得言不可以不察。数传而白为黑，黑为白。"无论"传

215

闻不如亲见", 还是"耳听为虚, 眼见为实", 都是人们对传闻的一种态度。在现实生活中, 对于传闻, 虽然叫以不去听或是无暇顾及, 但难免入耳一两句, 这就需要明辨是非、黑白分明, 同时, 是对社会现状的一种了解。在为人处世过程中, 避免不了各种各样的质疑或建议, 而恪守做人的原则, 客观地分析事物发展的来龙去脉, 把握事物变化的规律, 既要符合实际, 又要切实可行, 在此基础上, 就应该坚持自身的独到见解; 这种"坚持"并非不去分析其他人的疑问或是建议, 而是要看是否符合客观实际, 是否行之有效。特别值得注意的是"所见所期, 不可不远且大, 然行之亦须量力有渐。力小任重, 恐终败事"。倘若是力所能及的忠实良言, 切忌听而不闻, 应当予以充分的重视, 这不仅可以取长补短, 而且是一种虚心学习的态度, 切忌刚愎自用, 一意孤行。"大丈夫行事, 论是非, 不论利害", 做事不必去搞小恩小惠, 小恩小惠是笼络人心, 是希望得到回报; 并且有人利用公众舆论来满足自身的某种私欲, 而正直诚实的人做善事都会隐姓埋名、不求回报, 也不会去做假公济私之事, 更懂得如何去做才能维护好整体利益。

一三一、不宜急亲① 不宜轻去

【原文】

善人未能急亲不宜预扬②, 恐来谗谮③之奸; 恶人未能轻去不宜先发④, 恐招媒蘖⑤之祸。

【注释】

①**急亲**: 指急切与之亲近。②**预扬**: 指预先赞扬。喻预先宣

扬善行。③馋谮：指颠倒是非恶言中伤。④先发：此指先行草率遣发。⑤媒蘖：亦作"媒糵""媒孽"。指酿成其罪，构陷他人。《汉书·李广传》："今举事一不幸，全躯保妻子之臣，随而媒蘖其短，仆诚私心痛之！"

要想与有修养的人结交，应该避免急于与他接近，也不要事先赞扬其美德，以免招来坏人的嫉妒甚至是恶语中伤；若不能轻易地摆脱坏人，也不要草率地将其打发，以免遭到坏人的诬陷甚至是毋望之祸。

【浅析】

"视其所以，观其所由，察其所安，人焉廋哉？"了解一个人既要看他做事的动机和目的，又要了解其做事的方式和行为，还要了解其喜好和志向等，在如此了解之后，其人又有什么可以隐瞒的呢？人与人接触，首先要相互了解，其次是相互间有了共同语言才有可能进一步交往，更重要的是通过了解能够从中积累经验，学习他人的长处。因此，人生如果能够结交到有修养的良师益友尤为重要。修养可以通过培养和磨炼得到提高，修养反映了一个人道德、文化、心理、意志品质、为人处世等方面的素质。"大事难事看担当，逆境顺境看襟度，临喜临怒看涵养，群行群止看识见"，一个人是否有修养，主要是看他在临事时是否勇于担当；"不以物喜，不以己悲"的豁达胸襟；处变不惊，沉着稳定，虚化若谷，平易近人的涵养；自身有独到的见解而不盲从的识见。"世有无妄之福，又有无妄之祸"，人生能有幸结识到有修养的人，固然是好事，但是如果急于与之接近或赞扬其美德，很容易招致居心叵测之人的嫉妒甚至会遭到恶语中伤，这是

上卷

217

每个人的性格以及处事方法等不同所致。而且，人与人的交往是一个循序渐进的过程，正所谓"路遥知马力，日久见人心"，与人交往只有通过时间的考验，才能真正认识和了解一个人。而对于毁谤、诬陷的人和事往往难以摆脱，对此，切忌草率处之，否则会招致意外的祸患。"善察者知人，善思者知心。知人不惧，知心堪御"，与人结识既要善于观察人，亦要善于思考，这不仅能够增进了解，而且能够理解其人的真实想法。因此，自身既不会因为他人的所作所为而感到畏惧，亦有能力做到防患于未然，更能提高待人接物的能力，从而做到亲善防谗。

一三二、临深履薄^①　历经磨炼

【原文】

　　青天白日^②的节义^③，自暗室屋漏^④中培来^⑤；旋干转坤^⑥的经纶^⑦，自临深履薄处操出。

【注释】

　　①临深履薄：深，深渊；履，踩踏；薄，薄冰。即指面临深渊，脚踩薄冰。比喻小心谨慎，唯恐有失。②青天白日：亦称"青霄白日"，指高洁的品德。喻光明磊落。③节义：亦称"节谊"。即指节操与义行。④暗室屋漏："暗室""屋漏"二词同义，皆指简陋的房屋，亦指无人处。⑤培来：指培壅出来。⑥旋干转坤：指从根本上改变社会面貌或已成的局面。喻人的魄力极大。唐·韩愈《潮州刺史谢上表》："陛下即位以来，躬亲听断；旋干转坤，关机阖开。"⑦经纶：借指抱负与才干，引申为经邦治国的政治韬略。

218

【释义】

高尚的节义和光明磊落的品德与素质，都是在艰难困苦的环境中培养出来的；具有揆情审势扭转乾坤的雄才韬略，都是在谨言慎行的处世方法中造就的。

【浅析】

"不登高山，不知天之高也；不临深溪，不知地之厚也。"攀登高山是一件既吃力又艰辛的事情，如果不去付出，不经过不懈的努力，就不能到达顶峰，而一旦登顶就会有天高气清、众山皆小的感悟；同样，艰苦的条件和克服困难的信心能够锻炼人的意志，磨砺人的品质，培养人的道德情操和为人处世时缜密的思维习惯，保持谦虚谨慎、不畏艰难的精神，从而不断提高自身的修养和素质。"雪后始知松柏操，事难方见丈夫心"，大雪过后才能体现出松柏的挺拔、强劲而不被压断的韧性，当人遇到困难的时候才能显现出坚韧不拔的性格。换言之，生活中避免不了挫折或失败，如果能及时醒悟、及早改正，就是经验教训。人生不可能一帆风顺，总是在不断的挫折与磨难中成长和完善，这其中没有任何捷径，只有默默地去努力。而处世不拘小节、草率行事的人是难有所作为的。所以，做人既要胸怀坦荡、做事光明磊落，又要思维缜密和条理清晰，保持谨言慎行，如此，才能领悟"临深履薄"的道理，从而客观正确地对待人生，淡泊名利、泰然处世。

<为人处世，谨言慎行>：春秋时期人曾子，姒姓，曾氏，名参，字子舆。曾子有疾，召门弟子曰："启予足！启予手！诗云：'战战兢兢，如临深渊，如履薄冰。'而今而后，吾知免夫，小子！"因为"身体发肤，受之父母，不敢毁伤，孝之始也"。

一三三、父慈子孝 伦常①天性

【原文】

父慈子孝，兄友弟恭，纵做到极处，俱是合当②如此，着③不得一毫感激的念头。如施者任德④，受者怀恩⑤，便是路人⑥，便成市道⑦矣。

【注释】

①伦常：指人与人相处的常道，亦指封建社会的伦理道德。明·朱柏庐《朱柏庐治家格言》："刻薄成家，理无久享；伦常乖舛，立见消亡。"②合当：指应当、应该。③着：指用。④任德：指以施惠于人而自任，受人感激。⑤怀恩：指感恩戴德。⑥路人：行路的人，指不相干的人。《尹文子·大道上》："楚人担山雉者，路人问：'何鸟也？'担雉者欺之曰：'凤凰也。'"⑦市道：交易逐利之道。《史记·廉颇蔺相如列传》："廉颇曰：'客退矣！'客曰：'吁！君何见之晚也？夫天下以市道交。君有势，我则从君；君无势，则去。此固其理也。'"

【释义】

父母对儿女的慈爱，儿女对父母的诚孝，兄姐对弟妹的友爱，弟妹对兄姐的尊重，这种仁爱和睦之礼做到尽善尽美也是理所当然，彼此间不能有一丝一毫的心存感激、谢恩图报的念头。倘若施泽之人以为种德，受用之人心怀感恩戴德，那么其骨肉关系就变成了过客路人，亲情之间的相处就变成了市道之交。

【浅析】

"父子之道天性也。故不爱其亲而爱他人者，谓之悖德；不敬其亲而敬他人者，谓之悖礼。"父母与孩子能够和睦相处，是因为做父母的慈爱孩子，做孩子的孝顺父母，这不仅符合伦理道德，而且是出自人的本性。否则，作为孩子不爱自己的父母，而去关爱他人的父母，是有悖仁德的；不尊敬自己的父母，而去尊敬他人的父母，更是有悖礼法。这其中不仅包含亲子关系，而且包含"伦常"关系。伦常是指人与人相处的"常道"，即人与人相处要遵守一定的准则，否则，就会"伦常乖舛，立见消亡"。而提到"伦常"就要从人伦说起，中国古代对人伦的定义是指人与人之间的关系，特别强调的是长幼尊卑之间的关系和应遵守的行为准则。所以，人伦关系是必然存在的一种关系，它包括亲人、邻舍、朋友、路人等，若是没有这种关系，将会给社会造成很多不利影响甚至混乱。仁爱之心人皆有之，敬奉父母，关爱兄弟姐妹是仁爱的根本，也是德行的基础。"仁"是一种含义极广的道德范畴，其核心是以人为本，互帮互助，富有爱心，而"孝悌"是"仁"的基础，"孝悌"的"孝"是指孝顺父母，做儿女的要做到"事父母几谏，见志不从，又敬不违，劳而不怨"。随着年龄的增长，人的接触范围、思维方式、志向和兴趣等都会有所改变，而侍奉父母是义不容辞的责任，即使父母有不对之处，也要和颜悦色、委婉地去劝说。倘若父母难以接受自己的意见，要恭恭敬敬地去尽孝心，切忌悖理的言行，为父母操劳更不能有怨恨；还要做到"父母在，不远游，游必有方"，其"有方"是指要告知自己所在的位置，也不失为孝，因为"儿行千里母担忧"。"悌"是指友爱兄弟。孝悌是做人立身和学习知识、增长才智的根本。父母对儿女的慈爱，儿女对父母的诚孝，兄姐对弟妹的友爱，弟妹对兄姐的尊重，其相互之间的宽仁慈爱做到尽善尽美也是理所当然的。"慈父之爱子，非为报也，不可内解于心。"家庭中的父母与子女是骨肉亲情关系，父母关爱子女，并非想要得到报答，而是无法抛开那颗源自天性的爱心。所以，如果施泽之人以为种德，受用之人心怀感恩戴德，那么其骨肉关系亦就变成了过客路人，亲情之间的相处就变成了市井交易。

一三四、妍丑洁①污　相对而生

【原文】

有妍必有丑为之对，我不夸妍，谁能丑我？有洁必有污为之仇，我不好洁，谁能污我？

【注释】

①妍、洁：妍，美丽、美好。即指美好洁净。北宋·苏轼《答刘贡父》之一："字画妍洁，及问来使，云，尊貌比初下车时暂且泽矣，闻之喜甚。"

【释义】

世间万物都是相对存在的，有美丽就必然有丑陋与之相对，若是我不自夸美丽，又有谁能说我丑陋？同样，有洁净就必然有污秽与之相对，若是我不喜好洁净，谁还能说我污秽？

【浅析】

"臭腐化为神奇，酱也，乳也，金汁也；至神奇化为臭腐，则是物皆然。"很多人都喜欢食用酱和腐乳类调味食品，以制酱为例，酱块入缸后需要发酵，其过程是每天都用酱杵来敲打酱缸，使酱中的杂质浮于水面，再用酱勺将浮在表面的沫子和杂质等撇净，经过反复如此操作，最后做出来的酱才是最干净的，也是最香的。制酱由发酵到成酱、由浊到净是一个神奇的转变过程；同样，所有东西都能由神奇化为臭腐。世间万物皆为对立存在，以善与恶为例，"无善无恶是圣人，善多恶少是贤者，善少恶多是庸人，有恶无善是小人，有善无恶是仙佛"，其中的圣人、贤者、庸人、小人和仙佛是评判一个人的好与坏，判断一个人行事的标准，也是善与恶相对照产生的结果。同理，心无外物，则无物累，是指自心净与不净的关系。事物都是相对的，从发展变化的观点看，事物在一定条件下是可以发生转化的。"以信待人，不信思信；不信待人，信思不信"，在人与人交往的过程中，因为待人的方式方法不同，所以会使人在认识上发生转变。如果是以诚信待人，就会由不信任转变为信任；相反，如果是以虚伪待人，就会由信任转变为不信任。因此，任何事物的运动变化都有其相对性。美与丑、洁与污以及善与恶、邪与正等既相互转化，又相互制约，而对于转化和制约的把控全在自心。有美丽就必然有丑陋与之相对，有洁净就必然有污秽与之相对，倘若自心清净，就不会理睬"丑我"与"污我"等说法。

<恬淡无为，顺应自然>：悲乐者德之邪，喜怒者道之过，好恶者德之失。故心不忧乐，德之至也；一而不变，静之至也；无所于忤，虚之至也；不与物交，惔之至也。无所于逆，粹之至也。

一三五、炎凉①妒忌　皆非平气

【原文】

　　炎凉之态，富贵更甚于②贫贱③；妒忌之心，骨肉尤狠于外人。此处若不当以冷肠④，御⑤以平气，鲜不日坐烦恼障⑥中矣。

【注释】

①炎凉：指热和冷。喻对待地位不同的人亲热或者冷淡的态度。②甚于：指超过，胜过。③贫贱：指穷困又没有社会地位。《管子·牧民》："民恶忧劳，我佚乐之；民恶贫贱，我富贵之。"④冷肠：指缺乏热情或冷漠无情。此喻冷静。⑤御：指控制，约束。⑥烦恼障：佛教语。谓坚持我执，丛生贪嗔，而为解脱之阻碍者，二障之一，与所知障相对。如贪、嗔（同"瞋"，怒、生气，对别人不满，发怒时睁大眼睛）、痴、慢、疑、邪见等都能扰乱人的情绪而生烦恼，佛家说这些都是涅槃之障，故名"烦恼障"。

【释义】

对人情冷暖、世态炎凉的变化，富贵之家往往比贫贱之家更为明显；世人之间相互妒忌的心理，骨肉至亲之间比起外人之间更加厉害。此时倘若不能以冷静平和的心态处之，就会使人终日受困于烦恼状态中！

【浅析】

"炎凉"本义是指热与冷，由此借喻对待不同地位的人或是亲热，或是冷漠，这也是一种社会现象。富有了，不一定不是好事，但当富有之后如何正确对待人生才是最重要的。就富有而言，主要有两种形态，一种是内心与精神上的富有，另一种是物质财富的富有。人不是拥有多少物质财富才富有，因为一切物质财富都是身外之物，可谓"生不带来、死不带去"；人真正的富有是内心和精神上的富有，内心越丰富、精神越富足，人生就越富有。而内心丰富、精神富足的人，一定是内心平静的人，这种人无论遇到什么情况，都能做到坦然处之，并且对生活充满热情，懂得知恩图报，关爱他人，珍惜友情。追求物质财富的人，在富有之后心态容易发生变化，多是对名利追求的欲望更加强烈，可谓不知纪极，而且对人与人之间的特别是亲情和友情等一切感情越发淡漠。贫贱之家的人，因其生活俭朴，更显得踏实自在，不仅能保持勤俭朴实的生活态度，更懂得"家俭则兴，人勤则健；能勤能俭，永不贫贱"的道理；而富贵之家的人，因其生活条件相对更加优越，当遇到挫折或处在逆境的时候，更能体会到炎凉冷暖，所以才会有"炎凉之态，富贵更甚于贫贱"的说法。"人情甚不美，又何问焉！妻子具而孝衰于亲，嗜欲得而信衰于友。唯贤者为不然。"人有了家室之后，就会在"孝悌"等方面减弱了；嗜好与欲得到了满足，对待朋友的诚信就会减弱。所以说，只有贤德的人不会这样去做。其心态发生变化，其言行必然随之发生变化，所以，才有"妒忌之心，骨肉尤狠于外人"。倘若不能及时调整心态，那么就有很多人整日处在烦恼的困境中了。

<富则敬畏，贫则讥谤>：战国时期人苏秦，字季子。东事师于齐，而习之于鬼谷先生。出游数岁，大困而归。兄弟嫂妹妻妾窃皆笑之，曰："周人之俗，治产业，力工商，逐什二以为务。今子释本而事口舌，困，不亦宜乎！"苏秦闻之而惭，自伤，乃闭室不出，出其书遍观之。于是得周书阴符，伏而读之。期年，以出揣摩。于是六国从合而并力焉。苏秦为从约长，并相六国。北报赵王，乃行过雒阳。苏秦之昆弟妻嫂侧目不敢仰视，俯伏侍取食。苏秦笑谓其嫂曰："何前倨而后恭也？"嫂委蛇蒲服，以面掩地而谢曰："见季子位高金多也。"苏秦喟然叹曰："此一人之身，富贵则亲戚畏惧之，贫贱则轻易之，况众人乎！且使我有雒阳负郭田二顷，吾岂能佩六国相印乎！"于是散千金以赐宗族朋友。初，苏秦之燕，贷人百钱为资，及得富贵，以百金偿

之。遍报诸所尝见德者。其从者有一人独未得报，乃前自言。苏秦曰："我非忘子。子之与我至燕，再三欲去我易水之上，方是时，我困，故望子深，是以后子。子今亦得矣。"

一三六、功过要明　恩仇毋显

【原文】

功过不容少混，混则人怀惰堕①之心；恩仇不可太明，明则人起携贰②之志。

【注释】

①惰堕：惰，懈怠、懒惰；堕，荒废、废弃。即指怠惰堕落，灰心丧气。②携贰：指离心，怀有二心。

【释义】

对于功劳与过失，绝对不能有丝毫的含混不清，若混淆则易使人意气消沉而不思进取；对于恩情与仇怨，绝对不可以表现得太显明，若显明则易使人潜生异志而离心离德。

【浅析】

"赏善而不罚恶则乱，罚恶两不赏善亦乱。"对如何认识和对待功与过、是与非、善与恶、恩与仇等，是生活中避免不了的课题，处理不当不仅会招来很多烦恼，而且会使人的情绪产生波动，而情绪的不稳定会影响身心健康。所以，要奖罚分明。倘若只是奖励好的行为而不处罚不良的行为，就会造成混乱；相反，如果是只处罚不良的行为而不奖励好的行为，也会造成混乱，有奖有罚才能赢得人心、使人信服。换言之，对于功劳与过失，绝对不可以有丝毫的含混不清，如果只重视功劳、忽略过失，或是不重视功劳、严处过失，那么这些混淆是非的做法都容易使人意气消沉而不思进取。"赏不劝，谓之止善；罚不惩，谓之纵恶。"若是奖赏起不到劝勉善行的效果，可谓阻止别人做好事；而处罚起不到警诫恶行的作用，可谓宽容作恶者。要注意的是"无功不赏，无罪不罚"，切忌顾此失彼，敷衍了事。而对于恩情与仇怨，千万不要显得过于分明，太过分明容易使人潜生异志、离心离德。特别是对待仇怨，切忌心存忌恨，要怀着一颗包容之心，做到妥善处置，如此，才能趋利避害。

一三七、平易近人　谦虚谨慎

【原文】

爵位①不宜太盛，太盛则危；能事②不宜尽毕③，尽毕则衰；行谊④不宜过高，过高则谤兴而毁来。

【注释】

①**爵位**：亦称封爵、世爵，原指诸侯获封赐的封建等级，君主时代把官位分公、侯、伯、子、男五等位。②**能事**：能干的事，擅长的事。《易传·系辞上》："引而伸之，触类而长之，天下之能事毕矣。"《抱朴子·外篇·行品》："士有谋猷渊邃，术略入神，智周成败，思洞幽玄，才兼能事，神器无宜，而口不传心，笔不尽意，造次之接，不异凡庸。"③**尽毕**：指全部用尽或全部使出。④**行谊**：指品行、道义或行为事迹。

227

【释义】

官阶和权位不宜太贵盛，倘若太过贵盛就会面临危境；才智和能力不宜和盘托出，倘若全部用尽就会趋向衰落；言论和行为不宜太过清高，倘若太过清高就会招来毁谤。

【浅析】

"福莫美于安常，祸莫危于盛满。天地间万物万事未有盛满而不衰者也。"人生之路总是艰难曲折，坎坷不平的，所以，生活就是在不断克服困难和不屈不挠的努力中，树立自信心，磨炼意志品质，增强心理承受力。如果能从中了悟些许哲理，亦即人生的经验和智慧，同时，更能懂得恬淡寡欲、避祸就福的道理。由此可知，福没有比安守一颗平常心更美的了，祸没有比盛满更危险的了。天地万事万物，未有盛满而不衰落的，而"爵位不宜太盛，太盛则危"的道理也在于此。就避祸而言，首先，要做到清心寡欲，保持淡定、头脑清醒，不被外物所干扰；其次，"百行德为首"，做事先做人，做人先立德，自然即是道，遵守正道可谓"德"。"德者，得也。"人已经得到的和想要获取的，都跟自身的"德"有关系。换言之，无欲则刚。因此，做人首先应该以修身为本，以立德为重；其次要做到审慎言语，因为言多有失，祸从口出，思而后言，言后而思，反躬自省；最后要做到量力而行，适可而止。"全则必缺，极则必反。"所以，做人做事只有本分、踏实，保持低调，谨言慎行，才可以避免毁谤。

<得失利弊，全在自身>：春秋时期人孙叔敖，芈姓，蒍氏，名敖，字孙叔。孙叔敖遇狐丘丈人。狐丘丈人曰："仆闻之：有三利，必有三患，子知之乎？"孙叔敖蹴然易容曰："小子不敏，何足以知之！敢问何谓三利？何谓三患？"狐丘丈人曰："夫爵高者，人妒之，官大者，主恶之，禄厚者、怨归之，此之

谓也。"孙叔敖曰："不然。吾爵益高，吾志益下；吾官益大，吾心益小；吾禄益厚，吾施益博。可以免于患乎？"狐丘丈人曰："善哉！言乎！尧舜其犹病诸。"诗曰："温温恭人，如集于木；惴惴小心，如临于谷。"

一三八、阴恶①祸深　阳善②功小

【原文】

恶忌阴，善忌阳，故恶之显者祸浅，而隐者祸深；善之显者功小，而隐者功大。

【注释】

①阴恶：指没有人知道的恶事、恶行，亦指阴险恶毒。②阳善：阳，外露的或显露的事物。即指行善之事为人所知；为善而人不知，则为阴德。

【释义】

做坏事最忌讳隐藏怕人知道，做善事最忌讳到处显扬自诩，所以做了坏事及早被发现灾祸就会相对较小，相反做了坏事而故意隐藏则灾祸非常深重；同样，做了善事而特意显扬则功德相对较小，而做了善事却遮蔽掩隐则功德宏大。

【浅析】

"为善而欲人知之，称为阳善，徒得虚名。为善而不欲人知，称为阴德，天必赐福。"做人宜当谦虚谨慎，做事宜当踏实本分。为善之心人皆有之，如果做了好事而到处宣扬，不仅其言行做作，内心虚伪，徒有虚名，而且失去了做好事的意义；相反，做了好事如果能够遮蔽掩隐，可谓"阴德"，其功德宏大，上天必会赐福与你。"恶恐人知，便是大恶。"如果做了坏事故意隐蔽而怕人知道，不仅难以及时警醒和悔改，更容易执迷不悟而越陷越深，甚至无法自拔，也就是真正的恶人，其灾祸非常深重。如果做了坏事能及早被人发觉，那么自身就能够及时醒悟、立刻改正，而不至于深陷泥潭。所以，灾祸相对较小。"人为善，福虽未至，祸已远离，人为恶，祸虽未至，福已远离。"倘若做了好事不为人知，虽然不会看到有福运降临，但是灾祸已经远去；相反，如果做了坏事，虽然暂时不会得到惩罚，但是其福运已经远去。因此，做人做事心存敬畏，才能行稳致远。

<德行纯备，不待文显>：北宋时期人苏轼，字子瞻、和仲，号铁冠道人、东坡居士，世称苏东坡。是岁登第，始见知于欧阳公，因公以识韩、富，皆以国士；待轼，曰："恨子不识范文正公。"其后三年，过许；始识公之仲子；今丞相尧夫。又六年，始见其叔；彝叟；京师。又十一年，遂与其季德孺；同僚于徐；皆一见如旧，且以公遗稿见属为叙。又十三年，乃克为之；呜呼！公之功德，盖不待文而显，其文亦不待叙而传。然不敢辞者，自以八岁知敬爱公，今四十七年矣。彼三杰者，皆得从之游，而公独不识，以为平生之恨。若获挂名其文字中，以自托于门下士之末，岂非畴昔之愿也哉！

一三九、德在才先　德才兼备

【原文】

德者才之王，才者德之奴。有才无德，如家无主而奴用事矣，几何^①不魑魅^②而猖狂。

【注释】

①几何：指多少，若干。②魑魅：古代传说中的山川精怪、鬼怪。此喻无法无天之徒。《孔子家语·辨物》："孔子曰：'丘之所闻者，羊也，丘闻之木石之怪夔蝄蜽，水之怪龙罔象，土之怪羵羊也。'"

【释义】

品德是人所具备才能的主人，而才能也只能是品德的奴隶。人若只有才能而无品德修养，犹如家无主人而由奴辈当家主事，又有哪家不遭受鬼怪的恣意妄为？

【浅析】

"君子固穷，小人穷斯滥矣。"小人在遇到困境的时候，就会无所顾忌、胡作非为，会表现在多个方面，如小人骄而不泰，小人责人且长戚戚，小人喻于利且下达，小人比而不周、同而不和，小人成人之恶等；君子不仅能安守贫困，在不得志的时候做到安贫乐道、不失节操，更懂得"道是德之体，德是道之用"的道理。只有以德御才，才能做到德才兼备，"才"必须用道德去驾驭才能得到正确运用，而具备良好的道德品质，能不断增长才干和能力。简而言之，"才"的内涵有聪慧、敏锐、洞察、坚毅和果敢等；而"德"则包含正直公道、谦虚谨慎、包容大度、善解人意和平和待人等。"云梦之竹，天下之劲也，然而不矫揉，不羽括，则不能以入坚。棠溪之金，天下之利也，然而不熔范，不砥砺，则不能以击强"，云梦之竹虽然非常刚劲，但是不经过矫正，即使配上羽毛也不能作为利箭刺透坚物；棠溪之地出产的铜材虽然精利，但是不经过熔铸、锻造使之锋利，就难以作为兵器击穿盔甲。同理，品德不仅需要加强在意志上的长久磨炼，而且需要清静自心来体悟，更需要在生活中逐步养成。外因是变化的条件，内因是变化的根据。人不仅要培养自身的才能，更要修养自身的品德，两者都极为重要，缺一不可。"德"与"才"是密不可分的，"德"是"才"的主人，"才"是"德"的支撑，两者相辅相成、相得益彰。从"德"与"才"的关系来看，人大致可以分为四类，即"才德全尽谓之圣人，才德兼亡谓之愚人，德胜才谓之君子，才胜德谓之小人"。就德、才两者而言，前者为主，后者为次，因为德决定一个人的思想和行为，有才无德，便是心无明主，其才则易被妄用而走上邪路，正是"德之不修，学之不讲，闻义不能徙，不善不能改，是吾忧也"。

<知者自知，仁者自爱>：春秋时期人仲由，字子路，又字季路。春秋时期人端木赐，复姓端木，字子贡。春秋时期人颜回，曹姓，颜氏，名回，字子渊。子路入。子曰："由！知者若何？仁者若何？"子路对曰："知者使人知己，仁者使人爱己。"子曰："可谓士矣。"子贡入。子曰："赐！知者若何？仁者若何。"子贡对曰："知者知人，仁者爱人。"子曰："可谓士君子矣。"颜渊入。子曰："回！知者若何？仁者若何？"颜渊对曰："知者自知，仁者自爱。"子曰："可谓明君子矣。"

一四〇、穷寇勿追[①] 留得去路[②]

【原文】

锄奸杜幸，要放他一条去路。若使之一无所容[③]，譬如塞鼠穴者，一切去路都塞尽，则一切好物[④]俱咬破矣。

【注释】

①**穷寇勿追**：指不追无路可走的敌人，以免敌人情急反扑，造成自己的损失。喻不可逼人太甚。《孙子兵法·军争》："饵兵勿食，归师勿遏，围师遗阙，穷寇勿迫，此用兵之法也。"②**去路**：指出路。此喻悔过之路。③**一无所容**：指无处可去，无容身之地。喻身陷绝境。④**好物**：指精美之物。《汉书·杨恽传》：恽曰："冒顿单于得汉美食好物，谓之殠恶，单于不来明甚。"

【释义】

即使要铲除奸邪之徒、杜绝佞幸的小人，有时也要给他们留下一条悔过自新的生路。如果使他们无处容身而陷入绝望之中，就如同为了消灭老鼠而将一切洞口都塞绝，那么所有精美的物品都会被老鼠咬损破坏。

【浅析】

"高陵勿向，背丘勿逆，佯北勿从，锐卒勿攻，饵兵勿食，归师勿遏，围师遗阙，穷寇勿迫，此用兵之法也。"这是古人的用兵八法，其中既包含了"智、信、仁、勇、严"的武德精神，又具有临阵有方、权宜处理、善于应变、灵活运用的战略战术，是用兵智慧的结晶。譬如，面对高山之敌，切忌仰攻；面对丘陵之敌，切忌贸然正面进攻；面对佯败和饵兵之敌，切忌盲动贪食；面对"锐卒"之敌，切忌强攻；面对"归师"之敌，应酌情而定，即对撤归之敌，切忌追击阻截；面对逃窜之敌，应乘胜追击，力求全歼；面对穷途残敌，要攻心为上，伺机而动，力争歼灭；面对围歼之敌，要围三阙一，网开一面，虚设生路，诱敌出逃，合力围歼；等等。这些都是以少胜多，出其不意，克敌制胜的方略。其中"围师遗阙"可以减少或避免损伤之忧，而"穷

233

寇勿迫"则可避免狗急跳墙，兔急反噬之虑。常言说："穷寇勿迫，投鼠忌器。"不然，就像是捕捉老鼠而阻塞了一切洞口，穷急反噬，一切器物反而被破坏光了。而锄刈奸邪之徒、杜绝佞幸小人，也要给他们留下一条悔过自新的生路。做人要有方略，更要谨言慎行；做事勿走极端，要知行知止。觉悟了这个道理，对于人生大有裨益。

一四一、有过同当　患难①与共

【原文】

当与人同过，不当与人同功，同功则相忌；可与人共患难，不可与人共安乐，安乐则相仇。

【注释】

①患难：患指忧虑，即指忧患灾难。《墨子·贵义》："若有患难，则使百人处于前，数百于后，与妇人数百人处前后，孰安？"

【释义】

要有与他人共同承担过错的雅量，不应当有与他人共享功劳的念头，因为共享功劳最易引起相互忌妒；要有与他人共渡危难处境的胸襟，不可以有与他人共享安乐的心思，因为共享安乐最容易互相仇怨。

【浅析】

"仁以为己任，不亦重乎？""仁"的范畴广泛，"仁"原本是亲和之意，孝悌是"仁"的根本，"仁"包含了富有爱心，互相尊重，友善互助。而儒家所提到的"仁"则是道德原则或称道德基本原则、道德标准、善恶标准、道德境界，即遵守道德观念，通过自身的道德修养所形成的觉悟。作为一个有道德、有修养的人，其最大的魅力就是懂得且敢于承担责任。因此，"仁"对人生的重要性不言而喻。换言之，真正有责任感的人，绝不会轻易许诺，但是对于答应过的事情，一定会全力以赴，即使遇到种种困难，也能够做到主动去克服，任劳任怨，不会食言。做人做事具有责任心是对他人的尊重，也是对自己的负责，还能体现出一个人的能力和品质，更是取得进步的基石。"道则高矣，美矣，宜若登天然，似不可及也；何不使彼为可几及而日孳孳也？"其实，"道"是既高又好的，但是如果要学好，堪比登天，很难达到；如此，何不换种认识，即有望达到而努力不懈地去追求它呢？同甘苦，共患难，既是相互间的情感和信任，又是彼此间心灵沟通的桥梁，是一种美德。为人处世要能做到"忍"字当头。忍，既是度，亦是容；容忍是一种智慧，一种胸襟，一种修养。能容忍，能接纳别人的不足和长处亦即大雅海量。所以，要有与他人共同承担过失的雅量，不可有与他人共享功劳的念头，否则就会彼此忌妒；同样，要有与他人共渡危难处境的胸襟，不可以有与他人共享安乐的贪心，因为共享安乐最易造成互相仇怨。人生要能做到"不当与人同功、不可与人共安乐"实属不易，但仍要坚持和努力去做，并且只有牢记，才能减少不必要的烦扰。

一四二、一言警世① 功德无量②

【原文】

士君子贫不能济物③者，遇人痴迷④处出一言提醒之，遇人急难⑤处出一言解救之，亦是无量功德。

【注释】

①**警世**：指警诫、警告世人，使醒悟。南宋·周密《癸辛杂识别集·二僧入冥》："天理果报之事，未有昭昭如此事者，故书之以警世云。"②**功德无量**：功德，佛教语，指功业和德行；无量，无法计算，即指功德无法估量，泛指称赞人的功劳、恩德或所做之事裨益他人。③**济物**：指帮助他人。喻用财物救济人。三国·魏·嵇康《与山巨源绝交书》："子文无欲卿相而三登令尹，是乃君子思济物之意也。所谓达能兼善而不渝，穷则自得而无闷。"④**痴迷**：指入迷到呆傻的程度或迷惑不清。此喻沉迷不悟。元·马致远《青衫泪》："那厮正拽大拳，使大钱，这其间枉了我再三相劝。怎当他痴迷汉，苦死歪缠。"⑤**急难**：指危急、患难、危难。《管子·二十四卷·问》："士之急难可使者几何人。"

【释义】

读书明理、品行高尚的人，虽因家境贫困而不能以财物济助他人，但当他人处在遇事难解沉迷不悟之时，若能够从旁及时提醒促使他有所领悟，或在他人身处急难之时，若能以中肯之言来帮助他摆脱困境，这些都是心存善念施善于人且功德无量。

【浅析】

"行善济人，人遂得以安全，即在我亦为快意。"做好事、帮助人本是积德行善，如果是掺杂着私心杂念去做，就失去了它的真实意义。而发自内心地去帮助他人，当他人因受助而安逸保全时，自身也会感到十分愉悦，可谓助人为乐。"肯救人坑坎中，便是活菩萨。"心存善念肯帮他人摆脱困境，甚至使人转危为安的人，便是人世间的"活菩萨"，世人常说的"菩萨心"即心肠慈善的人。可见，自古以来人们对存行善之爱心、助人之言行的重视程度。"良言一句三冬暖"，在他人处于困难之时，一句有益之言，虽然很普通，但是能起到鼓励的作用，使他人增加勇气和信心，可谓弥足珍贵。心中有尺度，出口自有分寸；心中有仁爱，触处皆能体现。譬如，当他人处在遇事难解沉迷不悟的时候，能够出一良言及时提醒促使他有所领悟；或在他人身处急难的时候，能够以中肯之言来帮助他摆脱困境。其实，帮助他人有很多方式，既可以用财物帮助他人摆脱困境，也可以用经验、知识和有益之言帮助他人解除难点，即当自身财力不足，无法在物质上帮助他人时，如果能用自己的智慧警世济人，也是功德无量。"与人为善"既可以体现在"善行"，又可以体现在"善言"。在他人有困难之时，不要因为贫穷而犹豫不定、不知所措，往往一句良言就能产生"一语惊醒梦中人"的效果，更能助人于危难，解人之困惑。学识渊博、品行高洁的人即使不能用金钱救济他人的贫困，也可以用精神的力量去感化他人。相反，人在迷惘之际若能听进一句良言而被提醒，就能做到迷途知返、改邪归正。倘若人处在危急困难的情况下，能得一句善语的勉励，便能使自身脱离危境，终身受益。

<**教谕告诫，无价之宝**>：战国时期人景春。战国时期人公孙衍。战国时期人张仪，姬姓，张氏，名仪。景春曰："公孙衍、张仪岂不诚大丈夫哉？一怒而诸侯惧，安居而天下熄。"孟子曰："是焉得为大丈夫乎？子未学礼乎？丈夫之冠也，父命之；女子之嫁也，母命之，往送之门，戒之曰：'往之女家，必敬必戒，无违夫子！'以顺为正者，妾妇之道也。居天下之广居，立天下之正位，行天下之大道。得志，与民由之，不得志，独行其道。富贵不能淫，贫贱不能移，威武不能屈，此之谓大丈夫。"

一四三、趋炎附势^①　人情通患

【原文】

饥则附，饱则飏^②，燠^③则趋，寒则弃，人情通患也。

【注释】

①趋炎附势：趋，奔走；炎，热。比喻权势，即指奉承和依附有权有势的人。《宋史·李垂传》："今已老大，见大臣不公，常欲面折之，焉能趋炎附热，看人眉睫，以冀推挽乎？"②飏：飞翔、飘扬。③燠：指热，温暖。喻权贵。

【释义】

人在贫寒饥饿时就会投靠别人，而在吃饱饭之后就会远走高飞，看到别人富贵了就会去竞相巴结，而当别人失势时就会相继离去，如此是世人都会有的痼疾通病。

【浅析】

"穷在闹市无人问，富在深山有远亲。"这是人们对贫贱与富贵的一种认识。人贫穷，即使是生活在热闹繁华的都市，亦不

会有多少亲戚朋友来关心问候；人富有，即使住在深山老林，偏远的地方也会有人登门拜访。换言之，对于一株小草，不会引起重视；而古木参天之下，多会有人前来遮阳避雨。如此等等，自古如此。"世态有冷暖，人面逐高低"，世俗的情态可以从人对人或事物的冷淡或热情的态度上看出来，人的脸色好坏会因对方的地位高低而有所不同，所以才会有"趋炎附势，人之常情"。人生之路多有高峰和低谷、顺境与逆境，这是很正常的现象，懂得这一点就应该客观理智地去面对，只有以平和的心态自我把控，才能悠闲自适。世间常以"见人下菜碟儿"的说法来形容人情冷暖，而对于这种人切不可深交，因为当你得势时，他便会与你格外热情亲近，笑语相迎；而当你不得势的时候，他的态度便会越发冷漠，言语越发生硬，甚至离你而去。"门堪罗雀仍未害，釜欲生鱼当奈何？"这既体现了一种无助，也体现了一种无奈。趋炎附势，是世间常态，懂得这一点，就能冷眼观之，冷耳听语，冷情当事，泰然处之，自身仍应当诚信做人，踏实做事，谦虚谨慎。对于虚情假意，冷嘲热讽等不要去在意，因为，爱富嫌贫，趋炎慕势，自古有之，可谓"人情通患"。

<趋炎附势，人情通患>：西汉人郑当时，字庄。西汉人汲黯，字长孺。郑庄、汲黯始列为九卿，廉，内行修絜。此两人中废，家贫，宾客益落。及居郡，卒后家无馀赀财。庄兄弟子孙以庄故，至二千石六七人焉。太史公曰：夫以汲、郑之贤，有势则宾客十倍，无势则否，况众人乎！下邽翟公有言，始翟公为廷尉，宾客阗门；及废，门外可设雀罗。翟公复为廷尉，宾客欲往，翟公乃人署其门曰："一死一生，乃知交情。一贫一富，乃知交态。一贵一贱，交情乃见。"汲、郑亦云，悲夫！故后世评曰："似汲黯与郑庄如此贤德之人，内行修洁。值其在位有势之际，宾客盈门，车如流水马如龙。然一旦罢官失权之时，宾客尽

散，门前冷落车马稀。"

一四四、冷眼静观^①　慎动刚肠^②

【原文】

君子宜净拭冷眼，慎勿^③轻动刚肠^④。

【注释】

①冷眼静观：冷眼，冷静客观的态度或眼光。即指从旁冷静而仔细地观察。唐·徐夤《上卢三拾遗以言见黜》："疾危必厌神明药，心惑多嫌正直言。冷眼静看真好笑，倾怀与说却为冤。"②刚肠：指刚直的气质。③慎勿："慎"与"勿"等连用表示禁戒。此指千万不要，切忌。④轻动刚肠：轻动，轻举妄动。即指轻率地表露刚直不阿的性格。三国·魏·嵇康《与山巨源绝交书》："刚肠嫉恶，轻肆直言，遇事便发，此甚不可二也。"

【释义】

君子遇事辨物之时，应保持沉着冷静的心态，先仔细观察，绝对不可草率从事，切忌轻易表露出自身刚直不阿的性格。

【浅析】

"刚肠嫉恶，轻肆直言，遇事便发，此甚不可。"刚直是指人的处世态度，往往性格倔强、耿直，憎恶坏人、坏事，说话直言不讳，遇到看不惯的事情容易发脾气，这是为人处世万不能做的事情。生活中的刚直不阿、浩然之气，很是有正义感，也很让人敬佩。这种性格的人对阿谀奉迎、卑躬屈膝的小人很是看不惯、瞧不起，往往会对其当面进行指责，丝毫不留情面，如此处世容易得罪人、伤人心，难以处理好人际关系，影响交友范围。更是摆不正自身位置，达不到预期的效果和目的。这其中提到了耿直即性情直爽、说话直截了当、性情急躁、行事鲁莽、待人接物欠缺润滑剂和委婉的态度，如果了解了这种人的性格，就不会去与之计较。不求和声细语，但愿知情达理，和颜悦色。常言道："顺情说好话，耿直讨人嫌。"出言要三思，既要表达本意，又要考虑对方的感受，如此，才能起到沟通的效果。所以，君子遇事辨物之时，应保持沉着冷静的心态先仔细观察，绝对不可草率从事。没有一个心平气和的心态和清醒的头脑是很难做到说话办事有条有理的。"不谴是非，与世俗处"，世间之事千奇百怪，都会有自己熟悉和不熟悉的，也会有顺眼与不顺眼的。要能保持"贤而能下，刚而能忍"的心态，把眼界放宽，平稳情绪，不要遇事非要争出高低上下。既要学会包容，又要学会与世俗和谐相处。切记不要轻易表露出自身刚直不阿的性格，要懂得将心比心，换位思考，对于一些看不惯的人或事，只能一笑了之，这样既能做到和睦相处，又能悠闲自适。

一四五、量弘识长① 德识日进②

【原文】

德随量进，量由识长。故欲厚其德，不可不弘其量，欲弘其量，不可不大其识。

【注释】

①**量弘识长**：量，抱负、气度；识，见识、才识、经验。即指

弘益智量，增长才识。②日进：进，进致、补益。此喻与日俱进。

【释义】

人的品德随着气量的宽宏而增进，而气量会随着见识的丰富而增长。所以要增进自身的品德，不可不通过历练来使自身的气量宽宏，而要使自身的气量宽宏，不可不通过努力来使自身的见识丰富。

【浅析】

"土积而成山阜，水积而成江海，行积而成君子。"一把土不起眼，而土多了能堆积成山；一滴水不起眼，而水多了能蓄积成江河湖海。点滴的善行毫无特别之处，而持之以恒地做善行可以修成品德高尚的人，切记"不以善小而不为"。简而言之，是以积土成山、积水成河来比喻做事要循序渐进、日积月累的道理。同理，品德的培养、气量的宽宏和见识的丰富也是如此，并且没有早晚之分，"千里之行，始于足下"，只要肯坚持，有信心，能努力，就能够不断提高和完善自我。"自治不严，而去恶不勇者，自恕之心害之也。恕以及人，则待人以宽，其可也。恕以自及，则处己以宽，不可也。己所不欲，忽施于人。以责人之心责己，以爱己之心爱人，则尽道尽仁也。"培养品德要从自己做起，如果不能严格要求自己，就是没有改正不良行为的勇气，受恕己之心所害。正所谓"严以律己，宽以待人"，自身不喜欢的事情，不要强加于人而给他人增添烦扰。做人要以苛责他人之心要求、反省自我，以宽恕、体谅自己之心宽容和体谅他人，以仁爱之心善待别人，才是仁爱之道。就品德而言，富有仁爱之心、诚信友善、勤劳善良、宽厚正直，明礼遵规、谦虚谨慎、自强自律等，都需要从一点一滴做起。学习知识也是如此。"读万卷书，行万里路"，人只有不断地努力读书学习，才能提高自身的才识；如果只读书学习而不能把学到的知识运用到实际当中，只能是纸上谈兵。所以要"行万里路"，就要在生活中体验和发挥，正所谓"理论与实践相结合、学以致用"，而读书学习的积累、感悟和心得也是不可或缺的，只有这样才能不断地增长见识。通过努力来丰富自身的见识，能使自身的气量宏大；随着自身气量的宏大，能够增进自身的品德，正是"量弘识长，德识日进"。

一四六、晓梦初醒　人心惟危①

【原文】

　　一灯荧然②，万籁无声，此吾人初入宴寂③时也；晓梦初醒，群动未起，此吾人初出混沌处④也。乘⑤此而一念回光炯然返照⑥，始知耳目口鼻皆桎梏，而情欲嗜好悉机械矣。

【注释】

　　①人心惟危：惟，是；危，险恶。即指人的嗜欲之心是危险的。②荧然：指光亮微弱貌、孤独貌。③宴寂：佛教语。指安息。喻休息、歇息。④处：指点。喻处于某点。⑤乘：指趁着、就着。⑥回光炯然返照："炯然"亦作"烔然"，指明白，明白的样子；回光返照，佛教、道教用语。此指检查自己的身心，反省自我。

【释义】

　　深夜里一盏微弱的孤灯，四周悄然无声之际，正是人们刚要

243

入睡的时候；清晨人们才从梦中清醒，万物仍处在静悄悄的状态中，正是人们逐渐摆脱昏沉状态的时候。若能借此静心入睡和初醒静思的灵光，做到反躬自省来剖析自身的内心世界，就能知道耳目口鼻都是束缚心智的枷锁，而情欲嗜好全是使人性灵堕落的圈套。

【浅析】

"身是菩提树，心如明镜台，时时勤拂拭，勿使惹尘埃。"人的身体原本和菩提树一样洁净，心犹如明镜一般澄明。为了保持一颗清净心，在现实生活中，要常清扫体内的污浊之物，调整心态，平稳情绪，使内心明净而不沾染尘埃，即私心妄念，贪、嗔、痴、慢、疑等，正所谓"心静则身净"。贪，包括财、名、色、食、睡"五欲"；嗔，包括对他人不满、动怒、责怪、埋怨等；痴，包括愚痴、是非不分、事理不明、无理取闹等；慢，包括骄傲、傲慢、轻慢、妄自尊大等；疑，包括猜度、疑忌、多心、妄下结论等，正是这些负能量常使人们无法清净自心，接踵而来的是种种烦恼。当人们在"晓梦初醒"和"初出混沌"的时刻，才知道耳、目、口、鼻皆是束缚心智的枷锁，情欲嗜好都是使人性灵堕落的圈套。"人心惟危，道心惟微。"人有三心，即人心、道心和血肉之心（即心脏）。"人心"是对人情感的形象化，包括习性（社会属性）、意愿、禀性、感情、思之善恶、妄心等；"道心"是悟道之心，包括本性（自然属性），"五常"之心，即仁、义、礼、智、信；心脏是为人体内的血液提供动力的器官，通过心脏的收缩和舒张使血液在身体内循环。显而易见，"人心"与"道心"的不同，就是人的欲望与义理的区别。"人心"对名利等的追求而多生贪、痴、爱、恨、欲的念头，这会对自身的"道心"产生极大的危害，所以，"人心"是很危险的。倘若"道心"强，则多有向善；"道心"弱，则趋于向恶。所以，人生之路难也好，易也罢，切忌一失足成千古恨，要做到言行有"度"，克己致远，其实就是锤炼意志，磨砺身心，培养个人品德，提高自身修养的过程，关键是要把握好自心。

<人生醒悟，唯在本心>：人何以知道？曰：心。心何以知？曰：虚壹而静。心未尝不臧也，然而有所谓虚；心未尝不两也，然而有所谓一；心未尝不动也，然而有所谓静。人生而有知，知而有志；志也者，臧也；然而有所谓虚，不以所已臧害所将受，谓之虚。心生而有知，知而有异；异也者，同时兼知之；同时兼知之，两也；然而有所谓一；不以夫一害此一，谓之壹。心卧则梦，偷则自行，使之则谋；故心未尝不动也，然而有所谓静，不以梦剧乱知谓之静。未得道而求道者，谓之虚壹而静。作之，则将须道者之虚，则人；将事道者之壹，则尽；尽将思道者静，则察。知道察，知道行，体道者也。虚壹而静谓之大清明。

一四七、诸恶莫作[①]　诸善奉行[②]

【原文】

反己[③]者，触事皆成药石[④]；尤人[⑤]者，动念即是戈矛。一以辟众善之路，一以浚诸恶之源，相去霄壤矣。

【注释】

①诸恶莫作：佛教语。诸恶，各种坏事。即指凡是坏事都不要做。《大般涅槃经·梵行品》："诸恶莫作，诸善奉行，自净其意，是诸佛教。"②诸善奉行：佛教语。即心若不善，是名伪善；断恶向善，是名修善；积德行善，是名种善；劝人为善，

是名扬善。泛指劝人多行善举，多做善事。③反己：指回过头要求自己，反省自己。《庄子·杂篇·徐无鬼》："反己而不穷，循古而不摩，大人之诚。"④药石：古时指治病的药物和砭石。借喻规劝他人改过向善之言。《春秋左氏传·襄公二十三年》："臧孙曰：'季孙之爱我，疾疢也；孟孙之恶我，药石也。'"⑤尤人：指责怪、埋怨他人。

【释义】

经常能做自我反省的人，能从接触到的事物中获得改过向善的良言；平素喜欢怨天尤人的人，其自身的所思所想都是损毁他人的邪念。自我反省是用来开辟诸多善行的道路，而怨天尤人是走向各种邪恶的源流，两者有霄壤之别。

【浅析】

"吾日三省吾身：为人谋而不忠乎？与朋友交而不信乎？传不习乎？"从字面上看，只是要求人每天要多做自我反省，包括替别人做事是否尽心竭力；与朋友交往是否做到言信行果，以诚相待；老师教授的知识是否反复温习过等。其实，我们每天在生活中接触到人和事，肯定会有触动内心的事物，有愉快的和不愉快的，有顺心的和不顺心的，有真情、有感动，有经验、教训、收获、进步、学习、提高等。如果能以良好的心态去面对它，不仅能愉悦身心、有充实不虚的每一天，而且能从所接触到的各种人和事物中学到为人处世的道理或改过向善的良言，同时，增长人生阅历，提高自身修养。倘若为人处世没有良好的心态，当遇到挫折或不顺心的时候，就会怨天尤人，牢骚满腹，这不仅不利于自己的身心健康，而且会伤及他人。"好恶无节于内，知诱于外，不能反躬，天理灭矣。"所以说平心静气、扪心自问，检查自身言行的不妥之处或过失，从中吸取教训，积累经验，调整心态，不断完善自我，才能保持乐观向上的态度。自省是一种积极的人生态度，一种动力，一种智慧。善与恶皆在一念之间。"人之初，性本善"，人出生时并无善恶之分，只因后天的成长环境和所接触到的人和事而产生了善恶的概念，而沾染上不良习气或是有了不良行为，这是内心脆弱、缺乏意志力和心态失衡等所导致的。由此可知，"善"是在人际关系中所表现出来的对他人、公益等有益的行为；而"恶"是对上述有害的行为。简而言之，于己于人皆有利的即"善"，于己不利而有利于他人的可谓"大善"；如果于己于人皆不利的即"恶"，利己而不利于他人的则是"大恶"。分清善与恶，有利于在立身处世中保持头脑清醒，淡泊名利，泰然处之，如此才能做到"诸恶莫作"。人做点滴的好事容易，难能可贵的是持之以恒地去多做善事，正是"诸善奉行"。

<知人善用，诚信可敬>：春秋时期人秦西巴。孟孙猎而得麑，使秦西巴持归烹之。麑母随之而啼，秦西巴弗忍，纵而予之。孟孙归，求麑安在，秦西巴对曰："其母随而啼，臣诚弗忍，窃纵而予之。"孟孙怒，逐秦西巴。居一年，取以为子傅。左右曰："秦西巴有罪于君，今以为子傅，何也？"孟孙曰："夫一麑而不忍，又何况于人乎！"此谓有罪而益信者也。

一四八、功名一时　气节长存

【原文】

事业文章①随身销毁②，而精神万古如新；功名富贵逐世③转移，而气节千载一日；君子信不当以彼易此也。

【注释】

①**文章**：指文辞或独立成篇的文字，特指文学作品或才学。《后汉书·韩棱列传》："肃宗尝赐诸尚书剑，唯此三人特以宝剑，自手署其名曰：'韩棱楚龙渊，郅寿蜀汉文，陈宠济南椎成。'时论者为之说：以棱渊深有谋，故得龙渊；寿明达有文章，故得汉文；宠敦朴，善不见外，故得椎成。"②**销毁**：指熔化，毁掉，烧掉。此喻已矣，终结。《旧唐书·列传·宋璟传》："又禁断恶钱，发使分道检括销毁之，颇招士庶所怨。"③**逐世**：指近世，近来。此喻随着时代转换。唐·沉千运《感怀弟妹》："逐世多夭伤，喜见鬓发白。"

【释义】

事业和文章都会随着人的逝去而了结，而人的精神则会历久弥新、万古长存；功名富贵都会随着时代的推移而变化，而傲骨和气节是历日旷久、亘古不变的。一位真正的君子绝不会图一时的事业和功名而改变自身的精神和气节。

【浅析】

"一时"即暂时、一会儿、一个时辰、一个季度、一个时期、一代、当代等，都有其时间的局限性。无论以品德而成就的事业、创作的文章，还是以道义获得的功名、富贵，都是人内在素养的具体体现，所以在时间上都有其局限性，因为人的生命是有限的。但是成就事业、创作文章的精神历久弥新、万古长存；而取得功名富贵的傲骨和气节更是历日旷久、亘古不变。"礼为情貌者也，文为质饰者也。夫君子取情而去貌，好质而恶饰。夫恃貌而论情者，其情恶也；须饰而论质者，其质衰也。何以论之？和氏之璧，不饰以五彩；隋侯之珠，不饰以银黄。其质至美，物不足以饰之。夫物之待饰而后行者，其质不美也。"无论选取情感舍弃描绘，还是喜好本质厌恶修饰，都是内心世界的真实反映，犹如和氏之璧无须用五彩修饰，隋侯之珠也无须用金银修饰，两者都有其本色之美。"精神"是针对有智力的动物而言，主要包括意识、精力、生气、情感、意志、活力以及一般心理状态。而人的精神主要是由知识、意志和情感三方面所建立起来的"真、善、美"。气节即人的志气、节操、信仰、品质、道德等的综合体现，立身做人，贵在守节不移。而傲骨是精神的体现，透出的是气节与正义、尊严与坚毅、学识与才华、素养与高雅等。所以，名重一时，精神、傲骨与气节万载千秋！

<立身做人，以节为本>：鱼，我所欲也；熊掌，亦我所欲也。二者不可得兼，舍鱼而取熊掌者也。生，亦我所欲也；义，亦我所欲也。二者不可得兼，舍生而取义者也。生亦我所欲，所欲有甚于生者，故不为苟得也；死亦我所恶，所恶有甚于死者，故患有所不辟也。如使人之所欲莫甚于生，则凡可以得生者何不用也？使人之所恶莫甚于死者，则凡可以辟患者何不为也？由是则生而有不用也，由是则可以辟患而有不为也。是故所欲有甚于生者，所恶有甚于死者。非独贤者有是心也，人皆有之，贤者能勿丧耳。

一四九、自然生变　智巧何足

【原文】

　　鱼网之设，鸿则罹其中[①]；螳螂之贪[②]，雀又乘其后。机里藏机，变外生变，智巧何足[③]恃哉。

【注释】

①鱼网之设，鸿则罹其中：指拟张网为捕鱼而设，不料鸿雁雁落其中。②螳螂之贪：借喻人们只顾眼前利益，而忽略了身后的危险。③何足：指哪里值得。

【释义】

原本设置渔网是为了捕鱼，不承想鸿雁却触网深陷其中；螳螂只想着贪吃眼前的蚱蝉，不料身后的黄雀正拟捕食它。由此可见，世间万物深奥莫测，玄机里潜藏着玄机，变幻之外仍有变幻，所以人类的智慧和机谋又有什么可以凭恃的呢？

【浅析】

"自然生变，智巧何足。"大自然的创造演化步伐从来没有停止过，从人类的角度看，既变幻莫测，又造福人类。简单地说，即福分、幸运，或是使之得福，而人类的智慧和机谋往往难以准确地判断和把握这种变化，可谓天机不可泄露。

只有顺应自然，适应自然，深入自然，才能更深刻地认识和了解自然，所以人类对大自然变化的探究从未停止过，这是人类文明和科学不断发展和进步的过程。"尽人事以听天命。"简而言之，"天命"即自然界的必然性或自然的规律、法则。古人将增进自身品德称为"尽人事"，并非简单的尽心尽力去做事，世不是挖空心思，落入俗套的"人情"。在生活中经常遇到困难和挫折，要以平和的心态、乐观向上的人生观、坚韧不拔的毅力和精神面对现实，克服困难，从挫折中吸取经验教训，不断提高自身的品德修养，即可谓"尽人事"。

"吾十有五而志于学，三十而立，四十而不惑，五十而知天命，六十而耳顺，七十而从心所欲，不逾矩。"是以通俗易懂的语言讲述了人生的每个阶段的学习方法和应该注意的事情，其中强调的是提高道德修养，遵守道德规范，凡事要懂得循序渐进，适可而止，这便是顺应自然。如果能够静下心来仔细观察生活中的一些事情，就会发现其中充满着哲理和思辨之处。譬如，"子生而母危，锱积而盗窥，何喜非忧也？贫可以节用，病可以保身，何忧非喜也"，以及"久利之事勿为"等。如果用辩证的方法去观察事物，就容易理解处在顺境的时候，要保持头脑清醒；处在逆境的时候，要保持沉着冷静。任何事物的发展都有一定的规律和相互间的必然联系，无论其变化如何，只要做好自己的事情，就能够做到安分守己，体会到踏实生活的乐趣。

<内藏玄机，外生变幻>：战国时期人庄子，姓庄，名周。庄周游乎雕陵之樊，睹一异鹊自南方来者。翼广七尺，目大运寸，感周之颡，而集于栗林。庄周曰："此何鸟哉！翼殷不逝，目大不睹。"蹇裳躩步，执弹而留之。睹一蝉，方得美荫而忘其身，螳蜋执翳而搏之，见得而忘其形；异鹊从而利之，见利而忘其真。庄周怵然曰："噫！物固相累，二类相召也。"

一五〇、真诚做人　圆活涉世

【原文】

做人无点真恳念头，便成个花子①，事事皆虚；涉世无段圆活②机趣③，便是个木人④，处处有碍。

【注释】

①花子：即叫花子，俗称乞丐。借喻虚伪、狡诈的人。②圆活：指圆通灵活，不呆滞，亦指语言圆通生动。③机趣：指天

趣，风趣。喻情趣。④木人：此指痴呆不慧之人。

【释义】

做人若没有真诚恳切的心意，便成为一个虚伪狡诈的人，无论做什么事情都会不踏实；处世若没点灵活应对的情趣，就是个愚钝呆板的木头人，无论做什么事情都容易碰壁。

【浅析】

"做人"与"涉世"都应遵行道义，恪守准则。"人无信则不立"，以诚修身，以信立世，抱诚守真是一种为人处世的基本原则和态度，而处世要做到灵活应对，切忌事不关己或生搬硬套，否则对人对己都无益。"真诚"是做人之本。而对人真心实意，坦诚相待，凡事要能做到推己及人，从心底去为他人考虑，做出的事才能感动他人，最终得到他人的信任，同时获得他人的尊敬，而能否坚持去做，全在自身的修养。就"圆活"而言，首先要有"度"，既不失其婉转、谦和的风格，又要有豁达的胸襟、风趣的情怀。语言温和且生动是日常生活中的调节剂，更是为人处世之道。要想把握好言行的"度"，不仅要有良好的心态，而且要用智慧来对待它。倘若失"度"不仅华而不实，而且不可能处世圆满、长久。人生在世，既不能太虚浮，也不能太刻板。太虚浮，不仅会心神不定，而且会不知所措；太刻板，不仅会死气沉沉，而且会缺乏生活情趣，两者都会失去本真。生活中如果能始终保持平和的心境、清醒的头脑、坚忍的意志、宽容的心态、诚恳待人的态度去做人做事或许不会给人留下深刻的印象，但随着时间的推移，相信会得到越来越多的人的认可。所以说，"真者，精诚之至也，不精不诚，不能动人"。凡事都有变通之法。因此，在为人处世的过程中，应当随方就圆，机动灵活，不妨幽默、含蓄一点，也有利于化尴尬为轻松。处世既要灵活应变，又要恪守原则，否则就会丢失人格。"伪欺不可长，空虚不可久。"一个聪明伶俐的人往往过于圆滑处事，虽然能暂时给人以好感，但不会长久。过于圆滑使人厌烦，过于死板使人难以接近，唯有真诚且能把握适度、照顾彼此关系的人才能给人留下深刻的印象。其实"诚实比一切智谋更好，而且它是智谋的基本条件"。

一五一、翳①除鉴②明　混去清现

【原文】

　　水不波则自定，鉴不翳则自明。故心无可③清，去其混之者而清自现；乐不必寻，去其苦之者而乐自存。

【注释】

　　①翳：指遮蔽、掩盖。北宋·欧阳修《醉翁亭记》："树林阴翳，鸣声上下，游人去而禽鸟乐也。"②鉴：通"镜"（古代用铜制成）。即指镜子，亦指照。③无可：指不能，无法。喻不必，无须。

【释义】

　　水面不起风波自然就会平定，镜面不落灰尘自然就会明亮。所以人的心灵无须刻意清洗，只要能消除自身的私心杂念，其清纯明亮的心灵自会显现；而且乐趣也不必刻意去寻觅，只要能摆脱内心的苦恼，其愉悦和乐趣自会长存于心。

【浅析】

"困辱非忧，取困辱为忧；荣利非乐，忘荣利为乐。"生活中，每个人都会遇到苦与乐、喜与忧、悲与欢等，如果能够保持宁静的心境，不仅能消除自身的私心杂念，而且能摆脱内心的苦恼和烦扰。困苦与受辱并不值得担忧，倘若有心结，自取困辱才值得忧虑；取得功名利禄并不是真正的快乐，而忘掉追求功名利禄才是真正的乐趣，因为从精神上会感到轻松愉快。"神清志平，百节皆宁，养性之本也；肥肌肤，充肠腹，供嗜欲，养生之末也。""情志"是指感情志趣，或者说是肌体受到某种刺激而产生各种情绪上的反应，主要体现在人的喜、怒、忧、思、悲、惊、恐七种情绪与情感等的变化，而这种变化或多或少会影响到身心健康，"喜怒无常，过之为害"。所以，精神清爽、内心平静则人体的各个器官和关节都能安宁，这是修身养性最根本的东西；如果要使身体肥充、皮肤光润，那么饱食于肠胃以求营养丰富，满足嗜好和欲望，就是养生中最末端的方法。这其中强调的是顺应自然与刻意追求的不同之处。其实，养生之道大致可以归纳为调养人体的神，主要是指调养精神与心性；调养行为、形体、药食等，懂得了养生之道，就能客观地面对人生，以平和的心态为人处世。养生如此，做人做事也当如此。"平易恬淡，则忧患不能入，邪气不能袭，故其德全而神不亏"，做人若能保持恬淡寡欲、谦逊和蔼，那么忧患就不能入侵内心，邪气就不能袭入肌体，其德行就会完整且内心世界不会受亏损。而且，心灵自会显现清纯明亮，内心亦会长存愉悦和快乐。

一五二、一念言行　皆须谨慎

【原文】

有一念犯鬼神之禁，一言而伤天地之和，一事而酿子孙之祸者，最宜切戒①。

【注释】

①切戒：指务须避免，严肃告诫。

【释义】

如果有一个念头容易触犯鬼神的禁忌，抑或一句话欠妥会伤害到世间的祥和，或一件事处理失当会给子孙造成灾祸，这些都是我们应当引以为戒且绝对不能做的事情。

【浅析】

"求个良心管我，留些余地处人。"人只要有一颗管束自我的"良心"，不仅不会受到外物的诱惑，而且能做到淡泊明志，泰然处之；在与他人相处时，懂得能近取譬，为他人着想并留有余地，以豁达的胸襟诚恳待人。严于律己，即"但责己，不责人，此远怨之道也"，如此，既可以消除种种不必要的烦恼，也可以避开他人的怨恨，与人和睦相处。"一念之善，吉神随之。一念之恶，厉鬼随之。知此可以役使鬼神。"存善心，行善事，役鬼神，邀福远祸。"一言而伤天地之和，一事而酿子孙之祸"，强调的是为人处世要谨言慎行。谨言是要思而后言，审慎出言，因为祸从口出，即说话不谨慎容易惹祸招愆，伤害他人，破坏祥和的气氛；慎行是要三思而后行，行为谨慎检点，立德于行，多积德行善，助人为乐，这样既可以无愧于良心，亦不会给

255

子孙造成灾祸。"好言一句三冬暖，话不投机六月寒。"说话行事首先要做到表里如一，不在背后议论人，劝人要耐心，帮人要热心，待人要诚心；其次要做到虚怀若谷，平易近人，要保持积极向上、乐观豁达的心境，还要做到对自己严格要求，待人宽厚，"以责人之心责己，恕己之心恕人"，宽厚仁慈等，才是"一念言行，皆须谨慎"。谨言慎行，说来简单，做起来却不那么容易，只有加强自身修养，增进品德，不断完善自我才能保持。"处事有何定凭，但求此心过得去"，做人做事判断是非的标准究竟是什么呢？简而言之，只要做到遵守道德规范，克己慎行，问心无愧就可以了。

一五三、情急①至忿　操切②生怨

【原文】

事有急之不白者，宽之或自明③，毋躁急以速其忿；

人有操之不从者，纵之或自化④，毋操切以益其顽。

【注释】

①情急：指因为某种形势所迫而心中着急。②操切：指办事过于急躁。③自明：指自然明白。北宋·王安石《不诘自明》："仓颉造书，不诘自明。"④自化：指自然化育。此喻自我省悟。《道德经》："道常无为而无不为，侯王若能守之，万物将自化。"

【释义】

有些事情处在急切中往往很难搞明白，此时不妨宽松一下或许就会顿渐自明，绝不可以急躁不堪以免加速心绪纷乱；有些人在接到分配的工作时不愿意服从，此时不妨放宽管束或许会自我省悟，绝不可以恼怒焦急以免使他更加执拗。

【浅析】

"无欲速，欲速则不达。"做人不要性急图快，操之过急；做事不要急于求成，急功近利。这些都不可能达到预期的效果和目的。凡事只有做到有条不紊，才能一步一个脚印地前行。从做人的角度看，因为"急"，不仅会给自身带来各种烦恼，由此而产生的情绪不稳定甚至暴躁，也会对身心造成损伤，同时对他人造成伤害，这无疑会破坏相互间的友谊；而这时多会强调客观原因、怨天尤人。从做事的角度看，凡事都要讲究循序渐进，只有通过在实践中的不断摸索，积累经验，磨炼意志，增强信心，才能有从量变到质变的效果。如果是抱着急于求成、急功近利等的心态去做事，必然会对某个细节缺乏足够的认识，也不会去做认真细致的归纳和总结，特别是当遇到困难或是遭遇挫折的时候，最容易丧失信心、自暴自弃，如此人生又怎能取得进步呢？所以，有些事情越是急切地想搞清楚，就越难以在短时间内弄清楚、搞明白，遇到这种情况不妨宽缓一下或许不解自明，绝对不可以急躁不堪使心绪更加混乱。"人之制性，当如堤防之治水。常恐其漏坏之易。若不顾其泛滥，一倾而不可复也。"生活中不可或缺的是自控力，而自我控制人性，就像堤防治水一样，切记"千丈之堤，以蝼蚁之穴溃"。因此要做到防微杜渐，时刻注意它容易损毁漏水之处，否则任其泛滥成灾，将覆水难收，无法挽救。同理，待人接物的态度也应当注意方式方法。譬如，在指导他人去做某件事的时候，对方有时难以从心里接受甚至不愿去做，这时不妨放宽管束或许对方就会自我省悟，绝不可以恼怒焦急以免使他产生抵触情绪、怨恨而更加固执。正所谓，"情急至忿，躁切生怨"。

<情急招损，欲速不达>：明代人周容，字鄹山，号躄堂。庚寅冬，予自小港欲入蛟川城，命小奚以木简束书从。时西日沉山，晚烟萦树，望城二里许。因问渡者："尚可得南门开否？"渡者熟视小奚，应曰："徐行之，尚开也；速进，则阖。"予愠为戏。趋行及半，小奚仆，束断书崩，啼，未即起。理书就束，而前门已牡下矣。予爽然思渡者言近道。天下之以躁急自败，穷暮而无所归宿者，其犹是也夫，其犹是也夫！

一五四、不思养德　终为末节①

【原文】

节义傲青云②，文章高《白雪③》，若不以德性④陶镕之，终为血气之私⑤、技能之末⑥。

【注释】

①末节：指无关大局的细节或小节，亦指卑下的品行。《史记·平津侯主父列传》："且夫怒者逆德也，兵者凶器也，争者末节也。"②青云：指高官显爵之人。《史记·范雎蔡泽列传》："于是范雎盛帷帐，待者甚众，见之。须贾顿首言死罪，曰：'贾不意君能自致于青云之上。'"③白雪：指古乐曲名。喻杰作佳曲。《淮南子·内篇·览冥训》："昔者师旷奏《白雪》之音，而神物为之下降。"④德性：同"德行"。此指道德品性或人的自然至诚之性。⑤血气之私：血，指有血液和气息的动物。即指感情，个人意气。⑥技能之末：此喻不足道的技艺、小技。

【释义】

节操和义行都胜过高爵厚禄，妙笔文章足以高出名曲《白雪》，然而节义和文章若不能以道德品性来陶冶锤炼，其节义也只能是一时的意气用事，文章则更是不值一提的雕虫小艺。

【浅析】

"立德践言，行全操清，斯则富矣，何必玉帛之崇乎！"若想立身行己，应当先立德，因为修身立德既是人生的必修课，也是完善自我的有效方法，更是为人处世的基础。在此基础上，树立德业、实践诺言、务实笃行、品行完美、节操高尚等。即使富有了，为什么还要追求更多的财富呢？这其中强调了一个"德"字。"德"的本义为遵行正道，既包含了正直、坦率、真诚，也包含了品德、道德、德行等。德行是立身正己的根本，在生活中德行更多地体现在对长辈尽孝，对他人施仁；遵守伦理道德，做到敬老爱幼；强调反求诸己，勤于自律自省等。"德才兼备、以德为先"，因为"德"决定着自身的精神与气质、言行与修养、胸襟与气度等，"才"决定着一个人的智慧与经验、能力与才干、坚强与果毅、学识与眼界等。"德"与"才"的关系，即"才者，德之资也；德者，才之帅也"，"才"是"德"的辅助，"德"是"才"的统帅，分清了两者之间的主次关系，就能够深刻理解做人先立德的道理。所以，"以德性陶镕之"，自然"节义傲青云，文章高《白雪》"。因此，对"德"之赞誉有"似兰斯馨，如松之盛"。由此可知，人生之路"德"的分量之重。对于这点，认识不足或重视不够，其眼前就会布满荆棘，烦恼之事总会相伴。有"德"则会体现出文气静雅，文脉流畅，文辞朴实，这不仅是一种智慧，也是一种修养。一个人不管有多聪明、多能干，若是不明事理，不懂得做人，那么其人生必将会受到很大的影响。"自洁清则意精，意精则行清，行清而贞廉之节立矣"，生活中若能常抚躬自问，善于自检自控，便可以少走或不走弯路。"才德全尽谓之圣人，才德兼亡谓之愚人，德胜才谓之君子，才胜德谓之小人"，一个人真正的资本和财富不是美貌，也不是金钱，而是德行与人品。

<种树种德，以德为先>：西汉人樊重，字君云。重性温厚，有法度，三世共财，子孙朝夕礼敬，常若公家。其营理产业，物无所弃，课役童隶，各得其宜，故能上下勠力，财利岁倍，至乃开广田土三百余顷。其所起庐舍，皆有重堂高阁，陂渠灌注。又池鱼牧畜，有求必给。尝欲作器物，先种梓漆，时人嗤之，然积以岁月，皆得其用，向之笑者咸求假焉。资至巨万，而赈赡宗族，恩加乡闾。外孙何氏兄弟争财，重耻之，以田二顷解其忿讼。县中称美，推为三老。年八十余终。其素所假贷人间数百万，遗令焚削文契。责家闻者皆惭，争往偿之，诸子从敕，竟不肯受。

樊重在乡里德高望重，深得时人赞颂。

一五五、急流勇退[1]　随遇而安

【原文】

谢事[2]当谢于正盛之时，居身宜居于独后[3]之地。

【注释】

①急流勇退：指在急流中勇敢地立即退却。喻在复杂的环境中及早抽身。北宋·邵伯温《邵氏见闻录》："僧熟视若水，久之不语，以火箸画灰；作'做不得'三字；徐曰：'急流中勇退

人也。'"②**谢事**：谢，辞去官职。即指辞职、辞官。亦指免除俗事。③**独后**：此指与人无争甘居后。

【释义】

辞官退隐应当在事业达到鼎盛的时候，这样才能使自身获得一个完满的结局；立身处世要保持与人无争平和的心态，这样才能使自身收获进德修身的实效。

【浅析】

"功成而身退，为天之道；知进而不知退，为干之亢。验寒暑之候于火中，悟羝羊之悔于大壮。"如果做人做事能够遵循自然规律，就能理解进退盛衰的道理，做到一切顺其自然。因此，当功成名就之后应该急流勇退，这才符合自然规律。如果只知进而不知退，则易产生盛极必衰的结果。寒暑更迭，交替不止是大自然的变化，而世间多有物极必反之事。人生之路即如此，行至巅峰之际，就预示着趋向衰退。此时，若是头脑不够清醒或是没有引起足够的认识，自然会有羝羊触藩进退维谷的结局。急流勇退是成功人士的一种方式，虽然常挂在嘴边或知道这个道理的人不少，但能及时警悟、自觉做到这一点的人却不是很多。隐居林下，不问世事，应当是在事业处于鼎盛时期做到急流勇退，这样才能使自己收获一个完满的结局，切记"月满则亏，水满则溢"的道理。"十分不耐烦，乃为人大病；一味学吃亏，是处事良方。"立身处世要有与人无争甘居后的心态，这样才能使自身收获进德修身的实效。在生活中，要懂得知进退，掌握谢幕的最佳时间。做事业需要坚韧不拔的精神和意志，欲隐退更需要洞察世事、晓悟事理的智慧和果敢。"静以修身，俭以养德。非淡泊无以明志，非宁静无以致远"，修身养德，需要的是保持头脑警醒和平静的心态。环境再清静，也只是外部条件，重要的是内在因素，即对自心的把控和约束。所以，修身养德并非一定要身处"世外桃源"，而与人无争甘居后的心态也能达到其效果。这种不争，是讲究策略的争。争是一种精神，不争是一种品德。"急流勇退，随遇而安"，既有做人的准则，又体现着自身的修养，拿得起、放得下，有所放弃，才能有所追求。什么都不愿放弃的人，往往会失去最珍贵的东西。

一五六、谨德①至微② 施无责报

【原文】

谨德须谨于至微之事，施恩务施于不报之人。

【注释】

①谨德：亦称"慎德"，指戒慎小心从事，无有失德之行。喻修养品德。②至微：指极微细的物类，极微妙的事理，泛指极卑微。《淮南子·内篇·本经训》："夫至大，天地弗能含也；至微，神明弗能领也。"

【释义】

慎于德行，品德修养要注重在细枝末节上下功夫，真心诚意，施恩行善务必给那些无力回报的人。

【浅析】

"人称我善良，则喜；称我凶恶，则怒。此可见凶恶非美名也，即当立志为善良。我见人醇谨，则爱；见人浮躁，则恶。

此可见浮躁非佳士也，何不反身为醇谨？"生活中总能听到他人的评价，也会从他人身上看到优缺点。当别人说我善良时，自然会高兴；当别人说我凶恶时，则会很气愤。由此可知，凶恶并非好名声。所以，应当立志做个善良的人。醇厚谨慎的人，是很值得尊敬的；心浮气躁的人，则会有所厌恶，由此可见，心浮气躁并不是品行优良的人，为什么不使自己做一个醇厚谨慎的人呢？其中的善良与凶恶，高兴与气愤，醇厚谨慎与心浮气躁，值得尊敬与有所厌恶等看上去都是些细枝末节，但为怎样做一个立志善良与醇厚谨慎的人提供了启示。所以，自身的品德修养需要在细枝末节上下功夫。为人处世并不只是做些主要的或是大事，生活是由无数个琐碎、简单、平凡的事情组成的，因此对小事也要有耐心。而认真做好每一件事，能体现出人的品德修养和平静的心态。换言之，自身素养的积累和道德品质的修养都要从微小之事着眼，其"微"则能体现诚意，其"小"则能体现真心。"以济人为念，一念触发，推恩给之，见得道理，自当如是。若施恩于人而望报，便不是真心好施"，乐善好施，从心而为，善念一旦被触发，便会积极主动地施恩惠于他人，其道理本该如此。如果施恩于人而期望得到回报，就不是真心实意去帮助他人了，做人做事切忌名不副实。

<施恩勿念，行善积德>：魏晋时期人李士谦，字子约。髫龀丧父，事母以孝闻。母曾呕吐，疑为中毒，因跪而尝之。后丁母忧，居丧骨立。自以少孤，未尝饮酒食肉，口无杀害之言。至于亲宾来萃，辄陈樽俎，对之危坐，终日不倦。家富于财，躬处节俭，每以振施为务。州里有丧事不办者，士谦辄奔走赴之，随乏供济。有兄弟分财不均，至相阅讼，士谦闻而出财，补其少者，令与多者相埒。兄弟愧惧，更相推让，卒为善士。其后出粟数千石，以贷乡人，值年谷不登，债家无以偿，皆来致谢。士谦曰：

"吾家余粟，本图振赡，岂求利哉！"于是悉召债家，为设酒食，对之燔契，曰："债了矣，幸勿为念也。"各令罢去。明年大熟，债家争来偿谦，谦拒之，一无所受。或谓士谦曰："子多阴德。"士谦曰："所谓阴德者何？犹耳鸣，已独闻之，人无知者。今吾所作，吾子皆知，何阴德之有！"

世人有赞，李士谦恪守孝心，深明佛理，仁慈宽厚，"谨德至微，施无责报"，多以家产用以布施，毫无求名邀功之心，绝非凡夫所能及。

一五七、樵歌牧咏^①　嘉言懿行^②

【原文】

交市人^③，不如友山翁，谒朱门^④，不如亲白屋^⑤；听街谈巷语^⑥，不如闻樵歌牧咏，谈今人失德过举，不如述古人嘉言懿行。

【注释】

①樵歌牧咏：泛指樵夫欢歌，牧童咏唱。借喻悠闲自适。②嘉言懿行："嘉"和"懿"均指善、美。即指有益之言仁慈之行。喻有教育意义的好言语和好行为。《朱子全书·学五》："见人嘉言善行，则敬慕而记录之。"③市人：此指市肆中人、商人。④朱门：指古代王公贵族住宅的漆红大门，借指贵族豪富之家。《抱朴子·外篇·嘉遁》："背朝华于朱门，保恬寂乎蓬户。"⑤白屋：指不施彩色、露出本材的房屋，为古代平民所居，借指平民或寒士。《后汉书·文苑列传·高彪》："昔周公旦，父文兄武，九命作伯，以尹华夏，犹挥沐吐餐，垂接白屋，

故周道以隆，天下归德。"⑥**街谈巷语**：指大街小巷里人们的议论，亦指民间的舆论。《汉书·艺文志》："小说家者流，盖出于稗官，街谈巷语，道听途说者之所造也。孔子曰：'虽小道，必有可观者焉，致远恐泥，是以君子弗为也。'"

【释义】

与其结交市井之人为友，不如厚交山野老翁为师，与其攀附权贵富豪之家，不如多去亲近平民百姓；与其听些街巷间的议论，不如听樵夫牧童歌唱，与其谈论现代人的过失，不如讲古人的良言善行。

【浅析】

"以文会友，以友辅仁。"既讲了交友的方式方法，也谈了交友的目的。以文章交谊、会友的同时，还能培养自身的仁德，因志趣相投而交游，可谓"淡以亲"。其交往的过程中既不拘束，也不勉强，虽"淡如水"，但既真诚又淳朴，既愉悦心性又轻松自在；而以酒肴会友，以利益相交，虽"甘若醴"，但全无友情可言。以交友来补短，以"辅仁"为目的，把交友与修身进德结合起来，对人生大有裨益。由此可见，与其结交市井商人为友，不如厚交山野老翁为师；与其攀附权贵富豪之家，不如去亲近平民百姓。换言之，"友也者，友其德也，不可以有挟也"，交友绝不能以富贵贫贱来区分，应当看重朋友的品德和真情实意，但不能存有任何所倚仗的念头。"不矜贵，何羡名？不要势，何羡位？不贪富，何羡货？"这样才能结交到正直、质朴、诚信、谦虚、博学多闻的良师益友，而不是心术不端、阿谀逢佞、阳奉阴违的损友。结交的朋友越是善良纯朴，自己就越能被他人的朴素、真挚所感染，犹如心灵回归自然，体悟真我。"回归自然"要以"德"而为，即不趋炎附势，求返璞归真；为人正直、襟怀坦诚；体谅包容他人，出言有德；多一些扪心自问，少一些挑剔苛责；多留一份耳根清净，少闻一些街谈巷语等。"见人嘉言善行，则敬慕而记录之"，做人要谦虚谨慎，当看到他人或学到古人善意而有益的话语或是美好的品行，应当存敬慕之心并记下，以求自勉、践行。

<回归自然，潇洒人生>：北宋时期人苏舜钦，字子美。予以罪废，无所归。扁舟吴中，始僦舍以处。时盛夏蒸燠，土居皆褊狭，不能出气，思得高爽虚辟之地，以舒所怀，不可得也。一日过郡学，东顾草树郁然，崇阜广水，不类乎城中。并水得微径于杂花修竹之间。东趋数百步，有弃地，纵广合五六十寻，三向皆水也。杠之南，其地益阔，旁无民居，左右皆林木相亏蔽。访诸旧老，云钱氏有国，近戚孙承右之池馆也。坳隆胜势，遗意尚存。予爱而徘徊，遂以钱四万得之，构亭北碕，号"沧浪"焉。前竹后水，水之阳又竹，无穷极。澄川翠干，光影会合于轩户之间，尤与风月为相宜。予时榜小舟，幅巾以往，至则洒然忘其归。觞而浩歌，踞而仰啸，野老不至，鱼鸟共乐。形骸既适则神不烦，观听无邪则道以明。

一五八、修身重德　事业之基①

【原文】

德者，事业之基，未有基不固而栋宇②坚久者。

【注释】

①基：指基础、根本、根基。泛指一切建筑物的根基。②栋

宇：指房屋的正中和四垂。借喻起中坚作用。三国·魏·曹丕《赐桓阶诏》："况光光大魏，富有四海，栋宇之大臣，而有蔬食，非吾所以礼贤之意。"

【释义】

　　高尚的品德是一个人成就事业的基础，这就如同兴建房屋一样，如果不将房基夯实牢固，就不能建造出坚固耐久的栋宇。

【浅析】

　　"百善孝为先。"尽人皆知，言易行难，而真正发自内心去"孝"更难，其并非难在不想去做，而是难在真正理解"孝"。首先，"身体发肤，受之父母，不敢毁伤，孝之始也"，如果做子女的弄伤了身体，就会使父母担忧。其次，对于孩子的成长，父母既要工作，也要付出百分之百的努力来精心照料、关爱和培养孩子，这是一种发自内心的父爱、母爱。而人都有生病、衰老的一天，此时，作为子女应当以同样的爱心和情感去体贴、扶持和照顾父母，这既是应尽的责任和义务，也是尽孝，是一个人的德行和修养，特别是在病榻前所做的一切都是应该的，切忌"久病床前无孝子"。最后，"德有伤，贻亲羞"，自身的德行有了损伤，就会给父母留下羞辱，身体受之父母，要倍加爱惜，品德是自身要修炼的，更要倍加重视。修身是修养身心、涵养德行；重德是以品德为重，注重培养自身的道德修养是做人之本，事业之基。简而言之，修身就是努力提高自己的品德修养；重德包含了增进品德与积德行善、布施恩惠。"作德，心逸日休；作伪，心劳日拙"，做善事，讲道德，不仅有有益于身心健康，而且能使人日益安心快乐；相反，如果做坏事或者弄虚作假等，不仅费尽心机，而且越发显得粗俗，处境日趋糟糕。"巧言令色，鲜矣仁！"花言巧语既令人厌恶，又怎能达到"仁"呢！由此可见，修身养德并非一件容易做到的事情。如果遵守道德规范，恪守道德理念，培养良好品德，并把这些在生活中付诸行动，就不难做到了，关键是要持之以恒。生活中的"德行"之事，虽然道理简单且易行，但是很容易被忽略。"勿以善小而不为"，心存善意，好事应从点滴做起，做多了就能够养成良好的品德。同理，构建房屋要有牢固的根基，才能有坚固耐久的栋宇。做事先做人，做人先修德，只有自身的道德水平提高了，才能做出有道德的事情，因此，"重德"既是夯实基础，也是做好事。只有急功近利之念，而无修身进德之心，又有什么事业可谈呢！品德是一个人的内在特性，是其他任何东西不可取代的。修身重德，事业生根，德者，事业之基，其"德"的重要性自不待言，不曾有过屋基毫不牢固但坚固耐久的栋宇，所以，注重品德修养是事业发展和取得成功的基础。

<修身种德，为人之本>：春秋时期人孔子，子姓，孔氏，名丘，字仲尼。春秋时期人曾子，姒姓，曾氏，名参，字子舆。子曰："夫孝，德之本也，教之所由生也。复坐，吾语汝。""身体发肤，受之父母，不敢毁伤，孝之始也。立身行道，扬名于后世，以显父母，孝之终也。夫孝，始于事亲，终于立身。《大雅》云：'无念尔祖，聿修厥德。'"

崇尚道德，恪守礼仪，才能行稳致远。

一五九、心植善根^① 根深枝茂^②

【原文】

心者，后裔^③之根，未有根不植而枝叶荣茂者。

【注释】

①**心植善根**：植，栽种、种植；善根，身、口、意三业之善法而言，善能生妙果，故谓之根。即指心中善良的本性。②**根深枝茂**：根深，植物通过根的生长和分布深深融入土壤；茂，繁茂。即指根扎得深，枝叶就茂盛。喻基础牢固，就会兴旺发展。西汉·刘安《屏风赋》："维兹屏风，出自幽谷，根深枝茂，号为乔木。"③**后裔**：指后代子孙。喻子女，继承人。

【释义】

善良的心地是其子孙繁荣延续的根本，这就如同植树造林一样，如果根须没埋在土壤里，就不会有繁花似锦、枝繁叶茂的景象。

【浅析】

"养不教，父之过。"父母都希望孩子长大成人后，懂规矩，懂礼貌，有孝心，有爱心，知情达理，朴实无华等。而希望成为现实总离既不开父母的以身作则、言传身教，也离不开家庭环境的影响，因为父母是孩子第一任老师。"家无贫富，人无智愚，子孙皆不可不教"，这里强调了教育子女的重要性。"富者之教子，须是重道；贫者之教子，须是守节"，富裕的家庭教育子女，需要注重道德；清贫家庭教育子女需要注重恪守气节，不做悖理的事情，这其中强调的是教育方式和方法。父母如果意识到了教育子女的重要性，就应该从自身做起，既要注意自身的言行举止，做到一举一动谨言慎行，又要行得端、做得正，做到宽严并举、张弛有度，营造尊长爱幼、注重礼节、谦虚谨慎、平和温馨的家庭气氛，这样对子女的成长会有很大的益处。当然，作为父母，对自身的要求一刻也不能放松，不仅要严于律己，而且要加强学习，提高自身的修养，即"人生至乐，无如读书；至要，无如教子。父子之间，不可溺于小慈。自小律之以威，绳之以礼，则长无不肖之悔。教子有五：导其性，广其志，养其才，鼓其气，攻其病，废一不可"。否则，其"过"就随之产生，因"过"而失去的，主要包括"孝""德""仁""礼""义"等，无"孝"，何谈孝心、孝顺；无"德"，何谈道德、品行；无"仁"，何谈仁爱、情感；无"礼"，何谈尊敬、敬意、礼节、礼貌；无"义"，谈何道义、情谊、真假、善伪。最终会使孩子失去自"心"，也就不存在"心植善根"。做人要有善根，亦即善念深藏在心中，无论遇到任何艰难险阻或是顺境与逆境，都不能动摇发自内心之"善"念。"善"者，益人为善，心地仁厚、慈爱，诚心诚意，助人为乐等；"根"者，深藏，根深本固，延续子孙后代等。在孩子成长过程中要尽力做些有益的事，"养子弟如养芝兰：既积学以培养之，又积善以滋养之"，这既是一种潜移默化的引导，又是以身示教，以德育人。"可怜天下父母心。"做父母的如此用心，自会感到坦然，进而使这种精神传承下去，所以，"积善之家必有余庆"，亦会有繁花似锦、枝繁叶茂的景象。

<潜心笃学，子承父业>：唐代人欧阳询，字信本。唐代人欧阳通，字通师。询初仿王羲之书，后险劲过之，因自名其体。尺牍所传，人以为法。高丽尝遣使求之，帝叹曰："彼观其书，固谓形貌魁梧邪？"尝行见索靖所书碑，观之，去数步复返，及疲，乃布坐，至宿其傍，三日乃得去。其所嗜类此。通蚤孤，母徐教以父书，惧其堕，尝遗钱使市父遗迹，通乃刻意临仿以求售，数年，书亚于询，父子齐名，号"大小欧阳体"。世人有赞曰："宜尔子孙承承兮。"言贤母使子贤也。

一六〇、勿昧①所有　勿夸所有

【原文】

前人云："抛却自家无尽藏②，沿门持钵③效贫儿。"
又云："暴富贫儿休说梦，谁家灶里火无烟④？"一箴⑤自
昧所有，一箴自夸所有，可为学问切戒。

【注释】

①昧：此指目不明、不明白。喻看不见。②无尽藏：佛教
语。指佛德广大无边而作用于万物无穷无尽，亦指佛寺中储积各
方施舍的财物的地方。③持钵：佛教语。钵，洗涤或盛放东西的
陶制器具，形似盆但较小，用来盛饭、菜、茶水等。泛指僧人所
用的食器，有瓦钵、铁钵、木钵等，一钵之量刚够一僧食用，此
指托钵。④谁家灶里火无烟：指灶火炊烟暖衣饱食。喻谁家都有
些许财产。⑤箴：指劝告、劝诫、规劝、告诫。

【释义】

前人曾说："何苦放弃自家无穷尽的财富，偏要效法穷人持
钵沿街乞讨。"又说："才暴富的穷人，不要到处炫耀，哪一家
的炉灶里不冒炊烟呢？"上述两句谚语，前一句是劝诫做人不要
看不清自我而妄自菲薄，后一句是规劝做人绝不可自我夸耀而妄
自尊大，这两种情况都是做学问的人应该戒除和谨记的。

【浅析】

"抛却自家无尽藏，沿门持钵效贫儿。"自家虽然富有，
但是学着贫寒而挨门乞讨，这既是过于看不清自我，也是头脑糊
涂，说到底就是自卑心理在做作怪。若非想体验生活，大可不必

浪费时间。"暴富贫儿休说梦"，这既是自以为了不起、目中无人，又是头脑不清醒，终归是心浮气躁、狂妄自大所致。两者的共通点，也是人性最大的弱点，即缺乏自信、不够有自知之明。"知人者智，自知者明；胜人者有力，自胜者强"，一个人如果能做到自知之明，即能够充分正确地认识自我，就是成长过程中的可贵之处。所以说能认识、了解他人称为智慧，而能认识、了解自我可称为聪明；能战胜他人是能力，能战胜自我的弱点是强者。"人贵有自知之明"，一个"贵"字，表明能做到自知并非易事；一个"明"字蕴含着智慧和能力。"有镜不敢览，尘面我自知"，在能够自知或清楚地了解自身能力之后，就能得悟为人处世踏实本分、谦虚谨慎的难能可贵之处。其实，简便易行的方法，就是平心静气，把浮躁的心气平静下来，把私心杂念摒弃，当思绪安静的时候，就能够看到自身心灵深处潜藏的真实动机，也就懂得了如何去做人、做事。懂得自知便能经常扪心自省，以他人为镜，审视自己。这样，既不会妄自菲薄而自暴自弃，"言非礼义，谓之自暴也；吾身不能居仁由义，谓之自弃也"，也不会狂妄自大而目中无人，更能做到的是谨言慎行，取他人之长、补己之短，"见贤思齐焉，见不贤而内自省也"。这些不仅能使自身在不断寻找差距的过程中，振奋精神，砥砺前行，而且是做学问的人应该戒除和牢记的。

<勿夸所有，谦虚为怀>：君子之学必好问。问与学，相辅而行者也。非学无以致疑，非问无以广识。贤于己者，问焉以破其疑，所谓"就有道而正"也。不如己者，问焉以求一得，所谓"以能问于不能，以多问于寡"也。等于己者，问焉以资切磋，所谓交相问难，审问而明辨之也。《书》不云乎？"好问则裕。"古之人虚中乐善，不择事而问焉，不择人而问焉，取其有益于身而已。是故狂夫之言，圣人择之，刍荛之微，先民询之，

舜以天子而询于匹夫，以大知而察及迩言，非苟为谦，诚取善之弘也。

一六一、进德求学　随事警惕

【原文】

道①是一重公众物事②，当随人而接引③；学④是一个寻常⑤家饭，当随事而警惕。

【注释】

①道：指法则、规律、道义。即道德义理。②物事：此指事情、物品。③接引：佛教语。指意为引导、教导。喻引导摄受。④学：此指效法、钻研知识，获得知识，亦指学行，即学问品行。⑤寻常：寻、常，皆古代长度单位。八尺为寻，一丈六尺为常。即指平常、平素、普通、平时。

【释义】

崇尚道义是一项有益于公众的事，应当随人的个性设法加以引导；学习求教就像吃家常饭那样普遍，应随时随地注意虚心向他人请教。

【浅析】

"有学问而无道德，如一恶汉；有道德而无学问，如一鄙夫。"这是讲"道德"与"学问"的主次关系，进一步讲，就是要先做人，后做事。谁都不愿意做"恶汉"与"鄙夫"，而对于遵守道德，钻研学问，人们都想去做，但怎样遵守，如何钻研，

273

还真需要花些心思。道德属于一种社会意识形态，也是人际关系行为规范的综合。这听起来似乎有些复杂，简而言之，道德是一种良好的选择习惯，需要在实践中不断地修正并加以提高。道德主要包括个人品德、家庭美德，思想品德、职业道德、社会公德等，人们的一言一行都会有所体现，这些既存在于日常事务中，也是我们每天都能接触和看到的，只要能够顺应自然，恪守本心，坚持平凡，就能够以道义之理为人处世。"读书无论资性高低，但能勤学好问，凡事思一个所以然，自有义理贯通之日"，读书、学习是自觉自愿的事情，不管你聪明与否，也无论你的资质、天赋高还是低，只要努力用功，笃志好学，遇到疑难不耻下问，有不解之处反复推敲，探究其精粹，都会对其中的义理有一个系统透彻的理解，关键是要有锲而不舍的精神。"书山有路勤为径，学海无涯苦作舟。"读书、学习的道路上，并无捷径可走，若想在广博的书山、浩瀚的学海中求取广而扎实的知识，只有靠自身的"勤奋"和"刻苦"才能获得。"为学务日益，此言当自程"，学习除了要"勤奋"和"刻苦"外，还要做到持之以恒，不仅每天都要力求进步，还要自我约束。因为惰性是人性最大的弱点，所以要学会控制自我，过自律的生活，懂得了这一点，就能够了悟"学是一个寻常家饭"，更能理解"问学"的道理和意义。

<道德学问，随事讲求>：南朝时期人何远，字义方。远在官，好开途巷，修葺墙屋，民居市里，城隍厩库，所过若营家焉。田秩俸钱，并无所取，岁暮，择民尤穷者，充其租调，以此为常。远耿介无私曲，居人间，绝请谒，不造诣。与贵贱书疏，抗礼如一。其所会遇，未尝以颜色下人，以此多为俗士所恶。其清公实为天下第一。

一六二、信人①则诚　疑人则诈

【原文】

信人者，人未必尽诚，己则独诚矣；疑人者，人未必皆诈，己则先诈矣。

【注释】

①信人：指诚实守信之人，借指相信他人的人。《孟子·尽心》："浩生不害问曰：'乐正子，何人也？'孟子曰：'善人也，信人也。''何谓善？何谓信？'曰：'可欲之谓善，有诸己之谓信。'"

【释义】

能够相信别人的人，虽然别人的言行未必都诚实可信，但至少自己做到了诚实；心存怀疑别人的人，虽然别人处世未必都虚伪狡诈，但至少自身先成为虚诈的人！

【浅析】

"镜以照面，智以照心；镜明则尘埃不染，智明则邪恶不生。"这是借用"镜子"和"智慧"来检视外表和内心是否"洁净"，表里如一。如果能够恪守"洁净"，做到表里如一，做人做事就能做到自信和诚信。诚实，不欺骗，不怀疑，言行一致谓之"信"，"信"是做人的根本；真实，诚意，心口一致谓之"诚"，"诚"是做人的核心。"诚"与"信"密不可分，无诚，何以言信？自信，即相信自己，自表诚信；诚信，真诚之心，恪守信用。自信是进步的动力，诚信是与人交往的基础。如果得悟其中的道理，就能够保持真心诚意，以诚待人。"以信接人，天下信之"，以诚信之心待人处世，则会得到天下人的信任，如此，纵然别人的言行未必都诚实可信，但至少自己做到了诚实为人。此时，最需要的是有自信。"自信者人亦信之，自疑者人亦疑之"，只有自己相信自己，才能得到别人的信任，倘若自己缺乏信心，别人也会对你的言行持怀疑态度。"人之心一有不实，则虽有所为亦如无有"，诚实，真诚老实，实事求是，不说谎，不虚伪，然而人的心中一旦潜生不实的念头，即使去做事情，也会毫无结论。同理，倘若自身不诚实，纵使别人的处世未必都虚伪狡诈，但至少自身先成为虚诈的人。"所谓诚其意者，毋自欺也"，人生不要自己欺骗自己，不要自欺欺人，否则眼前将会疑点重重，给自身带来诸多的烦恼和忧愁。

<以诚做事，以信做人>：汉朝人梁统，字仲宁。汉朝人窦融，字周公。更始二年，召补中郎将，使安集凉州，拜酒泉太守。会更始败，赤眉入长安，统与窦融及诸郡守起兵保境，谋共立帅。初以位次，咸共推统，统固辞曰："昔陈婴不受王者，以有老母也。今统内有尊亲，又德薄能寡，诚不足以当之。"遂共推融为河西大将军，更以统为武威太守。

一六三、春风煦育① 朔雪②阴凝③

【原文】

　　念头宽厚的如春风煦育，万物遭之而生；念头忌刻的如朔雪阴凝，万物遭之而死。

【注释】

　　①煦育：煦，温暖；育，培育。即指教化培育。②朔雪：指

北方的雪。南朝宋·鲍照《学刘公干体诗》："胡风吹朔雪，千里度龙山。"③阴凝：指阴气始凝而结为霜。

【释义】

心胸宽仁忠厚的人，就好像和煦的春风一样可以化育万物，能使万物生灵焕发出勃勃的生机；胸襟狭隘刻薄的人，就好像冷凝的冰雪一样可以肃杀万物，能使万物生灵在瞬间失去生机。

【浅析】

"爱人者，人恒爱之；敬人者，人恒敬之。"爱是源于内心的信任和力量，也是情感和能力，爱体现出一种真诚，而真诚并非都是爱，但没有真诚何以谈爱？"敬"者，尊重，恭敬，慎重地对待等，在表示敬重且有礼貌的意思上，"敬"通"恭"，恭在外表，敬存内心，所以，关爱别人的人，别人会永远爱他；尊重别人的人，别人会永远尊重他。人的本性是善良纯净的，包括"恻隐之心，羞恶之心，恭敬之心，是非之心"，其恻隐之心、羞恶之心、恭敬之心、是非之心，即人怀有仁、义、礼、智等美德。"人之心胸，多欲则窄，寡欲则宽"，人的欲念多了，其心胸自然就会变得狭窄；相反，人的欲念少了心胸自然宽广。心胸宽广不仅包括恬淡寡欲之心、关爱之心、恻隐之心、羞恶之心、恭敬之心、是非之心，还包括学识、见识、远见、修养，谦虚谨慎，克己慎行，更有宽容之心。宽容能淡忘以往，注重未来，学会生活；宽容能增强自信心，增进相互间的友谊；宽容能摆脱困境，远离祸患；宽容能使意志更加坚强；宽容是一种忍耐和自省，"宽容就像天上的细雨滋润着大地。它赐福于宽容的人，也赐福于被宽容的人"。所以，心胸宽厚的人，就好像温暖的阳光、和煦的春风一样化育着万物，使万物生灵焕发出勃勃生机。

而"狭隘"者，气量小，见识少，私利重，多疑心，多计较，容易犯口业等。"利刀割肉疮犹合，恶语伤人恨不销。"可见，失言伤人的深痛难以治愈，也会使人倍感寒心而敬而远之。所以，胸襟狭隘刻薄的人，就好像冷凝的冰雪一样可以肃杀万物，能使万物生灵在瞬间枯萎凋零。而改变自身的"狭隘"，既要从自"心"做起，又要懂得学习他人的长处，增长见识，提高修养，更要重视自身的口德，切忌消极、负面之言，杜绝一切妄语、恶口、两舌和绮语。直话虽然是善意的，但是要学会以委婉的方式表达，否则会伤及情感，刺痛人心，可谓是害人害己。"积口德"的最好方式是话出口前须三思，逢人开口有道德，出口不伤人，良言利于行。所以说，管好自己的嘴，既是一种修炼，也是一种禅定，更是一种智慧。

<反躬自省，礼者敬人>：君子所以异于人者，以其存心也。君子以仁存心，以礼存心。仁者爱人，有礼者敬人。爱人者，人恒爱之；敬人者，人恒敬之。有人于此，其待我以横逆，则君子必自反也；我必不仁也，必无礼也，此物奚宜至哉？其自反而仁矣，自反而有礼矣，其横逆由是也，君子必自反也：我必不忠。自反而忠矣，其横道由是也，君子曰："此亦妄人也已矣。如此，则与禽兽奚择哉？禽兽又河难焉？"是故君子有终身之忧，无一朝之患也。

一六四、善根暗长　恶损①潜消②

【原文】

　　为善不见其益，如草里东瓜③，自应暗长；为恶不见其损，如庭前春雪，当必④潜消。

【注释】

①恶损：指挖苦，贬损。②潜消：指暗中消除。③东瓜：指冬瓜。④当必：泛指一定。

【释义】

做好事表面上并不显见什么益处，但这种益处就如生长在草丛里的冬瓜，会在暗中增长；做坏事表面上并不显见什么损害，但这种害处就如庭前屋后的春日积雪，必然会融化消亡。

【浅析】

"善有善报，恶有恶报，不是不报，时候未到。"善与恶既是一念之差，又有一线之隔，经常积德行善会得到善报，即招福缘；经常做坏事、恶事，必然会得不到好的报应，可谓自食其果，甚至多行不义必自毙。这里强调的是一种因果关系。人的善根与恶根的形成，主要有接触的环境，自身的约束力、自身的修炼和内心世界的转变等。善根是心存诸"善"的根性，所以，行事需要恪守本心，顺应自然多有善行义举；恶根，虚善也，或称为"不善之根"。善者，无我也。行善之人，如果因为做了好事得到了回报而心满意足；或是做了好事盼望着得到回报；或是为了名利而行善；还有表面善良仁义，多有善举，而实际居心叵测，背地做些见不得人的事；等等。这些都不是真善，真正的"善"，是源自内心的"本真"，即使做了好事也不求任何回报，而真善的益处并不会显现出来，但终究会有其善报。正是做好事表面上并不会显见什么益处，但这种益处就如同生长在草丛里的冬瓜，会在暗中增长。

"善不积不足以成名，恶不积不足以灭身。小人以小善为无益而弗为也，以小恶为无伤而弗去也，故恶积而不可掩，罪大而不可解。"善行不去积累，就难以正行立名，倘若立名是因"无我"而得，那么这样才能名副其实；恶行不去积累，就不会自毁其身；小人认为做一些小的善事不会得到什么好处，所以不会去做，并且认为做一些小的坏事并不会有大的损伤，所以难以做到自省进而加以改正，所以恶行积累多了，就会恶积成害，殃及众生，最终难以自拔。正所谓做坏事表面上并不显见什么损害，但这种害处就如庭前屋后的春日积雪，必然会融化消亡。"欲知前世因，今生受者是。欲知来世果，今生作者是。"因果皆有报。前世的积德行善或是造孽作恶，如果当世无其果，那么后世自会有其报应，以此告诫世人多做好事，就会有趋利避害的结果。"善根暗长，恶损潜消"，做好事心安理得，做坏事忐忑不安，这说明还可以挽救自心，善念多了，恶念自然会"潜消"，"之于善也，无小而不举；其于过也，无微而不改"，无论"善"是大还是小，都应该提倡去做，即使"恶"再小，也需及时改正，如此做人做事，自然心境平和。

<微过必责，以微效尤>：东晋时期人陶侃，字士行。陶公少时作鱼梁吏，尝以坩鲊饷母。母封鲊付使，反书责侃曰："汝为吏，以官物见饷，非唯不益，乃增吾忧也。"

一六五、厚待①故交　礼遇②衰朽③

【原文】

　　遇故旧④之交，意气⑤要愈新；处隐微⑥之事，心迹⑦宜愈显；待衰朽之人，恩礼⑧当愈隆。

【注释】

①**厚待**：指给以优厚的待遇。喻优待。元·脱脱、阿鲁图《宋史卷·列传·王拱辰传》："谓其相曰：'此南朝少年状元也，入翰林十五年，故吾厚待之。'"②**礼遇**：指以礼相待。《后汉书·志·礼仪上》："明日皆诣阙谢恩，以见礼遇，大尊显故也。"③**衰朽**：指衰落、老朽，老迈体弱之人。唐·王维《同崔员外秋宵寓直》："更惭衰朽质，南陌共鸣珂。"④**故旧**：指旧交。交，朋友，友谊、友情。即指旧交，旧友，老朋友，老相识。《战国策》："不然。夫望人而笑，是和也；言而不称师，是庸说也；交浅而言深，是忠也。"《汉书·王莽传》："清静乐道，温良下士，惠于故旧，笃于师友。"⑤**意气**：此指情谊、恩义。西汉·司马迁《报任少卿书》："曩者辱赐书，教以慎于接物，推贤进士为务，意气勤勤恳恳。"⑥**隐微**：指隐约细微，亦指隐私之事。《管子·九守》："主参，一曰长目，二曰飞耳，三曰树明。明知千里之外，隐微之中，曰动奸。奸动则变更矣。"⑦**心迹**：亦称"心迹"。此指思想与行为。南朝宋·谢灵运《斋中读书》："昔余游京华，未尝废丘壑；矧乃归山川，心迹双寂漠。"⑧**恩礼**：指尊上待下的礼遇。《后汉书·鲁恭列传》："数召燕见，问以得失，赏赐恩礼宠异焉。"

【释义】

如果遇见昔日的老朋友，情谊更要亲切热诚；当处置隐秘细微的事情时，态度更应光明磊落；而对待年迈体衰的老人，礼节更应当热情周到。

【浅析】

"久旱逢甘霖，他乡遇故知"可谓人生两大喜事，其要义在于"久""逢"，才有其喜悦之情。"遇故旧之交""处隐微之事""待衰朽之人"，讲的既有"情"，又有"礼"，更有"敬"。故旧之交多指昔日结交的老朋友，"不知其人，则不为其友"，正因为相识、相知，才应特别尊重和重视。"人之故，相知情"，友谊既是一种和谐的平等，又是深藏在内心的一种情感，这种情感源于彼此了解，所以要倍加珍惜。古人常说"与其结新交，不如敦旧好"。老友再次相逢，首先要做的是亲切热诚，尊重彼此间的友谊；其次是懂得换位思考，理解他人；最后要学会倾听，耐心细致、适度做出回应等，如此，更能加深了解，增进友情。

做人要有善心，要能保持心静，坚守自身的底线，无论身处任何环境，要做到出淤泥而不染；做事要恪守本分，排除物扰，顺应自然，当处置隐秘细微的事情，所表现出的态度就会光明磊落。"以真实肝胆待人，事虽未必成功，日后人必见我之肝胆。以诈伪心肠处事，人即一时受惑，日后人必见我之心肠。"如此为人处世，善恶自有公论。"礼为教本，敬者身基"，对待年迈体衰的老人，首先要懂得"礼"，因为"礼"是使自身得到教化的根本；更要懂得"敬"，因为敬重之心是立身处世的根基，以礼相待，心存敬重，既是一种关爱，也是一种修养，更能使年迈体衰的老人得到一种安慰和愉悦，这也是积德行善。换言之，"值少壮之日，须念衰老的辛酸"，人体的衰老是自然规律，虽然可以从劳逸结合、饮食适量、营养适中、适当锻炼、注意保养等方面延缓衰老，但衰老是必然的，也是无法抗拒的。所以，当自身处在少壮年华之时，必须懂得人到年迈衰老时内心的痛苦和身体的不便，因为每个人都有老的一天，只要学会推己及人，就能够体悟到这些了。人生切记厚待老友，坦荡做人，礼敬老人。

<厚待故交，礼遇做人>：五代至北宋时期人李昉，字明远。

张洎，字师黯。张佖，字子澄。昉和厚多恕，不念旧恶，在位小心循谨，无赫赫称。为文章慕白居易，尤浅近易晓。好接宾客，江南平，士大夫归朝者多从之游。雅厚张洎而薄张佖，及昉罢相，洎草制深攻诋之，而佖朔望必诣昉。或谓佖曰："李公待君素不厚，何数诣之？"佖曰："我为廷尉日，李公方秉政，未尝一有请求，此吾所以重之也。"

一六六、君子立德① 小人重利

【原文】

　　勤者敏于德义②，而世人借勤以济其贫；俭者淡于货利③，而世人假俭以饰其吝。君子持身之符④，反为小人营私⑤之具矣。惜哉！

【注释】

　　①立德：指树立德业。《春秋左氏传·襄公二十四年》："豹闻之，大上有立德，其次有立功，其次有立言，虽久不废，此之谓不朽。"②德义：指道德信义。《春秋左氏传·僖公二十四年》："耳不听五声之和为聋，目不别五色之章为昧，心不则德义之经为顽，口不道忠信之言为嚚。"③货利：指货物财利。④符：本义指古代朝廷传达命令或调兵将用的凭证，双方各执一半，以验真假，即指符信。符以代古之圭璋。此指法则，信条。东汉·许慎《说文解字》："符，信也。汉制以竹，长六寸，分而相合。"⑤营私：营指谋求，即指图谋私利。《汉书·宣帝纪》："吏或营私烦扰，不顾厥咎，朕甚闵之。"

283

【释义】

　　勤勉的人应尽力加强自身德义的修养，然而有些人却借用勤奋来解决自身的贫困；俭朴的人当把财货和利益看得很淡泊，然而有些人却借用节俭来掩饰内心的吝啬。勤勉和俭朴本该是君子修身的信条，反而成了市井小人用于牟取私利的工具，真是憾惜！

【浅析】

　　"士君子立德行道，必先修于其身，先体验之以明其真伪也。"古人常称"士君子"为读书人，即追求知识和道义之人。如果能把学到的知识和道德义理运用在实践中以求辨其真伪，可谓学用结合，从而提高自身分析和判断事物的能力以及自身的修养。学习本是一件勤苦之事，修身进德更是如此，两者都需要不懈地努力和坚持，而在学习和提高的过程中更有无尽的乐趣。因为，通过探求知识，能够增长学识，开拓见识和视野，将所学的东西在实践中加以体验，还能丰富自身的阅历和体会。勤奋踏实，积德行善，更能懂得加强自身道德信义修养的必要性，这既是做人应该具有的品格，也是立德的根本，更是人生为之奋斗的目标，然而有些人却借用勤奋来解决自身的贫困。"君子食无求饱，居无求安，敏于事而慎于言，就有道而正焉，可谓好学也已。"做人做事多一份知足，就能多一份踏实。君子在生活中，对于饮食不求饱腹，居住不求舒适，工作上能做到勤奋敏捷，并且出言谨慎，接近有"道"之人以修身正己，就更容易做到勤勉好学了。如此，既能学到简约、质朴的生活方式，又能体会到以淡泊名利的心态，去过知足常乐的生活的乐趣，然而有些人却借用节俭来掩饰内心的吝啬。真是"古之学者得一善言，附于其身"，而有些人却"见一善行窃以济私"。做人，对于符合道义之事，不仅要做，而且要做好；相反，对于有悖道义的事情，绝对不可以染指；有些人则是在义与利面前，见利思义，"无心失理谓之过，有心悖理谓之恶"，甚者利令智昏，正是"君子喻于义，小人喻于利"。勤勉和俭朴本该是君子修身的信条，反而成了市井小人用于牟取私利的工具，真是遗憾啊！

<进德修身，立身之本>：见善，修然必以自存也；见不善，愀然必以自省也。善在身，介然必以自好也；不善在身，菑然必以自恶也。故非我而当者，吾师也；是我而当者，吾友也；谄谀我者，吾贼也。故君子隆师而亲友，以致恶其贼。好善无厌，受谏而能诫，虽欲无进。得乎哉！

一六七、学贵有恒①　悟其真髓

【原文】

凭意兴作为②者，随作则随止，岂是不退之轮；从情识解悟者，有悟则有迷，终非常明之灯③。

【注释】

①**学贵有恒**：恒，恒心。指学习可贵之处是要有坚持不懈的恒心，即勤勉之道无他，尽在有恒而已。《论语·述而》："善人，吾不得而见之矣；得见有恒者，斯可矣。亡而为有，虚而为盈，约而为泰，难乎有恒矣。"②**作为**：作，从事、做工。即指人力所为，可以做到之事。唐·白居易《策林一·策项》："由是言之，盖人之在教，若泥金之在陶冶，器之良窳，由乎匠之巧拙，化之善否，系乎君之作为。"③**常明之灯**：亦称长明灯。指佛教称为本智的光明，如来称本智的光明是永久燃烧而不灭熄的，所以喻为"常明之灯"。即寺庙所点长明灯，以供在佛前长

久不灭而故名。

【释义】

凭一时的兴致和冲动去做事的人，随时都有可能停止不干，如此又怎能像一直向前而不倒退的车轮呢！凭着感觉和意识去解悟事理的人，有时领悟有时也会迷惑，这样做终究不会像智慧之灯一样长明。

【浅析】

"为学日益，为道日损。"人们在每天的日常生活和工作中，总会接触到自身熟悉与不熟悉的事物，因此需要不断地学习，而这种学习不能存有侥幸心理，也无捷径可走，需要潜心笃志，更要有谦虚求实的态度，即"知之为知之，不知为不知，是知也"。只有抱着这种学习心态，才能做到日积月累，积少成多，有所增"益"。大自然之"道"的奥秘无穷尽，解悟其中的规律和人与自然和谐共生的知识是一个从不认识到认识，从不理解到理解，从不掌握到掌握，由浅入深、循序渐进的过程。倘若掺杂一些个人感觉和意识，不仅对探究新生事物制造了许多不必要的障碍和阻力，而且有时也会使自身陷入混沌中，难以追踪溯源、把握其真髓。正是凭着感觉和意识去解悟事理的人，有时领悟有时也会迷惑。"业精于勤，荒于嬉"，学习理应坚持不懈，学业因努力勤奋而专精；反之，如果因贪玩而分心或是松懈最容易荒废掉学业。同理，凭一时的兴致和冲动去做事的人，当兴致和冲动渐弱、过去之后，特别是在遇到困难的时候，最容易失去信心和为之奋斗的精神，便会随意放手。"勤"之难，往往使人思而生畏，知难而退，因为"勤"是要付出，要尽力去做，而且要多做、不间断地做。"古人质实，不尚智巧，言论未详，事实

286

先着"，做人做事要能做到质朴诚实，认真细致，少说多做，既能踏踏实实地做事，又能坚持把事情做好，善始善终。"学问之道，其得之不难者，失之必易；惟艰难以得之者，斯能兢业以守之"，做学问需要专心、毅力、耐心和细心等，只有在不断深入探究、加深理解的过程中，才能得悟其真髓。如果做学问的道理得来不难，就最容易忘却；只有从艰难中获得者，才更懂得谨慎的守护，于细微之处用心且倍加珍惜。这是一种坚持。常言道，"人贵有志，学贵有恒"，其中蕴含着"勤"与"实"，凡"立长志"者，一生都能践志，恪守始终；而"常立志"者，则常立常休。人各有志，因对人生的态度不同，所以其损与益也有天壤之别。所以说，"学贵有恒，道在悟真"。

<学贵有恒，终成大家>：北宋时期人杨时，字中立。北宋时期人程颢，字伯淳。北宋时期人程颐，字正叔。时，幼颖异，能属文，稍长，潜心经史。熙宁九年，中进士第。时河南程颢与弟颐讲孔、孟绝学于熙、丰之际，河、洛之士翕然师之。时调官不赴，以师礼见颢于颖昌，相得甚欢。其归也，颢目送之曰："吾道南矣。"四年而颢死，时闻之，设位哭寝门，而以书赴告同学者。至是，又见程颐于洛，时盖年四十矣。一日见颐，颐偶瞑坐，时与游酢侍立不去，颐既觉，则门外雪深一尺矣。"学问之道，其得之不难者，失之必易；惟艰难以得之者，斯能兢业以守之。"

一六八、严于律己① 宽以待人②

【原文】

人之过误宜恕，而在己则不可恕；己之困辱③当忍，而在人则不可忍。

【注释】

①严于律己：律己，克制，约束自己，把握自己。即指严格地约束自己。南宋·陈亮《谢曾察院君》："严于律己，出而见之事功。"②宽以待人：宽，宽容。即指以宽宏大度的态度来对待别人。《三国演义》："某素知刘备宽以待人，柔能克刚，英雄莫敌。"③困辱：指困窘，侮辱。《战国策·秦策》："大夫种事越王，主离困辱，悉忠而不解，主虽亡绝，尽能而不离，多功而不矜，贵富不骄怠。"

【释义】

对待别人的过失或错误理应多加宽恕，而对自身的过失或错误绝不可以原谅饶恕；当自己遇到困窘或屈辱理应尽量忍耐，而在他人遇到困窘或屈辱时应尽力设法帮助。

【浅析】

"自诚明，谓之性；自明诚，谓之教。诚则明矣，明则诚矣。"明白事理，既有环境的熏染，又有自身的修养；诚恳即诚实、恳切，做事光明磊落，心存道义，做道义之事。诚恳的态度既是天性使然，又有后天的培养，由于诚恳能明白事理，可谓天性；由于明白事理能更为诚恳，得益于教育和自强的结果。也可以说，真诚即会明白事理，明白事理就是做到了真诚。懂得这个道理，对于"严于律己，宽以待人"，就不难理解了。所谓律己要严，即严格约束、克制自我的操守和言行等；而待人要宽，即常存包容之心，多进行换位思考、推己及人的事情等，这些都是为人之道。虽然这两句话广为人知，但在生活中常会出现不同现象，譬如，对己严，待人亦严，则过于死板；对己宽，待人亦宽，则过于放松；对己宽，待人严，既不合乎情理，也会失去人心，所以说，知易行难。"律己宜严，待人宜宽"，即对自己约束应当严格，对待他人应当宽厚；而针对有些人对己宽而待人严的情况，可以"责人之心责己，则寡过；以恕己之心恕人，则全交"的道理劝导，这样不仅可以减少过失，而且可以广交朋友，同时还可以达到修身正心的效果。因此，对待别人的过失或错误理应多加宽恕，而对自身的过失或错误则绝不可以原谅。明事理，也包含自知之明。当自己遇到窘困或屈辱的时候，首先要做到反躬自省，从困境中摸索出事情的发展规律，总结经验、教训。其次是尽量做到忍耐，忍耐是一种智慧，也是一种修炼。相反，在他人遇到困辱之时，就能做到设身处地地去考虑，也会想方设法去帮助他人。严于律己能够磨炼意志，升华自我。而宽以待人既是一种修养，也是一种胸怀。

<律己宜严，教诲有方>：战国时期人子发，名舍，字子发。楚将子发之母也。子发攻秦绝粮，使人请于王，因归问其母。母问使者曰："士卒得无恙乎？"对曰："士卒并分菽粒而食之。"又问："将军得无恙乎？"对曰："将军朝夕刍豢黍粱。"子发破秦而归，其母闭门而不内，使人数之曰："子不闻越王勾践之伐吴耶？客有献醇酒一器者，王使人注江之上流，使士卒饮其下流，味不及加美而士卒战自五也，异日，有献一囊糗糒者王又以赐军士，分而食之，甘不逾嗌，而战自十也。今子为将，士卒并分菽粒而食之，子独朝夕刍豢黍粱，何也？诗不云乎，'好乐无荒，良士休休'，言不失和也，夫使人入于死地，而自康乐于其上虽有以得胜，非其术也。子非吾子也，无入吾门！"子发于是谢其母，然后内之。

一六九、为奇不异　求清不激

【原文】

能脱俗便是奇，作意^①尚奇^②者，不为奇而为异；不合污便是清，绝俗^③求清者，不为清而为激。

【注释】

①作意：指着意，故意，特意。喻刻意求取。②尚奇：尚指喜好、爱好。即指追求新奇，喜欢立异。③绝俗：指超出世俗，弃绝尘俗，超过寻常。《庄子·杂篇·盗跖》："今夫此人以为与己同时而生，同乡而处者，以为夫绝俗过世之士焉。"

【释义】

为人行事若能超凡脱俗便是奇人，如果刻意追求袀奇立异的人，那就不是奇人而是怪异的人；处世若不同流合污便是清高之士，如果违背常理而求清高的人，那就不是清高的人而是偏激的人。

【浅析】

"必出世者，方能入世，不则世缘易坠。必入世者，方能出世，不则空趣难持。""出"与"入"，即脱离和进入，而"世"是自然界中一切事物的总和。除了"时代""世袭"含有时段的概念外，还有为便于与"天上"相区别，称为"人间"，亦称"世俗"或"凡尘俗世"。"出世"，即不再关注生活中的名利和地位、财货和利益、得失与利弊等，而且能够做到大彻大悟，恬淡寡欲；而"入世"则是期盼在现实生活中去追求并实现自我的人生价值。虽说是"出世"与"入世"，但"出世"是一种胸襟，"入世"为体悟；"入世"即警醒，而"出世"

为解脱，只有这样才能摆脱世俗，悠闲自得。脱俗是指摆脱了庸俗之气，其脱俗之处既包括自身的言行举止、素养和气质，亦包括了自身的心态、品德、道德观念等，它既是在认识、了解和彻悟事物的过程中逐步形成的，又是顺应自然。"爱莲之出淤泥而不染，濯清涟而不妖"，古人常以莲花的纯洁来比喻人能否做到超凡脱俗的高洁风格，可见其能否做到的难易程度，所以，为人处世如果能做到超凡脱俗便是奇人。"放得俗人心下，方名为丈夫；放得丈夫心下，方名为仙佛；放得仙佛心下，方名为得道。"这其中蕴含着"入世"与"出世"的过程，更强调了从"心"而论的道理，如果能保持自心清净，顺其自然，就能够把握事物发展的规律，了解事物的真相。而刻意追求衿奇立异的人与违背常理而求清高的人，可谓"立小异以近名，托虚名以邀利"，都是心浮气躁所致。借做些表面文章，标立微小新意来求取名声，并假托虚名而谋取利益，哪有脱俗可言？所以称其为怪异、偏激之人。"烦恼场空，身住清凉世界；营求念绝，心归自在乾坤。"了悟世事，消除杂念，抛弃烦恼，此身便能安住在清凉世界里；舍弃身外之物，断绝营求私利之欲，此心便能自由徜徉于天地间。这是能否脱俗的区别所在。

<求清不激，豁达处世>：东汉时期人杨震，字伯起。父宝，习《欧阳尚书》。震少好学，受《欧阳尚书》于太常桓郁，明经博览，无不穷究。诸儒为之语曰："关西孔子杨伯起。"常客居于湖，不答州郡礼命数十年，众人谓之晚暮，而震志愈笃。后有冠雀衔三鳣鱼，飞集讲堂前，都讲取鱼进曰："蛇鳣者，卿大夫服之象也。数三者，法三台也。先生自此升矣。"后转涿郡太守。性公廉，不受私谒。子孙常蔬食步行，故旧长者或欲令为开产业，震不肯，曰："使后世称为清白吏子孙，以此遗之，不亦厚乎！"

一七〇、自淡而浓　自严而宽

【原文】

　　恩宜自淡而浓，先浓后淡者，人忘其惠；威①宜自严而宽，先宽后严者，人怨其酷。

【注释】

　　①威：此指表现出来的能压服人的力量或使人敬畏的态度，即威信、威严。

【释义】

　　对人施予恩惠应该由淡薄逐渐到浓厚，若是先浓厚再转为淡薄，则易使人忘记所接受的恩惠；树威信使人尊敬应该由严格逐渐到宽容，若是先宽容再转为严格，则易使人怨恨你的冷酷无情。

【浅析】

　　"恩宜自淡而浓""威宜自严而宽"，这其中强调的是待人接物的方式方法，主要是从双方相互理解的角度来考虑的，施予恩惠的人虽然心存善念，但是有自身能力的原因。倘若施恩由淡薄逐渐到浓厚，使受恩者更能体会到所受恩惠来之不易，更会倍加珍惜这份友情。另外，也有一种受恩者，并非感恩戴德，抑或认为理所当然，对此，施恩者不会去在意，亦不会去计较，因为根本无图报之心。"将加人，先问己，己不欲，即速已。"凡事如何能使人容易接受，既是一种策略，又是一种智慧，否则会适得其反。事情加在别人身上，先要做换位思考，自我反省，倘若自身容易想得通并能够接受，便可行，否则应立即停止，另谋良策。所以，树立威信使人尊敬应该由严格逐渐到宽容，因为人的情绪都会有紧张与放松，由紧张到放松，人的心里会感到舒畅，也会有一种存在感；相反，由放松到紧张，心理上会感到憋屈而不自在，于是便会产生怨恨，认为你的为人处世冷酷无情。除此之外，还有一种人可谓桀骜不驯，对此就要有更大的热情和耐心去劝导、告诫，此时，应当反躬自省，检查自身的一言一行是否有不妥之处，以真诚之心去感化他人，自然会有好的结果。这既是一种自我修炼，也是一种品德教育。心存真诚，终究会赢得他人的信任；心存坦诚，终究会得到彼此间心灵上的沟通。做一个有道德的人，并非难事，如果能用行为规范去约束自身的言行，对每件事多加思考，多替他人着想，道德就会与你相伴。

　　<自薄而厚，先抑后扬>：战国时期人田文，又称薛公，号孟尝君。战国时期人冯谖。齐人有冯谖者，贫乏不能自存，使人属孟尝君，愿寄食门下。孟尝君曰："客何好？"曰："客无好也。"曰："客何能？"曰："客无能也。"孟尝君笑而受之曰："诺。"左右以君贱之也，食以草具。后孟尝君出记，问门下诸客："谁习计会，能为文收责于薛者乎？"冯谖署曰："能。"孟尝君怪之，曰："此谁也？"左右曰："乃歌夫长铗归来者也。"孟尝笑曰："客果有能也，吾负之，未尝见也。"请而见之，谢曰："文倦于事，愦于忧，而性懦愚，沉于国家之事，开罪于先生。先生不羞，乃有意欲为收责于薛乎？"冯谖曰："愿之。"于是约车治装，载券契而行，辞曰："责毕收，以何市而反？"孟尝君曰："视吾家所寡有者。"驱而之薛，使吏召诸民当偿者，悉来合券。券遍合，起矫命以责赐诸民，因烧其券，民称万岁。长驱到齐，晨而求见。孟尝君怪其疾也，衣冠而见之，曰："责毕收乎？来何疾也！"曰："收毕矣。""以何市而反？"冯谖曰："君云'视吾家所寡有者'。臣窃计，君宫

293

中积珍宝，狗马实外厩，美人充下陈。君家所寡有者以义耳！窃以为君市义。"孟尝君曰："市义奈何？"曰："今君有区区之薛，不拊爱子其民，因而贾利之。臣窃矫君命，以责赐诸民，因烧其券，民称万岁。乃臣所以为君市义也。"孟尝君不说，曰："诺，先生休矣！"后期年，齐王谓孟尝君曰："寡人不敢以先王之臣为臣。"孟尝君就国于薛，未至百里，民扶老携幼，迎君道中。孟尝君顾谓冯谖："先生所为文市义者，乃今日见之。"

一七一、心虚①性现　意净心清

【原文】

心虚则性现，不息心②而求见性③，如拨波觅月；意净则心清，不了意④而求明心，如索镜增尘。

【注释】

①**心虚**：此指内心空明而无成见，谦虚而不自满。喻内心毫无杂念。《列子·仲尼》："子列子曰：'南郭子貌充心虚，耳无闻，目无见，口无言，心无知，形无惕。'"②**息心**：指梵语，"沙门"的意译，借指勤修善法，熄灭恶行。喻心情放松，除掉杂念，专心致志。③**见性**：佛教语。指悟彻清净的佛性。④**了意**：指了却意念、思虑。此喻了却杂念。

【释义】

只有在内心毫无杂念、心清如水的时候，人的本性才能得以显现，如果自身不能做到心如止水而又想要发现本性，犹如拨开水波寻找水中之月一样难以如愿；只有在意念能够保持清纯澄净的时候，人的心灵才能得以清明，如果自身不能彻底了却杂念而又想求内心清明，犹如在镜面上徒增灰尘一样难以明察内心。

【浅析】

"眼里无点灰尘，方可读书千卷；胸中没些渣滓，才能处世一番。"心主血脉，诸脉属目，"目者，心之使也，心者，神之舍也"，而"目者其窍也"。在日常生活中，常以"胸中"来表述思想境界和精神状态等，指的就是"心中"。心主宰人的神志、情感和思维活动等，而目为心使。由此可知，心静则目明。因此，眼中如果没有任何灰尘遮蔽，就可以读尽千卷的书籍；自身如果破除内心的偏执，就能圆满融通地处世。所以，"心虚"者，只有内心毫无偏执或杂念等，才能达到"意净"，而思想清明纯正，其心性就会流露出来。世事纷纭复杂，现象往往能掩盖其本质，本质是事物固有的品质，而现象则是事物本质的外在表现。倘若要了解事物，就要透过现象观察到事物的本质。因此，只有在内心平静、头脑清醒的时候才能够客观、正确地分清事物的现象与本质，透过现象看清其本质。那么，一切虚伪的、虚假的或丑陋的事物，无论采取任何巧妙的遮掩，都可以辨清。倘若内心一片混沌，目光模糊，就最易被事物的表象所蒙蔽，以致屡受挫折，处事一团糟，甚者，陷入歧途。换言之，心、性、意是生命的构成要素。"性"即万物之性或称"天性"，而"天性"即人类的本然之性，只有彻悟者才能够照见本性，即自身只有做到心如止水才能发现本性。所谓"心念"即本性的作用；而"意识"则是头脑对外界事物的反映，随"心"而动。当意识净化，不被杂念与妄想污染的时候，心念就澄清了，因此得以悟道见性。所以，如果人的心灵清明，就能彻底消除杂念，明察内心。生活中保有一颗平静的心是极为重要的，这样才能更加了解自身的需求，或许这就是我们要保持内心平静的一个重要原因。由此可知，只有在内心毫无杂念、心清如水的时候，人的本性才能显现，如果自身不能做到心清如水而又想发现本性，犹如拨开水波寻找水中的月亮一样难以如愿；只有在意念能够保持清纯澄净的时候，人的心灵才能得以清明，如果自身不能彻底了却杂念而又想求内心清明，犹如在镜面上徒增灰尘一样难以明察内心。

　　<意净心清，明心见性>：春秋时期人孔子、子姓，孔氏，名丘，字仲尼。鲁有兀者王骀，从之游者与仲尼相若。常季问于仲尼曰："王骀，兀者也，从之游者与夫子中分鲁。立不教，坐不议。虚而往，实而归。固有不言之教，无形而心成者邪？是何人也？"仲尼曰："夫子，圣人也，丘也直后而未往耳！丘将以为师，而况不若丘者乎！奚假鲁国，丘将引天下而与从之。"常季曰："彼兀者也，而王先生，其与庸亦远矣。若然者，其用心也，独若之何？"仲尼曰："死生亦大矣，而不得与之变；虽天地覆坠，亦将不与之遗；审乎无假而不与物迁，命物之化而守其宗也。"常季曰："何谓也？"仲尼曰："自其异者视之，肝胆楚越也；自其同者视之，万物皆一也。夫若然者，且不知耳目之所宜，而游心乎德之和。物视其所一而不见其所丧，视丧其足犹遗土也。"常季曰："彼为己，以其知得其心，以其心得其常心。物何为最之哉？"仲尼曰："人莫鉴于流水而鉴于止水。唯止能止众止。"

一七二、贵奉①贱侮　人情冷暖②

【原文】

　　我贵而人奉之，奉此峨冠大带③也；我贱而人侮之，侮此布衣草履④也。然则⑤原非奉我，我胡为⑥喜？原非侮我，我胡为⑥怒？

【注释】

①奉：指尊敬、尊重、恭敬，亦指奉承。②人情冷暖：人情，社会上的人情世故；冷，冷淡；暖，亲热。即指人情的变化。唐·白居易《迁叟》："冷暖俗情谙世路，是非闲论任交亲。"③峨冠大带：亦称"峨冠博带"。指高帽子和阔衣带，古代士大夫的装束。喻官服、官位。④布衣草履：指麻布衣裳和草鞋，借指着衣寒碜。喻出身寒微卑贱。⑤然则：指既然那样，如此，那么。⑥胡为：此指何故，为什么。

【释义】

当我显贵之时，就会有人来奉承我，这其实是来奉承我的官位和官服；当我贫贱之时，就会有人来侮蔑我，这其实是在侮蔑我的贫贱和布衣。那么这些人原本不是奉尊我，我又有什么值得高兴的呢？况且这些人本来不是欺侮我，我又有什么能值得生气的呢？

【浅析】

"冷暖俗情谙世路，是非闲论任交亲。"在日常生活中，"冷"的一层含义是，食物的冷热，温度的高低；而另一层含义是，不受欢迎的、冷遇的，无人过问的、寂寞的、乘人不备的、暗中的，还用来比喻灰心、失望等。"暖"的一层含义常用不冷、温暖、暖和、暖色来表达，其另一层含义如"良言一句三冬暖""暖人心扉""情谊暖胸怀"等，从"冷"与"暖"的字义不难看出其对人之身心的影响。所以，如果熟悉了世间的人情世

297

故，就会把那些搬弄是非、闲言闲语、无端议论等放到一边，特别是对于那些奉承或是欺辱的言行既不去计较，也不会为之高兴或动怒。进而言之，寒冷与温暖亦常用来比喻世态炎凉。"有茶有酒多兄弟，急难何曾见一人。人情似纸张张薄，世事如棋局局新"，这其中强调的是人情淡漠，人心多变。譬如，有一种人在别人得势的时候便会去阿谀奉承，而当别人失势的时候就会万分冷淡。同理，当我富贵的时候，就会有人前来奉承，而当我贫贱的时候，就会有人多加侮诮。正是，"门前拴上高头马，不是亲来亦是亲"。人有善恶、真伪之分，有的人为了私利而嫌贫爱富，趋炎附势，如此做人不加掩饰危害较小，否则，其危害之大不言而喻。"不近人情，举世皆畏途；不察物情，一生俱梦境"，做人做事要合情合理，如果做人不近人情，其人生之路就会布满荆棘；做事不能了解事理，人犹如梦中，难以踏实做事。"知人者智，自知者明"，人贵有自知之明，否则，就不能摆正自己的位置而趋向两个极端，或是骄傲自大，目中无人；或是妄自菲薄，自暴自弃，这些都会对你的人生造成不良影响。所以，既要消除自身的私心杂念，又要排除物扰。

而无论做人还是做事都要行善积德，这样才会有好的际遇。无论其地位高贵还是卑贱，都跟你没有关系，只是位置的不同而已。持如此心态就能够坦然处世，凡事更容易做到宠辱不惊，顺其自然。"朝是暮还非，人情冷暖移。浮生只如此，强进欲何为"，理解了这一点，在顺境之时就不会狂妄自大、不知所以，在逆境之时就不会感到凄凉，更不会去在意别人的所作所为。"平生莫做皱眉事，世上应无切齿人"，生容易，活容易，生活并不容易，所以要懂得知足，"知足者，常乐也"，人只有知足才能踏实和平静，才能彻悟人情冷暖。对于这些持有一颗平常心最为重要！

一七三、慈悲^①之心　生生之机

【原文】

　　"为鼠常留饭，怜蛾不点灯"，古人此等念头，是吾
人一点生生之机。无此，便所谓土木形骸^②而已。

【注释】

　　①慈悲：佛教语。指给人快乐，将人从苦难中拔救出来，亦
指慈爱与悲悯。②土木形骸：土木，泥土和树木；形骸，人的形
体。喻形体犹如土木。南朝·宋·刘义庆《世说新语·容止》：
"刘伶身长六尺，貌甚丑悴，而悠悠忽忽，土木形骸。"

【释义】

　　"为了家鼠不饿死而能常留些饭食，怜惜飞蛾投火而特意不
点燃烛灯"，古人这些以慈悲为本的心心念念，正是我们人类生
生不息的契机。假如人类连这点善心、善念都没有，其人体就像
无魂之躯，与泥土和树木别无两样。

【浅析】

　　"乃若其情，则可以为善矣，乃所谓善也。恻隐之心，人
皆有之。"至于人的本性，是可以使之善良的，这就是所谈到的
人性善良。善良即心地纯净、温和善良等，而多体现为慈悲之
心，即人对某种事物怀有的不忍之心，它包括慈心，即发自内
心地去同情、关爱、帮助他人，希望他人得到快乐，并且待人和
善、多有善意的行为，并能帮助他人获得快乐；悲心，即心存怜
悯而祈望他人消除痛苦，进而做到尽力帮助他人排忧解难。换言
之，视他人之难为自身之难，视他人之愉悦为自身之快乐，这不

仅是助人为乐，而且是以慈悲为本。"为了家鼠不饿死而能常留些饭食，怜惜飞蛾投火而特意不点燃烛灯"，这是古人以慈悲为怀的心心念念，以此来开谕今人生生不息的道理，同时告诫世人多做行善积德之事。有慈悲之心的人，一定是能够做到宽容他人的人。宽容能营造一种和谐的气氛，当你在宽恕他人时，就会增加一些和气、减少一些怨气，亦会使双方增添些许的舒心和快乐。有慈悲之心的人，一定是善良之人，也一定是心态平和安静的人。因此，这种人既不会因物扰而带来烦恼，也不会去计较日常生活中的利弊得失，其内心总是充满着爱心和善意。"知之愈明，则行之愈笃；行之愈笃，则知之愈明"，常存慈悲之心，多有嘉言善行，对事理了解得越清楚，行事亦就越扎实。继而，理解和认识就会更加清晰，由此更重视修身洁行，将此情此理口耳相传，代代相袭。倘若做人未心存善念、常怀慈悲，其人体就犹如无魂之躯，与泥土和树木毫无区别。

<慈悲之心，以友辅仁>：唐朝人卢照邻，字升之，号幽忧子。唐朝人孙思邈。显庆三年，诏征太白山隐士孙思邈。亦居此府。思貌华原人，年九十余，而视听不衰。照邻自伤年才强仕，沉疾困备，乃作《蒺藜树赋》，以份其禀受之不同。词甚美丽。思邈既有推步导养之术。照邻与当时知名之士宋令文、孟诜，皆执师资之礼。尝问思貌曰："名医愈疾。其道何也？"思邈曰："吾闻善言天者，必质于人。善言人者，必本于天。故天有四时五形，日月相推，寒暑迭代。其转运也。和而为雨，怒而为风，散而为露，乱而为雾，凝而为霜雪，张而为虹霓。此天之常数也。人有四肢五脏，一觉一寐，呼吸吐纳，精气往来。流而为荣卫，彰而为气色，发而为音声，此亦人之常数也。阳用其精，阴用其形。天人之所同也。"撰《千金方》三十卷行于代。

一七四、心体①之念　天体②同见

【原文】

　　心体便是天体。一念之喜，景星庆云③；一念之怒，震雷暴雨④；一念之慈，和风甘露⑤；一念之严，烈日秋霜。何者⑥少得。只要随起随灭⑦，廓然无碍⑧，便与太虚同体⑨。

【注释】

　　①心体：指思想、精神与肉体。唐·白居易《酬李少府曹长官舍见赠》："低腰复敛手，心体不遑安。一路风尘下，方知为吏难。"②天体：指宇宙空间的物质形体，亦指太阳、地球、月亮和其他恒星、行星、卫星以及彗星、流星等宇宙间所有星辰的统称。《东观汉记·邓皇后传》："尝梦扪天体，荡荡正青。"③景星庆云：景星，祥瑞之星。《文子·精诚》："故精诚内形气动于天，景星见，黄龙下，凤凰至，醴泉出，嘉谷生，河不满溢，海不波涌。"庆云又称卿云、景云、五色云，即吉祥之云。喻象征祥瑞的星云貌。《列子·汤问》："将终，命宫而总四弦，则景风翔，庆云浮，甘露降，澧泉涌。"④震雷暴雨：震雷，响雷；一般把24小时内降雨量为50—100毫米的雨称为暴雨，泛指大而急的雨。⑤和风甘露：和风，温和之风。三国·曹丕《登城赋》："孟春之月，惟岁权舆。和风初畅，有穆其舒。"甘露，甘美的露水。《道德经》第三十二章："天地相合，以降甘露，民莫之令而自均。"⑥何者：用于设问，指哪一个，为什么。⑦随起随灭：起、灭，佛教语。即指因缘和合而产生与因缘离散而消灭。⑧廓然无碍：廓然，空旷、远大；无碍，佛教语。指通达自在，没有障碍。⑨太虚同体：太虚，宇宙的称

呼之一，泛指天地；同体，同一形体。喻无区别、一致。

【释义】

人的心体即是天体。当心中有了欣喜的念头，就像天体呈现出的瑞星祥云；当心中有了怨怒的念头，就像天体显现出的雷雨交加；当心中有了慈悲的念头，就像天体吐露出的温风甘露；当心中有了严厉的念头，就像天体显露出的骄阳秋霜。人天之态又能少了哪一种呢？只要人的各种情绪变化随生随灭，人的心体如同天体广袤无垠通达无碍，便能够与天地同为一体了。

【浅析】

"有物混成，先天地生。寂兮寥兮，独立而不改，周行而不殆，可以为天地母。"宇宙自然是一个大天地，而人体则是一个小天地，天地都是自然的具体体现，而天体是宇宙中物体的存在形式。天地万物有其运行规律，亦即人体的运行规律，人们常以金、木、水、火、土五行来说明宇宙万物的起源和变化，从而构成了外在的宇宙；而"五脏者，所以藏精神血气魂魄者也"，五脏的心、肝、脾、肺、肾是人生命活动的中心，加之六腑相配合，并把各个器官组织有机地联系起来，从而构成了内在的人体，或称为内在的天地。无论是外在的宇宙，还是内在的天地，两者间既相互协调又彼此对立，既相互损益又彼此适应。倘若五行平衡，天地间会呈现风调雨顺；若五脏调顺，人体就能保持气血充足，精力充沛。"天人合一"是在不知不觉中自然形成"合一"。既然人和自然在本质上是相通的，那么做人做事也要顺乎自然规律，切忌背"道"而为。而在现实生活中，有的人往往受到私欲名利、贪心妄念的蒙蔽，难以发现良心的存在，忽略了加强自身的道德修养。

人生是一个自我修行的过程，修行的目的是消除杂念，排除物扰，"求其放心"，恪守本心，遵守道义，从而与大自然谐和共存。所以，人的心体变化与天体的自然变化息息相关。当心中有了欣喜的念头时，犹如天体呈现出的瑞星祥云；当心中有了怨怒的念头时，犹如天体显现出的雷雨交加；当心中有了慈悲的念头时，犹如天体吐露出的温风甘露；当心中有了严厉的念头，犹如天体显露出的烈日秋霜。人天之态又能少了哪一种呢？"诚身有道，不明乎善，不诚其身矣。是故诚者，天之道也；思诚者，人之道也。""诚"是天地间最根本的道理，而追求"诚"是做人的根本道理。一个"诚"字，又将心体与天体紧密地联系在了一起，可见，"心体之念，天体同见"。

一七五、无事昏冥[①]　有事奔逸

【原文】

　　无事时心易昏冥，宜寂寂[②]而照[③]以惺惺[④]；有事时心易奔逸，宜惺惺而主以寂寂。

【注释】

　　①昏冥：冥，幽暗不明。即指浑然无知、沉醉、愚昧、糊涂。喻头脑愚昧，不明事理。②寂寂：指沉静，寂静无声，平静，冷落。三国·魏·曹植《释愁文》："答曰：'愁之为物，惟惚惟恍，不召自来，推之弗往，寻之不知其际，握之不盈一掌。寂寂长夜，或群或党，去来无方，乱我精爽。'"③照：此指察知、明白、洞晓。④惺惺：指清醒，机警。唐·杜甫《喜到复题短篇》："应论十年事，愁绝始惺惺。"

【释义】

当人在闲居无事的时候，心绪最容易陷入沉迷昏乱，此时应该平定思绪时刻警醒自己；当人在事务繁忙的时候，心情最容易浮躁亢奋，此时理应做到头脑清醒保持理智。

【浅析】

"饱食终日，无所用心，难矣哉！不有博弈者乎？为之，犹贤乎已。"正因为人在闲居无事的时候，其心绪最容易陷入沉迷昏乱，此时如果能从生活中寻找点乐趣，譬如下棋等，也比闲来无事的好。闲者大致可分为两种：第一种，闲而无事，清心寡欲，静心修养；第二种，闲而无事，想入非非，心浮气躁。忙者，事物烦冗而不得闲，倘若迫于生活，则实属无奈，除此之外皆可省略。"想入非非"也好，"心浮气躁"也罢，此时宜当时刻警醒自己平定心绪。因为，当人沉溺于闲散安逸的时候，最容易神思松懈、心念迷乱，从而斗志涣散而丧失警惕，所以，只有保持头脑清醒，情绪稳定，遇事才能应对自如；当人处于高度紧张的时候，其心神随之浮躁、亢奋，使情感处于不平稳的状态中，往往处事无序、杂乱无章，此时，更应该沉静心神，调控自身情感活动的节奏，舒缓思绪，以便再接再厉。"果决人似忙，心中常有余闲。因循人似闲，心中常有余累"，处事果断的人看似忙碌，其实心中常有闲暇；因循苟且之人看似空闲，因其心常有放不下的东西而多物累。其实，无论忙还是闲，放松还是劳累，都在自身把控。善于安排、能妥善处理事物的人，更懂得统筹合理，协调有序，未雨绸缪，其身忙而心不忙，这是一种智慧；而不善于处理事物的人，多是身闲而心不闲，处事往往难以把握关键点，遇事手忙脚乱。克制自身的情绪是一种修炼，也是一种能力。平时要养成静下心来思考的习惯，厘清思路，才有寂寂之因，一切就会显得清清楚楚，有惺惺之果，从而心无旁骛、身心愉悦、情绪稳定。寂寂者，才能保持平静，而平静即能生定；惺惺者，才能保持静观，而静观即能生慧。定中有慧，慧中才有定，倘若慧中没有定即是狂慧，譬如风中燃灯，难有照物之功效；而定中没有慧是痴定，譬如盲人骑瞎马，势必堕坑落堑。用"惺惺"与"寂寂"来告诫世人，遇事之时要沉下心来、多加注意。所以，平素保持心态平和，情绪稳定，谦恭有礼，谨言慎行，遵守道德规范等，是至关重要的自我修心之法。

一七六、议事任事① 明辨②利害

【原文】

议事者身在事外，宜悉利害之情；任事者身居事中，当忘利害之虑。

【注释】

①任事：指承担事务或担负责任，亦指任职理事。②明辨：指明确地分辨，辨别清楚。《中庸》："博学之，审问之，慎思之，明辨之，笃行之。"

【释义】

评议事物的人，因置身于事情之外，更应该详尽地了解事情的是非曲直和因果关系；处理事务的人，因置身于事情之内，更应当抛弃自身的利害得失认真地做好事情。

【浅析】

"当局者迷，旁观者清。"人们常以此警句来形容做某件事情的当事人因过多考虑个人的利害得失，而对是事情缺乏周详、深刻的了解，这样反倒不如旁观者看得清楚，了解得透彻。可见，如果想要对事物做出客观、公正的评价，得出正确的结论，将自己置身于事情之外尤为重要。这样既能使自己的思路更加清晰，亦能谂知事情的是非曲直和因果关系。当身处局内的时候，纠结其中，心境和思绪往往难以保持平和，进而心态失衡、思想矛盾、情绪恶化，同时也会抱怨不已，其内心纠结，烦躁不安，甚至深陷事中难以自拔。此时不妨停下来或是换个环境放松一下，也许就会有所醒悟，切忌钻牛角尖。所以说，当愁肠难解之时，如果能做到意静心清，有些事则会不解自明。迷者，或是对事物的整体分辨不清，或是头脑昏乱，或是其思路局限于一隅……这些现象的关键在于做人做事欠缺一个"诚"字。"诚者，天之道也；诚之者，人之道也。诚者，物之终始。不诚无物。"诚者，信也，其意在"实"。诚信，即诚实、守信用，真诚之心。真诚是天地的原则，而恪守真诚是做人的原则，真诚也是做人的至高品德，是事物的起始和结束，没有真诚就没有事物。只有心意真诚才能做到心无旁骛，因此，在处理事情的过程中，虽然置身于事情之内，但因心诚便会自觉地抛弃个人的利害得失而认真做好每一件事。正所谓，"诚心做人，明辨利害；静心做事，处事不迷"。

一七七、操履严明　心气和易①

【原文】

士君子处权门要路②，操履要严明，心气要和易，毋少随而近腥膻之党③，亦毋过激而犯蜂虿之毒④。

【注释】

①和易：指温和平易。《礼记·学记》："道而弗牵则和，强而弗抑则易，开而弗达则思。和易以思，可谓善喻矣。"②权门要路：权门，权贵豪门；要路，显要的地位。《新唐书·崔湜传》："丈夫当先据要路以制人，岂能默默受制于人哉！"③腥膻之党：腥，鱼臭；膻，羊臭。借指人间丑恶污浊的现象。《抱朴子内篇·明本》："山林之中非有道也，而为道者必入山林，诚欲远彼腥膻，而即此清净也。"党，结伙。即指操守不好的人。④蜂虿之毒：虿，毒虫名，蜂和虿都是长有毒刺的螫虫，借指险佞恶毒之人。

【释义】

读书人在置身权贵高位之时，其操守和行事需要严正清廉、光明磊落，且待人接物应保持温和平易、豁达大度，不可稍有松懈而与奸邪之辈同流合污，也不可言行偏激而触怒险佞恶毒之人。

【浅析】

"祸患常积于忽微，智勇多困于所溺。"置身于纷繁复杂的社会中，无论自身所处的位置有无变化，都要恪守做人的原则。对应该遵循什么和摒弃什么，形成正确的人生观和价值观，并做

307

到始终坚持。积土成山，积恶成害，因为祸患常常是在没有对点滴微小的错误及时醒悟并加以纠正的情况下，而使其积累酿成的，即使是再聪明、再有才华的人，也多会因沉溺于某种爱好而深陷困境。所以，读书人，在身居权贵高位之后，其操守和行事仍要严正清廉、光明磊落；坚守做人的本分、自心的清净，即便是在遇到困扰，感到彷徨的时候，也要保持积极的心态，绝不能放弃对光明的追求。"所谓修身在正其心者，身有所忿，则不得其正；有所恐惧，则不得其正；有所好乐，则不得其正；有所忧患，则不得其正。心不在焉，视而不见，听而不闻，食而不知其味。此谓修身在正其心。"生活脱离不了现实，也离不开群体，这就需要自身调整好心态，摆正位置，客观地去面对所处的环境，而加强自身的修养首先要端正自心，因为心中只要有愤怒、恐惧、喜好、忧虑等就不能端正自心。自心不端正就如同此心不附在体内一样，虽然在看，但是同没看一样；虽然在听，但是同没听一样；虽然在吃食物，但是不知其味。所以说，修身需要从端正自心做起。生活即是一种修炼。心态调整好了，既不会有松懈而与奸邪之辈同流合污，也不会因言行偏激而触怒险佞恶毒之人。可见，一个人持有好的心态在生活中的重要性。"博闻强识而让"，做人要始终保持谦虚谨慎的态度，即使自身有广博的见识和超强的记忆才能也要谦让。因为，待人接物能够做到和蔼近人、谦恭礼让，既是一种修养，也是一种质朴的境界，更是一种豁达大度。

<操履严明，刻骨铭心>：明朝人王廷相，字子衡，号浚川，时人称王浚川、浚川公。明朝人张瀚，字子文。公延入，坐语之曰："昨雨后出街衢，一舆人蹑新履，自灰厂历长安街，皆择地而蹈，兢兢恐污其履，转入京城，渐多泥泞，偶一沾濡，列不复顾惜。居身之道，亦犹是耳。傥一失足，将无所不至矣。"余退

308

而佩服公言，终身不敢忘。

一七八、浑然和气①　居身之珍

【原文】

标节义者，必以节义受谤；榜道学②者，常因道学招尤③。故君子不近恶事，亦不立善名④，只浑然和气，才是居身⑤之珍。

【注释】

①浑然和气：浑然，质朴纯真；和气，平顺温和。②道学：指北宋儒家周敦颐、张载、程颢、程颐、朱熹等的哲学思想。亦称理学。③招尤：指招致他人的怪罪或怨恨。唐·韩愈《感二鸟赋》："虽家到而户说，祇以招尤而速累。"④善名：指好的名声。《尹文子·大道上》："善名命善，恶名命恶。故善有善名，恶有恶名。"⑤居身：指安身，立身处世。《后汉书·逸民列传》："孝威居身如是，甚苦，如何？"

【释义】

喜好标榜节操义行的人，必然会因自身的节操义行而受到指责诽谤；喜欢显扬道德学问的人，常会因自身的道德学问而招致怪罪或怨恨。因此君子立身行事，既不要接近邪恶做坏事，也不要刻意树立好名声，如此纯朴、敦厚、平顺、温和才是安身的法宝。

【浅析】

"日中则昃，月满则亏。"是说事物发展到一定程度，就会朝着相反的方向转化的道理，所以在生活中切忌一个"满"字，因自"满"而败，因自"矜"而愚。骄傲源于内，既是一种情绪上的波动，又是因自身有所成就而导致自我膨胀和自诩由内向外炫耀自我实属愚蠢。无论是喜好标榜节操义行的人，还是喜欢显扬道德学问的人，正因为自身做出了愚蠢的事情，才会遭到指责、毁谤，或是怪罪、怨恨等。"屈己者能处众，谦虚者能处身"，严于律己，礼让他人，谦虚谨慎，既能够与人和睦相处，也能够安身处世，更能正确地认识和对待自我。立身处世应当踏实本分、求真务实，切忌追求虚荣、自我炫耀，因为两者都是内心的阴暗和狭隘。做学问、加强自身的道德修养并非自吹嘘得来，而是要从日积月累、勤勉努力和刻苦学习的积淀中获得。所以，立身处世切忌浮于其表，关键是塑造内涵、锤炼自身的心性，这些都对增进品学不无裨益。"天地间唯谦谨是载福之道"，为人处世只有保持谦虚的态度，才能够不断地取得进步，因为谦虚是一种智慧，也是一种涵养，更是一种美德。谦虚并不是自卑、保守或不自信，而是心态平和、务实求真、虚心求教、取长补短，这些都是积极的人生态度。"莫信直中直，须防仁不仁"，懂得了谦虚做人的道理，用平和的心态去待人处世，既不接近坏人做坏事，也不标奇立异去求好名，更多的是以朴实无华、谦恭虚己、平易近人的态度去做人，这才是立身处世的无价之宝。

<浑然和气，诚信做人>：宋代人刘廷式，字得之。朝士刘廷式，本田家。邻舍翁甚贫，有一女，约与廷式为婚。后契阔数年，廷式读书登科，归乡闾。访邻翁，而翁已死；女因病双瞽，家极困饿。廷式使人申前好，而女子之家辞以疾，仍以佣耕，不敢姻士大夫。廷式坚不可："与翁有约，岂可以翁死子疾而背之？"卒与成婚。闺门极雍睦，其妻相携而后能行，凡生数子。廷式尝坐

小谴，监司欲逐之，嘉其有美行，遂为之阔略。其后廷式管干江州太平宫而妻死，哭之极哀。苏子瞻爱其义，为文以美之。

一七九、诚心和气　陶冶①诈戾

【原文】

　　遇欺诈之人，以诚心感动之；遇暴戾②之人，以和气薰蒸③之；遇倾邪私曲之人，以名义气节激砺④之；天下无不入我陶冶中矣。

【注释】

　　①陶冶：指教化培育、怡情养性。喻对人的性格和思想进行培养。《汉书·董仲舒传》："臣闻命者天之令也，性者生之质也，情者人之欲也。或夭或寿，或仁或鄙，陶冶而成之，不能粹美。"②暴戾：指残暴凶恶的人或行为。《汉书·西域传》："万年初立，暴恶，国人不说。"③薰蒸：薰，感化，潜移默化地受影响。即指熏陶。喻化育，感化。语自北宋·司马光《上谨习疏》："上行下效谓之风，熏蒸渐渍谓之化。"④激砺："砺"同"厉""励"。此指激发勉励使人振作。《六韬·龙韬·王翼篇》："爪牙五人，主扬威武，激励三军，使冒难攻锐，无所疑虑。"

【释义】

　　若是遇到奸诈狡猾的人，要以真心诚意来感动他；若是遇到粗暴乖戾的人，要以温和仁爱来熏陶他；若是遇到品行不端的人，要以道义气节来激励他；那么天下无论何种人都会被我的影

【浅析】

"君子坦荡荡。"坦荡即率真而纯洁，胸襟宽敞且心神安宁。为人处世光明磊落，心胸开朗，恬淡寡欲，平心易气，就能够做到以诚待人，以德服人。正所谓育人先正己，正己先正心。待人以诚是一种美德，"诚"能使心灵纯净，若无真诚，何以谈尊严？做人立得正，行得直，办事秉公任直，才能做到问心无愧；心无挂碍，才能成为一个正直的人。那么什么是正直呢？所谓"正"就是公正、正气，就是不偏不斜、不虚伪、不轻狂，就是光明磊落。所谓"直"就是豁达、坦率、真实，不随波逐流。事物表象千奇百怪，人的秉性各种各样，若能以德化之，不懈努力，以诚相待，尽心去做，则坚冰可融。所以，当遇到奸诈狡猾的人时，要以真心诚意来感动他；当遇到粗暴乖戾的人时，要以温和仁爱来熏陶他；当遇到品行不端的人时，要以道义气节来激励他，即"诚心和气，陶冶诈戾"。陶冶可以对人起到感化教育的效果，这就需要凡事从自我做起，以身作则，言传身教；"薰蒸"需要耐心细致，推己及人，从而达到潜移默化的影响；"激砺"则是针对不同对象，适时勉力，使其振作精神，如此去做，无论任何人都会被这种影响力所培育教化，同时，提高自身的道德修养。

<心胸豁达，泰然处事>：西晋人裴绰，字季舒。西晋人裴遐，字叔道。西晋人周馥，字祖宣。绰子遐，善言玄理，音辞清畅，泠然若琴瑟。尝与河南郭象谈论，一坐嗟服。又尝在平东将军周馥坐，与人围棋。馥司马行酒，遐未即饮，司马醉怒，因曳遐堕地。遐徐起还坐，颜色不变，复棋如故。其性虚和如此。

一八〇、和气祥瑞① 寸心清芬

【原文】

一念慈祥，可以酝酿两间②和气；寸心洁白，可以昭垂③百代清芬④。

【注释】

①祥瑞：指吉祥的征兆。《新序·杂事》："成王任周召，而海内大治，越裳重译，祥瑞并降。"②两间：指天地之间、人间。喻彼此之间，双方之间。引注唐·韩愈《原人》："形于上者谓之天，形于下者谓之地，命于其两间者谓之人。"③昭垂：指昭示，垂示。④清芬：指清香。喻高洁的德行。

【释义】

若心怀慈爱和善的念头，就能在天地间营造出祥和融洽的气氛；若保持心灵的纯正清白，就可以使其高尚纯洁的品德流芳百世。

【浅析】

"以和为贵。"其"和"字主要讲平和、和睦、和谐、结束争执等，以"和"为至上，劝人克制，相安无事是为人处世的准则。只有"和"才能有凝聚力，才能求发展，家和才能万事兴。在生活中，常常会遇到各种不顺心、不如意的事情，这时就需要克制自我。"忍"字当头，看淡眼前的各种事情，以平和的心态去面对一切。心平气和，多瑞气祥云；心浮气躁，多阴气沉沉。心平气和是一种心态，也是一种能力，更是一种智慧。凡事若能做到心态平稳，就能妥善处理好每一件事；只有慈善温厚，才能营造和谐氛围，且与人和睦相处。"百年成之不足，一旦败

313

之有余"，经过多年努力去做某一件事并不一定能获得成功，但仍需要长期不懈的努力，否则，稍有松懈之前的一切努力将会付之东流。正因为如此，想做好一件事亦非轻而易举，但如果我们考虑欠妥或不慎，因此所产生的纰漏或失误却是难以挽回的。所以做人做事应当专心致志、脚踏实地，关键是要用心去做。"礼之用，和为贵"，是告诫人们少些埋怨，多些理解，保持一颗纯洁善良的心，且不贪图名利、不计较个人得失，默默地去奉献爱心，竭力去做善事，才能使人感怀而流芳千古。

<和气亲睦，感人至深>：春秋时期人闵子，名损，字子骞。周闵损，早丧母。父娶后母，生二子，衣以棉絮；妒损，衣以芦花。父令损御车，体寒，失纼。父查知故，欲出后母。损曰："母在一子寒，母去三子单。"母闻，悔改。

闵名正是真心敬孝，至诚感人。

一八一、庸德庸行①　和平之基

【原文】

阴谋怪习，异行奇能②，俱是涉世祸胎③。只一个庸德庸行，便可以完④混沌⑤而召和平。

【注释】

①**庸德庸行**：庸德，一般的道德规范，亦指普通人的德行。西汉·戴圣《中庸》："庸德之行，庸言之谨；有所不足，不敢不勉。"庸行，平平常常的行为。《周易·乾卦·文言》："庸言之信，庸行之谨，闲邪存其诚，善世而不伐，德博而化。"②**奇能**：特殊的才能。《列女传·辩通·齐锺离春》："今夫人不容

于乡里布衣，而欲干万乘之主，亦有何奇能哉。"③**祸胎**：指致祸的根源。西汉·枚乘《上书谏吴王》："福生有基，祸生有胎，纳其基，绝其胎，祸何自来？"④**完**：此指保全，保护，使不受损失。⑤**混沌**：指天地未开辟以前的原始状态或蒙昧无知貌，在此指人的本性，亦指朦胧、模糊。此喻自然淳朴的状态。

【释义】

　　无论是阴险的诡计，或者是古怪的习气，还是怪异的行为、奇特的才能，都是涉身处世时招祸的根源。只有在平凡之中遵守道德和行为准则，才能保全自然淳朴带来的祥和与安宁。

【浅析】

　　"君于中庸，小人反中庸。君子之中庸也，君子而时中。小人之中庸也，小人而无忌惮也。"中者，不偏不倚，守正谨慎；庸者，平常，平凡，常人。中庸既是无过无不及的态度，又是精进、行善。因此，君子中庸，小人有悖中庸；君子中庸，是因为君子随时做到无过无不及而适中；小人有悖中庸，是因为小人易行极端之事且肆无忌惮。生活中，无论是阴险的诡计，或者是古怪的习气，还是怪异的行为、奇特的才能，都是心浮气躁所致，而浮躁多有情绪亢奋，亢奋可谓"过"，这正是招惹祸事之源。在懂得这一道理之后，更应该保持淡然安宁，做一个笃实精进、平凡守正的常人。幸福到底是什么？这个话题可谓老生常谈，随着世代的变迁，总会有些新的观念和认识出现。在现实生活中，每个人对幸福都有着自己的理解和看法，众说纷纭，或谓追求物质生活，或谓享受精神生活，等等，而科学界也一直在对这个课题进行探究。简而言之，幸福，或是事业有成之士，或是平凡无奇之人，而两者都需要扎扎实实、脚踏实地去做人做事，否则，何以谈幸福？而后者往往对物质没有太多的要求，他们平淡自守，安贫乐道，很能享受柴米油盐的寻常生活。这需要持守，即无论富贵，还是贫贱，都能坚持自我、做到心静。"天命之谓性，率性之谓道，修道之谓教。"恪守本性，顺应自然，才能不断提高自身修养。"道也者，不可须臾离也，可离非道也。是故君子戒慎乎其所不睹，恐惧乎其所不闻。"一个人可以排除万难取得进步，但是真正的难点不在外，而在内，即只有战胜自己才能体现出一个人的能力。即使自身的自律性再高，也有被自己打败的时候。"庸德之行，庸言之谨；有所不足，不敢不勉"，行道德之事，谨言慎行；常扪心自问，不足之处敢于自勉；以诚待人，坚持做好日常生活中最简单平凡的事情，才是"和平之基"。

<以德待人，和平之基>：魏晋时期人羊祜，字叔子。及长，博学能属文，身长七尺三寸，美须眉，善谈论。祜执德清劭，忠亮纯茂，经纬文武，謇謇正直。其以祜为尚书右仆射、卫将军，给本营兵。时王佑、贾充、裴秀皆前朝名望，祜每让，不处其右。祜率营兵出镇南夏，开设庠序，绥怀远近，甚得江汉之心。与吴人开布大信，降者欲去皆听之。祜与陆抗相对，使命交通，抗称祜之德量，虽乐毅、诸葛孔明不能过也。抗尝病，祜馈之药，抗服之无疑心。人多谏抗，抗曰："羊祜岂鸩人者！"抗每告其戍曰："彼专为德，我专为暴，是不战而自服也。各保分界而已，无求细利。"

一八二、忍得倾险① 耐得坎坷

【原文】

语云："登山耐侧路，踏雪耐危桥。"一耐字极有意味，如倾险之人情，坎坷之世道，若不得一耐字撑持②过去，几何不堕入榛莽坑堑③哉？

【注释】

①倾险：指用心邪僻险恶。《汉书·息夫躬传》："夫议政者，苦其诡谀倾险辩慧深刻也。"②撑持：指极力勉强维持。元·乃贤《颍州老翁歌》："获存衰朽见今日，病骨尚尔难撑持。"③榛莽坑堑：榛莽，丛杂的草木，喻艰危、荒乱。坑堑，沟壑、山谷，喻险恶环境。

【释义】

俗话说："登山要耐得住陡峻难行的路径，踏雪要耐得过危险易滑的桥面。"这其中的"耐"字意味深长，如世间人情常邪僻险恶，且人生之路多坎坷不平，如果不倚靠一个"耐"字苦心撑过去，又有几个人不掉入荆棘丛生的沟壑呢？

【浅析】

"卒然临之而不惊，无故加之而不怒。"这是一种气度，也是一种修养，更是一种境界。遇事不惊，沉着冷静；受辱不怒，气定神闲，两者都离不开"忍耐"二字。忍，能也，即抑制、克制、坚韧等，"刃"字下边一个"心"，可见忍之力；耐者，忍受，忍耐，禁得起等，无论是分开解，还是合一识，其意都在于抑制痛苦的感受或是克制某种情绪，经受住艰苦环境的磨炼和考验，以坚忍不拔的毅力和有始有终的耐力走下去。而"登山"与"踏雪"都要忍耐，只要忍耐便能做到登越陡峻难行的路径，踏过危险易滑的桥面，只有忍得住、耐得过，才能得自在之境。"行路难，难于上青天"，人生之路亦同此理。而世人在追求舒适与快乐的同时，却往往被这种追求的贪念压得透不过气来；或是在追求某种物欲所带来快乐的同时，却忽视了真正的快乐就是知足。"自责之外，无胜人之术。自强之外，无上人之术。"严于律己，自强不息需要忍耐；"临事须替别人想，论人先将自己想"，己所不欲，勿施于人，也需要忍耐；以人为镜，可以明得失，更要忍耐；等等，所以，为人处世要克制自心，懂得忍耐，常思贪心之祸，抵制物欲的诱惑，做到心胸坦荡。人生之路唯苦相伴，倘若眼下不苦，以后则会更苦，只有品尝过苦的味道，才会知道什么是甜的滋味；只有经历过人生的磨炼，才能体验到生活的乐趣。换言之，如果能以平和、客观的心态待人处世，静心修炼忍苦耐劳、宽容大度之心，才会邀得"福"来。可谓"人静而后安，安而能后定，定而能后慧，慧而能后悟，悟而能后得"。

当人处在顺境的时候，应当保持清醒、冷静；当人处在逆境的时候，应当懂得忍耐，无论处在顺境还是逆境，都要有一颗平常心；在得意之时，要做到平静；在失意之时，要懂得随缘，了悟人生不如意十之八九；在心情愉悦之时，要保持平稳；在心情郁闷之时，要做到有涵养，要懂得悲喜自度的道理。"是非不必争人我，彼此何须论短长"，忍得住孤独，内心自然平静，耐得过清静，才能排除物扰，抛开私心杂念。争长论短消耗的是精力和体力，失去的是耐心和安宁，浪费的是时光，损伤的是身心健康，由此可知，"忍耐"对于人生的重要性。

一八三、心体莹然^①　不失本真^②

【原文】

夸逞功业，炫耀文章，皆是靠外物做人。不知心体莹然本来不失，即无寸功只字，亦自有堂堂正正③做人处。

【注释】

①莹然：指光洁明亮，通达透彻。②本真：指本源真相，本来面貌。喻纯洁真诚。③堂堂正正：堂堂，盛大的样子；正正，整齐的样子。即指强大整齐的样子，光明正大。亦喻身材威武，仪表出众。《孙子兵法·军争》："以近待远，以佚待劳，以饱待饥，此治力者也。无要正正之旗，勿击堂堂之陈，此治变者也。"

【释义】

夸耀自身的功勋业绩，或炫耀自身的文章佳妙，都是倚靠外在之物来修饰自我的做法。殊不知人之心体本是纯正洁净的，做人若不丧失纯洁善良的本性，即使在生活中没有留下半点功勋与文章，其平凡无奇的人生也是堂堂正正做人的。

【浅析】

"不患人之不己知，患不知人也。"做人要贵有自知之明，不担心别人不了解自己，只怕自己不了解自己、不了解他人。在现实生活中，有的人总会夸夸其谈，而当遇到事情有待处理的时候，却不知所措，无能为力；有的人虽胸怀大志，但机会真的到来的时候，却会令人大失所望；有的人狂妄自大，傲慢无礼，大事做不来，小事又不做；有的人利欲熏心，为所欲为，还有"夸逞功业"之辈、"炫耀文章"之人……这些既是心浮气躁所致，也是缺乏做人应有的自知之明，不懂得做人首先要做到谦虚谨慎的道理。山外有山，了解并能理解他人是一种涵养，也是一种胸怀和品质。以人为鉴知不足，取长补短求进步，才是谦虚做人。

真正了解自己才是一种能力。"不患莫己知，求为可知也"，了解自己，才能补拙守心，笃志精进，注重自身的内在素质，切忌倚靠外在之物来修饰自我立身行事。做人做事要懂得知礼节，要对自己有信心，正视自身的长处与不足。既不要高傲自大、自命不凡，也不要妄自菲薄、自暴自弃，更不要妒贤嫉能、曲意逢迎，做一个有道德、有教养、堂堂正正、抱诚守真的人，如此，才是立身之本。

一八四、忙里偷闲^①　闹中取静^②

【原文】

忙里要偷闲，须先向闲时讨个把柄；闹中要取静，须先从静处立个主宰。不然未有不因境而迁，随事而靡^③者。

【注释】

①忙里偷闲：指在忙碌中抽出一点时间来做别的无关紧要的事，亦指消遣。北宋·黄庭坚《和答赵令同前韵》："人生政自无闲暇，忙里偷闲得几回。"②闹中取静：指在热闹的环境中保持清静的心态。喻心清则静。③随事而靡："靡"当动词用，指散败和损毁。即指随着事物的发展而盲目跟随其后。喻没有主见。

【释义】

当工作忙碌的时候，要设法抽空使身心放松，这就需要在闲暇时事先统筹兼顾，并能把握做事的要点；当身处喧嚣的环境中时，要保持冷静而有条不紊，这就需要在心静时，事先精心筹划，并能做到处世心中有数。否则，当处于繁忙时就会手忙脚乱、心随境变，而置身喧嚣中会使人不知所措、疲于奔命。

【浅析】

"忙里偷闲，闹中取静。"忙者，事多，繁忙，紧急，紧迫等，人为了生活而忙碌有着各自的难题和目标，不要等到身心疲惫不堪的时候才停下来。要懂得在百忙之中抽出时间放松自我，因为不会休息，就不会生活，不懂得劳逸结合，就是不珍爱生命；闹中得到一个"静"（指心静），实属不易，因为要降心火、去肝火，排除杂念，消除物扰，才能取得心静，而只有心静才能使人放松下来。人生之路的忙与闲，全在自身的合理安排，关键是调整好心态。光阴有限，尘事无涯，名利皆为身外物，要学会拿得起，放得下，否则，烦恼总相伴，千绪常萦身。忙里偷闲，既是不使身体过于劳累，调理好紧张与放松的关系；又是合理地安排工作、学习、生活与休息的时间，从而遵循有劳有逸的养生之道，对修养身心大有裨益。

闹中取静是在心情平静的时候，事先把将要做的或是未来有可能发生的事情审慎地筹划好，即使是处在繁杂喧嚣的环境里也要保持清醒的头脑，做到临事不慌乱，且能有条不紊地处理好事情的各个环节。张弛有度地安排生活的节奏，事繁勿慌乱，事闲勿荒废，这听似简单但躬行甚难。所以，人在冗忙紧张的时候，尽显手足无措、杂乱无章，往往做事虎头蛇尾；在清闲无事的时候，更是懈怠、率意而为，疏懒成性，虚度光阴。而真正会生活的人，能客观有序地把握生活节奏，当在比较繁忙的时候，会忙里偷闲，有条不紊，稳步推进，有始有终；当在比较清闲的时候，不会随意浪费时间，有效地利用时间来充实心灵，丰富自己的精神生活，静心而为，扎实求进。做人做事要学会收放自如，从容渐进。从容是能审时度势，也是一种心态；渐进是能揆情度理，也是一种境界。人生之路多坎坷不平，遇危不乱，才能转危为安；处变不惊，才能应对自如。世人皆知行路难，冷静应对就是摆脱困境的最佳方案，而冷静也是一种智慧。平心静气既是面对生活的情怀，也是立身行事的胸襟和气度，更是磨砺自我、修养身心的有效方法。

一八五、不昧己心　造福子孙

【原文】

不昧己心，不尽人情，不竭①物力；三者可以为天地立心②，为生民立命③，为子孙造福。

【注释】

①竭：指穷尽，败坏，耗竭。②立心：指立下心愿，树立准则。南宋·周密《癸辛杂识续集·道学》："故为之说曰：为生民立极，为天地立心，为万世开太平，为前圣继绝学。"③立命：旧指修身养性以奉天命。泛指确立使命。《墨子·非命》："覆天下之义者，是立命者也，百姓之谇也。"

【释义】

做人做事，既不能违背自己的良心，也不能做不尽人情之事，更不能用尽物资和财力。如果能做到这三点，就能为天地秉德立善心，为百姓生息立使命，为子孙种德、造福。

【浅析】

"临财毋苟得，临难毋苟免。很毋求胜，分毋求多。"这既是讲为人处世的道理，也是强调加强自身修养的方法。即面临财物不要随意获取，面临危难不要随便逃避，争执不必求胜，对分派之物不要妄求多占。生活需要物质基础，但是分外之物不可取。其中，"毋苟"二字，强调的是为人不随便，做事不草率，这体现出做人做事的本分与素养；而"毋求"二字，强调的是与人不要争高低，要做好自我，见利不贪心，知足常乐。立身行事要做到有良心，尽人情，节俭躬行。良心是内心对是非、良莠、善恶等的正确认识，良心是一杆秤，是做人的标尺，更是自我约束的底线。懂得克制、约束自我，既可以排除外物干扰，消除俗累，又可以增强自身的意志力，磨砺心性。做人若是有悖良心，不仅丢失了道德底线，而且会肆意妄为、无所忌惮，损人利己。如果没有了敬畏与廉耻之心，就失去了本性。尽人情要求做人做事要合情合理，谨言慎行，严于律己，宽以待人，否则，就会使自身的性情、言行怪僻而缺乏理性。节俭躬行是以节俭力行为标准、保持生活俭朴，做到用度适当，即开支与使用要有度，"不涸泽而渔，不焚林而猎"，并且做到持之以恒……这些都要用心去做，既要秉德立善心，又要多一份责任感和使命感，要常思"一粥一饭，当思来之不易；半丝半缕，恒念物力维艰"的道理，要杜绝浪费和奢靡，以求为子孙造福，并将此铭于心、践于行，方能行稳致远。

<不昧己心，造福子孙>：唐朝人许胤宗。许胤宗名医若神。人谓之曰："何不着书，以贻将来？"胤宗曰："医乃意也，在人思虑。又脉候幽玄，甚难别。意之所解，口莫能宣。古之名手，唯是别脉。脉既精别，然后识病。病之于药，有正相当者。唯须用一味，直攻彼病，即立可愈。今不能别脉，莫识病源，以情亿度，多安药味。譬之于猎，不知兔处，多发人马，空广遮围。或冀一人偶然逢也。以此疗病，不亦疏乎。脉之深趣，既不

可言，故不能著述。"

一八六、居官①公廉　居家恕②俭③

【原文】

　　居官有二语，曰："唯公则生明，唯廉则生威。"居家有二语，曰："唯恕则情平，唯俭则用足。"

【注释】

　　①居官：指担任官职、做官。《仪礼·士相见礼第三》："与居官者言，言忠信。"②恕：指原谅、宽容。③俭：指节俭、不浪费。

【释义】

　　做官处世有两句要恪守的箴言，即"只有公正无私才能明断是非，只有清明廉洁才能树立威信"。居家度日也有两句应遵循的警句，即"只有宽容慈爱才能情绪平和，只有勤朴节俭家用才能充足"。

【浅析】

　　"唯公则生明，唯廉则生威。"一个"公"字，强调的是为人处世要出于公心、公正无私；一个"廉"字，强调的是做人做事要清正廉明、廉洁奉公。其深层含义在于恪守"道德"，包括道德准则和行为，无论自身所处的位置变化与否，"道德"二字要始终铭记于心。做人，可以不求仕进，而一旦仕进，便要以道立身、秉德而行，如此，才能仰不愧天，俯不愧地，内不愧

324

心。出仕为官应秉公任职，凡事一秉至公即能分清事理，明断是非、尽职尽责；持身守正、廉洁自律才能树立威信。做人要"吾日三省吾身"，保持自心清净，才能进德修业，行稳致远；做事要"勿以恶小而为之，勿以善小而不为"，保持谨言慎行，脚踏实地，才能不断提高自身的道德修养。"唯恕则情平，唯俭则用足。""恕"者，心存仁爱之心，能近取譬，以诚相待，包容他人；"俭"者，要懂得节俭，以俭素为美，并能养成勤俭节约的习惯。以"责人之心责己，恕己之心恕人"，只有做到严于律己，宽以待人，才能平易近人，和睦相处，同时，也就拥有了平和的心态。"贫无可奈，唯求俭，拙亦何妨，只要勤"，人无法选择自身的"贫"与"拙"，能做的只有客观面对现实，这也是正确判断事物的标准。而以"勤""俭"为本，既能保证家用充足，又能修炼自身的德行，可谓"勤能补拙，俭能养德"。一个家庭，做到克勤克俭、恭而有礼，即为持家有道。所以，要以"勤德"为立身之本，以"勤俭"为保家之基来营造家庭和睦，做到心平气和，恪守勤俭节约，切忌铺张浪费，才能"家和万事兴"。

<为官公廉，唯俭用足>：春秋时期人公仪休，姓公仪，名休。公仪休者，鲁博士也。以高弟为鲁相。奉法循理，无所变更，百官自正。使食禄者不得与下民争利，受大者不得取小。客有遗相鱼者，相不受。客曰："闻君嗜鱼，遗君鱼，何故不受也？"相曰："以嗜鱼，故不受也。今为相，能自给鱼；今受鱼而免，谁复给我鱼者？吾故不受也。"

一八七、处富知贫　壮须念衰

【原文】

处富贵之地，要知贫贱的痛痒①；当少壮之时，须念衰老的辛酸。

【注释】

①痛痒：指痛痒之感。即指疾苦，难处。喻利害关系或紧要的事。

【释义】

身处富贵荣华的地位，要知道贫穷卑贱之人的困难与痛苦；正当年富力强的时候，须考虑到年迈体衰之身的辛酸与苦衷。

【浅析】

"人无远虑，必有近忧。"人生之路有高峰，有低谷；有顺境，有逆境；有成功，有失败；有经验，有教训；等等。善于总结的人，会有勇气去面对现实，针对这些不同的境遇，抱有乐观向上的心态，静下心来深入思考，根据自身的条件和客观情况，审时度势，未雨绸缪或亡羊补牢。人如果没有长远的考虑，其忧虑会一直存在。身处富贵荣华的地位，正当年富力强的时候，都是人生的一个阶段、一段过程，也都是短暂的。所以要有更长远的设想与计划，有备无患。这其中，虽然会有自身的经验不足或认识不够，但是一定要用心去理解、去领悟。"心不是一块血肉，凡知觉处便是心；如耳目之知视听，手足之知痛痒，此知觉便是心也。"所谓"一分耕耘，一分收获"。"勤有功，戏无益，戒之哉，宜勉力。"劝勉世人要有分秒必争的精神去充分利用每一天，切忌浪费时光，消磨人生。用自身的勤奋和努力去提高自身的修养，增长见识，如此，就能够更深刻地理解和认识事物。同时，多做反求诸己、换位思考，常存仁爱之心，就能体悟到他人的艰辛与困苦和年迈体衰之身的辛酸与苦衷。人常常因为物质的不断补充和生活条件的改善，潜生出以追求财富的最大满足为幸福的观念，人也随着欲望的不断膨胀而多有俗累。此时，如果人能沉下心来，放下自身的杂念和贪欲，抵御外扰、忘掉烦恼，潜心涤虑，丰富自己的内心世界，寻觅精神支柱，就可以超然于物外，减少许多不必要的痛苦而增添一些娱心悦目的乐趣。心净则目清，性定则思明，如此就能泰然处世，处困境则不会气馁，更知奋进，增强信心；处顺境能保持冷静，不忘初心，居安思危。

一八八、纳得清浊① 容得善恶

【原文】

持身不可太皎洁，一切污辱垢秽要茹纳得②；与人不可太分明，一切善恶贤愚要包容得。

【注释】

①清浊：指人事的优劣、善恶、高下等。《史记·吴太伯世家》："延陵季子之仁心，慕义无穷，见微而知清浊。"②茹纳得：茹，忍受；纳得，信服、理解、接受、领会。喻容忍得下。

【释义】

立身处世不可过分自命清高，对于一切玷污、侮辱、贬抑、丑恶要容忍得下；与人相处不可过分计较得失，对于一切善人、恶人、智者、愚者要能包容接受。

【浅析】

"宇宙内事，要担当又要善摆脱。"大千世界繁剧纷扰，世间之事千奇百怪，人生之路布满荆棘、坎坷不平，对此，既要能够承受并且敢于担负责任，又要善于挣开束缚、解脱牵绊。因此，要想学会生存且不断前行，就必须做到谨言慎行，还要学会守心克己、宽仁大度，磨炼自己的心性，提升自己的道德修养，并能含污纳垢、容善恶贤愚，与人为善，方可和谐相处。如果是立身处世过分自命清高，或是与人相处过分计较得失利弊，不仅会感到孤独寂寞，而且会感到处处于己作难，多有不顺。"三人行，必有我师焉；择其善者而从之，其不善者而改之"，在人生同行人中，必然有可以学习的人，从而取长补短，提高自身的修养；以人为鉴，知道自身的不足；并且，见人之善可虚心去学，见人不善可引以为戒而改之，从中学习到待人处世的方法，分清事理、增长知识，这便是一种"清浊并包，善恶兼容"的心态。换言之，"好高人愈妒，过洁世同嫌"，做人既要懂得收敛、低调、心平气和，切忌太过冒尖、出风头，又要有度，过则为灾，可以清高，但要有宽容之心。过于自恃清高的人，只会使人避让三尺；容不下别人的人，只会使人敬而远之，而这便是孤傲，为人孤傲则难以处世。人与人之间感情和友谊的培养，增之则需要日积月累，损之则会毁于瞬间。为人处世需要宽容，更需要礼让，凡事争长论短、盛气凌人，或许会赢得一时，但丢失的不仅是友谊和情感，而且泯灭了善心，失去了人心。与人相处、择友交往要做到谦虚谨慎，恭而有礼。凡事退一步是修养，让一步是仁慈，吃亏是福，容人是德，既要能融入，又要能超脱，这样才能学会做人做事。

<为人平易，处世包容>：西汉时期人丙吉，字少卿。于官属掾史，务掩过扬善。吉驭吏耆酒，数逋荡，尝从吉出，醉呕丞相车上。西曹主吏白欲斥之，吉曰："以醉饱之失去士，使此人将复何所容？西曹地忍之，此不过污丞相车茵耳。"遂不去也。此驭吏边郡人，习知边塞发奔命警备事，尝出，适见驿骑持赤白囊，边郡发奔命书驰来至。驭吏因随驿骑至公车刺取，知虏入云中、代郡，遽归府见吉白状，因曰："恐虏所入边郡，二千石长吏有老病不任兵马者，宜可豫视。"吉善其言，召东曹案边长吏，琐科条其人。未已，诏召丞相、御史，问以虏所入郡吏，吉具对。御史大夫卒遽不能详知，以得谴让。而吉见谓忧边思职，驭吏力也。吉乃叹曰："士亡不可容，能各有所长。向使丞相不先闻驭吏言，何见劳勉之有？"掾史繇是益贤吉。

丙吉为官清正廉洁，待人宽仁大度、平易近人，处事情恕理遣，包容可敬，故世人赞曰："廉而不刿，恕以及物，善不近名，高朗令终。"

一八九、毋仇小人　毋媚君子

【原文】

休与小人仇雠[1]，小人自有对头；休向君子谄媚[2]，君子原无私惠[3]。

【注释】

①仇雠：仇，深切的怨恨，亦作"仇仇"。此指仇恨、仇怨等。《春秋左氏传·哀公元年》："（越）与我同壤而世为仇

雒。"②谄媚：媚，逢迎取悦。即指卑贱地奉承，讨好别人。《后汉书·袁绍传》："何意凶臣郭图，妄画蛇足，曲辞谄媚，交乱懿亲。"③私惠：指私自馈赠，私人的恩惠。《礼记·缁衣》："《诗》云：'朋友攸摄，摄以威仪。'子曰：'私惠不归德，君子不自留焉。'"

【释义】

不要与小人结下怨仇，因为小人自然会有他的冤家对头；不要向君子逢迎取悦，因为君子原本就不会去做私下馈赠。

【浅析】

"宁过于君子，而毋失于小人；过于君子，其为怨浅；失于小人，其为祸深。"君子，是品德兼优、人格高尚、谦虚谨慎、仁义和顺、自强不息之人，且君子待人以诚，行之以信，与之交往能够提高自身的修养。小人，人格卑鄙、无事生非、乘间投隙、兴风作浪，使人触而头疼，感到厌恶。往往持此心态必有言表，这就容易给自身招来很多的烦恼、痛苦、麻烦，甚至伤害。特别是对于那些善于伪善的小人，更应该保持头脑清醒，敬而远之。君子与小人的区别在于，君子安贫守道，小人遇到困厄则会妄为；君子言而有信，小人言而无信；君子淡水之交，小人以利相识；君子坦荡荡，小人长戚戚；等等。所以，有"过于君子"，所带来的怨恨较浅；倘若有"失于小人"，则招致的祸患较深。另外，切记不要与小人结下怨仇，因为"恶人自有恶人磨"，小人自会被降服，所以仇怨小人毫无意义。并且，不要向君子逢迎取悦，因为，君子不屑于是非，所以与之相处自会感到轻松愉悦。且"君子之交淡若水，小人之交甘若醴；君子淡以亲，小人甘以绝"。真正的君子心胸豁达，思绪坦诚洁净，言行

330

举止彬彬有礼、淡定自若；而小人欲念丛生，内心复杂多变，言行举止多会显得局促不安。所以，君子恬淡寡欲、心地仁厚且平易近人，而小人斤斤计较、唯利是图且利断义绝。

一九〇、疾病可医　理障^①难除

【原文】

　　纵欲之病可医，而执理之病^②难医；事物之障可除，而义理之障难除。

【注释】

　　①理障：佛教语。指由邪见等理惑障碍真知、真见。②执理之病：指刚愎自用、自以为是的毛病。

【释义】

　　放纵欲望的弊病可以医治，然而刚愎自用、自以为是的毛病却难以治愈；事物所造成的障碍可以祛除，然而伦理观念、道德行事的障碍却难于摒除。

【浅析】

　　"宠辱若惊，贵大患若身。何谓宠辱若惊？宠为下，得之若惊，失之若惊，是谓宠辱若惊。何谓贵大患若身？吾所以有大患者，为吾有身，及吾无身，吾有何患？"病，无论发生在皮肤表面，还是腠理或是内脏，甚至骨髓等，都是不健康的状况，即"病，疾加也"。按常理，人食五谷杂粮，怎能不生病？人体生病多因机体阴阳消长不均而失去了平衡，导致体内的脏腑、经

331

络、气血等相互关系的失调；精气不足或正气匮乏；营养缺乏或过盛；过逸或过劳等，最终使自身的免疫力衰弱。而病愈，既可以通过自愈，也可以通过药物等的治疗。有些病可以通过自愈的方式，即调动自身的恢复调节机制，经过静心休养，从而抑制、消除病灶使身体恢复健康；更多的疾病是要通过了解病因，对症下药，同时，还要调整好心态，不久就会痊愈。所以对"疾病可医"，也就不难理解了。而有一种病谓之"心病"，此心病并非心脏之病，可是当它发展到重症之时，对人体的损伤程度不亚于心脏病，这多表现为喜怒哀乐、忧悲怨恨、荣辱等，这些现象皆由心生，如果能够抛开这一切，人体自然无恙，感到身心轻松愉快，踏实平静。心病即内心之障，或称为魔障、内贼。"破心中贼难"，心贼包括不义之财、浮名虚誉、悖逆不轨、肆意妄为、贪声逐色等，这种病虽然表现在外，但是如果能够做到纠正自心，并能回归本真，就能做到不治而愈。可见，人的内心或思想意识上有疾难以医治，且比身体疾病构成因素更为复杂和顽固，可谓"理障难除"。思想意识的波动往往缘于内心世界受制于外界事物的诱惑或干扰，此时，其自身的修养至关重要，凡事不要牢骚满腹，妄自菲薄，要学会给心灵松绑，静心反躬自省，进而认清内心所存在的不协调，以免心病难医。对事物之障碍，只要能仔细分析，透过现象观察其本质，觅出关键所在，问题就会迎刃而解。而在义理方面所产生的障碍，多是人的自身因素，往往不易消除。"知人者智，自知者明。胜人者有力，自胜者强"，义理之障主要表现在自身的言行或观念有悖义理，即对伦理观念、道德行事缺乏客观、公正和理性的认知。简而言之，亦即自身缺乏道德修养。如果不能及早认清自我，调整好心态，加强自身的修养和心性的磨炼，就会有碍身心健康。

〈身病可医，心病难除〉：战国时期人扁鹊，姬姓，秦氏，名

332

缓，字越人，又号卢。医扁鹊见蔡桓公，立有间，扁鹊曰："君有疾在腠理，不治将恐深。"桓侯曰："寡人无疾。"扁鹊出，桓侯曰："医之好治不病以为功。"居十日，扁鹊复见曰："君之病在肌肤，不治将益深。"桓侯不应。扁鹊出，桓侯又不悦。居十日，扁鹊复见曰："君之病在肠胃，不治将益深。"桓侯又不应。扁鹊出，桓侯又不悦。居十日，扁鹊望桓侯而还走。桓侯故使人问之，扁鹊曰："疾在腠理，汤熨之所及也；在肌肤，针石之所及也；在肠胃，火齐之所及也；在骨髓，司命之所属，无奈何也。今在骨髓，臣是以无请也。"居五日，桓侯体痛，使人索扁鹊，已逃秦矣，桓侯遂死。

一九一、历经磨砺^①　百炼成金

【原文】

　　磨砺当如百炼之金，急就②者非邃养③；施为④宜似千钧⑤之弩⑥，轻发者无宏功。

【注释】

　　①**磨砺**：指用磨擦法使物体尖锐。喻人经受磨炼或锻炼。南北朝·颜之推《颜氏家训·勉学篇》："有志尚者，遂能磨砺，以就素业；无履立者，自兹堕慢，便为凡人。"②**急就**：指速成，匆促而成。《史记·李斯列传》："今怠而不急就，诸侯复强，相聚约从，虽有黄帝之贤，不能并也。"③**邃养**：指精深的学养。④**施为**：指进行某种行动、作为。唐·韩愈《爱直赠李君房别》："南阳公举措施为不失其宜，天下之所以窥观称道洋洋者，抑亦左右前后有其人乎！"⑤**千钧**：三十斤为一钧，千钧即

三万斤。喻器物之重或力量之大。⑥弩：古代的一种冷兵器，指一种用机械力量射箭的弓。

【释义】

磨炼心性应当像炼金一样，经过反复锻炼，急于求成的人则不会取得精深的学养；行事作为应当像拉开强弓一样，需要使出千钧之力，轻率发射之人则不会收获宏大的功效。

【浅析】

"天下事有难易乎？为之，则难者亦易矣；不为，则易者亦难矣。人之为学有难易乎？学之，则难者亦易矣；不学，则易者亦难矣。"凡事都要去学习、去实践、去体会、去积累、去总结、去反省，等等。路都是走出来的，而人生之路则需要躬体力行，人一生的经历，才是最宝贵的财富，因为这种财富是人在生活中经受了岁月的考验，忍受了种种创痛，通过反复淬炼、打磨自我和审慎行事获得的。"无欲速，无见小利，欲速则不达，见小利则大事不成。"人生在世，应当努力去锻炼自我从而提高自身的学识和认知，这就需要不断地磨炼心性，加强修养，勤学苦练，以苦为乐，持之以恒，以取得进步。切忌求快，投机取巧，贪求小利，更不能抱着侥幸心理求快，否则难以达到目的。人生有许多苦，也有许多乐，对于苦与乐的认识因人而异。如果没有经历过苦，又怎能懂得什么是乐呢？首先，"心志要苦"，任何事情都要通过自身的刻苦努力，既要克服自身的陋习与怪癖，又要抑制自身的心浮气躁，切忌急于求成。"玉不琢，不成器，人不学，不知义。"人要通过勤奋的学习，才能明白做人做事的道理；只有反复磨砺自身的心性，培养不屈不挠的意志，扎实求进才能"成器"。其次，"意趣要乐"，这个"乐"是从勤奋笃学、倾心求进中悟出真实与乐趣。"慎重则必成，轻发则多败。此理之必然也。"这种真实与乐趣既不会因为学习艰苦而松懈，也不会因为受到外物的影响而轻言放弃，更不会因为生活简朴清苦而感到乏味。

<磨砺身心，发愤求进>：北宋人苏洵，字明允，自号老泉。洵少年不学，生二十五岁，始知读书，从士君子游。年既已晚，而又不遂刻意厉行，以古人自期，而视与己同列者，皆不胜己，则遂以为可矣。其后困益甚，然后取古人之文而读之，始觉其出言用意，与己大异。时复内顾，自思其才，则又似夫不遂止于是而已者。由是尽烧曩时所为文数百篇，取《论语》《孟子》、韩子及其他圣人、贤人之文，而兀然端坐，终日以读之者，七八年矣。方其始也，入其中而惶然，博观于其外而骇然以惊。及其久也，读之益精，而其胸中豁然以明，若人之言固当然者。然犹未敢自出其言也。时既久，胸中之言日益多，不能自制，试出而书之。已而再三读之，浑浑乎觉其来之易矣，然犹未敢以为是也。近所为《洪范论》《史论》凡七篇，执事观其如何？噫！区区而自言，不知者又将以为自誉，以求人之知己也。惟执事思其十年之心如是之不偶然也而察之。

一九二、媚悦①无益　责备受益

【原文】

宁为小人所忌毁，毋为小人所媚悦；宁为君子所责修，毋为君子所包容。

【注释】

①媚悦：指讨好，取悦。喻用不正当的言行态度向人讨好。北宋·苏轼《和陶影答形》："丹青写君容，常恐画师拙。我依月灯出，相肖两奇绝。妍媸本在君，我岂相媚悦。"

【释义】

宁愿被小人忌妒和毁谤，也不愿意受到小人的献媚和取悦；宁愿被君子训诫和责备，也不愿意接受君子的宽容和包涵。

【浅析】

"毋为小人所媚悦""毋为君子所包容"，媚悦流俗总会使人感到厌恶，大度包容常会使人感到愧疚。小人，即人格卑鄙而缺乏廉耻之心的人，为人往往人前甜言蜜语，背后恶意中伤，对有权势者，便殷勤示好、趋炎附势；对失势者，便会翻脸无情、忘恩负义。人们对此痛深恶绝，都会与之保持适当的距离，多敬而远之。但在现实生活中，又无法回避此类人。此时，要冷静、忍耐和客观面对，不断提高自身的修养，从而正视现实，充分认清自己所处的环境。从辩证的角度看，倘若能被小人偏生嫉妒、侮蔑毁谤，必然有其所不能容的嘉言懿德，或是人格魅力等。所以，自身更要谨言慎行、低调做人。君子，即人格高尚、才德出众的人，君子注重做人的品德、品质、品行，坚持"温、良、恭、俭、让"的道德标准，以真诚之心，行信义之事。倘若能被君子训诫、责备，也正是有其识之真、责之切的道理，可谓"良药苦口利于病，忠言逆耳利于行"，应当虚心接受，定会受益。

<器量深识，宽厚诚荩>：唐朝人郭子仪，字子仪。唐朝人元载，姓景，字公辅。唐朝人鱼朝恩。破吐蕃灵州，而朝恩使人发其父墓，盗未得。子仪自泾阳来朝，中外惧有变，帝唁之，即号泣曰："臣久主兵，不能禁士残人之墓，人今发先臣墓，此天谴，非人患也。"朝恩又尝约子仪修具，元载使人告以军容将不利公。其下衷甲愿从，子仪不听，但以家僮十数往。朝恩曰："何车骑之寡？"告以所闻。朝恩泣曰："非公长者，得无致疑乎？"

一九三、好利①害浅　好名害深

【原文】

好利者逸出于道义之外，其害显而浅；好名者窜入于道义之中，其害隐而深。

【注释】

①好利：指贪图财利。《尉缭子·十二陵》："不明在于受间，不实在于轻发，固陋在于离贤，祸在于好利。"

【释义】

贪图财力的人，其所作所为往往超出道义之外，但因其行事显而易见所以危害较小；贪图名誉的人，其所作所为常常隐匿在道义之中，而因其行事不易被察觉所以危害深重。

【浅析】

"君子喻于义，小人喻于利。"小人做事重利轻义，凡事以利弊得失来衡量，且锱铢必较，其行事的时候既无是非标准，也不管是否合乎情理，而是按自己能否得利，且能获利多与少来衡量、判断，并对其行为的显露毫无顾忌。可谓，"以物役心"。

相反，君子做人先立德，做事以道义作为行事的准则。进而言之，"君子义以为质，礼以行之，孙以出之，信以成之"，并能做到"不义而富且贵，于我如浮云"，更懂得富贵名誉来自道德，等等。这些是君子做人做事的标准，即"道义"。所以，君子能够以"内省不疚，夫何忧何惧""不忮不求，何用不臧"的心态为人处世，遇事能够显现出泰然自若的神态。因为君子与小人价值取向不同，所以二者在为人处世的态度上也完全不同。君子遇事能晓以大义、辨其是非与真伪，而小人遇事动之以利害、计其得失。尽管如此，贪图财力之人，其所作所为虽然逾越道义之外，但因其行事显而易见所以危害较小。伪君子的所作所为，因其行为、心思隐匿，实在难以防范。他们常以仁义道德作为幌子沽名钓誉，因其假象使人很难辨清，所以，这种危害更深重了。正是"好利害浅，好名害深"。

　　<妒贤嫉能，好名害深>：战国时期人孙膑。战国时期人庞涓。战国时期人田忌。孙膑尝与庞涓俱学兵法。庞涓既事魏，得为惠王将军，而自以为能不及孙膑，乃阴使召孙膑。膑至，庞涓恐其贤于己，疾之，则以法刑断其两足而黥之，欲隐勿见。孙子断足，终不可用。齐使者如梁，孙膑以刑徒阴见，说齐使。齐使以为奇，窃载与之齐。齐将田忌善而客待之。

一九四、忘恩报怨　刻薄之极①

【原文】

　　受人之恩虽深不报，怨则浅亦报之；闻人之恶虽隐不疑，善则显亦疑之。此刻之极，薄之尤也，宜切戒之。

【注释】

①刻薄之极：刻薄，待人处世挑剔，冷酷无情。即指最为刻薄，刻薄到了极点。

【释义】

受到别人的恩惠，虽然很深挚但不思报答；受到别人的怨恨，虽然浅微也要进行报复。听到别人的坏事，即使再隐约也坚信不疑；听到别人的好事，即使再显见也心怀疑忌。这种做人很是薄情寡义、尖刻至极，应当加以戒除。

【浅析】

"以直报怨，以德报德。"以正直的态度对待伤害过自己的人和事，这是一种气度，也是一种境界；懂得恩德要用恩德回馈，这是常存感恩之心，也是做人的准则。"隐恶而扬善"，当听到他人有过失或错误之事时，切忌轻信，若是属实，也要为其遮蔽或是择机对其加以劝诫；当听到他人确有善言善行时，应当为他人高兴，并为其显扬。包容他人的短处，赞扬他人的长处，能够以人为鉴，取长补短；包容他人的恶言，宣扬他人的善语，不仅能引以为戒，还能从中汲取有益之处。正所谓"出言莫论他人短，静坐常思己不足"。做人应恪守道义，崇尚知恩图报，助人为乐的善行，鄙薄唯利是图、薄情寡义的不良行为。但仍有不重视道义之人，即知恩不思图报、以怨报德，做事有失公允、多有偏颇之论。这类人的共通点多为心胸狭窄、刻薄寡恩、极度自私自利；触事皆以自我为中心，缺乏同理心，猜忌心强，极少施恩于人。倘若平素能加强自身修养，客观地认知事物的发展规律，处世就能够多一分平静，少一些浮躁；多一分理智，少一些偏激；多一分包容，少一些刻薄；多一分感恩，少一些嫉怨；多一分信任，少一些疑忌；等等。如此，既能不怒不嗔，心绪平和，不怨不恨，心境坦然，亦不会忘恩报怨，刻薄至极，更不失为做人之本。

<报怨以德，因祸为福>：战国时期人宋就。梁大夫有宋就者，尝为边县令，与楚邻界。梁之边亭，与楚之边亭，皆种瓜，各有数。梁之边亭人，劬力数灌其瓜，瓜美。楚人窳而稀灌其瓜，瓜恶。楚令因以梁瓜之美，怒其亭瓜之恶也。楚亭人心恶梁亭之贤己，因往夜窃搔梁亭之瓜，皆有死焦者矣。梁亭觉之，因请其尉，亦欲窃往报搔楚亭之瓜，尉以请宋就。就曰："恶是何可构怨祸之道也，人恶亦恶，何偏之甚也。若我教子必每暮令人往窃为楚亭夜善灌其瓜，勿令知也。"于是梁亭乃每暮夜窃灌楚亭之瓜，楚亭旦而行瓜，则又皆以灌矣，瓜日以美，楚亭怪而察之，则乃梁亭之为也。楚令闻之大悦，因具以闻楚王，楚王闻之，怃然愧以意自闵也，告吏曰："微搔瓜者，得无有他罪乎？此梁之阴让也。"乃谢以重币，而请交于梁王，楚王时则称说，梁王以为信，故梁楚之欢，由宋就始。语曰："转败而为功，因祸而为福。"老子曰："报怨以德。"此之谓也。夫人既不善，胡足效哉！

一九五、谗言①蔽日　媚辞②侵肌

【原文】

谗夫③毁士，如寸云蔽日，不久自明；媚子④阿人⑤，似隙风侵肌，不觉其损。

【注释】

①谗言：指说坏话毁谤人，亦指恶语或挑拨离间之词。②媚辞：指阿谀奉承的言语。西汉·司马相如《美人赋》："相如美则美矣，然服色容冶妖丽，不忠。将欲媚辞取说，游王后宫，王不察之乎？"③谗夫：亦称"谗人"。即指用谗言挑拨离间，诽谤、伤害他人的小人。《荀子·成相》："谗夫多进，反复言语，生诈态。"④媚子：此指擅长谄媚附和之人。⑤阿人：此喻用言语恭维、逢迎别人之人。

【释义】

以谗言恶语构陷诋毁他人的人，就像轻云薄雾遮蔽住了太阳，不久就会云消雾散重现光明；用甜言蜜语殷勤献媚他人的人，就像透过缝隙的风侵袭肌体，使人在不知不觉中深受其害。

【浅析】

"始吾于人也，听其言而信其行；今吾于人也，听其言而观其行。"这是听言者的经历和总结，亦是告诫世人，听人之言，既要辨别其言的真实性，又要考察言者的行为和动机，只有言行相符才值得信赖。言语是彼此间相互交流情感和进行思想沟通的工具，也是生活中不可或缺的，缺少了语言沟通会显得冷漠、无情，而语言不到位或是欠妥，也会出现类似的情况。这些都与自身的修养有着密切的关系。所以，应该努力做到出言谨慎，言出有德。虽然语言只是人们对事实的感觉印象或是认知的表述，但仅凭此并不能称为真实。因为，言者表述的语言、听者听到的和领悟到的情况与真实情况都有其不确定性和不对称性等因素，事实就容易因语言传播而发生改变，或扭曲或缺乏足够的实据。因多事者广而传之，便产生了流言，流言有可能误导听者的判断，

341

导致错误的认识、错误的决定、错误的行为。因此，容易产生"谗言蔽日、媚辞侵肌"的结果。人性的弱点在于喜欢听顺耳、悦心、合意之言等，如果只是爱听恭维之言、赞美之言等就难以明辨是非。所以，能认清具有危险性的阿谀谄媚之言或是甜言蜜语欺人之言，并能审慎、妥善地应对，是为人处世的明智之举。

"流言止于智者"，世人往往习惯以美言为甘、以忠言为恶，即"忠言逆耳、甘言怡心"，对此要不断提高自身的道德素养，明事理、辨是非、识善恶，不算计人，不利用人；不愧对情，不昧良心，做到遇事自明、免受伤害；而只有处事沉着冷静，待人谦恭有礼，才能排除各种干扰，修身立节，行稳致远。

<谗言蔽日，以假乱真>：战国时期人庞恭，别名庞葱。庞恭与太子质于邯郸，谓魏王曰："今一人言市有虎，王信之乎？"王曰："否。""二人言市有虎，王信之乎？"王曰："寡人疑之矣。""三人言市有虎，王信之乎？"王曰："寡人信之矣。"庞恭曰："夫市之无虎明矣，然而三人言而成虎。今邯郸去大梁也远于市，而议臣者过于三人矣。愿王察之矣。"王曰："寡人自为知。"于是辞行，而谗言先至。后太子罢质，果不得见。

可见，判断一件事情的真伪，必须经过细心考察和充分调查研究确实，不能道听途说，偏听偏信既害人又害己，更误事。

一九六、高绝①褊急　君子切戒

【原文】

　　山之高峻②处无木，而溪谷③回环则草木丛生；水之湍急④处无鱼，而渊潭停蓄则鱼鳖⑤聚集。此高绝之行，褊急之衷⑥，君子重有⑦戒焉。

【注释】

①高绝：此指清高孤绝，高傲绝尘。北宋·梅尧臣《和王仲仪楸花十二韵》："高绝不近俗，直许天人窥。"②高峻：指高耸峭拔。《水经注·沁水篇》："山甚高峻，上平坦，下有二泉，东浊西清。"③溪谷：指有小溪或河流的低地或低洼地带，亦指被溪流侵蚀的狭陡的凹谷或山与山之间低陷的地方。《水经注·汶水篇》："俯视溪谷，碌碌不可见丈尺。"④湍急：指水流急速。《水经注·济水一》："回流北岸，其势郁蒙，涛怒湍急激疾，一有决溢，弥原淹野。"⑤鱼鳖：泛指鳞介水族。⑥褊急之衷：褊急，气度偏窄，性情急躁；衷，内心。⑦有：通"又"。表示加重语气，更进一层，也表示几种情况或几种性质同时存在。

【释义】

山高险峻之处往往不会生长树木，而山间溪流环绕之处却草木丛生；水流湍急之处往往没有鱼虾栖息，而潭深水静之处却多有鱼鳖聚居。以此隐喻，过于清高孤绝的行为、褊隘急躁的心理，是君子应该予以重视并要加以戒除的。

【浅析】

"山之高峻处无木""水之湍急处无鱼"。因为高山峻岭的地方大多是在严寒酷暑、风吹日晒、雨打雷击的恶劣环境中，所以花草树木实难以生存；而水流湍急、川江险滩的地方，因为是在不利于生存的环境下，鱼虾类等水生物就难以驻足栖身。同理，为人处世如过于清高绝俗，不仅容易使自身的心性孤寂，而且会使自身的气量越发狭小、性情浮躁，触事多会怨天尤人，如此做人做事，会使周围的人都避而远之。这些都是君子在为人处世的时候应该引以为戒的。相反，若能做到以诚待人，谦恭有礼，包容处事，通情达理，与人为善，就能营造和谐的人际关系和良好的生存氛围。"慎厥身，修思永"，修养心性，克制自我，要做到持之以恒并非轻而易举的事情。虽然保持纯洁高尚、不慕名利、不同流合污是做人的美德，但是要把握"度"，如果超过这个"度"，就是自命清高，孤芳自赏。而不满足这个"度"，就难以为继，容易自我懈怠，这正是磨炼心性的难点所在。由此可见，处事难，做人难，修炼自心更难。"夫君子之行，静以修身，俭以养德，淫慢则不能励精，险躁则不能冶性"，平静自心，勤俭节约，振作精神，克己慎行，既能兼容并包，又能修身养德，更能悟得"德不孤，必有邻"的深奥哲理。

<宽宏不校，平易近人>：东汉人刘宽，字文饶。父崎，顺帝时为司徒。宽尝行，有人失牛者，乃就宽车中认之。有顷，认者得牛而送还，叩头谢曰："惭负长者，随所刑罪。"宽曰："物有相类，事容脱误，幸劳见归，何为谢之？"州里服其不校。

一九七、虚圆立业　执拗①失机②

【原文】

建功立业者，多虚圆之士；偾事失机者，必执拗之人。

【注释】

①执拗：指坚持己见，固执任性。清·毕沅《续资治通鉴·宋神宗熙宁二年》："人言安石奸邪，则毁之太过；但不晓事又执拗耳。"②失机：指失去机会，错过时机。南北朝·颜之推《颜氏家训·勉学》："人生小幼，精神专利，长成已后，思

虑散逸，固须早教，勿失机也。"

【释义】

凡是踏实进取建功立业的人，多是谦虚谨慎、机智敏捷的人；凡是败坏事业坐失良机的人，必是不明事理、固执任性的人。

【浅析】

"立业建功，事事要从实地着脚，若少慕声闻，便成伪果；讲道修德，念念要从虚处立基，若稍计功效，便落尘情。"无论是建功立业、脚踏实地、讲求道义、修养德行，还是不图虚名、注重实绩、排除功利杂念等，都要做到诚意正心，否则，即使做到了建功立业，也心存私心、杂念，而非真心去做事。用真心去做事，讲求实效，就要求做人不仅要谦虚谨慎、机智敏捷，而且要"内心中正、不同流合污而为人谦和"，切忌固执任性、刚愎自用。这需要在处理具体事情的时候掌握尺度，要懂得凡事都有起因，应该依据实际情况而采取不同的应对方法，但是内心一定要保持诚实忠厚，做人要恪守诚信，做事要正直无私。该坚持的事，应该坚定地、清晰有序地表述。可以妥协的事，要倾听别人的建议，换位思考，适当做出让步，甚至放弃自己的意见。反之，若是处事没有主见，就只会点头逢迎，即所谓的生性圆滑且尽显虚伪，甚至是油滑、狡诈，这种人难以得到别人的尊敬，甚至会遭人鄙视。人与人之间的交往既是感情的沟通，又是心与心之间的交流。所以我们在处世圆滑的同时，一定要遵循做人的准则，即诚实守信。诚实是为人之本，守信是待人之基。做个圆滑的诚实人，就是要做个踏实、本分、处世灵活而待人诚恳的人。换言之，就是要把握做人做事的分寸，说话要学会用委婉、平和的语气，这样，既能保持和谐的人际关系，又能与人共同努力建立功业。"祸福无门，唯人自召"，而"偾事失机者"，往往是过分"刚毅"且固执任性，从而导致与人相处的关系紧张，做事因缺乏变通而导致的处事僵硬且多有碰壁。

一九八、处世要道① 顺其自然

【原文】

处世不宜与俗同，亦不宜与俗异；作事不宜令人厌，亦不宜令人喜。

【注释】

①要道：此指最切要的道理、方法。三国·魏·曹植《桂之树行》："教尔服食日精。要道甚省不烦，澹泊无为自然。乘蹻万里之外，去留随意所欲存。"

【释义】

为人处世既不能陷入卑俗与劣性同流合污，亦不能标新立异而与众不同；待人处世既不能言行无度而触处令人厌恶，也不能曲意逢迎而讨人欢心。

【浅析】

"不即不离，无缚无脱。"做人做事都要有"度"。人在生活中，首先要做到真诚守信、宽厚仁爱、正直善良、谦恭有礼。既不能与"俗"同流合污做一些令人厌恶的事情，也不能为了某种私利去做曲意逢迎、附和赞同、讨人欢喜的事情，这些都会使自身失去做人的准则、落入卑俗境地。更不能自恃清高，衿奇立异，从而使自身陷入孤寂，等等。这些显然不是堂堂正正做人，也不是方圆有度的处世之道。其次要"进退可度，周旋可则，作事可法，声气可乐，动作有文，言语有章"，老老实实做人，规规矩矩做事，自然就容易把握做人的分寸，掌握做事的尺度。譬如，如果想表达自身的想法，就要做到平和有序、不卑不亢，使人容易理解；做人要意志坚定，从容淡泊；做事要沉着稳定，顺其自然；待人接物要进退有度，应对得体；出言须谨慎，才能避开是非；三思而后行，才能不吃后悔药；既不应该与卑俗同群，也不应该与俗世脱离而别出心裁，更不能去做曲意迎合之事。所以，做人做事要恰如其分，这其中一个"度"是最难把握的，这需要不断加强自身的道德修养，以冷眼观人，洗耳听语，清心做人，静心处世，心中有仁，口中有德，实事求是，适可而止。如此顺其自然，才能做到客观、适度。

一九九、老当益壮^①　大器晚成^②

【原文】

日既暮而犹烟霞绚烂，岁将晚而更橙桔芳馨^③，故末路^④晚年，君子更宜精神百倍。

【注释】

①老当益壮：当，应该；益，更加；壮，健壮、雄壮。即指年纪虽老而志气更旺盛，干劲更足。《后汉书·马援列传》："常谓宾客曰：'丈夫为志，穷当益坚，老当益壮。'"②大器晚成：原指大的材料需要很长时间才能成器，后指能担当大事的人要经过长期锻炼，其成就往往较晚。《道德经》："大方无

隅；大器晚成；大音稀声；大象无形。"③**芳馨**：指气味芳香馥
郁。《楚辞·九歌·湘夫人》："合百草兮实庭，建芳馨兮庑
门。"④**末路**：此指晚年、老年。喻夕阳。

【释义】

当太阳快要落山时，呈现在空中的晚霞依然景色绮丽、光彩
夺目；当季节转入晚秋时，一片呈金黄色的柑橘正散发出扑鼻的
芬芳。所以，人生步入暮年之际，君子理应越发老当益壮、奋发
有为。

【浅析】

"月到十五光明少，人到中年万事休。"满月在农历十五，
之后月的形体或是变小，或是残缺，月的光芒也随之逐渐削弱，
所以人们对满月多有赞美之词，譬如"今夜明珠色，当随满月
开"等。而在赏月之余，往往会感悟人的生命也是如此，这是一
种自然现象，也是一种自然规律。人过了中年，随着人体血气的
逐步减弱，人的形貌也会逐渐衰老，虽然这种变化有快有慢，而
变化的快与慢多由人的体质和生活规律等因素决定，但衰老是总
的趋势。正是由于人过了中年，人体机能逐渐衰弱，常常做起事
来感觉力不从心，由此便慢慢对人生的得失利弊、世间的是非优
劣等，看得不那么重要了，而在为人处世上更能做到开朗豁达，
遇事更会止争息怒、泰然处之。另外，随着年龄逐渐增大，生
活的负担和压力也在增大，但自身的体力和精力却日趋减退，同
时，随着阅历的丰富，心性的稳定，虽然少了点激情，但是多了
一份持重。人们常以"少壮不努力，老大徒伤悲"来告诫年轻人
要不负年华，奋发图强，否则，到了老年再悲伤就毫无用处了。
人上了年纪，应当更懂得顺其自然，又何必悲伤呢！悲伤反而会

增加心理负担，有害身心。换言之，如果真有悲伤之情，倒不如在力所能及的情况下，化忧愁为力量，振作精神，抓紧每一秒去面对人生的暮年。"丈夫为志，穷当益坚，老当益壮"，衰老是每个人都无法回避的事情，但如果能不忘初衷，持之以恒，保持一颗年轻的心，做些有情趣、有意义的事情，也不失为人生的一大幸事。"岁寒，然后知松柏之后凋也"，人生步入暮年之际，君子理应越发老当益壮、奋发有为。

二〇〇、韬迹隐智[①]　肩鸿任钜[②]

【原文】

鹰立如睡，虎行似病，正是他攫人噬人手段处。故君子要聪明不露，才华不逞，才有肩鸿任钜的力量。

【注释】

①韬迹隐智：指藏匿踪迹，不露才智。北齐·刘昼《新论·韬光》："是以古之有德者，韬迹隐智，以密其外。"②肩鸿任钜：鸿，大；"钜"同"巨"，亦指大。此指肩膀宽大堪当大任。

【释义】

老鹰伫立时就好像困乏眈睡，老虎蜗行时就好像衰钝患病，这些假象正是它们要捕鸟食人的高明手段。所以，君子既不要显露自身的聪明，也不要炫耀自身的才智能力，这样才会有肩负重任的力量。

349

【浅析】

"有才必韬藏，如浑金璞玉，暗然而日章也；为学无间断，如流水行云，日进而不已。"真正有才智的人，既不会自我炫耀，盛气凌人，也不会故意卖弄，沾沾自喜。他们有着质朴的品质，做事谨言慎行，勤于修养，更懂得学无止境的道理。在待人接物的时候，他们往往低调且不去与人计较，从不自恃清高，重视身体力行，不断磨砺自身的心性；遇事沉着冷静且头脑清醒，做事无怨无悔；平素常能反躬自省，勤勉谦谨，谂知进退，平淡无奇。"真人不露相，露相不真人"，真正聪明且有才智的人更懂得藏才隐智、绝不四处张扬。有才智固然好，但才智要通过为人处世来体现自身的能力，其能力是一个人的综合素质，它包括待人接物的礼仪、道德品质的修养、谦虚谨慎的态度、负诟忍尤的度量、持之以恒的信心、严己宽人的标准等。这些常常体现在"声名显着，守之以敛藏；利养丰饶，守之以俭朴；瞻仰众多，守之以谦下；朋侪嫉忌，守之以和忍；辩理不得不明，而忌刚躁；折恶不得不严，而忌暴刻；持身不得不庄，而忌高傲；处友不得不和，而忌嘲谑"，其能力不仅仅体现在此，在言行举止、细微之处皆有所体现。因为一个人的学识、修养和综合能力需要长期、勤苦地学习、磨炼和积累，所以，日久方能显现其才智。

"一恕字是接物之要，所以终身可行也"，除上述能力外，他们在与人相处时更注重一个"恕"字。因为立身处世的能力再强，也要有虚怀若谷的品质，踏实稳健的作风，更要懂得只有推己及人、换位思考的修养才能够不昧己心，堪当重任。

二〇一、过俭悭吝　过让足恭

【原文】

俭，美德也，过则为悭吝，为鄙啬，反伤雅道①；
让，懿行②也，过则为足恭③，为曲谨④，多出机心⑤。

【注释】

①雅道：指正道，忠厚之道，亦指高雅不俗。②懿行：懿，美好。即指善行，美好的行为。③足恭：指过度谦敬，以取媚于人。《论语·公冶长》："子曰：'巧言令色足恭，左丘明耻之，丘亦耻之。'"④曲谨：曲为表敬之词，即指谨小慎微。语自北宋·王安石《王深父墓志铭》："故不为小廉曲谨以投众人耳目，而取舍、进退、去就必度于仁义。"⑤机心：指巧诈之心，机巧功利之心。《庄子·外篇·天地》："有机械者必有机事，有机事者必有机心。"

【释义】

朴素俭约，是一种美德，然而过分节俭既是吝啬小气，也是惜财如命，这样行事反而会败坏了朴雅之道；谦虚礼让，是一种善行，然而过于谦让既有取媚之嫌，又是谨小慎微，这种做法大多出自巧诈功利之心。

【浅析】

"质胜文则野，文胜质则史，文质彬彬，然后君子。"朴素大方、端庄有礼体现出了一种素养之美。然而，质朴胜过文采则会显得粗鲁，而文采胜过质朴就会显得虚浮，只有质朴与文采做到"恰当"，才可称为君子。其中，最突出的是一个"过"字，说话、做事超过本分或是一定的限度往往会适得其反，倘若故意为之，大多是出于功利之心。待人要诚信，做人要真实，做事要踏实，只有做到恰如其分才能体现出诚信、真实与脚踏实地，否则会显得巧伪趋利，虚浮不实。巧言如簧、虚与委蛇又怎能有仁德之心？"俭，德之共也；侈，恶之大也"，这说明两者之间的截然不同，是两种境界。"俭"是生活俭省，有节制，既不可"过"，也不可"不及"。节俭的目的是培养良好的生活习惯以求适应各种情况，而不是吝啬。"俭以养德"，节俭既是持家之本，又是一种美德，更是一种优秀文化的传承，是提升自身道德素养的一个途径。"一粥一饭，当思来之不易；半丝半缕，恒念物力维艰"，从节俭中更能体悟到朴素与勤奋的意义。谦让是谦虚地敬让、避让，它既是一种传统美德，又体现了一个人的修养，更是为人处世的妙策、良方。谦让不是卑怯，也不是懦弱，而是一种礼节。凡事过犹不及，过度节俭，则有吝啬之嫌，也会使人感受不到生活的乐趣；过度谦让，会使人感到迂腐，抑或使人觉得居心不良，自以为谦俭有章，反而会弄巧成拙。对于节俭与吝啬、谦让与谄媚两者尺度的正确把握，是人生的一种历练。因为节俭固然是传统美德，但过分节俭就变成了悭吝，谦让不仅是传统美德，也是一种豁达，更是一种胸怀，但是过分谦让就变成了虚情假意。所以，做人做事这些都是不可取的。

二〇二、喜忧安危^①　淡然置之^②

【原文】

毋忧拂意，毋喜快心，毋恃久安，毋惮初难^③。

【注释】

①喜忧安危：指喜悦与忧虑，平安与危险。②淡然置之：泛指毫不在意。③初难：此喻始之艰难。

【释义】

不要因为事情不如意就忧心忡忡，不要因为有顺心的事就喜形于色，不要因为长久的安逸就有恃无恐，不要因为暂时的困难就畏惧不前。

【浅析】

逢不如意的时候便会忧虑重重，稍有称心便会喜形于色，长久安逸便会有所依赖，遇到困难便会有所忌惮而没有信心和勇气去克服、迎难而上，等等。这些既是心理承受能力的不足，也是缺乏在实践中历练的具体体现。"不如意事常八九，可与人言无二三"，得意是人生，失意亦是人生，而真正能与人说到内心感受的事情只有两三成。人生是在得意与失意的交替更迭中度过的，这就是客观现实，无论你认识、理解与否，皆如此。所以，在得意的时候要保持头脑清醒，要看得淡一些，要谦虚谨慎，说话办事要留有充分的余地，切忌因为取得了点滴进步而得意忘形；当失意的时候要平静心态，看得开一些，不要因为暂时不如意之事而感到悲观，甚至灰心丧气，失去信心、勇气和志向，要振作精神，勤于自勉，善于自律，勇于面对人生。得意而不忘形，难；失意而不气馁，更难。得意而不忘形，是做人的品质；失意不失志，是一种积极的人生态度。"宠辱易不惊，恋本难为思。"

生活中会经历许多事情，如果一个人无法摆脱外物的干扰，经不起寂寞和平淡，就会心无所住，并在得意与失意之时失态、忘形、气馁和失志。人生之路不是一帆风顺的，其中必然会遇到顺境，也会遭遇逆境。其实，在人生之路上，每前进一步都是一种考验，使你感到困苦的背后都潜藏着激发前进的动力。所以，当人生路上遭遇厄运的时候，其坚定与犹豫、信心与自卑就是成与败的分水岭，事情通常很会捉弄人，但由于你的坚持，成功会不期而至。因此，只要是对人生有意义的事情，都不应该半途而废，哪怕前行的道路再苦再难，也要鼓起勇气，树立信心，坚持下去，这样才不会给自己的人生留下太多的遗憾。人所遭遇的事情是无法控制和改变的，但在遭遇之时，可以通过控制和调节好自身的心态来应对；人生不是一个宽阔的避风港，也不要因为长久的安逸而有恃无恐，它是一条是布满荆棘的旅程。"不以物喜，不以己悲"，心态好，人生之路自然会平坦一些，对待事物淡泊一些，其心胸自然豁达，也会随遇而安。因此，就能够做到"喜忧安危，淡然置之"。

二〇三、宴乐名利　切不可贪

【原文】

　　饮宴①之乐多，不是个好人家；声华②之习胜，不是个好士子③；名位之念重，不是个好臣士④。

【注释】

　　①饮宴：指摆宴畅饮。②声华：指声誉荣耀。③士子：泛指年轻人，亦指学子、读书人。④臣士：旧指官吏。

【释义】

　　经常设宴迎客寻欢作乐之家，绝不是一个有良好氛围的人家；爱慕虚荣浮名积习难改之士，不是一个品学兼优的读书人；偏重名利权势、贪欲无厌之人，不是一个尽职尽责的好官吏。

【浅析】

"夫耳目鼻口，生之役也。耳虽欲声，目虽欲色，鼻虽欲芬香，口虽欲滋味，害于生则止。在四官者不欲，利于生则为。由是观之，耳目鼻口不得擅行，必有所制。此贵生之术也。"心静能养生，保持心静就是珍爱生命。耳、目、鼻、口是受生命支配的，而生命是生物体所具有的动能，即生存。耳、目、鼻、口都在其岗位上履行自身的职责，同时，受到自心的把控和约束。如果内心不静，则耳、目、鼻、口也会容易失控，这对生命有害而无益，也不是珍惜生命的好方法。"宜逸乐而志荒"，长期处于清闲安逸、悠游自在的生活中，会有种种不良影响。首先是会使人萎靡不振，丧失斗志，从而不思进取，不愿奋斗，拈轻怕重，遇到麻烦不愿亦不敢面对，喜欢逃避责任，好逸恶劳，不求上进；其次是会使人的身体因缺乏锻炼而变得孱弱，使人的头脑因缺乏运转而变得迟钝。"但竞逐荣势，企踵权豪，孜孜汲汲，唯名利是务，崇饰其末，忽弃其本，华其外而悴其内，皮之不存，毛将安附焉？"人极力追求外在东西多是为了贪图虚名，其最终目的是获利，人如果一心只想着"名利"二字，必然会做出违背道义的事。唯有恪尽职守才是称职之人。"勿以小恶而为之"，贪得无厌常常使人头脑昏聩，更有人为了区区小利竟抛弃了最宝贵的东西，甚至是生命。人要保持头脑清醒，看淡一切外物。淡泊使人心平如镜，当耳、目、鼻、口感触到外物的诱惑时，其心依然能恪守清净，可见，心之清净对人品的重要性。做应该做的事，要脚踏实地地做好。不应该做的事，切记不可染指，万事皆应随缘。随缘，既是豁达的胸怀，也是一种成熟的心态，更是一种坚毅和自信。功名富贵皆属身外之物，无须看得太重，要能做到"不羡于物，不乱于心，不困于情"，唯有平平静静，和睦相处才是好人家；唯有内心清静，笃志精进才是真正的读书人。

<逸乐名利，切不可贪>：东汉末三国时期人华歆，字子鱼。东汉末三国时期人管宁，字幼安。华歆与管宁、邴原并称为"一龙"。管宁、华歆共园中锄菜，见地有片金，管挥锄与瓦石不异，华捉而掷去之。又尝同席读书，有乘轩冕过门者，宁读如故，歆废书出看。宁割席分坐，曰："子非吾友也。"

二〇四、乐极生悲① 苦尽甘来②

【原文】

世人以心肯处为乐，却被乐心③引在苦处；达士④以心拂处为乐，终为苦心换得乐来。

【注释】

①乐极生悲：指高兴到极点时，发生使人悲伤的事。《淮南子·道应训》："曰：'益而损之。'曰：'何谓益而损之？'曰：'夫物盛而衰，乐极则悲，日中而移，月盈而亏。'"②苦尽甘来：甘，甜，比喻幸福。即指艰难的日子过完，美好的日子来到了。元·关汉卿《蝴蝶梦》第四折："挨了些脓血债，受彻了牢狱灾；今过个苦尽甘来。"③乐心：指欢乐之心，心里快乐。《礼记·乐记》："是故其哀心感者，其声噍以杀；其乐心感者，其声啴以缓。"④达士：指明智达理之士。《后汉书·仲长统列传》："至人能变，达士拔俗。"

【释义】

世人常以能满足自己的心愿当作快乐，却反而常被这种快乐之心引入痛苦的深渊；明智达理的人以能忍受不如意为乐趣，最终能以辛苦劳作为乐而换来真正的快乐。

【浅析】

快乐是每个生灵的天性，也是由内向外觉得非常舒服的感受，更是精神上的愉悦。快乐源于多个方面，有通过学习获得真知的快乐，有通过磨炼得到充实的快乐，有以坦诚相见获得信任的快乐，有推己及人换位思考得到彼此心灵沟通的快乐，有得人教诲而茅塞顿开的快乐，有天真活泼的快乐，也有暮年清静的快乐等。这些快乐既能够在心中留下深刻的印象，又能够使身心得到愉悦。与此相反，如果是为了把满足内心的某种心愿作为快乐，甚至毫无克制地去追求，往往会陷入痛苦的深渊。因为这种心愿中总会掺杂某种私心杂念，所以很难得到满足，最终会有因不能得到而感到痛苦，或是得到之后仍不能满足心愿而带来困惑与烦恼，甚至还会有乐极生悲的结果。宝剑的锐利刀锋是从不断的磨砺中得到的，梅花飘香来自它度过了寒冷的冬季，而要想拥有良好的品质或美好的才华等，需要不断地努力、修炼和克服一定的困难才能取得。生活是得与失、苦与乐相伴，既有得而复失，又有苦尽甘来，一切顺其自然，只需做好自我、力学笃行。人生难免有错，既然错了，就要敢于承认错误，并且及时纠正。虚假、掩饰等皆是毒药，"真实"能帮助悔过自责的人把失去的赢回来。一个胸襟开阔、明智达理的人，由于平日能忍受各种横逆不如意的折磨和痛苦，所以能在各种磨炼中享受到奋斗与克服困难的乐趣，最终从艰苦的磨砺中换来真实的幸福与快乐。如果因为一时的顺境而自以为是、骄傲自满，或者因为一时的逆境而垂头丧气、萎靡不振等都是不可取的；如果在春风得意之时能够做到居安思危、谦虚谨慎，在困厄缠身之际能够不忘初衷、坚定信心、充满希望，那么成功之路就会在强者脚下。

二〇五、过满则溢 过刚易折^①

【原文】

居盈满者，如水之将溢未溢，切忌再加一滴；处危急者，如木之将折未折，切忌再加一搦^②。

【注释】

①过刚易折：过刚，过分刚强，多刚暴之气。泛指处世过刚最易遭忌恨。借喻刚柔并济造就和谐自我。②一搦：搦，按压。即指一握，一把。

【释义】

当人生处在富贵权势鼎盛的时候，就像盛满的水将溢还没有溢出的状态，切忌再添加一滴水导致溢出；当人生处在危险紧急关头的时候，就像风脆之木将折还没折断的状态，切忌再加一指之力导致折断。

【浅析】

"自高则必危，自满则必溢。未有高而不危、满而不溢者也。""满"的含义，大致可以分为两种，既有得到全部充实且达到一定极点的"满"；又有无论在精神方面，还是在物质方面都会感到已经足够的"满"。两者的区别在于自身内心的

"度"，前者因自满而易溢、易危；后者因懂得知足而平静、安心。做人做事都不要一味地追求满，因"满而招损"；但人生又不能不满，不满意味着不知足，这是一种认知，是一种修养，更是一种境界。只有对任何事情都看淡了、知足了才能做到藏而不露、满而不溢，始终保持心境平和才不会留下遗憾。"名与身孰亲？身与货孰多？得与亡孰病？甚爱必大费，多藏必厚亡。故知足不辱，知止不殆，可以长久。"人既要摆正自己的位置，也要保持内心的平静，这就需要懂得知足，知足就不会受到屈辱，能够做到适可而止，趋利避害，这样才能自得其乐，保持住长久的平安。知足，就是要有一个好的心态，知足既不是止步不前，也不是失去信心，而是抛弃自身的私心杂念，能看清得失利弊，能做到恬淡寡欲，能把握好人生的"度"。对于贪图者而言，所谓"人心不足蛇吞象"，是由于个人私欲永不满足才会深陷痛苦和烦恼的生活中，最终会有水满而溢或是枯木而折的结果。"身后有余忘缩手，眼前无路想回头。"得收手时宜收手，说话做事要留有充分的余地，悬崖勒马才是明智之举。学会知足，是一种积极的生活态度，既会使人感到身心愉悦，又对身心健康起到良好的维护作用。

　　<识理知止，过刚则折>：战国时期人昭阳，名云，字阳。战国时期人陈轸。昭阳为楚伐魏，覆军杀将得八城。移兵而攻齐。陈轸为齐王使，见昭阳，再拜贺战胜，起而问："楚之法，覆军杀将，其官爵何也？"昭阳曰："官为上柱国，爵为上执珪。"陈轸曰："异贵于此者何也？"曰："唯令尹耳。"陈轸曰："令尹贵矣！王非置两令尹也，臣窃为公譬可也。楚有祠者，赐其舍人卮酒。舍人相谓曰：'数人饮之不足，一人饮之有余。请画地为蛇，先成者饮酒。'一人蛇先成，引酒且饮之，乃左手持卮，右手画蛇，曰：'吾能为之足。'未成，人之蛇成，夺其

厄曰：'蛇固无足，子安能为之足？'遂饮其酒。为蛇足者，终亡其酒。今君相楚而攻魏，破军杀将得八城，又移兵，欲攻齐，齐畏公甚，公以是为名居足矣，官之上非可重也。战无不胜而不知止者，身且死，爵且后归，犹为蛇足也。"昭阳以为然，解军而去。

陈轸运用智慧，以适可而止、画蛇添足之理，不伤一兵一卒屏退楚国强兵。

二〇六、冷静观人　理智处事

【原文】

冷眼观人，冷耳听语，冷情当感^①，冷心思理。

【注释】

①当感：当，持，承担，处理。即指承担感受。

【释义】

要用冷静的眼光去观察他人，要用冷静的耳力去细听人言，要用冷静的情感去领悟世事，要用冷静的心态去思忖事理。

【浅析】

"若人无定心，即无清净智，不能断诸漏。"冷静能够保持沉着镇定，不会以个人的爱憎来判断事物，这既是内心安定，也是自心清净。而保持冷静最简捷的办法是把握好自身的情绪。首先，要驾驭过激的情绪。人有多种情感，喜怒哀乐是人之常情，然而情绪过激既容易伤害自身，还会伤害到与他人的和气。其次，要克服紧张情绪，生活中会有压力、矛盾、冲突、风险、危机，等等，这些最容易使人烦躁不安，而其情绪的过度紧张对工作的顺利开展必然会造成不利的影响，对身体的健康也是毫无益处。再次，避免情绪急躁，关键是要磨炼、培养和提高自身的忍耐性，要能够做到严于律己、宽以待人，并且目标要客观实际，为人处世要张弛有度、镇定自若，遇事要学会冷处理。最后，要摆脱消极情绪，培养自身的积极情绪，凡事要能以"退一步海阔天空"的心态去应对，做到胸怀宽广，豁达大度。"不以物喜，不以己悲。"理智是辨清正确与错误、真与伪、利与害的关系以及控制、把握自身行为的能力，多体现在头脑清醒、处事冷静等。做人如果能够理智行事，那么处在逆境的时候也能够坚定信心，毫不气馁；处在顺境的时候懂得谦虚谨慎，居安思危；在失意的时候能够保持冷静，客观应对；在得理的时候懂得换位思考，宽容大度。所以，人生如果能始终保持冷静的心态、理性的思维，既可以理智处世不会慌乱，也可以有条不紊地应对纷繁复杂的事物。"视其所以，观其所由，察其所安，人焉廋哉，人焉廋哉？"用冷静的眼光去观察他人，用冷静的耳力去细听人言，用冷静的情感去领悟世事，用冷静的心态去思忖事理，如此，就能够做到悟心知理、悟事识人、谨言慎行。

<处事冷静，临危不乱>：北宋时期人司马光，字君实，号迂叟，世称涑水先生。光生七岁，凛然如成人，闻讲《左氏春秋》，爱之，退为家人讲，即了其大指。自是手不释书，至不知饥渴寒暑。群儿戏于庭，一儿登瓮，足跌没水中，众皆弃去，光持石击瓮破之，水迸，儿得活。其后京、洛间画以为图。

"司马光砸缸"的故事在中国可谓家喻户晓。司马光幼年敏思，机智冷静的救人事迹深得世人的赞誉。

二〇七、豁达福厚　器小禄薄

【原文】

仁人①心地宽舒②，便③福厚而庆长④，事事成个宽舒气象；鄙夫⑤念头迫促，便禄薄而泽短，事事得个迫促规模。

【注释】

①仁人：指有德行的人。②宽舒：指宽厚平和，愉快舒畅。《管子·内业》："见利不诱，见害不惧，宽舒而仁，独乐其身。"③便：有利于，有益于，即，就。④庆长：庆，喜庆、福庆、吉庆。即指福庆绵延不断。⑤鄙夫：指人品鄙陋，见识浅薄的人。《论语·子罕》："有鄙夫问于我，空空如也。"

【释义】

心地仁慈博爱的人，因其心胸宽宏舒畅，自然福禄丰厚而且庆祉绵长，所以触事都有宽宏舒畅的气象；心胸狭隘鄙陋的人，由于情绪急躁焦虑，自然禄祉微薄而且福泽短暂，所以触事都有急躁焦虑的状况。

【浅析】

"局量宽大，即住三家村里，光景不拘；智识卑微，纵居五都市中，神情亦促。"顺应自然的心境，既能达观做人，又能豁达处世。胸襟豁达、气量宽宏的人，即使住在偏僻的乡村里，也会感到潇洒从容，怡然自乐。而他的快乐，会产生一种正能量，这不仅能愉悦自心，而且能使其他人感到心情舒畅，所以，"事事成个宽舒气象"；心胸狭隘、见识卑浅的人，即使生活在繁华的街巷中，也会烦恼焦虑，忐忑不安。而他的烦躁，会产生一种负能量，不仅会伤害到自身，也会波及其他人。所以，"事事得个迫促规模"。豁达是说做人宽容大度，充满自信，容天下难容之人，忍世间难忍之事，这样才能做到宽以待人，做事自然从容镇定。以"责人之心责己"，以责求他人之心来要求、反省自身则能明事理。换言之，以要求别人去做到的事来苛求自己，自然会理解他人做事的难易程度，也就能够宽容他人。以"恕己之心恕人"，以体谅、宽恕自身之心去宽恕、体谅他人，自然待人宽和。而只有心胸宽阔的人才能够如此去想、去做。器小的人利欲心重，目光短浅，声短气竭，境界狭隘。器小，虽说病在境界上，其实根源坏在自私上，会表现出难以与人融洽相处，或是目中无人，自命不凡，遇事针尖对麦芒，斤斤计较，吹毛求疵，甚者多有贪财、权欲和虚荣心，这种人往往摆脱不了鸡毛蒜皮之事的纠缠，弄得自身疲惫不堪。只有庸庸碌碌、平心静气的人，才懂得什么是真正的幸福与快乐。所以，人生在世要活得简单一点，即使再忙也要忙中偷闲，身忙心不忙的人，不会去计较个人得失，少些心机、妄想和杂念，才是真正的潇洒，才能保持平凡的心态，其福运自会长久。

<平庸无为，无用之用>：匠石之齐，至于曲辕，见栎社树。其大蔽数千牛，絜之百围，其高临山，十仞而后有枝，其可以为舟者旁十数。观者如市，匠伯不顾，遂行不辍。弟子厌观之，走及匠石，曰："自吾执斧斤以随夫子，未尝见材如此其美也。先生不肯视，行不辍，何邪？"曰："已矣，勿言之矣！散木也，以为舟则沉，以为棺椁则速腐，以为器则速毁，以为门户则液樠，以为柱则蠹。是不材之木也，无所可用，故能若是之寿。"匠石归，栎社见梦曰："女将恶乎比予哉？若将比予于文木邪？夫柤梨橘柚，果蓏之属，实熟则剥，剥则辱；大枝折，小枝泄。此以其能苦其生者也，故不终其天年而中道夭，自掊击于世俗者

也。物莫不若是。且予求无所可用久矣，几死，乃今得之，为予大用。使予也而有用，且得有此大也邪？且也若与予也皆物也，奈何哉其相物也？而几死之散人，又恶知散木！"匠石觉而诊其梦。弟子曰："趣取无用，则为社何邪？"曰："密！若无言！彼亦直寄焉，以为不知己者诟厉也。不为社者，且几有翦乎！且也彼其所保与众异，而以义喻之，不亦远乎！"

二〇八、恶勿就恶　善勿即亲

【原文】

闻恶不可就恶，恐为谗夫①泄怒；闻善不可急亲，恐引奸人进身②。

【注释】

①谗夫：指用谗言挑拨离间、诽谤、伤害他人的小人。《荀子·成相篇》："谗夫多进，反复言语生诈态。"②进身：指被录用或进阶。《论衡·逢遇篇》："仓猝之业，须臾之名，日力不足不预闻，何以准主而纳其说，进身而托其能哉？"

【释义】

听到别人有过错或做了坏事，不要立刻对他人表示反感或厌恶，这恐怕会有小人为泄私愤而加以诽谤；听到别人做了义举善行之事，不要立刻对他表示好感或与之亲近，这恐怕会引致狡诈之人借此谋求官职。

【浅析】

"世之听者，多有所尤。多有所尤，则听必悖矣。所以尤者多故，其要必因人所喜，与因人所恶。东面望者不见西墙，南乡视者不睹北方。"每个人都有自身的喜爱与厌恶，因此，看待事物的角度就会不尽相同，其认识也就各异。如果将听到的话语或传闻只凭自身的认识去下结论，必然会带有一定的偏见，就像面相东瞅的人见不到西墙，面朝南望的人看不到北方，其局限性不言而喻。所以，听到别人有过错或做了坏事，不要立刻产生反感厌恶之心；听到别人做了义举善行之事，不要立刻产生好感亲近之意，其道理即在于此。"无参验而必之者，愚也；弗能必而据之者，诬也"，听闻者应该注意的事是对没有经过事实验证的事情就予以肯定，或是用悬而未定的事情来做依据，这些都是不可取的，否则，既愚蠢又骗人。因为，"夫得言不可以不察，数传而白为黑，黑为白，故狗似玃"，其口耳相传，黑白颠倒是难以想象的。当听到惹人生气、愤怒的事情，切忌马上做出结论，要经过审慎的调查才可以下定论，否则最易招来小人的谗言、泄愤和诋毁；而听到让人高兴的好事、善事，切忌马上以亲近的方式表示赞许、褒奖，要与之平淡相处，亲和应适时、有度，否则最容易给善于钻营之人以可乘之机。"语而当，智也；默而当，知也。"说话的人，要注意时间、场合，言出要贴切，吐语要有"度"，在不该讲话的时候一定要保持沉默，这些都是智慧。所以，无论是面对传闻还是善行义举，切记不可轻信，要冷静理智地对待，通过全面考察，以事实为依据才能做出准确的判断，如果举止失措、草率行事，就很有可能铸成大错。凡事不能凭一时的主观加以判断，而应查明事情发生的前因后果，其原委自然会水落石出。

<察言观据，谨言慎行>：夫得言不可以不察，数传而白为

365

黑，黑为白。故狗似玃，玃似母猴，母猴似人，人之与狗则远矣。此愚者之所以大过亦闻而审，则为福矣；闻而不审，不若无闻矣。宋之丁氏家无井，而出溉汲，常一人居外。及其家穿井，告人曰："吾穿井得一人。"有闻而传之者曰："丁氏穿井得一人。"国人道之，闻之于宋君。宋君令人问之于丁氏，丁氏对曰："得一人之使，非得一人于井中也。"

二〇九、性躁误事　平和多福

【原文】

性躁心粗者，一事无成①；心和气平②者，百福③自集。

【注释】

①一事无成：指什么事情都做不成。喻毫无成就。唐·白居易《除夜寄微之》："鬓毛不觉白毵毵，一事无成百不堪。共惜盛时辞阙下，同嗟除夜在江南。"②心和气平：指心气平静，态度温和。北宋·苏辙《既醉备五福论》："醉而愈恭，和而有礼。心和气平，无悖逆暴戾之气干于其间，而寿不可胜计也。"③百福：指多福。

【释义】

性情焦躁、草率行事的人，做事多劳而无功终将一事无成；性情平和、内心安详的人，做事往往顺心如意多福自会降临。

【浅析】

"喜怒之情贤愚皆同；贤者能节之，不使过度；愚者纵之，

366

多至失所。"做人做事有分寸，关键在于控制和约束自己情绪的能力。就高兴与愤怒的情绪而言，贤明之人与普通人是一样的，都会有类似的情绪波动，但贤明之人能够控制情绪，不逾限度；而普通人易放纵情绪，有失分寸。这其中强调了人的自制力，即克制和调节自身的情绪、约束自身言谈举止的能力。"知止而后有定，定而后能静，静而后能安，安而后能虑，虑而后能得"，知道如何做人做事才能够确定人生的志向，志向坚定才能够不急不躁、心地宁静，进而安稳有序，思虑周详，如此，才能有所收获。而有些人之所以处于心忙意乱或是盲眼无助或是茫然自失等的生活境遇中，是因为没有找准自己的人生方向和目标，这就像在夜晚摸黑行进，深一脚浅一脚地跌撞迷糊，不知所行。所以说，找到了正确的前行方向，明确了人生目标，就成功了一半，而剩下的路就要靠自身去践履笃行。"苟兢其步，虽履险能安；轻易其足，虽夷路亦踬。"倘若举步谨慎，即使身处危险的境地，也能化险为夷，平安通过；而轻率迈足，即使行走在平坦的道路上也会跌跤。因为，性情急躁的人，往往由于焦躁不安会在处理事情时欠思虑，不严谨，多会草率下结论，与人交往的时候很难和睦相处，进而错失良机，影响到自身的健康；而心平气和的人，不仅能与人和平相处且平易近人，也能做到心净神清、头脑清醒，善于把握时机，所以触事顺利，而且有益身心健康。"闻事不喜不惊者，可以当大事；听谤不怒不怨者，可以处烦嚣；做人不浮不躁者，可以固根本。"其不惊不喜，不怒不怨，不浮不躁是一种持重守静的生活态度，这是"平和徼福"，也是立身之本。

<**性情急躁，骄兵必败**>：赵括自少时学兵法，言兵事，以天下莫能当。尝与其父奢言兵事，奢不能难，然不谓善。括母问奢其故，奢曰："兵，死地也，而括易言之。使赵不将括即已，若必将之，破赵军者必括也。"赵括既代廉颇，悉更约束，易置军吏。秦将白起闻之，纵奇兵，佯败走，而绝其粮道，分断其军为二，士卒离心。四十余日，军饿，赵括出锐卒自博战，秦军射杀赵括。括军败，数十万之众遂降秦，秦悉坑之。赵前后所亡凡四十五万。

赵括性情急躁、自以为是，虽师从其父，但"括徒能读其父书传，不知合变也"。故有评价为："少年轻锐喜谈兵，父学虽传术未精。一败谁能逃母料，可怜四十万苍生。"

二一〇、人不宜刻① 友不宜滥

【原文】

用人不宜刻，刻则思效者去；交友不宜滥②，滥则贡谀者来。

【注释】

①刻：此指刻薄，苛刻。《汉书·杨恽传》："又性刻害，好发人阴伏。"②交友不宜滥：指不宜滥交朋友。《论语·季氏篇》："益者三友，损者三友。友直，友谅，友多闻，益矣。友便辟，友善柔，友便佞，损矣。"

【释义】

选才用人不可太过苛刻，如果太过苛刻，就会使那些愿意为你尽心效力的人远离你；交朋结友不可太过随意，如果太过随意，就会使那些善于阿谀献媚之徒来到你身边。

【浅析】

"刻薄成家，理无久享；伦常乖舛，立见消亡。"待人刻薄，说话冷若冰霜，有时甚至毫不给人留情面，处世太过苛求，不仅会使他人感到痛苦，而且自身也很难受，这种做人做事不能长久，会使自身陷入孤寂；相反，待人诚恳，宽容处事，不仅能使他人愉悦，自身亦快乐。选才用人不要太过苛刻，应该适当地宽容些，与人相处应当大度包容，否则在人生的道路上愿为你付出或愿意热心帮助你的人会越来越少。"责人到闭口卷舌，面赤背汗时，犹刺刺不已，岂不快心？然狭隘刻薄甚矣！"责人既要适度，又要合乎情理，如果使人处于哑口无言、面红耳赤、汗湿其背、处境尴尬之时，还在喋喋不休地苛责，自身虽得到一时的痛快，但暴露了其心胸狭隘、为人刻薄的品行。"取友必须端，休将戏谑看"，交友不应当无选择，切记要慎重，否则，有些品格低下、行为恶劣的人会乘隙前来，使人身心不得安宁。"益者三友，损者三友。友直，友谅，友多闻，益矣。友便辟，友善柔，友便佞，损矣。"人在生活中需要朋友，更需要挚友相伴，如果能结识良师益友就是人生中值得庆幸之事，关键时刻能够为你指点迷津，排忧解难。所以，既要重视交友，又要慎之又慎，否则就会平添无数的烦恼。世间之事千奇百态，世间之人禀性各异，往往有些人以一诺之功，一酒之饮，一事之助而称其为至交契友，这其中亦不乏阿谀献媚者，因此，时间一长就会悟得这种交友方式并非聪明之举，而是"近墨者黑"，必定会给自身带来各种隐患。当你处在顺境的时候，许多朋友认识你；当你遭遇逆境之际，你也认清了谁才是真正的朋友。所以，要不断加强自身的道德修养，处世要能客观公正、审时度势，辨物和识人要头脑清醒、理智对待，这样才能把握待人接物的"度"，即用人无须苛尽，苛尽则易众远；交友不可虚伪，虚伪则无挚友。做人做事

369

宜当诚心，进学应当笃志，如此才能保持一颗平常心。

二一一、急处站稳　险处转头

【原文】

风斜雨急①处，要立得脚定；花浓柳艳②处，要着得眼高；路危径险③处，要回得头早。

【注释】

①风斜雨急：风雨，大自然中天象的运转变化。喻世间沧桑难以预测。②花浓柳艳：花浓，花香浓郁、色美；柳艳，借指女子艳丽。古喻女人的美貌和风姿。③路危径险："路"和"径"皆指世路。此喻世间之路曲折坎坷。

【释义】

处在疾风骤雨的恶劣环境中，要能脚踏实地站稳脚跟，才不会有失误跌跤；置身花浓柳艳的温柔氛围里，要能立足当下放眼高远，才不会被艳色迷惑；身处曲折坎坷的险境时，要及早醒悟、猛然回首，才不会深陷潭渊。

【浅析】

人生之路坎坷不平，而如何做到经风雨、见世面，在克服种种困难、排除诸多不利因素的过程中磨砺心性、坚定信心、积累经验、增长才干等是摆在每个人面前的问题。"风斜雨急""花浓柳艳""路危径险"等，是人生之路上避免不了的情况。当处在电闪雷鸣之际，面临风斜雨急这样的处境，要看清本身所处的

370

状况，既要意志坚定，又要能立脚扎实，使内心保持平静，任凭风吹雨打，我自岿然不动；当置身花浓柳艳环境中时，最容易使人眼花缭乱，千万不能沉溺其中，贪图须臾的享受，一定要警醒自己，切忌防御意识的滑坡，牢记"祸福无不自己求之"，要能放眼高瞻，才能辨路途、识方向；当身处路径危险之处，虽然荆棘丛生，但有可能是人在最风光的时候，此时，切记保持头脑清醒，要能清楚地认识到自身所处的险境，要做到及早回首，有悬崖勒马的勇气和决断，以免陷入泥潭而难以自拔，该放下的要懂得放下，杂念贪欲太多，会使自己深受其害。"天作孽，犹可违；自作孽，不可逭。"这是给予身处危情险境而不能静悟的人的警示。时常保持立德、自律、静心，不仅能完善自我，还能提高自身的修养；了悟立身于世的真谛，只有做到处世有"度"，才能懂得迷途知返，回头是岸的道理，这是人生的宝贵财富。

二一二、节义和衷^①　功名谦德^②

【原文】

节义之人济^③以和衷，才不启忿争之路；功名之士承以谦德，方不开嫉妒之门。

【注释】

①和衷：和，平静，和睦；衷，内心。即指平和的内心，和睦同心。②谦德：指谦虚、俭约之德。《韩诗外传》："吾闻德行宽裕，守之以恭者荣；土地广大，守之以俭者安；禄位尊盛，守之以卑者贵；人众兵强，守之以畏者胜；聪明睿智，守之以愚者善；博闻强记，守之以浅者智；夫此六者、皆谦德也。"③济：

指弥补，补益，增加，调节。

【释义】

崇尚德行节义的人，立身行事要多些平和的心态加以调节，才不会怀有与人争执愤愤不平的心情；功成名就的人，为人处世要以谦俭的品德来完善自我，才不会引起他人对自己的忌恨心理。

【浅析】

"居处恭，执事敬，与人忠。"没有规矩，不成方圆，做人方圆有度，才是处世之道，一切从基本做起，即日常生活要讲规矩、懂礼貌，做事要谨慎认真，待人要忠厚诚信等。恪守这些做人的准则，既能平心静气地应对各种情况，也能不启"忿争之路"，不开"嫉妒之门"，使"全身远害"。恪守节操正义的人，因其具备优秀的品德，往往看不惯品行不良的人；做人行事清正廉洁的人，因其自律性较强，往往对小人敬而远之。而世间之人大多是非君子、非小人的平庸之人，亦即普通人，他们秉性各异，处事方式参差不齐，如果一定要用好坏优劣等来看待，则难有仁慈包容之心。"取诸人以为善，是与人为善者也。故君子莫大乎与人为善。"懂得谦虚谨慎，和睦同心地行善修德，才能不断取得进步。所以，品格高尚的人在与人交往的时候，要客观地面对现实，常怀包容、理解、平和之心，如此，才能彰显其宽厚待人的情怀，营造和睦融洽的氛围。"君子泰而不骄，小人骄而不泰"，功成名就的人，其为人处世更应该以立德为先、谦恭和蔼，谨言慎行、平易近人，做到宽仁远害，韬光养德，逐步完善自身的道德修养，才会不辱功名、基业长青。

<和睦相处，远离纷争>：东汉人司马徽，字德操，时人呼为水镜，尝有人妄认徽猪，徽便推猪以与之，后数日，亡猪者得其猪，既以猪还徽，乃叩头自责，徽又厚谢之。徽不谈人短，与人语，美恶皆言好。有人问徽："安否？"答曰："好。"有人自陈子死，答曰："大好。"妻责之曰："人以君有德，故此相告，何闻人子死，反亦言好？"徽曰："如卿之言，亦大好！"今人称"好好先生"，本此。司马徽，博学多才，谦恭和蔼，宽厚待人，有知人之明，所以，受到世人的敬重。

二一三、居官有度　居乡敦旧

【原文】

士大夫①居官不可竿牍无节②，要使人难见，以杜幸端③；居乡不可崖岸太高④，要使人易见，以敦旧好。

【注释】

①士大夫：旧时指官吏或较有声望、地位的知识分子。即指没有官衔，介乎官民之间的读书人。《周礼·冬官考工记》："坐而论道，谓之王公；作而行之，谓之士大夫；审曲面执，以饬五材，以辨民器，谓之百工。"②竿牍无节：竿牍即竹简为书，亦即简牍。即指书札、书函。《庄子·杂篇·列御寇》："小夫之知，不离苞苴竿牍。"无节，没有法度，不加节制。《礼记·礼器》："无节于内者，观物弗之察矣。欲察物而不由礼，弗之得矣。故作事不以礼，弗之敬矣。出言不以礼，弗之信矣。"③幸端：即侥幸，此指非分幸进。④崖岸太高：崖岸，矜庄、孤高。此指性情高傲，而且不知谦卑。

【释义】

　　读书人在朝为官的时候，对于各种请托书信切不可不加以节制，要使请托之人难以相见，以便杜绝非分幸进之人；读书人在告老还乡之后，切忌性情高傲自大，应当懂得谦卑做人，要使亲朋乡邻易于见访，以便敦睦邻里故交之情。

【浅析】

　　"心正而后身正，身正而后左右正。"人的意念、思想活动皆来自内心，所以，做人要心意纯正，凡事有度，才能够恪尽职守，勤奋不懈，这种处世方式，既能够影响周围的人，也能够与人和睦相处。因此，读书人居官做事既要严于律己、公正严明，亦要廉洁奉公、勤勉尽责。平日在处理私人交往和信函等事上，不仅要光明磊落做人，坦坦荡荡处事，还要使请托之人难以相见，以免给善于投机钻营的人留下机会。所以，做人做事要谨言慎行，绝不可以不假思索，草率行事。"意诚而后心正，心正而后身修。"意念诚实，是发自内心的自然，这里并没有任何矫饰伪装，如此，才能无妄念、无偏见，不徇私情，为人公正，秉公处事，进而不断提高自身素质和品德修养。当辞官隐退、告老还乡之后，自身更要放平心态，泰然自得，正是心清才能识悟，知足常乐；少欲则能神清，更能修身养性，要放下为官做事的气派，要正视现实、认清自我，居身谦谨、平易近人。这样才能使昔日的亲朋乡邻、至交契友愿意与你接近，在敦睦旧谊，友善相处的交往过程中，更能体悟到乡土气息，从而使身心愉悦并得到放松，这对身心颇为有益。

二一四、心无放逸① 名无豪横②

【原文】

大人不可不畏，畏大人则无放逸之心；小民亦不可不畏，畏小民则无豪横之名。

【注释】

①放逸：指豪放不羁，放纵而不守规矩。②豪横：此指强横、仗势欺人。

【释义】

对德高望重的人不可不敬畏，因为怀有这种敬畏之心的人，不会有放纵逸乐的念头；对普通老百姓也不可不敬畏，因为常怀这种敬畏之心的人，就不会落得豪强蛮横的恶名。

【浅析】

"君子有三畏：畏天命，畏大人，畏圣人之言。"畏者，憎恶、怨恨、畏惧、敬服等。"天命"，谓之自然规律。自然规律是物质运动固有的、本质的、稳定的联系，或者说是存在于自然界内部的自然法则，包括天地运转有序，四季变化成规，万物交替有其法则等。人们在认识自然界的同时，也学会了很多知识，譬如，大自然的包容性、严谨的秩序和彼此间的和谐等，敬畏于自然界的秩序即保护一切生灵乃至人类的生命。否则，急功近利而为、盲目取之或是无端地破坏自然秩序的行为，其后果的严重性不肯设想。"大人不可不畏"，是要对德高望重之人，包括父母、长者和前辈等既要怀有敬畏之心，又要谦恭有礼，这样沉下心来，才能有所进步。敬畏是一种责任，也是一种诚信；心存敬畏不仅能够明事理、知根本，亦能够做到谨言慎行，更有助于修身进德。"畏圣人之言"，就是要探究其言辞中的哲理和真谛，敬圣人之品德，学圣人之精神。学要以"明理"为先，切忌借用圣人之言用以修饰自身，是毫无敬畏之心。而畏"小民"，应该做到以宽厚仁慈、亲近平和的心态与之相处，而不是以蛮横无理、不近人情的态度对待平民。敬畏并不是由于内心的畏惧而产生敬意，是一种发自内心的"敬"，即由衷的敬重和佩服；而畏是恐怕自身的言行不够严谨而冒犯，或是畏己潜生不敬或冒犯的念头。畏的表现，即做事严肃认真，小心谨慎，不敢瞽言妄举、轻易犯上。畏惧即没有妄心、不生妄念、不敢妄取、不能妄为。敬畏既是一种美德，也是一种修养，更是做人的基本准则。为人处世，只有常怀敬畏之心，才能谦虚谨慎、排除私心杂念，在现实生活中，心不浮、气不躁，不被物扰，摆脱俗累，以诚心待人，做到一视同仁，保持内心的清净、泰然淡定，才能留得规矩做人做事的美名。

二一五、逆境思下　怠荒①思上

【原文】

　　事稍拂逆，便思不如我的人，则怨尤②自消；心稍怠荒，便思胜似我的人，则精神自奋。

【注释】

　　①怠荒：指懒惰放荡。《礼记·曲礼》："毋侧听，毋嗷应，毋淫视，毋怠荒。"②怨尤：指怨恨责怪。《论语·宪问》："子曰：'不怨天，不尤人，下学而上达，知我者其天乎！'"

【释义】

倘若身处逆境且事不如意的时候，便去想想那些境遇不如自己的人，这样怨恨责怪的情绪自然会消除；倘若诸事顺心而稍有懈怠的时候，便去想想那些能力强于自己的人，这样精神就会自然地振作起来。

【浅析】

"天不足于西北，其下高以强；地不足于东南，其上低以弱。不足于上者，有余于下，不足于下者，有余于上。"天地间总是有所欠缺，而有所弥补亦属自然。常言道，十全十美不在人间，所以凡事不要苛求。这个道理听起来很容易理解，但在现实生活中往往难以做到。就知足而言，生活中应当对许多事情知足，对有些事情不应该知足。譬如，对物质上的要求，既不应该有奢望，要做到勿起妄心，不可奢求；分外之物，丝毫勿染。也不应该无所忌惮，如果稍有放纵，便会欲壑难填，切记警醒。而一味地追求物质享受必然会物累叠加，使身心疲惫不堪，在此基础上稍有拂意之事，甚至陷入逆境，最易使人困惑不解，烦恼萦身。此时，要去想想境遇不如自己的人，少去怨天尤人，多些平静心态，要懂得知足，更要珍爱生命，这才是人生快乐的源泉。若是在不如意的时候，非要与境遇强于自身的人相比，就会更加怨恨，平添许多烦扰。"常思某人境界不及我，某人命运不及我，则可以自足矣；常思某人德业胜于我，某人学问胜于我，则可以自惭矣"，就品德与学问而言，应当有"不知足"的态度，这种"不知足"，既可以增长见识，拓宽思路，又可以提高自身的道德修养。提高自身的品德与学问是一条既艰苦又有趣的道路，要懂得知不足，才能做到持之以恒。"不可以一时之得意，而自夸其能；亦不可以一时之失意，而自堕其志。"人生中每前进一步，都要做到谦虚谨慎，笃学不倦，不忘初心，不可懈怠，见贤思齐，择善而从。如此，不仅能提升自身的思想境界，争取更大的进步，而且能丰富自己的内心世界，维护身心健康，体会到生活的真实意义。

<逆境笃学，矢志不渝>：陆羽，字鸿渐，一名疾，字季疵。幼时，其师教以旁行书，答曰："终鲜兄弟，而绝后嗣，得为孝乎？"师怒，使执粪除圬墁以苦之，又使牧牛三十，羽潜以竹画牛背为字。得张衡《南都赋》，不能读，危坐效群儿嗫嚅若成诵状，师拘之，令薙草莽。当其记文字，懵懵若有遗，过日不作，主者鞭苦，因叹曰："岁月往矣，奈何不知书！"呜咽不自胜，因亡去，匿为优人，作诙谐数千言。上元初，更隐苕溪，自称桑苎翁，阖门着书。或独行野中，诵诗击木，裴回不得意，或恸哭而归，故时谓今接舆也。羽嗜茶，着经三篇，言茶之原、之法、之具尤备，天下益知饮茶矣。

二一六、言而有信① 切忌随意

【原文】

不可乘喜而轻诺②，不可因醉而生嗔③，不可乘快而多事，不可因倦而鲜终④。

【注释】

①言而有信：指说话靠得住，有信用。《论语·学而篇》："与朋友交，言而有信；虽曰未学，吾必谓之学矣。"②轻诺：指轻易许诺。《抱朴子·外篇·行品》："言不详于反复，好轻诺而无实者，虚人也。"③生嗔：指生气，发怒，怪罪。元·杨

梓《敬德不伏老》第一折："休论我性不容人，拳打了谗臣，怎般生嗔。"④鲜终：鲜指少，借指有始无终。

【释义】

既不要趁着一时高兴就轻易向人许下诺言，也不要因一时的酒醉而不加克制乱发脾气，切不要趁着一时冲动而多管闲事招惹是非，更不要因一时的倦怠而丧失信心半途而废。

【浅析】

"诚之者，人之道也。诚之者，择善而固执之者也。"诚实，持有善心，忠诚老实，无虚情假意，不自欺欺人。诚实是做人的基本品行，也是做人的法则；做到诚实，是择善之举而且要持之以恒。守信者，恪守诚信，遵守信约，言行一致，表里相符，诚实守信是为人处世的道德标准，也是立身之本。轻诺、生嗔、草率和易变等都不是诚实守信的行为。"相由心生"，其乘喜、因醉、乘快和因倦等都是借口，如果不是有私心杂念，也是失德之举。首先，人在心潮澎湃、激动的时候，最容易轻言许诺、随口而出，但往往忽略其难易程度和自身的能力，多因失信于人而追悔莫及。凡事莫虚应，应则必去办，不办则容易产生怨恨；愿不可随意许下，许了愿必须还愿，如果不还愿，就会生成业债。所以切忌轻诺，一旦承诺就要尽心竭力、说到做到。人与人之间的交往，关键是要为人诚信，要做到"言必信，行必果"。其次，人生难免相聚尽兴，如果是饮酒过量则会醉酒败兴，甚者出言不逊，这是自身缺乏修养的表现，也不利于和睦相处，甚者，会结下怨恨。最后，喜怒哀乐人之常情，但不要因一时的心血来潮而多言多语、惹是生非，其结果往往是"成事不足，败事有余"，这些都是应该引以为戒的。"有弗行，行之弗笃，弗措也。人一能之，己百之。人十能之，己千之。果能此道矣，虽愚必明，虽柔必强。"做事一旦开始，就要忠实地去完成，人各有所长，对于做某件事，或是自身不擅长，或是技不如人，如果别人一次能做到的，自己就尽百倍之力，别人十次能做到的，自己就尽千倍之力。如此做人做事，即使愚笨也会变得聪明，即使柔弱也会变得刚毅。因此，做事不要忘记初衷、勤恳踏实，切忌因身心稍感疲惫之时，就丧失信心、知难而退，否则，便会虎头蛇尾，毫无毅力和恒心。人生之路，若每每敷衍了事，终将一事无成。所以，平时恪守诚信，做人真实质朴；做事把握"度"，既可以修身律己，又可以善待他人，更能宽严得体，行稳致远。

　　<重约守信，以诚待人>：东汉人郭伋，字细侯，茂陵人，为并州守。素结恩德。后行部至西河。童儿数百，各骑竹马，迎拜于道。问使君何日当还，伋计日告之。既还。先一日，伋恐违信，遂止野亭，候期乃入。以太守之尊，与竹马童儿道旁偶语，乃以不肯失信于儿童。先归一日，宁止野亭以候期，可谓信之至矣。郭伋，自幼胸有大志，以诚待人，"信立童昏"，深得时人赞许！

二一七、善读至乐①　善观者静

【原文】

　　善读书者，要读到手舞足蹈②处，方不落筌蹄③；善观物者，要观到心融神洽④时，方不泥迹象。

【注释】

①至乐：指最大的快乐。《庄子·外篇·至乐》："吾以无为诚乐矣，又俗之所大苦也。故曰：'至乐无乐，至誉无誉。'"②手舞足蹈：蹈，顿足踏地。即指两手舞动，两只脚也跳了起来，形容高兴到了极点。此喻深悟书中的真趣和精髓。《孟子·离娄》：孟子曰："乐之实，乐斯二者，乐则生矣；生则恶可已也，恶可已，则不知足之蹈之，手之舞之。"③筌蹄：亦作"筌蹏"。筌指捕鱼的竹器，蹄指拦兔的器具。指局限窠臼。比喻达到目的的手段或工具。《庄子·杂物·外物》："筌者所以在鱼，得鱼而忘筌；蹄者所以在兔，得兔而忘蹄；言者所以在意，得意而忘言。"④心融神洽：指心神融会贯通，领悟明白。喻达到某种忘我的境地。

【释义】

善于读书解义的人，要能读到文笔精妙、心领神会而手舞足蹈的境界，才能不掉入文字的陷阱；善于观察事物的人，要能观察到去其表象见本质而融会贯通的境界，才能不拘泥于表面现象。

【浅析】

"饥读之以当肉，寒读之以当裘，孤寂而读之以当朋友，幽忧而读之以当金石琴瑟也。"懂得利用一切可以利用的时间，用于读书学习，是对未知充满好奇，有着强烈的求知欲望，也是对读书的喜爱。而善于读书，精于解疑，才能逐步把握读书的要诀。以书为伴，求其训语、索其华髓、悟其词旨，才能巧得其中的乐趣。"读书无论资性高低，但能勤学好问，凡事思一个所以然，自有义理贯通之日。"读书没有资质的高低之分，只有勤奋懒惰之别，只要能够勤奋学习，不懂就问，请教、求解、究字义，对任何事情都弄清要义，理解透彻，终有一天能晓悟书中道理。读书如果是生吞活剥、死记硬背，则难以达到心领神会、出神入化的境界。读书必须读懂、领悟书中的内涵，专心致志、深入思考、明辨书中所依据资料的真伪，因为有些书文或有不实之词或者言过其实，而读书存疑才能做到慎思与明辨。只有做到持之以恒、融会贯通，才能推陈出新、继承和发展，要做到"一日不读书，胸臆无佳想；一月不读书，耳目失清爽"，才能学到书中的精髓。因此，善于读书的人，能够咀嚼书中的趣味，识悟书中的精妙之处，心驰神往，情不自禁地手舞足蹈起来，才是领会到了书中的真谛。而"不落荃蹄"，就是不拘泥于书中的文辞、词句，"好读书，每有会意，便欣然忘食"，这才能读得津津有味，不亦快哉！观物与读书多有雷同之处，观物的关键是要透过现象看本质。善于观物的人，往往观察到心领神会才能识其妙处，正是把精神与物质融合在一起，而并非只拘泥于事物的表象或迹象，所以，观物不能只看外表，更应该重视其内涵。

<读书之乐，悟在其中>：宋朝人郑樵，字渔仲。好着书，不为文章。久之，乃游名山大川，搜奇访古，遇藏书家，必借留读尽乃去。赵鼎、张浚而下皆器之。初为经旨、礼乐、文字、天文、地理、虫鱼、草木、方书之学，皆有论辩，绍兴十九年上之，诏藏秘府。樵归，益厉所学，从者二百余人。真可谓，笃学不倦，了悟读书求知之乐趣！

二一八、勿逞己长　勿恃所有

【原文】

　　天贤一人以诲众人之愚，而世反逞所长以形[①]人之短；天富一人以济众人之困，而世反挟所有以凌人之贫；
真天之戮民②哉！

【注释】

①形：指对照，比较。亦指比拟表露。②天之戮民：指受天
惩罚的人、罪人。《庄子·内篇·大宗师》："子贡曰：'然则
夫子何方之依？'孔子曰：'丘，天之戮民也。固然，吾与汝共
之。'"

【释义】

上天给予一个人聪明才智，是要让他来教诲众人的愚钝，而
世上偏有一些人以炫耀自身的才华来反衬他人的短处；上天给予
一个人众多的财富，是要让他来救济众人的困难，而世上偏有一
些人却要倚仗自身的财富来欺凌贫困的人。这两种人真是有悖天
理的罪民啊！

【浅析】

"为学，最要虚心。尝见朋友中有美材者，往往恃才傲物，
动谓人不如己，只为不肯反求诸己，便都见得人家不是。傲气
既长，终不进功。故吾人用功，力除傲气，力戒自满，毋为人
所冷笑，乃有进步也。"虚心使人进步，骄傲使人落后，这是常
挂在嘴边的话，但古往今来仍不乏恃才傲物的人，而且这种人从
不反躬自省。但是，努力学习的人，要竭力除去傲气，极力避免
自满，不要以炫耀自身的才华来反衬他人的短处，何况自身掌握
的知识未必全面，他人的长处也正是自身的不足之处，即使是在
帮助、教诲他人的时候，也是教学相长的机会，懂得这个道理才
会有进步。人的才智虽然参差不齐，每个人的财富多少不一，但

383

是生活中的每个人在人格上是平等的。才智高的人要做到好学若饥，谦卑若愚，才能"更上一层楼"。才智低的人，要通过努力来弥补自身的不足，以"勤能补拙"的恒心和毅力来完善自我；财富多的人，既要做到"粮谷满仓若虚"，亦要懂得济人利物的道理；财富少的人，要做到不攀不比，客观面对，看淡外物，平静心态，踏实生活。这是一种人品，也是一种修养。为人处世切忌趾高气扬，无论性情狂妄还是傲慢无礼都难以取信于人，也得不到他人的尊重，更难得善果。所以一个人若是自恃聪明或炫耀富贵，就会因性情傲气而看轻他人，傲气日盛，便会盛气凌人，终将一事无成。待人接物本应该以自身的才智去引导他人，以自身的财富去济助他人，这才符合做人的道德标准和自然法则。每个人都有优缺点，都有擅长与不足，要懂得只有取人之长补己之短才能不断地完善自己。因此，不管你在什么位置，何种场合，都要谦虚谨慎，戒骄戒躁。

二一九、下愚可教　中才难与

【原文】

至人①何思何虑，愚人不识不知，可与论学亦可与建功。唯中才的人，多一番思虑知识②，便多一番臆度猜疑，事事难与下手。

【注释】

①至人：指超凡脱俗，达到无我境界的人。《荀子·天论篇》："故明于天人之分，则可谓至人矣。"②知识：此指辨识事物的能力，在实践中获得的认识和经验。西汉·刘向《列女

传·辩通传·齐管妾婧》："人已语君矣，君不知识邪？"

【释义】

智慧和道德都超凡的人，其心胸豁达且没有忧愁焦虑，憨厚、愚鲁、浅陋、寡闻的人，其见识肤浅且遇事不用心计，如果能与这两种人交往，既可以与他们进行论说学问，也可以与他们共同建功立业。只有那些中等才能的人，既多添了些思索考虑和辨识，又多添了些主观推测和猜忌。所以，凡事都难以与他们合作完成。

【浅析】

"唯上智与下愚不移。"智慧超凡的人，看似愚钝，外貌平庸，其实心胸开阔，内心清净，无忧无虑，做事光明磊落，毫无猜忌，可谓明心见性的人；而愚鲁浅陋的人，也是本性纯朴的人，虽见识肤浅，但遇事不争不辩、不用心计，这两种人都不会改变自身的心性。所以，与这两种人交往，既可与他们探求知识、研究学问，也可以与之协力合作、建功立业。智至极点与愚至极点的人，其心中都是纯洁质朴的，因为智、愚两者共同的特点，是心无挂碍、不耍心机，所以，与这两种人相处的时候才会感到很轻松，当遇到困难的时候，更容易凝心聚力共同克服。而与那些智慧不高、心机不少、见识不广、诡计不少的人接触才会深感身心疲惫。上智、下愚与中才或许是与生俱来的，而人的智商和秉性也是迥异，但是后天能否做到勤奋与刻苦、按行自抑，修炼心性，提高修养，增进品德全在自身。凡事都有可能相互转化。下愚与中才也可以通过调整自我来提高，其实在处世时多数情况下是自身的心态在作怪，只要能尽力去调整、改变自身的心态，就能做到平心静气。如果想要成为智者，就要通过刻苦的磨

385

炼达到，这个过程是十分艰辛的。譬如，做人要胸怀坦荡，质朴忠厚，勤勉励学，谨言慎行。处世要严于律己、宽以待人，要保持善良纯朴的本性，排除物扰，清净自心，敦品励行等，不断完善自我，才能达到超凡脱俗的境界。

二二〇、守口①务密　防意务严

【原文】

口乃心之门，守口不密，泄尽真机；意乃心之足，防意不严，走尽邪蹊②。

【注释】

①守口：指闭口不言。喻谈吐谨慎。南朝·齐·王琰《冥祥记》："域曰：'守口摄意，身莫犯如是行者，度世去。'"②邪蹊：指邪道、邪路。东汉·魏伯阳《周易参同契》："背道守迷路，出正入邪蹊。管窥不广见，难以揆方来。"

【释义】

口是心灵的门户，若是谈吐不够严密周到，就会把内心的秘密全部泄露；意念是心府的双脚，若是意念防得不够严谨，就会不自觉地走向歧路。

【浅析】

"口者，心之门户也。心者，神之主也。志意、喜欲、思虑、智谋，此皆由门户出入。故关之矣捭阖，制之以出入。""慎思而言""守口如瓶"等都是讲说话要严谨。因为，口是心灵的门户，心灵是精神的主宰。而人的意志、欲望、意念和智谋等都要由此门户出入，因此，把好口之门户的重要性不言而喻。学说话容易，但学会说话则需要下一番功夫才能掌握，甚至要花费毕生的精力去学。因为说话是要将自己的所思所想、动机和内心活动等用简洁、朴素、真实、谦虚、平和的语言表述出来。同时，还要注意时间、地点和场合等，要能使人容易入耳、理解和接受，可见其难易程度。所以，用打开和关闭来把好这个门户，以控制其出入，这是要努力去学、去做的。无论其性格是内敛，还是粗狂；是内向，还是外向等，都要三思而后言，这不仅仅是一个良好的习惯，也是一门艺术。它反映了一个人的能力、责任、态度和智慧等综合素质，更是其品德和修养的体现。

"或身勉为善而口有过言"，一个人能够约束自身的行为，并不是一时一地的，而是要经常反省自己，不断纠正、改进自身的不足。尽管有时做了好事，做的事亦合乎道理，但仍会出现口无遮拦，说些怨话、气话、狂话、闲话等，说得越多，犯错的概率就越高。自古有"吐言是福祸之门"的说法，而多有祸从口出的训诫，所以才要谨言慎行。口不但是心灵的门户，而且是招惹是非的门户，所谓"病从口入，祸从口出"。待人接物时，说话应当三缄其口，不该说的话一定要克制，即使是可以说的话也应该谨慎言语，能省当省。往往说者无心而听者有意，有些话并无恶意，但仍有可能遭到别人的误解，从而引发弦外音之嫌。在人际交往的过程中，既要注意谈吐严谨，更要注意语言的简练、准确和符合客观实际，如此，才能少犯错误。无论"门户"还是意念，都是由内心来把控，倘若内心受到外物的干扰而起了变化，不仅会语多失言，而且误入歧途。所以，人生之路不管遇到何种情况，包括成功与失败，困难与挑战，挫折与痛苦，乐趣与进取等都要恪守本性，保持心态平和，才能足音铿锵，扎实前行。

二二一、责人当宽　责己当严

【原文】

责人者，原无过于有过之中，则情平^①；责己者，求有过于无过之内，则德进。

【注释】

①情平：喻情绪平正和谐。

【释义】

责备他人的人，要善于原谅他人的过错，对于他人的过错视为无过错，这样相处才能使自身的情绪平和；反躬自省的人，要善于发现自身的过失，并在无过错之中找出自身的不足，如此才能不断增进自身的品德。

【浅析】

"人非圣贤，孰能无过，过而能改，善莫大焉。"人在生活中总要做点事情，做事就难免有过失甚至犯错误，犯了错误若能及时改正，也不失为一件好事。要勇于面对错误，并且能从中吸取教训、引以为戒才是正确对待错误的态度。当自己犯了错误的时候，要及时警醒，下决心去改正，切忌积小过成大错；而发现他人有过错的时候，不仅要用他人的教训引以为鉴，还要抱着诚恳、热忱的态度，耐心地去帮助他人，做到换位思考、责人有方，育人为上，宽容大度。"人患不知其过。既知之不能改，是无勇也"，人最大的忧患就是不知道自身的过错，即使知道了仍不去加以改正，这本身就是缺乏勇气的表现。明白这个道理，就要在平时注意调整好心态，树立信心，正确、理性、客观地面对现实。责人易，责己难，是一种常有的心态，但如果能经常反躬自省、检讨自身，也可以做到修身进德；做到宽容他人，不仅能使身心得到放松，也可以处理好彼此之间的关系。"以恕己之心恕人，则全交。以责人之心责己，则寡过。"做人应当胸怀坦荡，以宽恕自身之心宽恕他人，能加深相互间的友情；以责备他人之心责备自己，自然就会少犯错误。"责人当宽，责己当严"，要学会并善于原谅他人的过错，同时，要懂得严于律己的益处。当与他人共同做事而出现失误的时候，常会有推卸责任之心，纵然过错全在自身，也会找诸多理由加以掩饰、原谅自己，这是错上加错，全是自身的心理在作怪。正所谓"责人则明，责己或暗，私利蔽之也。去其蔽，责己自严"。此时若能将其责任全部承担下来，既是对自身的一种历练和自律，也是以身作则、包容他人，更能赢得人心，便于日后融洽共事。

<**责人宜宽，以诚待人**>：春秋时期人秦缪公，嬴姓，名任好。缪公亡善马，岐下野人共得而食之者三百余人，吏逐得，欲法之。缪公曰："君子不以畜产害人。吾闻食善马肉不饮酒，伤人。"乃皆赐酒而赦之。三百人者闻秦击晋，皆求从，从而见缪公窘，亦皆推锋争死，以报食马之德。

二二二、陶铸①不纯　难成令器②

【原文】

子弟者大人之胚胎，秀才③者士夫④之胚胎。此时若火力不到，陶铸不纯，他日涉世立朝，终难成个令器。

【注释】

①陶铸：指制作陶范并用以铸造金属器物。喻造就，培育。《庄子·内篇·逍遥游》："是其尘垢秕糠将犹陶铸尧舜者也，孰肯以物为事？"②令器：指优秀的人才。③秀才：明、清两代称生员（封建科举制时代，在太学等处学习的人），泛指读书人或学生。④士夫：此为士大夫的简称，旧指官吏或较有声望、地位的知识分子。

【释义】

小孩是大人的雏形，学生是官吏的雏形。人生的这两个阶段，如果锤炼得不够火候，或者陶冶得不够精纯，一旦将来走入社会或是在朝为官，最终难以成为一个优秀的人才。

【浅析】

"三岁看大，七岁看老。"虽然是一句古谚语，但这是古人通过长期的观察而产生的认识，或者说是古人通过长期的总结积累得出的结论。"三岁看大"，是指从婴儿三周岁时的心理特征、禀性等大致能了解到其长大成人后的性格与形象。因为，人从出生成长到三岁为婴儿期，在这个阶段人的成长和发育最为迅速。而且在这个阶段，人的大脑具有很强的接收能力与内化能力，因此，无论是周围环境的影响，还是父母的引导、关爱、沟通和教育以及父母自身的生活习惯和修养等都会对其幼小的心灵起到关键作用。可谓"善教者，使人继其志。其言也，约而达，微而臧，罕譬而喻，可谓继志矣"。周围环境与家庭环境对婴儿的心理和生理发育有很大的影响，父母作为孩子的第一任老师对其健康成长起着举足轻重的作用，由此可知，周边、家庭和父母对孩子教育和培养的重要性不言而喻。三岁到七岁为幼儿期。所谓"七岁看老",是指幼儿在这个阶段的智商和性格等已经初步形成。"书犹药也,善读之可以医愚",这个时期的人既要保持活泼好动的天性,又要养成静心读书的好习惯,因为,书犹如一服良药,无论天赋高低,都需要努力学习,而读书既可以治愈愚昧无知,也可以培养动静相宜的良好习惯。"玉石金铁,犹可琢磨以为器用,而况于人!"良好的开始是人生成功的一半,良好习惯和性格的养成也并非一朝一夕可以做到,它需要环境的熏陶和自身长期的坚持和努力。而幼时个人的天赋、秉性,成长环境的约束以及逐步形成的个人志趣等都对自身的发展方向有着不同程度的影响。虽然后天的培养、勤勉、刻苦、持之以恒和进德修业等会对人生有所改变,但婴幼时期所夯实的基础仍是至关重要的。正所谓"幼不陶铸,不成令器"。

<少儿勤奋,成才之基>:东汉人桓荣,字春卿。少学长安,习《欧阳尚书》,事博士九江朱普。贫窭无资,常客佣以自给,精力不倦,十五年不窥家园。会朱普卒,荣奔丧九江,负土成坟,因留教授,徒众数百人。建武十九年,年六十余,始辟大司徒府。

二二三、不忧患难　不惧权豪

【原文】

　　君子处患难而不忧,当宴游而惕虑①;遇权豪而不惧,对茕独②而惊心。

【注释】

　　①惕虑:此指戒慎谋虑,亦指忧虑。②茕独:茕,没有弟

兄，孤独；独，老而无子，即指忧愁。喻孤苦伶仃。《周礼·秋官司寇·大司寇》："以肺石达穷民，凡远近茕独、老幼之欲有复于上，而其长弗达者，立于肺石三日，士听其辞，以告于上，而罪其长。"

【释义】

君子虽处在艰难困苦的环境中但不会感到忧愁，而当身处宴饮行乐的环境中时却知道戒慎谋虑；即使遇到豪强权贵以势压人之人也不会畏惧，但是对待孤苦伶仃、无依无靠之人却抱有同情心。

【浅析】

"不为轩冕肆志，不为穷约趋俗，其乐彼与此同，故无忧而已矣！"人如果能恪守本性，不失德行，无愧于心，就不会为了荣华富贵而恣意所欲，也不会因为穷困贫贱而趋附流俗，无论身处荣华富贵还是穷困贫贱，其快意相同，也就毫无忧愁可言。而"不忧患难，不惧权豪"的心态也在于此。"忧乐喜怒，人所未尝无也；多忧伤神，过乐伤守，喜极气散，怒极气而不下"，气与血对人的生命和身体健康起着决定性的作用。喜怒忧乐，人皆有之，而多忧、过乐、喜极、怒极等都不利于气血的正常运转。君子懂得"多忧伤神，多思伤志，过乐伤守，喜极气散，怒极气而不下"的道理，所以，君子既能做到"不忧、惕虑、不惧、不恐"等，也了解喜、怒、思、忧、恐会影响到心、肝、脾、肺、肾的健康，更能体会到由于自身情绪无论是短暂的还是经常的不稳定都会影响人体机能的良性循环。因此，也会因气血失调而造成内伤，从而导致疾病的发生。相反，小人则不以为然。"古之得道者，穷亦乐，通亦乐。所乐非穷通也，道德于此，则穷通为寒暑风雨之序矣"，君子在身处危难忧患之际而不会感到忧惶，主要是因为他们在处世的时候，能够保持心态平和、沉着冷静，具有安贫守道的精神和做人准则；当他们处在宴饮行乐的环境中时，既能保持头脑清醒，又能居安思危，防患未然。因此他们对世事皆有着客观的认识，对生存的价值有着更深的感悟，对人生有着高远的志向，所以更不畏惧权贵豪强，而面对切实困难、需要帮助的人，他们则能抱着同情之心，真诚尽力地帮助他人。

<家贫居卑，安闲自得>：春秋时期人颜回，曹姓，颜氏，名回，字子渊。孔子谓颜回曰："回，来！家贫居卑，胡不仕乎？"颜回对曰："不愿仕。回有郭外之田五十亩，足以给飦粥；郭内之田四十亩，足以为丝麻；鼓琴足以自娱，所学夫子之道者足以自乐也。回不愿仕。"孔子愀然变容曰："善哉，回之意！丘闻之：'知足者不以利自累也，审自得者失之而不惧；行修于内者无位而不怍。'丘诵之久矣，今于回而后见之，是丘之得也。"

二二四、浓不及淡　大器晚成①

【原文】

桃李虽艳，何如松苍柏翠②之坚贞③？梨杏虽甘，何如橙黄橘绿④之馨冽⑤？信乎⑥！浓夭⑦不及淡久，早秀不如晚成也。

【注释】

①**大器晚成**：指大的器物要经过长时间的加工才能做成。喻

能成大事的人成就显露得较晚。《道德经》："大方无隅，大器晚成。"②**松苍柏翠**：苍，深青色、深绿色；翠，青、绿、碧，泛指青绿色，借指四季常青的松柏。喻品质高贵，坚定节操之士。③**坚贞**：指质地坚硬纯正，经久不变。《晋书·王祥传》："西芒上土自坚贞，勿用甓石，勿起坟陇。"④**橙黄橘绿**：指秋季景物。北宋·苏轼《赠刘景文》："一年好景君须记，最是橙黄橘绿时。"⑤**馨冽**：馨，散布很远的香气；冽，清澄。喻芳香、清香。⑥**信乎**：信，的确，诚然；乎，文言叹词。⑦**浓夭**：浓，艳丽，颜色重，亦指不淡薄；夭，夭短，早逝。

【释义】

桃李的花朵虽然很艳丽夺目，但又怎能比得上松柏经久不变的苍翠之色？梨杏的果实虽然香甜扑鼻，但又怎能比得上黄橙绿橘散逸的清淡芳香？的确如此！浓艳甘甜远不及苍翠清香能保持长久，少年虽然能够得志但远不如大器晚成。

【浅析】

世人大多喜好浓艳之物，因其浓艳光泽鲜明、色彩缤纷而更容易惹人注目，这就使人忽略了"浓夭不及淡久"的道理。而浓桃艳李，也不过春生秋谢，因此有"一番桃李花开尽，唯有青青草色齐"，所以，远不及苍松翠柏四季常青、坚贞傲骨更为可贵。梨杏甘甜，虽耐人咀嚼，但远不如橙黄橘绿的馨冽更沁人肺腑。由此可知，甜浓艳丽倒不如清脆淡雅来得更久远。而少年得志既是人生之幸事，也是人生之大不幸，因为少年有较高的天赋和较强的记忆力，且才华出众，精力充沛，容易凭着一股热情去实现人生的志向和愿望；而令人担忧的是，少年得志之后，容易心高气傲，性情浮躁、自以为是，目空一切。同时还有一种可能，即日后如果身处逆境或是遭遇挫折，往往容易丢失自我，丧失信心，甚至一蹶不振。其实，这些都是因为欠缺人生的历练，难以辨清自我；缺乏审时度势的能力，没有理智的判断，更何况成长需要磨炼，而人生的积淀并非一朝一夕之功。所以，少年得志如果不能得悟"满招损，谦受益"的道理，则很难持之以恒，甚者半途而废。"早秀不如晚成"，而"大器晚成"的人，由于既经历过坎坷与挫折，亦经受过困苦与磨难，得到了锻炼、积累了经验，彻悟人生之艰辛和来之不易的点滴进步，深刻认识到谦虚谨慎、勤勉不懈对于人生的重要意义。所以，少年虽头角峥嵘但远不如大器晚成来得更为纯实敦固。

<耽于安乐，文思枯竭>：南朝时期人江淹，字文通。淹少孤贫，不事章句之学，留情于文章。早为高平檀超所知，常升以上席，甚加礼焉。淹任性文雅，不以著述在怀，所撰十三篇竟无次序。后拜中书侍郎，王俭尝谓曰："卿年三十五，已为中书侍郎，才学如此，何忧不至尚书金紫。所谓富贵卿自取之，但问年寿何如尔。"淹曰："不悟明公见眷之重。"淹少以文章显，晚节才思微退，云为宣城太守时罢归。尔后为诗绝无美句，时人谓之才尽。

二二五、静见真境　淡识本然

【原文】

　　风恬浪静中，见人生之真境；味淡声希①处，识心体之本然。

【注释】

①味谈声希：指平淡无奇，没有什么名声。喻有曲高和寡，不为人知。

【释义】

人只有在平静安宁的环境中，才能透悟人生的真实境界；人只有在质朴恬淡的生活中，才能看清楚人性的本来面目。

【浅析】

"缮性于俗学，以求复其初；滑欲于俗思，以求致其明：谓之蔽蒙之民。古之治道者，以恬养知。生而无以知为也，谓之以知养恬。知与恬交相养，而和理出其性。夫德，和也；道，理也。"只有恬淡、静心才能透悟人生的真实境界、看清人性的本来面目，而做人做事顺应自然、和谐融洽才能够心境平和。人在世俗的流习环境中，如果不能做到恬淡寡欲、清净自心，其内心的欲念就会被习俗扰乱，倘若此时还执意修治性情，以期明达，实属自欺欺人。人心本是善良的，良知自然存于心，换言之，人心本净，无欲无求，是外物的诱惑遮蔽了双目，也是"欲望"二字掩蔽了本性与良知，才让人变得难以看清自身的本性。克制和约束自身的欲望，抛弃对身外之物的追求，懂得知足常乐的道理，生活才能够回归本然，内心才能够真正平静，人生才能够平和安宁。所以，人只有在平静无事、心明如镜的时候，才能够体会人生的真实境界。而人在享受美食声色之时，由于外物的诱惑往往难以认清其本然的心体，也只有在淡泊无欲，清静自得的时候，才能了悟人性的真实本色。而为人处世要"持身以廉，接物以谦，待人以恕，责己以严，得众以宽，养知以恬，戒谨以独"，才能够心如止水，泰然自若。处在顺境之中要时刻保持警醒，而在逆境中能够锤炼自身的意志和品质，当身处艰苦的环境中时不忘初衷，保持信心，在提高自身修养的同时，更能充分认识世间万物和客观环境，更能看清人性的本质。

下　卷

一、言者弗知^①　厌未必忘

【原文】

谈山林^②之乐者，未必真得山林之趣；厌名利之谈者，未必尽忘名利之情。

【注释】

①言者弗知：指多言多语的人缺乏智能。《道德经》："知者弗言，言者弗知。塞其兑，闭其门；挫其锐，解其纷；和其光，同其尘，是谓玄同。"②山林：指有山和树木的地方，亦指隐居或隐居之地。

【释义】

喜欢高谈阔论有关山野林泉生活乐趣的人，并不一定真能领悟到隐居山林的乐趣；经常高谈阔论自身非常讨厌功名利禄的人，也不一定就能完全忘掉追逐功名的念头。

【浅析】

"知者不言，言者不知。"其中的"知"同"智"，而智者是有才识、智慧超凡的人。智者明事理，知晓事物的发展和变化规律，而不多言；相反，喜欢夸夸其谈的人，只对事物的表面现象有所了解，但对于事物的起因以及内在变化或许一无所知。简而言之，明智的人直率不轻率、不妄言，而说长论短、妄加评论的人是不明智的。"真才者寡言，多言者寡才。"所以，喜欢高谈阔论有关山野林泉生活乐趣的人，并不一定真能领悟到隐居

山林的乐趣。"名为山人而心同商贾，口谈道德而志在穿窬"，轻言隐居的人内心如同商贾，多有尘世俗情、贪名图利之心；而常将仁义道德挂在嘴上的人，其心里却在想着偷盗的事情，因此，经常高谈阔论自身非常讨厌功名利禄的人，不一定就能完全忘掉追逐功名的念头。说话要严谨，要实事求是，如果吐言不失"真"而用于行，通过行来韬光养晦，通过提高自身的修养而得出智慧，如此，既能懂得谨言慎行，又能做些有意义的事情。其实，有真才实学的人从不显露，并能做到学富五车若愚。"做本色人，说真心话，干近情事"，做人表里如一，谈吐心口一致，做事通情达理，是立身处世的准则，也是道德修养的基本要求。有道德修养的人，德充其内，内敛稳重，其言真挚，值得信赖；而缺乏道德修养的人，饰智矜愚，巧舌如簧，终会失信于人。

二、无为无作① 素心②清逸③

【原文】

钓水逸事也，尚持生杀之柄；弈棋④清戏也，且动战争之心。可见喜事不如省事之为适，多能不若无能之全真⑤。

【注释】

①无为无作：泛指不造作，不卖弄，顺应自然。②素心：本心，纯洁的心地。③清逸：指清新脱俗，清闲安逸，亦指人的品格不受世俗污染。④弈棋：亦作"弈碁"。"弈"古指围棋或下围棋，亦指博弈、对弈。即指下棋。⑤全真：真指本性、本原。即指保全天性。

【释义】

在水边垂钓本来是件有闲情逸致的事情，然而在这个高雅的活动中却手握着对鱼的生杀大权；对弈下棋本来是件很静思雅致的事情，然而在这清逸的娱乐中却始终牵动着争斗制胜之心。可见，喜好多事者不如无事本分者更为悠闲适趣，多才多艺者不如平凡无才者更具质朴本性。

【浅析】

"巧者劳而知者忧，无能者无所求，饱食而遨游，泛若不系之舟，虚而遨游者也。"学会随缘才能求得静心，懂得顺其自然才能潇洒自在。能工巧匠因自身的技艺超群多有付出而疲顿不堪，智慧聪明的人因穷思极想而多有忧虑，而平庸无才的人更容易做到少欲心静，身心自在，得失随缘，心静事简，鼓腹而游，犹如没有缆索而漂泊的小船，这才是心境虚无而自在遨游的人。

"钓水"，即静坐河边钓鱼，远离浮华喧嚣所带来的烦恼，抛开世间繁杂琐碎的事情，可以说是件高雅的事情，然而手握鱼竿栖钓，却有操弄杀生的权柄，倘若心存捕取大鱼的贪欲，则仍有趋名逐利和患得患失的杂念。"弈棋"，即棋布错峙，这不仅能切磋棋艺，还能锻炼逻辑思维能力，更能增进友情。然而如果是看重成败胜负，心存博弈，非要争个你死我活、谁强谁弱，既伤了相互间的情感，也有害身心健康，更容易失去纯真的天性。欲望是束缚正确思考和决断的最大障碍，如果欲望太强，不仅会使自身的头脑昏聩而不明事理，也会吞噬已有的幸福。钓水切忌心存杂念，弈棋切忌潜藏杀机。因此，喜好多事不如少事，少事不是不做事，而是本分做人、踏实做事，少事更易修得清净心；多能多技不若平凡无才，无才更易保持纯真质朴的本性。而"素心清逸"才能活出自我。

三、春是幻境　秋见真吾①

【原文】

　　莺花②茂而山浓谷艳，总是乾坤之幻境；水木落③而石瘦崖枯，才见天地之真吾。

【注释】

　　①真吾：指真实的我。喻脱去外相本质的我。南宋·翁森《四时读书乐·秋》："木落水尽千岩枯，迥然吾亦见真吾。"②莺花：指莺啼花开，泛指春日景色。唐·杜甫《陪李梓州等四使君登惠义寺》："莺花随世界，楼阁倚山巅。"③木落：指树叶凋落。

【释义】

　　春日里的莺歌燕语百花盛开，为山谷平添了一派浓郁艳丽的景致，但这些终究是大自然的一种虚幻情景；秋末的河水干涸草木凋零，更呈现一片石峰瘦峭崖壁瘠瘠枯的景象，此时才能看到天地间自然的本来面目。

【浅析】

　　"不以物喜，不以己悲。"既不会因为自身所获得的外物或是些许的进步而感到喜悦，也不会因为个人损失的外物或遭遇失意而感到悲伤，这强调的是以一种平和的心态去面对现实。春日里的莺歌燕语百花盛开也好，秋日里的河水干涸草木凋零也罢，展示了大自然的变化既有艳丽的一面，也有素淡的一面；既有虚幻，也有真实等。同理，人生之路也随时在改变，并不都是一帆风顺，既有逆境与顺境，也有坎坷与平坦；既有挫折与进步，也有失败与成功等。在逆境、坎坷、挫折和失败面前切记不要垂头丧气、萎靡不振，也不要失态，要坚定信心，振作精神；在顺境、平坦、进步和成功面前切忌高傲自大、趾高气扬，要低调做人，踏实做事，谦虚谨慎，要保持内心平静，不要丢失自然本色。人之形态，有外貌与心灵之分，简而言之，有外在的漂亮和内在的美。五官端正、眉清目秀、身体健硕等，可谓外表；而举止大方、谈吐文雅、恭而有礼、心态平和等是一种内在美，也是自身修养的呈现。容貌可以美饰，但遮掩不了本色；恪守道德品行端正，腹有诗书气质自见。"春是幻境，秋见真吾"，心存天地自然，娴静意趣皆可得，其旨是以大自然的变化来说明对功名利禄、富贵荣华等的虚幻不实之物无须抱有奢求与妄念，否则，将难以摆脱俗累。要懂得守清宁则明，居安乐寻常的道理。如此做人做事，既可以保持质朴无华，恬淡寡欲，也可以消除不必要的烦恼和忧愁，对修养身心大有裨益。

四、世路广狭①　皆为自造

【原文】

　　岁月本长，而忙者自促；天地本宽，而鄙者自隘；风花雪月②本闲，而劳攘③者自冗。

【注释】

　　①广狭：宽广和狭窄，亦指宽与窄的程度。《孙子兵法·始计篇》："天者，阴阳、寒暑、时制也；地者，远近、险易、广狭、死生也。"②风花雪月：原指自然景物，亦指四时景致。此喻赏花品景。③劳攘：指纷扰，纷乱，烦躁不安，劳碌。

【释义】

岁月本来就是很漫长的，然而忙碌的人却总是觉得时光很短暂；天地本来就是很辽阔的，然而心胸狭窄的人却把自我局限起来；风花雪月本来就是闲趣的，然而劳碌的人却认为观赏它是徒劳无益的。

【浅析】

"夫天地者万物之逆旅也；光阴者百代之过客也。而浮生若梦，为欢几何？"大自然是万物得以生存的基础，其天地已然是万物的客舍，大自然也给予了人类一切赖以生存的条件。人们遵循着大自然的运行规律，懂得"日出而作，日落而息，凿井而饮，耕田而食"，朴实的语言，道出了人类的智慧和生活中的辛勤劳作、自给自足与休憩。因此，时光最易流失，是古往今来的过客。人的寿命不过数十年，甚者百年余，即使世事不定，切忌浪费时光、荒废人生，应该做点平凡而有意义的事情，不仅要体悟其中的乐趣，也要踏踏实实、循序渐进、劳逸结合。由此可见，生命的长短全在自己的心态，时间的长短皆由自身把握，但是这一点往往被忽略。岁月本来是很漫长的，然而那些操劳忙碌的人却总会觉得时间很短暂，即便整日埋头苦干，也难以完成人生的初衷或夙愿，但仍会感到内心非常充实。"耳目之见，善用之足以广其心，不善用之适以狭其心"，自然界本是广阔无垠的，然而心胸狭隘的人只知自我局限，遇事或是忧愁万千，或是萎靡不振，或是意志消沉。其实是"天下本无事，庸人扰之为烦耳"，而这些烦恼与痛苦都是由于心胸狭隘产生的，如此枉费人生毫无价值和意义。大自然中充满有活力的生灵。譬如，山山水水、一草一木的美丽景致不仅能够使人心情愉悦、神清气爽，也能使人心胸开阔、豁达，然而只知劳碌或是心浮气躁、焦虑不安的人却认为欣赏这些是一件徒劳无益的事情。所以，人生之路的宽广与狭窄、喜悦与忧愁、开朗与抑郁、轻松与紧张等心态的起伏变化，皆在一念之间，"世路广狭，皆为自造"，切记珍爱生命，使生活更加充实。

五、盆池得趣①　屋下会景

【原文】

　　得趣不在多，盆池拳石②间烟霞具足；会景③不在远，蓬窗竹屋④下风月自赊⑤。

【注释】

　　①**得趣**：指领会情趣，亦指获得乐趣。②**盆池拳石**：指宛似盆宽之池，拳幅之石。借喻空间狭小。③**会景**：会，赏会。此指观赏领悟自然景致。④**蓬窗竹屋**：蓬窗，遮蔽风雨和阳光的东西，用竹篾、苇席、布等做成；竹屋，用竹子做材料建造的房屋。泛指简陋的小屋。⑤**自赊**：赊，宽松，松缓。即指自觉松弛。

【释义】

　　能使人获得自然情趣的东西并不在于多寡，只要有一方小水池和拳头般大的怪石相配，便足以享受到云烟日霞的湖光山色；能使人领悟大自然的景致并不在于远行，只要静坐在竹屋茅檐下沐浴于明月清风中，自然会使人感到神清气爽，悠然自得。

【浅析】

　　"居城市中，当以画幅当山水，以盆景当苑囿，以书籍当朋友。"生活的状态取决于自身的心态，保持内心的清净，烦恼自然消去，用心体会生活，才能享受到其中的乐趣。大自然的景致在生活中随处可见，无论是画幅中的繁花似锦，苍松翠柏，山明水秀，云舒霞卷，烟波浩渺，重峦叠嶂，还是一方水池与拳头般大小的怪石交织而成，只有内心清净的人才能领悟其中的美。而大自然的情趣在生活中随处可见，无论是盆景般大小的范围，还是竹屋茅檐下的明月清风，只有心怀恬淡，富有闲情逸致的人才能领略到其中的奥妙，自然也会感到身心愉悦、怡然自得。换言之，追逐身外之物的人，沉迷于功名富贵；而情趣高雅的人，多有寄情于山水之间、回归自然的质朴情怀，两者的趣向不同，所以对生活的感受也就迥异。"结庐在人境，而无车马喧。问君何能尔？心远地自偏。采菊东篱下，悠然见南山。山气日夕佳，飞鸟相与还。此中有真意，欲辨已忘言。"人生能以书为伴，自会悟得书中的乐趣。求知研习则需笃学精进，生活亦需新意、追求和志趣，但不可有一丝奢望和贪欲，做人做事既要有度，又要适可而止；既要心态平和，又要知足常乐。如此才能感悟到"盆池得趣，屋下会景"的寓意。

六、观澄潭月　见身外身

【原文】

听静夜之钟声，唤醒梦中之梦；观澄潭之月影，窥见①身外之身②。

【注释】

①窥见：指暗中看出或觉察到。黎靖德《朱子语类·易

407

五》："这个道理直是自然，全不是安排得，只是圣人便窥见机缄，发明出来。"②**身外之身**：佛教语。指由正身变化产生出来的身体。此喻人的品德、灵性。

【释义】

清听在夜深人静时从远处传来的钟声，可以把我们从人生虚幻的梦境中唤醒；静观清澄的潭水中倒映着明澈的月影，可以觉察到我们肉身之外的自我本性。

【浅析】

"云烟影里见真身，始悟形骸为桎梏；禽鸟声中闻自性，方知情识是戈矛。"在云影烟雾中显现出真正的自我，这无疑是体现出内心的平静。而在人生路上坚守一颗清静之心，在生活中保持头脑清醒，才能明白原来肉身是拘束人的东西。倘若能捕捉到这一感悟的瞬间，就能够懂得如何排除外物的诱惑，去除世俗的物累，而感到豁然开朗。在鸟鸣声中清悟到自然的本性，而这也反映出内心的清净，因此才能得知自身的杂念和欲望都是攻击人的戈矛，每当此时，最易明白如何摒弃尘世的俗累，身心更会感到格外轻松愉悦。由此可知，经常扪心自问，对于调整情绪的重要性不言而喻。同理，在夜深人静、心境平和的时候，细听从远处传来的钟声，声声清越入耳，更会惊醒梦中人。此时，最易使人认清自我，明心见性；静观倒映在清澄的潭水中明澈的玉轮，以水镜照心，静思默想，可以明鉴肉身之外的自我本性。正所谓"观澄潭月，见身外身"。在生活中静下心来，仔细观察就会识悟到事物的本相，只有经常反躬自省、透视人生，陪伴心灵、清净自身，才能不断地提高自身的素养，从而完善自我。

七、天机清澈　触物会心

【原文】

　　鸟语虫声，总是传心①之诀；花英②草色，无非见道③之
文。学者要天机④清澈⑤，胸次玲珑⑥，触物皆有会心⑦处。

【注释】

　　①传心：佛教禅宗指传法。初祖达摩来华，不立文字，直指
人心，谓法即是心，故以心传心，心心相印。此喻心领神会。②花
英：英当动词用，是开放的意思。喻花开似锦。③见道：佛教
语。指初生离烦恼垢染之清净智，照见真谛者，即见道。此喻
洞彻真理，明白道理。④天机：此指灵智、灵性。《庄子·内
篇·大宗师》："其耆欲深者，其天机浅。"⑤清澈：此指明
察，清楚明白。《楚辞·九章·惜往日》："君含怒而待臣兮，
不清澈其然否。"⑥胸次玲珑：胸次，内心、心胸、胸怀；玲
珑，灵巧、敏捷、明彻貌。此喻心思敏捷或光明磊落。⑦会心：
指领悟于心，亦指领悟、领会。南朝宋·刘义庆《世说新语·言
语》："简文入华林园，顾谓左右曰：'会心处不必在远，翳然
林水，便自有濠濮闲想也。'"

【释义】

　　鸟语清脆虫声唧唧，总之都是相互间传递心声的口诀；花开
争艳、草色青葱，这些无不蕴藏着洞彻真理的文采。而读书做学
问的人，既要保持心灵清净明澈，又要做到胸怀光明磊落，如此
触景接物才能从中有所体悟。

【浅析】

"茅檐外，忽闻犬吠鸡鸣，恍似云中世界；竹窗下，唯有蝉吟鹊噪，方知静里乾坤。"浓厚的乡土气息和田园式的风光，会使人感到更接近大自然。譬如，忽然听到茅屋外面的鸡鸣犬吠，便会使人感到好像身在远离尘嚣的云中世界；从半开的竹窗下面传来的蝉吟鹊唱中，才知道静谧之中的天地之大。无论是鸡鸣犬吠，还是蝉吟鹊唱，或者是"鸟语虫声"，看似一种自然现象，其实都是相互间传递心声的口诀，只有静下心来，才能体会到其中的情趣。"花英草色，无非见道之文"，红花绿叶亦含情，这是大自然的馈赠，蕴藏着洞彻自然的文采，观赏之余，不知不觉间感到俗念渐消，田园之情潜生。长期生活在城市的喧嚣环境中，总想着让生活的节奏慢下来，寻觅一处宁静惬意之地，当置身于田园风光的环境中，就容易产生乐而忘返的念头。可谓触景生情，无论是清静的环境，还是质朴的乡风，都会使人感到轻松愉快。也正是尘心未了不思归，因有田园乡情忆心田。人生路上的一情一景，皆存乎一心。其实，只要内心平静，即使是生活在嘈杂喧闹的城市中，也能觅得一隅安乐之处。一个重视品德修养、笃实好学的人，只有保持心灵清净明澈，做到胸怀光明磊落，亲近大自然中充满活力的生灵，将理论与实践相结合，才能对大自然产生真实情感。通过亲力亲为，才能不断地体会到大自然为人类谱写美妙的诗篇提供的无尽的素材，自然界中的"鸟语虫声，花英草色"，以及山清水秀、云光霞影等一幅幅自然生动、绚丽多彩画卷，往往比世人笔下的文字表述、措词捶句等的诗篇辞赋更为精彩，寓意更为深刻，只因"天机清澈，触物会心"！

八、不以神用^①　何以识趣

【原文】

　　人解读有字书，不解读无字书^②；知弹有弦琴，不知
弹无弦琴^③。以迹用^④，不以神用，何以得琴书之趣？

【注释】

　　①神用：指精神、智能的功能。②无字书：泛指绘本书籍等
的深邃内涵。此喻经过生活实践后掌握的知识。③无弦琴：指没
有弦的琴，引申为闲适归隐之意。④迹用：迹，迹印、陈迹。此
喻多运用于形体。

【释义】

　　世人只知道理解有文字的书，却不懂得去研读没有文字的
书；世人只知道弹拨有琴弦的琴，却不知道去弹拨没有琴弦的
琴；世人只知道运用有形的物体，却不知道用智慧去解悟无形的
物体，这样又怎能领悟弹琴与读书的真正乐趣呢？

【浅析】

　　"世之所贵道者书也，书不过语，语有贵也。语之所贵者意
也，意有所随。意之所随者，不可言传也，而世因贵言传书。世
虽贵之，我犹不足贵也，为其贵非其贵也。故视而可见者，形与
色也；听而可闻者，名与声也。悲夫，世人以形色名声为足以得
彼之情！"凡事如果能够用心去做，就会效果更佳！世人所重视
并认为珍贵的就是书，这是因为书中的言语有其可贵之处，但书
中的寓意容易被忽略。这就好比用眼睛看到的是形与色，用耳朵
听到的是名和声，如果认为通过所见所闻就能获得事物的真实情

况实在是可悲的事。因为，书中的寓意要通过知识的积累才能逐步了解。所以，要用心去解读，用智慧才能领悟。读书也要讲究方法，如果是读入书中而走不出来，就往往难解其意。大自然是一部博大精深的教科书，不去用心去体会很难悟得其中的奥秘；人的出生，是父母赐予吾之生命；人能维持生命，皆有赖于大自然赐予人类充足的生存养分；而生活实属不易，人生既要融入生活、取之生活，又要用于生活、得益于生活！生活中的智慧、哲理和情趣要用心才能领悟、体味到。"人之为学有难易乎？学之，则难者亦易矣；不学，则易者亦难矣。"探求知识、做学问的难易在于是否肯学，是否肯下苦功夫、持之以恒地去努力钻研，做与不做其难易结果截然不同。如果不知道去解读大自然和生活等这类无字之书的真谛，那么何以洞彻有字之书中的万般趣味？大自然中蕴藏着无尽的韵律之美，要用心去欣赏、去享受，然而人们只知弹拨有弦之琴，只知道缠绵弦韵，却不知弹拨大自然这架无弦之琴，何以悟得无弦之琴音韵的美妙之处？如此，又怎能感悟到弹琴与读书的真正乐趣呢？

九、心无物欲　坐有琴书①

【原文】

　　心无物欲，即是秋空霁海②；坐有琴书，便成石室③丹丘④。

【注释】

　　①琴书：指琴和书籍。喻文人雅士清风高节生涯常伴之物。

②霁海：霁，雨雪过后天转晴，亦指怒气消散，脸色转和。此喻

平静之海。③石室：指古代藏图书档案处，亦指神仙洞府。④丹丘：指神仙所居之处。

【释义】

内心毫无对物欲的贪求，就好像秋日的碧空和平静的海面那样清朗辽阔；静心坐下来有琴书为伴，就会像居住在天成洞府中的神仙一样悠游自在。

【浅析】

"处身者不为外物眩晃而动，则其心静，心静则智识明。"立身处世要能保持省身克己，心态平和实属难能可贵；生活中如果能不为利欲功名、荣华富贵等身外之物所迷惑、所束缚，必然是内心平静。只有内心平静才能做到心智开明、识见深刻，才能视名利如过隙，视荣华富贵如浮云，视宠辱如花开花落般的四季变化，视利弊得失如云卷云舒般的自然常态，如此境界，内心就会像秋日的碧空、平静的海面那样清朗辽阔。"名利萦牵，山水皆归自浊；志趣旷达，市朝亦觉幽清。"这是内心有无利欲功名的鲜明对比，倘若内心被名利所萦牵，山水皆要归纳为自然污浊；而心胸开阔，志趣高雅，即使是身处争名逐利的场所也会觉得清幽，如果能有暇以琴为友、以书为伴，就会像居住在天成石室丹丘中的神仙一样悠游自在。

<恬静无欲，悠然自得>：三国时期人嵇康，字叔夜。康早孤，有奇才，远迈不群。身长七尺八寸，美词气，有风仪，而土木形骸，不自藻饰，人以为龙章凤姿，天质自然。恬静寡欲，含垢匿瑕，宽简有大量。康尝采药游山泽，会其得意，忽焉忘反。时有樵苏者遇之，咸谓为神。至汲郡山中见孙登，康遂从之游。登沉默自守，无所言说。学不师受，博览无不该通，长好《老》

《庄》。常修养性服食之事，弹琴咏诗，自足于怀。

十、漏尽烛残^①　索然无味

【原文】

　　宾朋云集，剧饮淋漓，乐矣，俄而漏尽烛残，香销茗冷^②，不觉反成呕咽，令人索然无味。天下事率类此，奈何不早回头也？

【注释】

　　①漏尽烛残：漏尽，刻漏已尽；烛残，烛火所剩无几。此喻夜深或天将晓。②香销茗冷：香销，古代宴会常燃檀木生香的檀香已经烧尽；茗冷，泛指茶冷。

【释义】

　　宾客朋友相聚一堂，开怀畅饮尽兴欢乐，不久，人去场散、更深夜静，看到烛火所剩无几，檀香尽灭茶水已凉，不由得感到若有所失，变得毫无兴致可言。既然天下事大多是如此，为什么总是不能及早回头呢？

【浅析】

　　"心中无崎岖波浪，眼前皆绿水青山。知止自能除妄想，安贫须要禁奢心。"生活中的苦恼之事总是不断，倘若能做到静下心来，摒除贪念，烦恼自会消去；凡事适可而止，就能去除私心妄想，安贫需要禁止奢侈之心。久别的宾客朋友能够相聚一堂，开怀畅饮、尽兴欢乐本是一件幸事，因为这既是友情的延续，也

是情感的交流，虽然聚散终有时，快乐心常在，但是更珍惜的是这份情谊，这是人之常情。常宴、长筵会潜生心浮气躁，奢心妄念，因此，才会有人去场散、更深夜静，看到烛火所剩无几，檀香尽灭茶水已凉，不由得感到若有所失，兴味索然。所以，做人要知本分、有分寸，做事要有"度"、合情理，生活要懂得简约、质朴，处世要谦谨、平和，事理虽浅显易懂，但知易行难。"无病最利，知足最富，厚为最友"，身心健康对人生大有裨益，知足是人生最大的财富，结识忠厚、诚信的朋友是人生最大的幸福。懂得这个道理，做人就不会有短暂欢乐后的悲伤和孤寂，做事就会寓理于情，理自伸然，谂知得势勿骄横，得意勿忘形，诸事得休便休，不可尽兴。若非如此，则会乐极生悲，福极生祸，万事极则必反。为人处世若能做到泰然自若，且能保持头脑警醒，懂得做事要有条不紊、恰如其分，则既不会成"呕咽"之感，也不会索然寡味，更不会有烦躁郁闷、追悔莫及的懊恼。

十一、会个中①趣　破眼前机

【原文】

　　会得②个中趣，五湖③之烟月尽入寸里；破得眼前机，千古之英雄尽归掌握。

【注释】

　　①个中：指此中，其中，这当中。②会得：指能理会，懂得。③五湖：古代吴越地区湖泊，江南五大湖（菱湖、游湖、莫湖、贡湖、胥湖，皆太湖东岸五湾为五湖）的总称，近代一般以洞庭湖、鄱阳湖、太湖、巢湖、洪泽湖为"五湖"。

【释义】

能解悟事物其中的意趣，五湖有的霞光烟月尽入寸里；能看破眼前事物的机妙，千古英雄的谋略尽在掌握。

【浅析】

"人有一字不识，而多诗意；一偈不参，而多禅意；一勺不濡，而多酒意；一石不晓，而多画意。淡宕故也。"凡事静心去做，自然能得悟其中的意趣。一字不识得而多有诗意，一偈不参悟而多有禅意，滴酒不沾唇而多有酒趣，目不赏一石而多有画意，这些都是因为优游恬淡，而得其"意"存于心。倘若功利心重，则难以体会诗的意境，因为诗意寓于情，"处静"才能生情，"静"才能曲尽其妙；六尘不断，既无清空安宁的心，何以体会禅意；酒里蕴含着情趣，若不用心去体味，何以解悟酒意；画意触处皆是，倘若心无旁骛，五湖四海的山川美景自然领悟于心，便会笔下生辉。人生之路要尽力做到沉着冷静、理智有度、平和自然、脚踏实地，这样既能体悟到生活的情趣，也能识得人生的深刻哲理。面对人生不同阶段的具体状况，以平和的心态积极地去适应"新常态"，才能识破眼前的机用，不断完善自我，为人生之路夯实基础。生活过得入趣时，豁然开朗；读书读到入理时，顿开茅塞，事同此理，情同此心。正因如此，当人处在关键时刻时，才会把握时机而更富有创造力。

<顺应自然，会个中趣>：春秋时期人仲由，字子路，又字季路。子疾病，子路请祷。子曰："有诸？"子路对曰："有之。《诔》曰：'祷尔于上下神祇。'"子曰："丘之祷久矣。"又，子曰："饭疏食，饮水，曲肱而枕之，乐亦在其中矣。不义而富且贵，于我如浮云。"

十二、非上上智^①　无了了心^②

【原文】

山河大地已属微尘，而况尘中之尘；血肉身躯且归泡影，而况^③影外之影。非上上智，无了了心。

【注释】

①上上智：指最高的智慧。②了了心：指心里明白、彻悟、清楚。③而况："况"为连词，表示更进一层。即指连词何况。

【释义】

山河大地相对于宇宙的空间而言，已属于一粒细小的尘埃，更何况尘世之中的那些尘俗之事；血肉之躯相对于无尽的时间而言，只属于短暂的一团泡影，更何况功名富贵等身外物的泡影。倘若不具有至高的智慧，就不会有彻悟事理的心。

【浅析】

闲云自卷舒，悠然自适；芳树任枯荣，静心观物，生活中既要保持平静的心态，又要顺应自然。山河大地只不过是宇宙中一粒细小的尘埃而已，更何况尘世之中的那些尘俗之事，相比之下更显得渺小，因此，没有必要把凡情俗事看得太重。在现实生活中，无论物质条件好与差，只要内心能够满足和安详，就是生活在幸福之中，真正在享受生命。如果内心总是焦躁不安，那么这种生活无疑是对生命的一种煎熬。所以，只有保持内心安详，才能有"一蓑烟雨任平生"的旷达心态，也就是人生的真谛。做人既要明事理，又要会生活，更要学会摆脱与克服人生路上的障碍和困难，对待物质生活切记不可奢求，要做到简约质朴；而对于敦品励学，提高自身的素质，加强自身的修养等不可不求，还要做到持之以恒。处在顺境的时候，要保持头脑清醒，低调做人，踏实做事；处在逆境的时候，要坚定信心，振作精神，反省自我，总结经验，以利前行。如此，始终拥有安详平和的心态，才能恪守自然纯朴、勤勉不懈的本性。而皮肉与血液结合而成的人体相对于无限的时间而言，只属于短暂的一团泡影，更何况功名富贵等身外之物只不过是泡影之外的一个影子罢了，这些都会随着身躯的衰老枯竭而结束。如果能彻悟这个道理，那么为人处世就不会固执任性、刚愎自用了，反而能处世平和、泰然自若地对待人生。人对于生死、得失、荣辱、贫富等要看淡些，要能克制人性中的弱点，豁达地对待这些问题。看似简单的事情实则蕴含着高深玄妙的哲理，若非智慧高深的人很难深切领会其中的奥妙。亦即"非上上智，无了了心"。只有能够静下心来的人，才知道如何去做人做事；只有知道自己生活在幸福中的人，才知道如何去生活。

十三、光阴几多　何争名利

【原文】

石火光中①争长竞短，几何光阴？蜗牛角上②较雌论雄，许大世界？

【注释】

①石火光中：指以石敲击，迸发出的火花闪光，其闪现极为短促。借喻人生短暂。唐·白居易《对酒五首》："蜗牛角上争何事，石火光中寄此身。"②蜗牛角上：指蜗牛角上的些许空

间。此喻狭窄之地。

【释义】

在石火闪光般短暂的人生中争长论短，又能争到多少光阴？在蜗牛触角般狭小的空间里一决高下，又能夺得多少地盘？

【浅析】

"耳目宽则天地窄，争务短则日月长。"生活中的每一天都在接触外界，包括与人打交道，处理与工作、生活、学习和家务等相关的事情，要去了解具体情况是必不可少的。但是过多地去听、去看，不仅是自己的心理在作怪，而且是对他人的不尊重，会引起他人的反感，与此同时，也会消耗自身的精力，更是浪费时间。而所听到的、所看到的事物往往是有限的，于是便会觉得天地间非常狭隘，如此立身处世，会渐渐变得量小心窄。换言之，如果能够正确面对人生，以诚待人，克己慎行，保持理智，不去争名逐利，不被物欲所蛊惑，始终保持一种从容淡定的心态，时间就会显得悠长。前后两者对比，是否能够做好自我，全在控制自心。石火电光的转瞬即逝与无限的时间相比孰长孰短，不言而喻；蜗牛触角上的肤寸之地与广袤无垠的宇宙空间相比孰宽孰窄，一目了然。在短暂的人生中争长论短，又能争到多少光阴？同样，在狭小的空间里一决高下，又能夺得多少面积？在短暂的人生中去争，不如调整好心情，客观面对现实；在狭小的空间里去夺，不如放平心态，做到淡然处之。"知人者智，自知者明。胜人者有力，自胜者强。"凡事能够换位思考，理解和认识他人，才能懂得如何与人和睦相处，这是一种智慧；能够认识和把握自我，才能做到谨言慎行，这是聪明之举；能够战胜他人，仅仅是一种力量，而能够克制住自心、战胜人性的弱点才能彰显

419

出自身的能力，如此，才不会"争长竞短，较雌论雄"。人生短暂，要懂得珍惜时光，热爱生活，关爱他人，珍爱友谊，做人做事不要去计较得失利弊，要做到顺其自然，保持一颗平常心。

十四、寒灯槁木　过犹不及①

【原文】

寒灯无焰，敝裘②无温，总是播弄光景；身如槁木，心似死灰，不免堕落顽空③。

【注释】

①**过犹不及**：过，过分；犹，像、同、犹如；不及，达不到。即指事情做得过头，就跟做得不够一样，都是不合适的。《论语·先进》："子贡问：'师与商也孰贤？'子曰：'师也过，商也不及。'曰：'然则师愈与？'子曰：'过犹不及。'"②**敝裘**：指破旧的皮衣。③**顽空**：佛教语。指一种无知无觉的、无思无为的虚无境界。喻只知逃避现实而冥顽不化的意味。

【释义】

寒夜中的孤灯已经毫无光焰，破旧不堪的皮衣早已无温暖，总是感觉到造化在捉弄世人；衰弱的身体犹如干枯的木头，空虚的心灵好似烧完的灰烬，这种人不免要陷入冥顽之中。

【浅析】

"为草当作兰，为木当作松。兰秋香风远，松寒不改容。"人们喜欢兰草，也喜欢青松，是因为兰草的高洁、素雅，幽香清远，发乎自然；青松的傲雪凌霜，从容自若，千载挺立，不改其容。所以，为人处世要学做幽草寒松，不仅要存君子之心，行立德之事，更要意志坚定，矢志不渝。内心的淡定、坚强和从容既是一种境界，也是一种修养。相反，当有些人遇到点滴的挫折或困难的时候，动辄便说看破红尘，随之造成的是精神上的萎靡不振，搞得身心疲惫不堪，这种行为既丧失了自身的意志品质，也是对自己人生最不负责任的做法。甚者一味执空，以"身如槁木，心似死灰"的态度去生活，犹似孤灯在寒夜里摇摇欲灭，更有破衣裹身毫无温暖可言。非但如此，还要执意追求淡泊与简约，如此等等，不仅凄凉乏味，而且丝毫没有生活的情趣。此时宜当警醒，调整心态，鼓起勇气，直面人生；即使已经看懂，也要思而后言，既要领悟透彻，又要审慎行事；静心常思过，语出无是非，以平常心去生活。而自持极端空寂的人生态度，于人无益，于己不利；相反，也不要刻意求取物极、乐极和盛极，因为"极"即是远福而趋祸，同时，切忌矫枉过正。

十五、得休便休^①　了^②时无了

【原文】

人肯当下休，便当下了。若要寻个歇处，则婚嫁^③虽完，事亦不少。僧道虽好，心亦不了。前人云："如今休去便休去，若觅了时无了时。"见之卓矣。

【注释】

①得休便休：休，停止，终止或结束。即指能停止就停止，适可而止，留有余地。②了：指完结，结束，了结，断，决断。

③婚嫁：指结婚嫁娶，是人类为维持社会秩序，延续人类文明的一种仪式礼节。南北朝·颜之推《颜氏家训·后娶》："前妻之子，每居已生之上，宦学婚嫁，莫不为防焉，故虐之。"

【释义】

人在做事时，若要就此罢手，便要立即结束。若要找个机会再停手，就好像婚礼虽办完，但以后的事还会不少。僧侣道士虽然好当，但是俗情凡心很难全消。古人曾说："如果现在能够罢手便要立刻罢手，若要找个机会结束就永远没有结束的机会。"可谓真知灼见啊！

【浅析】

"如今休去便休去，若觅了时无了时。"古人简单的一句话，揭示了做人要恬淡寡欲，省身克己，大度包容，谦虚谨慎；做事要懂得当机立断，恰如其分，有条不紊，进退有法，其寓意深刻，不言而喻。无论"休"，还是"了"，既是一种心态，也是一种修行；既是一种境界，也是一种能力，更是一种智慧。暂停虽然是瞬间的放松、休憩、调节情绪，但有益于身心健康；而罢手或是结束即是对事情有了充分的认识和深刻的了解之后做出的决断。要想好，就要了，优柔寡断何时了？人在做事的时候，若要就此罢手，便要立即结束。如果要找个机会再停手，就好像婚礼虽办完，但以后的事还会不少。另外，如果是心里打算停止眼下正在做的事情，其实内心已经停了下来，也许内心早已不在执着于此事；倘若犹豫不决或是打算另择良机再去了结当下所做的事情，或将永远没有了结的机会。所以，凡事如果要罢手的时候就要痛下决心，立即结束。生命短暂，世事无常，要想追求完美，就要接受不完美之事，这既是一种平和的心态，又是成熟豁

达的人生境界。做事不仅要踏实稳健，而且要当断则断，才能珍
爱生命，珍惜时光，才是对人生的负责，减少或避免留下遗憾！

十六、冷观世事^①　从冗入闲

【原文】

从冷视热，然后知热处之奔驰^②无益；从冗入闲，然
后觉闲中之滋味最长。

【注释】

①世事：指世上的事、人情世故。②奔驰：此指奔波、奔走。

【释义】

从名利场中退出后，再用冷静的眼光去观察它，才知道为热
衷名利而奔波劳碌毫无裨益；从繁忙中闲下来，再回顾紧张的生
活节奏，才会感觉到安闲自在的生活滋味最为悠长。

【浅析】

"世事静中见，人情淡始长。"生活中免不了会遇到这样
或那样的事情，虽然世上的事情千头万绪、错综复杂，但是个人
所能接触到的事情很有限，不过足以让你去应付。每个人都处在
克服困难，解决矛盾，尽心安排，妥善处理等过程中，求生存、
求发展，同时，在不断地总结以往，认识自我，看淡世事，珍视
情谊。生活中只有保持宁心静气、头脑清醒，才能厘清思路，辨
别事物的真伪，认清其来龙去脉。人与人之间要保持心理上的距
离，才能长时间地融洽相处，其友谊才能更久远。但是人生之路

并非如此简单，往往要经历从无知无惧到有知有畏，不同的生活基础、不同的成长环境、不同心态的人，会有不同的生活方式；同一个人处在不同的年龄时段、不同的生活阶段，也会有不同的生活方式。当真正能够体味到有滋有味的生活时，才是拥有了一种平和的心态，才是一种成熟的人生境界。世事无常，未来难以预料，所以无法执着于心，最好的方法是懂得在适时应务的时候放得下，不去争名夺利、贪图享乐，自然会有一份安闲自得。诚然，只要内心不存任何奢望，人生就并非那般忙碌。生活中如果能多一些平静，少一些功利，自然能够体会超然物外的洒脱。人若处在名利场中，将永远不会觉得热衷于争名夺利毫无意义，只有退出之后，才能看清、彻悟这其中的道理；如果不能从繁忙而紧张的环境之中走出来，将永远不会体会到悠闲自得的人生趣味。亦即"当局称迷，傍观见审"。人生的真谛要从冷静和闲适中细细品味，而酸甜苦辣的人生百味固然丰富多彩，但当尝过之后才体悟到真淳意趣竟来自最平淡无奇、朴实无华的生活。

<从冷视热，奔驰无益>：宋人有曹商者，为宋王使秦。其往也，得车数乘。王说之，益车百乘。反于宋，见庄子曰："夫处穷闾阨巷，困窘织屦，槁项黄馘者，商之所短也；一悟万乘之主而从车百乘者，商之所长也。"庄子曰："秦王有病召医。破痈溃痤者得车一乘，舐痔者得车五乘，所治愈下，得车愈多。子岂治其痔邪？何得车之多也？子行矣！"

十七、浮云富贵[①]　醉酒耽诗[②]

【原文】

有浮云富贵之风，而不必岩栖穴处[③]；无膏肓泉石[④]之癖，而常自醉酒耽诗。

【注释】

　　①浮云富贵：浮云，飘浮的云彩。指把富贵看成飘浮的云彩。喻把名利地位看得很轻。《论语·述而》："子曰：'饭疏食，饮水，曲肱而枕之，乐亦在其中矣。不义而富且贵，于我如浮云。'"②醉酒耽诗：醉酒，喝醉了酒的状态；耽，沉溺、入迷。此指借酒兴作诗。③岩栖穴处：指隐居深山洞穴中。《韩非子·诡使》："而士有二心私学，岩居穴处，托伏深虑。"④膏肓泉石：膏，心尖脂肪；肓，心脏与膈之间。喻难治之症。泉石，山泉林石，形容热爱林泉山石已成为难易的癖好。即指隐居不愿为官。

【释义】

　　若能有视富贵如浮云的风骨，就没有必要再到深山洞穴中去修身养性；若对林泉山石无特殊的爱好，而经常沉醉于饮酒赋诗中也别有一番情趣。

【浅析】

　　"饭疏食，饮水，曲肱而枕之，乐亦在其中矣。不义而富且贵，于我如浮云。"凡事若能顺其自然，便能体悟到其中的情趣。对于生活中的饮食并不追求山珍海味等美味佳肴，当饿了的时候，只要食些粗粮，喝些白水，就满足了；当困乏的时候，弯着胳膊作枕头睡，也是乐在其中。这既是一种知足的心态，也是一种气度，能够达到怡情养性的功效。如果是用不正当的方法求得的富贵，就犹如天上的浮云。反过来讲，如果能有视富贵如浮云的风骨，就没有必要再到深山洞穴中去修身养性。此语道尽人生的真谛。就富贵而言，是世人皆向往的，而求之要能保持良好的心态，要遵守做人的原则，更要规矩去做事，要在正道上去努力、求进步，在实现自身的人生价值的同时更要注意修身进德。正所谓"君子爱财，取之有道"。倘若没有视"浮云富贵"如此崇高的人生境界，却执意要到深山洞穴中去修身养性，多有作秀之嫌。而对山泉林石毫无兴趣的人，又何必非要去远足登山观景？倘若作为一种锻炼，也是一种说法，否则不如经常品酒赋诗，更有一番意趣。诚然，做人做事大可不必去追求某种形式，而平淡朴实、脚踏实地的生活才是自我心性最本质的行为。

十八、恬淡①适己　身心自在

【原文】

竞逐听人，而不嫌尽醉；恬淡适己，而不夸独醒。此释氏所谓"不为法缠②，不为空缠③，身心两自在"者。

【注释】

①恬淡：指人的性格恬静，清静淡泊。《庄子·外篇·天道》："夫虚静恬淡寂漠无为者，天地之平而道德之至也。"②法缠：法，处理事务的手段、做法或效法；缠，束缚、牵绊。此指因循守旧。③空缠：空，虚幻不实，空泛之理。此指为空泛之理所束缚。

【释义】

任凭别人争名逐利无须加以理睬，但不要因为别人醉心名利而嫌恶去疏远他；恬静淡泊是为了适合自身的本性，但不要因此夸傲自己独清独醒而自恃清高。这就是佛祖所言："既不被事理所牵绊，也不被虚幻所束缚，这样才是达到了身心都能悠然自在的境界。"

【浅析】

"无为其所不为，无欲其所不欲，如此而已矣。"明事理并能够做到自律，才能有一份担当，也就知道了不做不该做的事情，谨言慎行，不想不该想的事情，不起贪心，不生妄念，本分做人，踏实做事，如此才是心平气和。所以说，自律既是一种积极的生活态度，也是一种人生修养，更是一个做人的准则。只有心态平和，才能做到对别人争名逐利之事不予理睬，也不会因为别人热衷于名利而嫌恶、疏远他；并且，能保持恬淡寡欲而不自恃清高。然而世事无常，在生活中往往很难做到内心平静，也就难免潜生"竞逐"之心。一旦心生攀比，杂念丛生，就会被尘世的物欲所牵累、诱惑，轻视亲情，忽略友谊，而看重的只有功名利禄，更会为此费尽心机、争名逐利而执迷不悟。对此，适时地提醒也好，顺其自然也罢，关键是自身要能觉悟。做人做事要头脑清醒、内心平静，如此，既不会浮夸炫耀唯我独醒，也不会受其影响而为功名忙于奔波，更能保持恬淡寡欲，悠闲自适，恪守一颗平常心。正所谓"多欲为苦，生死疲劳，从贪欲起。少欲无为，身心自在"。内心清高的人切忌孤芳自赏，天赋聪慧的人切忌高傲自大、低调做人、踏实做事才是平和的处世心态。否则，既会受到负俗之累，也会变得饰智矜愚。生活中的五味杂陈，或是顺利或是坎坷，或是浮躁或是平淡，或是勇敢或是懦弱，或是快乐或是痛苦，等等，总是伴随着人的经历而留下不同的烙印。只要能摆脱烦闷苦恼、抛开凡尘杂念，以平和的心态面对人生，便会感到神清气爽，正是"眼内有尘三界窄，心头无事一床宽"。

427

十九、长短广狭　一念寸心

【原文】

延促^①由于一念，宽窄系之寸心。故机闲者^②，一日遥于千古，意广者^③，斗室^④宽若两间。

【注释】

①延促：延，长时间；促，短时间。即指时间长短。唐·谢偃《听歌赋》："短不可续，长不可去。延促合度，舒纵有所。听之者虑荡而忧忘，闻之者意悦而情抒。"②机闲者：机，合宜之时；闲，约束、限制、调控。即指善于把控时间的人。③意广者：意，胸怀、内心；广，宽广、广博。即指心胸广博之人。④斗室：指小得像斗一样的房子，形容极小的屋子。南宋·王明清《玉照新志》序："因揭寓舍之斗室，屏迹杜门，思索旧闻，凡数十则，缀缉之，名曰《玉照新志》。"

【释义】

时间的长久与短促是出于主观的感受，空间的宽广与狭窄是由于内心的体悟。而对珍惜时间的人而言，即使是一天时间也堪比千古还长；而对心胸开阔的人而言，即使是斗室也犹如天地间那般大。

【浅析】

人们常用"时光荏苒"勉励自己或提醒他人，即说时间过得很快，要懂得珍惜；对时间也要吝啬一些，因为它稍纵即逝。而善于把控时间的人，他们懂得充分抓紧和利用每一分、每一秒去做些有意义的事情。因此，时间对于他们而言，即使是一天时间也堪比千古还长。所以说，时间既是有情，也是无情，这就要看自身如何对待它或者说能否善待生命、善待人生。自古就有"一年之计在于春，一日之计在于晨""一寸光阴一寸金，寸金难买寸光阴"等，由此可知古人对时间的重视程度。"斯是陋室，惟吾德馨。可以调素琴，阅金经"，屋子大小，实用就好；简陋与否，皆在自心。身在陋室，如果其主人的品德良好，就感觉不到简陋，平时既可以弹琴，亦可以读经，可谓悠然自适。人生之路布满荆棘，坎坷不平，保持一种积极、乐观的心态，全在自身的一念之间。心胸宽阔的人，懂得立身必先立德，做事必先做人的道理。所以，才能做到和光接物，既能保持平心静气，能不受外物的牵累与烦扰。反之，心胸狭隘的人，遇事多用心机，虽常有昨日之忧、今日之愁、明日之苦，但仍执迷不悟，以致身心俱损。就时间长短而言，皆源于内心感受，譬如，在愉悦之时会有"春宵一刻值千金"之情，在期盼之时会有"望眼欲穿"之心，在忧愁之时会有"愁眠觉夜长"之意，在心境平和之时会有"长得逍遥自在心"之趣等，而是否珍惜时光因人而异。换言之，在现实生活中，常会有平日多懊恼、千绪长萦身的人，持有这种心态并非因为遇到挫折或困境等，而是其内心的狭隘和郁结所致。倘若能够放平心态，懂得知足，了悟"淡泊明志、宁静致远"的寓意，其心胸自然豁达开朗。

二十、栽花种竹　心境①无我②

【原文】

损之又损③，栽花种竹，尽交还乌有先生④；忘无可忘⑤，焚香煮茗，总不问白衣童子⑥。

【注释】

①心境：佛教语。指清净之心、心情、心绪、意识与外物。②无我：佛教语，亦称非我、非身。即人是由五蕴（色、受、想、行、识）组成的，在这样的集合体中，没有常住不变的"我"，故谓无我。即指心无杂念，心无旁骛。③损之又损：损，减少。即指减少再减少。《庄子·外篇·知北游》："故曰：'为道者日损，损之又损之，以至于无为。无为而无不为也。'"④乌有先生：指虚拟的人名或事物。此喻子虚乌有。西汉·司马相如《子虚赋》："楚使子虚使于齐，王悉发车骑，与使者出畋。畋罢，子虚过姹乌有先生，亡是公存焉。"⑤忘无可忘：忘，舍弃；无，没有。即指排除杂念，忘尽所有。⑥白衣童子：泛指身着白色衣服的童子。南朝宋·檀道鸾《续晋阳秋》："王弘为江州刺史，陶潜九月九无酒，于宅边东篱下菊丛中，摘盈把，坐其侧，未几，望见白衣人至，乃刺史王弘送酒也；即便就酌而后归。"不问送酒其人。喻已经进入完全忘我的状态。

【释义】

把对物质的追求减少到最低限度，多从栽花种竹中来培养生活情趣，并将忧愁和烦恼都交还乌有先生；忘掉所有的凡情尘事和私心杂念，常从焚香煮茶中来体悟净心养性，从不问谁人送酒而进入忘我之态。

【浅析】

"利轻则义重，利重则义轻。利不能胜义，自然多至诚。义不能胜利，自然多忿争。"如何看待义与利的关系，即义与利孰轻孰重是生活中经常面对的问题，这其中包含了诸多内容，如对生活的态度，尊师重道，孝老爱亲，严己宽人，抱诚守真，恬静修身，简朴养德等。义与利犹如内心的一杆秤，当私心利欲不能胜于道德义理时，内心的真诚、质朴自然就会多一些；反之，如果是道义不能胜过利欲，其世俗杂念就会充满内心，便会万绪乱心机，纷争自然多。因此，义与利处理得当，则人生无悔，否则，会抱憾终身。义既是做人的标准和价值尺度，也是行为的准则和约束，更是磨炼人性的忍耐力和锻炼自身的意志力。只有处理好义与利的关系，义才能充分实现。"壁立千仞，无欲则刚"，看清了利欲也就看轻了利欲，看轻利欲并非不思进取，而是要通过自身的勤奋、刻苦和努力，取之有道、用之有度。同时，要有人生的志向、目标和规划，清楚想要做什么、怎样做，这样既不会不择手段，也不会潜生奢望。如此，人生自然会坦坦荡荡、悠然自得。持有这种平和的心态，便会有"发愤忘食，乐以忘忧"。人是否能够达到"超越自我"，要从本质上看，而不是突出其形式。顺应自然、做好自我并非要与世间隔绝，关键是要保持心净，笃志精进，敦本勉行，才能达到忘我的境界，认识到这一点自然就能够正确对待生活，把握好人生之路。

　　<潜心贯注，乐而忘忧>：东晋时期人陶渊明，名潜，字渊明，又字符亮，自号"五柳先生"。先生不知何许人也，亦不详其姓字。宅边有五柳树，因以为号焉。娴静少言，不慕荣利。好读书，不求甚解；每有会意，欣然忘食。性嗜酒，家贫不能恒得。亲旧知其如此，或置酒而招之。造饮辄尽，期在必醉；既醉而退，曾不吝情。环堵萧然，不蔽风日，短褐穿结，箪瓢屡空，晏如也。常着文章自娱，颇示己志。忘怀得失，以此自终。

二十一、知足^①仙境　善用生机

【原文】

都来眼前事，知足者仙境，不知足者凡境；总出世上因，善用者生机，不善用者杀机^②。

【注释】

①**知足**：知道满足，不做过分的企求或满足于已经得到的（指生活、愿望等）。《道德经》："知足者富，强行者有志；不失其所者久。"②**杀机**：此指致死之道。喻危机。

【释义】

对于生活中所遇到的各种事，能够知足的人就犹如生活在仙境一般快乐，而不知足的人则始终处在凡俗的世间；世上之事总有其机缘和因果，能善于运用的人自然能处处生机盎然，而不善于运用的人自然处处陷入危机。

【浅析】

"祸莫大于不知足，咎莫大于欲得。故知足之足，常足矣。"知足与否，皆在一念之间，知足，并非消极，而是一种积极的生活态度，也是一种修养，更是一种人生的境界。知足留一份平静、有一份愉悦、存一份幸福。反之，如果总是不知足就会趋祸远福，如果总是贪心不足就会造成人生最大的错误。而懂得满足，将会是人生的一大幸事。所以，在生活中无论遇到何种事情，能够做到适可而止、懂得知足的人，就犹如生活在仙境一般快乐；而不能控制自身贪欲、不懂得知足的人则始终处在凡俗的世间。懂得知足的人经常能得到快乐，懂得忍耐的人会有平安的

432

人生。忍是一种自律，也是一种豁达；是一种智慧，也是磨炼自身的意志品质，使内心更加强大。快乐、平安、健康、智慧、富足、幸福和意志力等都是知足者所拥有的。反之，若是不知足的人很难获得如此的幸福与快乐。因为不知足的人总是在挖空心思地为满足物欲而奔波忙碌，很难摆脱俗累，可谓"人心不足蛇吞象"，甚至是精神上的乞丐；而知足之人在生活中总能恬淡处之，乐观面对，悠然自得，这也是精神上的富有者。机缘与因果往往在于一念之间，却因人而异，在现实生活中，不知足的人经常为私欲而发愁，多为优柔寡断，处处危机；而知足的人不仅懂得什么是幸福，也能够乐观应对，能更准确、更及时地把握良机。两者的结果迥异。

<无欲自朴，知足常乐>：唐朝人孔若思。若思孤，母褚氏亲自教训，遂以学行知名。年少时，有人赍褚遂良书迹数卷以遗若思，唯受其一卷。其人曰："此书当今所重，价比黄金，何不总取？"若思曰："若价比金宝，此为多矣！"更截去半以还之。明经举，累迁库部郎中。若思常谓人曰："仕至郎中足矣！"至是持一石止水，置于座右，以示有止足之意。

二十二、守正①远祸② 恬逸淡久

【原文】

趋炎附势之祸，甚惨亦甚速；栖恬守逸之味，最淡亦最长。

【注释】

①守正：指恪守正道。《史记·礼书》："循法守正者见侮

于世，奢溢僭差者谓之显荣。"②远祸：指避免祸害。《旧唐书·列传·于志宁传》："然杜渐防萌，古人所以远祸；以大喻小，先哲于焉取则。"

【释义】

趋炎附势或许能得到一些眼前的利益，但是由此招致的祸害却是既凄惨又快速；恪守恬淡闲适的生活尽管会有些寂寞，但是因此所得到的生活趣味既平淡又久远。

【浅析】

"与屈己以富贵，不若抗志以贫贱；屈己则制于人，抗志则不愧于道。"骨气是一种品质与气节，也是一种自尊与自足，更是一种精神力量。有骨气的人高尚其志，不会以趋炎附势去追求荣华富贵，做人无愧于心，无愧于道义；做事能够谨言慎行，不为外物的诱惑所动，既不受物欲的羁绊，也不会因某种压力而感到恐惧。趋炎附势的人大多因为私利和贪欲而做出阿谀谄媚之事，或许能求得眼前的些许好处，也能满足暂时的私欲，但这其中多有悖礼犯义之处，甚至会波及或伤害他人。知此，或仍执迷不悟，或仍不思悔改，最终将铸成大错，轻者是为人所不齿，重者落得终身之恶。欲望是人的一种本能，但如果能够保持一颗清净的心，把握好欲望的"度"，以平和的心态去面对生活，就会轻松愉悦；倘若常能反躬自省，调整好自己的情绪，找出自己的不足与弱点，就能够将欲望转化为一种能量，不断进步，行稳致远。淡泊名利的人，尽管会感到些许孤寂，但仍能恪守做人的本分。做事踏实，生活简朴，待人诚信，重视礼让，恬淡寡欲，心无物累，人生就能够避开是非、全身远祸、怡然自得。

<质厚宽简，不为物累>：北宋时期人吕蒙正，字圣功。吕

文穆公以宽厚为宰相，太宗尤所眷遇。有一朝士，家藏古鉴，自言能照二百里，欲因公弟献以求知。其弟伺间从容言之，公笑曰："吾面不过碟子大，安用照二百里？"其弟遂不复敢言。闻者叹服，以谓贤于李卫公均匀矣。盖寡好而不为物累者，昔贤之所难也。

二十三、闲云①为友　朗月为伴

【原文】

松涧边携杖独行，立处云生破衲②；竹窗下枕书高卧③，觉时月侵寒毡④。

【注释】

①闲云：指悠然飘浮的云朵。唐·王勃《滕王阁序》："闲云潭影日悠悠，物换星移几度秋。"②破衲：指和尚所穿的大袖上衣，僧衣。此喻破旧僧衣。③高卧：指高枕而卧，亦指隐居不仕的人。喻无忧无虑。④寒毡：指御寒的毛毡，亦指清苦的读书人。

【释义】

在长满松树的溪涧旁边，手拄拐杖独自漫步前行，站立的地方云雾好像自破旧的僧衣中飘绕而出；在篾片编制的竹窗下面，高枕书卷渐渐进入梦乡，当醒来的时候发现清寒的月光已经侵进旧毡被。

【浅析】

"虚静恬淡寂寞无为者，万物之本也。"清虚宁静，恬淡寡欲，沉寂冷清，顺应自然等，可谓万物的根本。每个人因为成长环境、生活状态、兴趣和志向，以及价值观等的不同，有不同的人生之路。能够认清自我，回归本真，融入自然是最难能可贵的。"携杖独行"不仅体现了一种情趣，也蕴含着一种意境；"枕书高卧"既体现了一种格调，也是一种心境。两者皆为悠然自得。其中，或是暂时的休憩，从而缓解身心俱疲也好，或是毅然归隐山林、避世绝俗也罢，倘若真能全然静下心来将会对身心大有裨益，然而人生很多事总是不能如愿以偿。因此，面对生活中所遇到任何挫折与坎坷、困苦与艰辛，若能做到心态平和至关重要。"三伏闭门披一衲，兼无松竹荫房廊。安禅不必须山水，灭得心中火自凉"，人能保持内心清静，外可以消除物扰，摆脱尘世的俗累；内可以稳定情绪，足履实地。身披破旧衣衫在三伏天的酷热中闭门澄思，即使无松竹遮蔽、清风微拂，但是由于心静也感到凉爽，并且能够做到淡定自若始终如一；处世如果能灭却自身的心火和私欲，也就能做到自性圆融。所以，安禅又何须趋近山水，其形式毫无意义可言。有如此心态，就能够彻悟"闲云为友，朗月为伴"的寓意所在了。

二十四、增长道心① 消除幻业②

【原文】

色欲火炽③，而一念及病时，便兴似寒灰④；名利饴甘，而一想到死地，便味如嚼蜡⑤。故人常忧死虑病，亦可消幻业而长道心。

【注释】

①道心：佛教语。指菩提心、悟道之心，亦指天理、义理之心。即人天生的仁、义、礼、智、善之心，其与"人心"对称，成正比，道心越胜，人心越善，道业越深；反之，亦然。②幻业：佛教语。是梵语"羯摩"（作法办事）的意译，本指造作的意思，凡造作的行为无论善恶皆称业，但是一般都以恶因为业。③火炽：指火势炽盛。喻使人情绪激动。东汉·王充《论衡·论死篇》："火炽而釜沸，沸止而气歇，以火为主也。"④寒灰：指死灰，物质烧剩后的灰烬。喻不生欲念或对人生已无所求的心情，即万念俱灰。《三国志·魏书·刘廙传》："扬汤止沸，使不燋烂，起烟于寒灰之上，生华于已枯之木。"⑤味如嚼蜡：嚼蜡，像吃蜡一样，没有味道。喻对某件事物不喜欢，没兴趣，甚至有反感之意。

【释义】

当色欲像火焰般炽热时，但一想到因此而患病的痛苦情形，欲火就像冷却的灰烬一样；当名利像饴糖般甘美时，但一想到为此而趋近死地的情景，名利欲就会像嚼蜡般无味。所以立身做人若能常想到疾病和死亡，就能去除妄念而增长进德修业之心。

【浅析】

"居安思危，思则有备，有备无患。"人处在平稳安定的环境中，要认识到并做好应付各种危险发生的可能性，并有所准备，这样才能避免招致祸患；生活在平平淡淡的日子里，既是一种真实的享受，也是一种幸福，切忌非分之念，要懂得知足，才能保持住这一份平淡。安不忘危，才能"消歇幻业"；保持平淡，才能"增长道心"。健康是人一生中每天都要重视的事情。

437

"少之时，血气未定，戒之在色；及其壮也，血气方刚，戒之在斗；及其老也，血气既衰，戒之在得"，人生最宝贵的是健康，健康是本钱，也是最大的财富，健康是生命的基础，也是积极的生活态度。人在年轻时因为血气旺盛，好斗、易冲动，所以要注意控制好情绪，克制自己的冲动。当人步入暮年的时候，气血逐渐衰弱，应当戒除贪吝，以免加速苍老憔悴从而减少安享晚年的时光。要学会舍得，舍而有得即是排除浊气、固守正气，从而使气血畅通、身心轻松，若心无物累自然能神清气爽，有益于保持年轻的心态。人生若能顺应自然，恪守"三戒"，始终保持心如止水，就能消除邪念，增长进德修业之心。

<悖逆自然，欲速不达>：宋人有闵其苗之不长而揠之者，茫茫然归，谓其人曰："今日病矣，予助苗长矣！"其子趋而往视之，苗则槁矣。天下之不助苗长者寡矣！以为无益而舍之者，不耘苗者也；助之长者，揠苗者也；非徒无益，而又害之。

二十五、争先①路窄　清淡悠长②

【原文】

　　争先的径路窄，退后一步自宽平一步；浓艳的滋味短，清淡一分自悠长一分。

【注释】

　　①争先：指争着赶在前头，抢前。《春秋左氏传·襄公二十七年》："晋、楚争先。晋人曰：'晋固为诸侯盟主，未有先晋者也。'楚人曰：'子言晋、楚匹也，若晋常先，是楚弱也。'"②悠长：指久远、漫长、深长。《汉书·叙传》："道

悠长而世短兮，夐冥默而不周。"

【释义】

与人争先通过的道路则越显狭窄，若能退后一步让人先行，自然觉得路面宽阔平坦一步；追求浓艳而享受到的滋味很短暂，若能保持一些清新淡雅，自然觉得清淡更能长久一些。

【浅析】

"争先路窄，清淡悠长。"这是一种心态，也是一种修为，更是对人生经历的一种感悟。当两个人迎面走到路窄之处时，其中的任何一方都不肯退让一步，势必会激化矛盾而引起争端，如此惹气伤神，于己于人都不利。为人处世要懂得知进退才更稳妥。首先，行走在狭窄的道路上，要懂得退留一步礼让他人先行，如此，既成全了他人，也成全了自己，少惹气，多和气；少一份躁气与烦恼，多一份平静和安宁。人生如同行路，其处世和命运皆由自己把握，而懂得退让就是前进的一种方式。人在前行的路上往往会遇到前进或后退，知退体现在举止上既是谦让，也是礼貌。知进是一种勇气，也是一种挑战；知退是一种智慧，更是一个人的修养。路行不通的时候，选择礼让，心有不悦的时候，选择淡定，如何认识和处理客观事物在自心，境由心生。有雅量的人，待人宽容、厚道，更会有善念相伴一生。其次，遇事要善于换位思考、调整心态、化解矛盾，如此既可以减少冲突，也可以避免危害，更能使不利因素变为有利于身心健康等的因素，其关键在于减少或转化那些导致矛盾进一步激化的因素。即路遇狭窄之处要学会主动让一步，避免与人的冲突，与人和睦相处。最后，多一分礼让和宽宏，就多一分和谐和理解，就少一分纠纷和积怨。让人三分是涵养，容人三分是度量，以诚待人，踏实做事。诚实是做人的本色，也是立身之本。争强斗胜者或许赢得一时，心胸宽广者才能赢得一世。争强好胜，只会孤立自己，而学会随缘，才能优游自适。

二十六、修养定静^①　处变不乱

【原文】

忙处不乱性，须闲处心神养得清；死时不动心，须生时事物看得破。

【注释】

①定静：定，（情绪）镇静、安稳、镇定；静，安静、宁静、沉着、冷静。《礼记·大学》："知止而后定，定而后能静，静而后能安，安而后能虑，虑而后能得。"

【释义】

在繁忙的时候要想保持心性不乱，必须在闲暇之时培养清净敏捷的心智；在面临死亡之时要想不感到恐惧，必须在平日能看破一切事物而泰然处之。

【浅析】

"修养定静""静以修身"，一个"静"字寓意有三，即身静、心静和意静，身静能藏精养体，养精蓄锐；心静能心平气和，滋养元气；意静能神清气爽，颐养精神。关键在于心静，唯有心静才能克服浮躁情绪，以淡泊的心态面对一切，才能做到

处事不慌，"处变不乱"，而保持宁静淡泊也可以修身养性。但在现实生活中，由于每个人的生活习惯，所处的环境，为人处世的方法，繁忙和紧张的程度等，容易引起自身的情绪波动而难以做到心性不乱。所以，在闲暇之时培养清净敏捷的心智是十分必要的。"清虚静泰，少私寡欲"，是一种生活的态度，也是一种修养。"胸中器局不凡，素有定力。不然，恐胸中先乱，何以临事。古人平日欲涵养器局者"，无论古人、今人，所谓气度不凡，而临危能够保持不惧不惊、不乱不躁是靠平时克己省身、不断磨砺来培养的。修身可以进德，养性可以养心，养得心性实，处危而不乱。即"猝然临之而不惊，无故加之而不怒"，如此立身处世则能客观思考，理性处世，即使身在尘世，自心也能经常保持清静。

<处变不惊，临危不乱>：东晋人谢安，字安石。东晋人孙绰，字兴公。安，尝往临安山中，坐石室，临浚谷，悠然叹曰："此去伯夷何远！"尝与孙绰等泛海，风起浪涌，诸人并惧，安吟啸自若。舟人以安为悦，犹去不止。风转急，安徐曰："如此将何归邪？"舟人承言即回。众咸服其雅量。

二十七、隐无荣辱　道无炎凉

【原文】

隐逸①林中无荣辱，道义路上泯炎凉。

【注释】

①隐逸：指隐居不仕，遁匿山林。喻隐居之人。《汉书·何武王嘉师丹传·何武》："吏治行有茂异，民有隐逸，乃当召

见，不可有所私问。"

【释义】

在避世退居山林的隐士眼中，世间不存在荣耀与耻辱之别；在恪守仁义道德的志士心中，世间不存在炎凉与冷暖之分。

【浅析】

"是非不到钓鱼处，荣辱常随骑马人。"每个人心中都有一杆秤，当接触到具体事物，通过观察和了解并掌握了实据后，才能分辨出优与劣、真与假、对与错、是与非等。所以，世间是非等诸事是不会到达与世无争的钓鱼之处或者说是避世隐居的地方，而置身此处的人更难以得知荣辱炎凉等纷争之事。这其中强调的是心净。"自古圣贤尽贫贱，何况我辈孤且直。"倘若是真隐士，早已将荣辱置之度外，只是希望在人生有限的岁月里，斋心涤虑，用一颗清净的心去看自然界的种种变化与发展；放下内心的执念，清心寡欲，任凭一切随缘，愿平静安详的生活始终相伴。"隐逸林中无荣辱"是说心存荣辱观，触事皆能见，心无荣辱念，处世亦淡然。而"道义路上泯炎凉"，是说人生匆匆不过数十年，廉与贪只在一念之间，如果不能正确把握自身的命运，那么其荣与辱犹如两重天。反之，若是能够恪守做人的准则，做真实的自我，不贪声逐色，不贪名图利，不贪求利弊得失、贵贱荣辱，不做趋炎附势的俗人，保持立身处世的质朴和本色，心无物扰，身无俗累，形无劳倦，神清气闲，炎凉又能与我有何牵缠？

<意出尘外，身心自在>：徐无鬼因女商见魏武侯，武侯劳之曰："先生病矣，苦于山林之劳，故乃肯见于寡人。"徐无鬼曰："我则劳于君，君有何劳于我！君将盈耆欲，长好恶，则性命之情病矣；君将黜耆欲，掔好恶，则耳目病矣。我将劳君，君有何劳于我！"武侯超然不对。

二十八、清凉台^①上　安乐窝^②中

【原文】

　　热不必除，而除此热恼，身常在清凉台上；穷不可遣，而遣此穷愁，心常居安乐窝中。

【注释】

　　①清凉台：泛指纳凉之处，亦指避热阴凉之境。此喻静心怡神之地。②安乐窝：指安静舒适的住处。《宋史·邵雍传》："名其居曰'安乐窝'，因自号安乐先生。"

【释义】

　　暑热不必刻意祛除，倘若能祛除因燥热所带来的烦恼，就如同经常置身于清风徐来的凉亭上；贫穷不必特意摆脱，倘若能摆脱因贫穷所带来的愁苦，心灵就宛如常住在惬意的安乐窝之中。

【浅析】

　　"何以消烦暑，端坐一院中。眼前无长物，窗下有清风。散热由心静，凉生为室空。"一年四季各有特点，如春生、夏长、秋收、冬藏是天时的正常运作规律，人们遵循大自然的规律去劳作和生活，并从中摸索出如何去适应春暖、夏暑、秋凉、冬寒的季节性变化，同时积累了丰富的生活经验。身归自然，心趋宁静，即使是在夏日炎炎的酷暑中，静思安坐在庭院中，也能消除几分暑热。平心静气，会感受到窗下清风徐来。又如同此"身常

在清凉台上"，才会感到心清，暑热自然消，意静更有凉爽生。由此可知祛除燥热关键在于静心，无须过多强调客观环境或是借助外力，如果能去除杂念或因燥热而产生的烦躁情绪，犹如身在静心怡神之处，就能得悟心静自然凉的道理。心静能够在立身处世时保持自然、平和的心态，而在生活中无论遇到任何困难和挫折都能从客观的角度加以分析，以冷静的态度妥善地予以处理。暑热容易产生烦躁的情绪，而焦躁不安的情绪无形中又增添了暑热，此时若能做到静下心来，暑热又怎能奈何我？能够静下心来，既是一种修炼，也是自控能力的具体体现。心静了自然会感到神清气爽，悠然自适，如果能够消除内心的焦虑与愁苦，安乐自会常驻心中。正所谓"安乐窝中快活身"。

<平心静气，成竹在胸>：商周时期人姜子牙，姜姓，吕氏，名尚，字子牙，号飞熊。吕尚盖尝穷困，年老矣，以渔钓奸（gān）周西伯。西伯将出猎，卜之，曰："所获非龙非彲，非虎非罴，所获霸王之辅。"于是周西伯猎，果遇太公于渭之阳，与语大说，曰："自吾先君太公曰'当有圣人适周，周以兴'。子真是邪？吾太公望子久矣。"故号之曰"太公望"，载与俱归，立为师。

二十九、处进思退　有备无患[①]

【原文】

　　进步处便思退步，庶免触藩[②]之祸；着手时先图放手，才脱骑虎之危。

【注释】

①有备无患：指事先有准备，就可以避免祸患。②触藩：指以角抵撞藩篱。喻碰壁，进退两难。

【释义】

在事业发展顺利的时候，应该做一个抽身隐退的准备，或许能避免羝羊触藩进退维谷的祸患；在开始做一件事的时候，要预先计划好应该何时罢手，这才能摆脱势成骑虎上下两难的危难。

【浅析】

"羝羊漫触藩。"公羊生性好斗，而且兴起之时会随意放纵，其任性、盲动在所难免，经常用犄角以蛮力往篱笆上撞，以示勇猛无比，其结果轻则撞得头破血流，重则角触篱笆絓棘落得进退两难的地步。以此来告诫世人在坎坷不平的人生路上要审时度势，把握尺度，懂得知进退，凡事不可莽撞行动，草率处事，以免获得"羝羊触藩"的后果。但是人生最难抵挡的是各种利欲的诱惑，最难舍弃的也是贪心和奢望。所以在诸事顺利之时，更要谦虚谨慎，戒骄戒躁，保持头脑清醒，明白自身所处的位置，应该做好抽身隐退的准备，以免落得进退维谷的窘境。换言之，人生最难阐明的是幸福，最难悟出的仍是幸福。而急功近利的心理常会使人利欲熏心，其扭曲的心理自以为是幸福的到来，殊不知这些都是因为自身的迷茫而误入歧途，完全忽视了开始做一件事的初衷，将应该何时罢手的计划抛到九霄云外，所以终会落得"骑虎之危"，这正是贪心难以自泯，欲望即为深壑。迷途知返、幡然悔悟固然很好，但是谨言慎行，处进思退才是立身行事的稳妥做法。可见，只有沉着冷静、恬淡寡欲的人才能行稳致远，也只有踏实本分、克己慎行的人才能常存快乐；只有为人坦荡的人才能懂得做事张弛有度且"进步处便思退步""着手时先图放手"，也只有内心清净的人才能悟出什么是人生最大的幸福。

三十、贪得者贫　知足者富

【原文】

贪得者，分金恨不得玉，封公①怨不受侯，权豪自甘乞丐；知足者，藜羹②旨于膏粱③，布袍暖于狐貉④，编民⑤不让王公。

【注释】

①公：指爵位名，古代把爵位分为公、侯、伯、子、男五等，五等之首曰公，其余大国称侯，小国称伯、子、男。②藜羹：指用藜叶做的菜羹。喻粗劣的食物。③膏粱：指肥肉和细粮。喻美味的饭菜。《国语·晋语七》："夫膏粱之性难正也，故使惇惠者教之，使文敏者导之，使果敢者谂之，使镇静者修之。"④狐貉：泛指毛皮制作的衣服。⑤编民：又称编氓，指编入户籍的平民。

【释义】

贪得无厌的人，分给他金银还暗恨没能兼得琼玉，封他为公爵还怨恨没能同授侯爵，这种人虽然身为豪强权贵却自甘成为乞丐；懂得知足的人，即使吃野菜粗食也比吃佳肴还美，虽穿布衣也比穿狐袄貂裘还温暖，这种人虽然身为平民但是比王公还要富足。

【浅析】

"一蛇吞象，厥大何如？"蛇之大可以吞下大象，其体大不得而知，而蛇的身体究竟有多大呢？以此来比喻贪心，即"人心不足蛇吞象"。古今常以此来告诫世人做人要懂得本分，做事要懂得规矩，待人要懂得诚信、礼貌，生活要懂得简约、质朴，且身要正、心要静，处世收敛、无物累，有度、能自律才能有快乐幸福的人生。而贪得无厌的人，分给他金银还暗恨没能兼得琼玉，封他为公爵还怨恨没能同授侯爵，正是因为这种人的私心得不到克制，才会有此贪欲和奢望，虽然身为豪强权贵却自甘成为乞丐。换言之，"蛇欲吞象"是劝导世人在生活中要懂得知足，即"事能知足心常泰，人到无求品自高"。知足者即使贫贱，内心也很富足，知足的人才是世界上最富有的人，也是身心最轻松、最快乐的人。而"无求"是劝告世人，不要因浮躁而被功利所诱惑，要以摆脱世故、超然物外为处世之道；人生不要不思进取，如果做事畏首畏尾，遇到困难便知难而退，遇到挫折就心灰意冷等，这些都是不可取的，做事要踏实、努力求进，不要强求，有所不求才能有所追求。"无欲则无求，无求者所以成其俭也"，即使是吃野菜粗食也比吃佳肴还美，虽身着布衣也比穿狐袄貂裘还温暖。人生要保持一种乐观、平静的心态，凡事顺其自然，不必去计较个人利弊得失，"人之心胸，多欲则窄，寡欲则宽"。人生平安是一种幸福，知足是一种快乐；健康是最大的财富，清心寡欲才能随遇而安。懂得这些道理，能够做到贫而乐道，绝不愿意去过那种浊富而忧愁度日的生活，就不会产生"分金恨不得玉，封公怨不受侯"的种种念头了。

<贪心不止，贻笑后人>：宋人有耕者。田中有株，兔走触株，折颈而死。因释其耒而守株，冀复得兔。兔不可复得，而身为宋国笑。

三十一、隐者①高明　省事安闲

【原文】

矜名②不若逃名③趣，练事④何如省事闲。

【注释】

①隐者：指脱离尘世回归自然之人或与世间少有交往的隐居之士。古代指不肯做官而隐居在山野之间的人。一般指的是贤士。②矜名：指崇尚名声，夸耀自己的名声。《后汉书·袁术传》："术虽矜名尚奇，而天性骄肆，尊己陵物。"③逃名：指逃避声名而不居。《后汉书·逸民列传》："法真名可得而闻，身难得而见；逃名而名我随，避名而名我追，可谓百世之师者矣！"④练事：指熟谙世事。

【释义】

夸耀自己的名声还不如隐匿名声更显得趣味悠长；熟谙世事还不如多减省事物更能使人安闲自得。

【浅析】

"良贾深藏若虚，君子盛德，容貌若愚。"善于经营的商人，既懂得谦虚谨慎，也懂得粮谷满仓若虚的道理，这是为了避免招惹是非；修养深厚的君子，具有崇高的品德，也能做到大智若愚，平易近人，对拂意之言或事淡然处之，或是一笑了之。低调做人、踏实做事，不仅是一种心态，而且是一种修炼，更是处世之道。而夸耀自己名声的人，是内心浮躁的体现，也有名不副实之嫌，最终落得"为人不谦虚，做事不本分"的评价。倘若抱着这种心态去做学问，多有不求甚解，浮而不实，正所谓整瓶

448

不摇半瓶摇。与其如此，还不如脚踏实地地做事，隐匿名声更显得趣味悠长。真正学识渊博的人，不仅人品好，而且为人谦谨；只有浅薄的人才会处处炫耀自我。谦虚是一种美德，也是一种宽容的姿态，更是一种修养。即使是经验丰富、熟谙世事的人也要谦卑做事，善良为人。"省事安闲"，首先要明白事理，省去不必要的事物从而减少失误，也能安闲自得；其次要保持平和的心态，循序渐进地做好每一件事，也不失为安定的人生。

<多言无益，多事多患>：铭金人云："无多言，多言多败；无多事，多事多患。"至哉斯戒也！能走者夺其翼，善飞者减其指，有角者无上齿，丰后者无前足，盖天道不使物有兼焉也。古人云："多为少善，不如执一。"

三十二、超越喧寂　悠然自适①

【原文】

嗜寂者，观白云幽石而通玄②；趋荣者，见清歌妙舞③而忘倦。唯自得之士，无喧寂无荣枯，无往非④自适之天。

【注释】

①悠然自适：指悠闲自在，神情从容的样子。宋·陆游《醉题》："幽鸟语随歌处拍，落花铺作舞时茵。悠然自适君知否，身与浮名若个亲？"②通玄：指通晓玄妙之理。③清歌妙舞：指清亮的歌声，美妙的舞蹈。唐·刘希夷《代悲白头吟》："此翁白头真可怜，伊昔红颜美少年。公子王孙芳树下，清歌妙舞落花前。"④无往非：无往，无论到哪里，常与"不""非"连用，表示肯定；非，不是。即指所到之处皆是。

【释义】

喜欢娴静的人，遥望天上的白云和幽谷的岩石，便能从中领悟到玄妙的哲理；追逐富贵显荣的人，听到清脆的歌声、看到美妙的舞蹈，便能渐渐忘却周身的疲倦。只有超然自得的人，内心既无喧嚣寂寥也无得失枯荣，无论到哪里他都认为是悠然自适的天地。

【浅析】

"静中观物动，闲处看人忙，才得超尘脱俗的趣味；忙处会偷闲，闹中能取静，便是安身立命的功夫。"善于把控自心、充分利用时间，既是一种智慧，也是一种能力。平心静气是一种境界，也是一种生活态度。保持心情平和，态度冷静，才能在静中观察世事的发展与变化，在闲中看见世人各有所忙，各有所累。譬如，喜欢娴静的人，遥望到天上的白云和幽谷的岩石，便能从中领悟到玄妙的哲理；追逐富贵显荣的人，听到清脆的歌声，看到美妙的舞蹈，便能渐渐忘却周身的疲倦。而只有认识到这些，才能获得超尘脱俗的趣味。面对生活中的艰辛与劳累，要懂得劳逸结合，学会忙里偷闲，在热闹的环境中保持清静的心态，既是一种养生的方法，也是生发智慧的源泉，更是修炼安身立命的功夫。把握好人生的"度"，内心全无喧嚣寂寥也无得失枯荣，才可谓超然自得之人。常守一颗清静之心，无妄念，无物累，淡看尘缘如梦，以真心做人，活得踏实；以真情交友，活得坦诚；以真诚待人，问心无愧。心静则能保持头脑清醒，头脑清醒则能明辨事理，懂得舍得才能有所收获，能够忘却才能保持心静，心静才能思远，才能净化自身的心灵，加强自身的道德修养，学会轻松、愉悦、静心地去享受生活。

三十三、去留无系　静躁无关

【原文】

孤云出岫^①，去留一无所系；朗镜^②悬空，静躁两不相干。

【注释】

①**出岫**：岫，山或山脉的顶峰、峰峦，亦指山穴、山洞。即指出山，从山中出来。东晋·陶潜《归去来兮辞》："云无心以出岫，鸟倦飞而知还。"②**朗镜**：指明镜。借喻明月。

【释义】

一朵孤云从山谷间飘浮而出，它在碧空中毫无牵挂地飘来荡去；星夜的天空高悬着一轮明月，世间的宁静与喧闹与它毫不相干。

【浅析】

"安贫乐道，不以欲伤生，不以利累己，故不违义而妄取。"做人做事应顺其自然，不去攀比，安于所处的境遇，以信守道义为乐；不要因私欲而伤及他人，或是因私欲得不到满足而感到忧愁、烦恼，也不要因追名逐利而搞得身心疲惫，只有恪守本分，才不会有悖义理而妄自索取，进而保持心灵的清净。如此，身无俗累，轻松愉悦的心境，犹如一朵孤云从山谷间飘浮而出，在碧空中毫无牵挂地飘来荡去。这是一种生活的态度，也是一种修炼，对急于求取功名之人起到一种警示的作用。人生只有豁达处世，生活得简单，看淡尘世中的利弊得失、功名利禄、争强斗胜、进退荣辱等，无论世间的安静还是躁动都与自身毫不相干，才能做到随心所欲而又不逾矩，自然就会心平气和、悠然自适，从生活中体会到人生的乐趣。

三十四、浓处味短　淡中趣真

【原文】

　　悠长之趣，不得于醲酽①，而得于啜菽饮水②；惆怅之怀，不生于枯寂，而生于品竹调丝③。固知浓处味常短，淡中趣独真也。

【注释】

　　①醲酽：醲，味道浓烈的酒；酽，（汁液）浓，味厚，如酽茶。即指味道浓厚。②啜菽饮水：啜，吃；菽，豆类。啜菽，以豆为食，此指饿了吃豆羹，渴了喝清水。喻生活清苦。《荀子·天论篇》："君子啜菽饮水，非愚也，是节然也。"③品竹调丝：泛指吹弹管弦乐器。喻声色之娱。元·王子一《误入桃源》："帽檐偏侧簪花重，衫袖淋漓污酒浓。品竹调丝，移商换羽。"

【释义】

　　能持续久远的趣味，不是从佳酿美味中得来的，而是在饥饿时从食用的豆羹清水中得来的；惆怅悲恨的情怀，不是从枯燥寂寞中产生的，而多是从吹弹管弦乐的声色欢娱中产生的。由此可知，浓厚中的味道常常很短，淡泊中的趣味才最真实。

【浅析】

生活其实既简单又复杂，既丰富多彩又五味杂陈，心态不同，就有不同的生活方式，其境遇就会有所不同，生活的趣味的长短还是要靠自身去体悟。简言之，生活离不开吃饭、穿衣，而"要饱还是家常饭，要暖还是粗布衣"，耳熟能详的一句话，道出了最质朴、最真实的情感，只因家常便饭可口耐饥，粗衣布袄贴身暖心。又如，儿时的家乡味道，慈母手中的一针一线，等等，其寓意就在于此。由此可知，只有朴实无华的衣食住行才最为踏实，意味深长。但往往容易被人忽略。因为，一旦自身的条件有所改善，这些就会逐渐地被淡化，如此，人最容易失去本色。生活由奢入俭、由浓转淡甚难，因为人如果适应了某种舒适的环境，在这种环境中就会养成一种习惯，若非迫于压力要想改变或是加以修正并非易事。殊不知，人生的一切味道多由"淡"开始而至浓烈，亦常以淡而终。如此，莫若从"淡"开始且能保持，从素淡中品尝到甘甜的味道，会有一种回味无穷的感触。而恬淡寡欲既不是消极颓唐，也并非自命清高，而是对平静、疏淡、质朴生活的一种追求。凡事能顺其自然，由重而轻，由浓入淡，正是从淡泊中感悟到的深味真趣。"淡中趣长"皆来自心静，心静可使神清气爽，可使人处世平淡从容，平淡从容可使人处纷扰喧嚣而思不乱，处浮华躁动而心不扰，继而平淡从容更蕴含着人生至味。

<清廉节俭，淡中趣长>：北宋人张知白，字用晦，谥文节。张文节为相，自奉养如为河阳掌书记时，所亲或规之曰："公今受俸不少，而自奉若此。公虽自信清约，外人颇有公孙布被之讥。公宜少从众。"公叹曰："吾今日之俸，虽举家锦衣玉食，何患不能？顾人之常情，由俭入奢易，由奢入俭难。吾今日之俸岂能常有？身岂能常存？一旦异于今日，家人习奢已久，不

能顿俭，必致失所。岂若吾居位、去位、身存、身亡，常如一日乎？"呜呼！大贤之深谋远虑，岂庸人所及哉！

三十五、理出于易　无心者近

【原文】

禅宗①曰："饥来吃饭倦来眠。"诗旨曰："眼前景致口头语。"盖极高寓于极平，至难出于至易；有意者反远，无心者自近也。

【注释】

①禅宗：指佛教的一种宗派，禅宗不施设文字，不安立言句，直传佛祖心印，称为"教外别传"，意思是在如来言教以外的特别传授。

【释义】

禅宗曾说："饥饿来了吃饭，困倦来了便睡。"作诗的宗旨是"运用口头语言来描写眼前的景致"。因为极高深的哲理，往往寓意于极平凡的事物内，最难以解悟的事情，常常出自最浅易的方法中；由此可见，若是刻意强求的人更会远离理据，而无意为之的人反而更接近本真。

【浅析】

"吾辈用功，只求日减，不求日增。减得一分人欲，便是复得一分天理，何等轻快洒脱，何等简易！"静心凝神既可以修身养性，克服急躁焦虑的情绪，也可以抛开世俗的杂念、排除外物的诱惑和干扰，更可以恢复良知而冷眼观世、冷静处世。世人都向往幸福，其实，幸福来源于恬淡的心态，平淡质朴即幸福的生活基础。相反，追逐名利并非追逐幸福，而是为了满足自身的私欲和贪念，其四处奔波，身心疲惫又何以谈幸福？减少自身的俗情和欲望，看淡功名利禄、利弊得失，不被俗累搅得思虑沉重，内心才能得到一份安宁和清静，才会感到轻快和洒脱。简而言之，静心、养性、断念、自律、坚持、务实和求真。如此，往往可以从极平凡的事物中悟出极深奥的哲理。"饥来吃饭倦来眠"，看似简单的饥食倦眠，其实寓意深远，即内心安宁，顺应自然，才可得以悠闲自适。"取云霞为伴侣，引青松为心知"，这是一种情趣，也是一种意境。只有保持内心安宁、清静，才能做到思路清晰，情感质朴，其诗作既不用雕琢，也不用巧饰；既能触景生情，也能言简意赅、真实动人，可谓"眼前景致口头语"。因为极高深的哲理，往往寓意于极平凡的事物内。通常做事于无心之处，反而更能接近自然，也最能激发自身的活力。如果是刻意做作，大加修饰，就会尽失自然的本色和情感，甚至乏味。

三十六、动静得体　出入无碍

【原文】

水流而境无声，得处喧见寂之趣；山高而云不碍，悟出有入无①之机。

【注释】

①出有入无：指出入于有无之中。此喻进出自如。北宋·张君房《云笈七签卷·纪传部·传二》："或与群真众仙，骖龙驭

凤，策空驾虚，云驰电迈，出有入无，分形散影，处处游集。"

【释义】

流水淙淙，而两岸上的人却听不到这流水声，这寓意着身处喧闹之中仍能保持清静的真趣；山峰凌霄，而浮云飘动却丝毫不会受到妨碍，这个道理可以使人感悟到从有我到无我的玄机。

【浅析】

"静时固戒动，动而不妄动，亦静也。"静与动，是既对立又统一的关系。保持平静是要身心"静"下来，固然要戒除躁动，而该活动的时候不要妄动，这算是一种守静。人体有"三宝"，即精、气、神，神是精与气之和，也是生命活力的具体体现，所以，养神可谓养生之本。换言之，固"神"，从而达到神凝气定，气定才能心静。江河川流不息，流水淙淙，可是两岸的人却听不到流水声，这寓意着凝神静心、闹中取静的真趣。然而，心不可不动，动则有度也是一种养生之道。"兴来每独往，胜事空自知。行到水穷处，坐看云起时。偶然值林叟，谈笑无还期"，坐看云之"出入无碍"，有如身临其境之感，这种悠闲自适，"动静得体"，形劳而不倦，即调养精气神。而心动不可杂乱无序，否则最易导致情绪波动，劳心费神，有碍身心健康。凡事如果能做到专心致志，慎思明辨，好学力行，静心探索，不仅不会使身心疲惫，而且感到心平气定，神清气爽。由此可知，动与静本是不可分割且相互蕴含的，动是绝对的，而静则是相对的，在绝对的动中包含着相对的静，在相对的静中也蕴含着绝对的动。而动与静两者之间的平衡，最重要的是一个"度"字，生活中，只有调整好心态，才能做人有尺，做事有度。人能常守静，才能心无罣碍，养性、养心、养生如此，而为人处世也是如此。为人静心则能诚，处世静心则能真，真诚则身体力行踏实本分，并且能够摒除杂念，心无妄用，平淡生活，优游自如，自然能静悟出人生的乐趣。

三十七、心有系恋　胜景市朝

【原文】

山林是胜地，一营恋^①便成市朝^②；书画是雅事，一贪痴便成商贾。盖心无染着^③，欲界是仙都；心有系恋，乐境成苦海矣。

【注释】

①营恋：此指营求眷恋。②市朝：市，指市集、市场；朝，朝廷、官府。即指众人集合的场所，亦指争名逐利之所。此喻庸俗喧嚣之地。③心无染着：系佛教语。指爱欲之心浸染外物，执着不离，即指心无外物侵扰。

【释义】

山川林泉本是景色宜人之地，可是一旦着迷眷恋，就会使览胜变成庸俗喧嚣的闹区；书法和绘画本是高雅的情趣，可是一有贪爱之念，如此贪念之人就会成为市侩商人。由此可见，人心若是不被外物侵染，即使身处物欲横流之中，也犹如置身于仙境一般；倘若内心有所牵挂依恋，即使身处快乐的仙境中，也犹如落入无边的苦海。

【浅析】

"一泓清可沁诗脾，冷暖年来只自知。流出西湖载歌舞，回头不似在山时。"人生只有经历过才能体会到生活中甜酸苦辣的滋味，这是一种阅历，也是一种收获，更是一种磨炼。而当有了阅历，又有了收获之后，仍能保持本色，是难能可贵的。清泉之澈，沁人心脾，激发出无尽的诗思，暑去寒来，年复一年，其泉自知其冷暖；虽流水之润，而当流入西湖，浮在这歌舞画舫，也就与冷泉原本的清澈面貌相去甚远。亦即"在山泉水清，出山泉水浊"。可见大自然之物一旦改变环境或遭到人为的破坏，就会失去本来的面目。因此，山川林泉本是景色宜人之地，可是一旦为人所知、着迷眷恋，就会使览胜变成庸俗喧嚣的闹区。换言之，当山川林泉屡经游览之后，仍能保持清静和原貌，这体现出的是一种爱心，也是一种尊敬，更是一种回馈！人心本应处于"静"，做事也应顺其自然。倘若凡心难泯，尘情未断，而过于痴迷某种事物，便会产生贪心、妄念，即使难以得到，也不会轻易罢手，物累由此产生。其结果，高雅之事就变成了庸俗之事，乐事酿成为苦事，趣味成了乏味，清心寡欲转变为患得患失，真是苦不堪言。雅与俗，往往只在一念之间。书法和绘画本是高雅的情趣，继而对学问和艺术等的探究更是学无止境。然而，一旦有了贪爱之念，用金钱来衡量其价值，就沾满了铜臭味，变成了市侩商贾，其高雅之趣也就荡然无存；退隐山林潜心涤虑、修身养性本为乐事，然而尘情未了且仍被名缰利锁，其生活的乐趣又从何谈起呢？由此可见，人心如果能够不被外物侵染，即使身处凡尘俗世中，也犹如置身于仙境一般；倘若内心有所牵挂依恋，即使身处快乐的仙境中，也犹如落入无边的苦海。人生之路若能做到澄心静虑、淡泊名利，不断加强自身的道德修养且能调整好心态，即使是在艰苦的环境中也能体悟到生活中的情趣，乐在其中。

三十八、躁易生昏　静能生明

【原文】

时当喧杂，则平日所记忆者，皆漫然①忘去；境在清宁②，则夙昔③所遗忘者，又恍尔④现前。可见静躁稍分，昏明顿异也。

【注释】

①漫然：指随便貌，浑然，全然。②清宁：指清明宁静。《道德经》："昔之得一者，天得一以清；地得一以宁；神得一以灵；谷得一以盈，万物得一以生。"③夙昔：指昔时、往日。汉·桓宽《盐铁论·箴石》："故言可述，行可则。此有司夙昔所愿睹也。"④恍尔：同"恍然"，指忽然。

【释义】

每当身处嘈杂喧嚣的环境中时，平时所记忆的事情往往忘得一干二净；而当身处清静安宁的环境中时，过去所忘记的事情倏忽又浮现在眼前。由此可见，所处环境的静与噪稍有不同，其明智和昏忘的迥异就会立刻显现。

【浅析】

"惟静惟默，澄神之极。"能够沉下心来，自然思路清晰。人只有在静默的时候，其心神才能得以安静和澄清，往往在此时，一些昔日的或是忘记的事情会恍然浮现在眼前；相反，若

459

是身处嘈杂喧嚣的环境中，平时所记忆的事情则容易忘得一干二净。可见，所处环境的静与噪稍有不同，其明智和昏忘的迥异就会立刻显现。这其中强调的是环境对心智和精神的影响，同时也提醒人们做人做事不要只强调外界的干扰，更重要的要提高自身的素质和能力，以便能排除各种不利因素，做到遇事不乱、处事不慌、泰然自若。当人处于淡然澄明、心无杂念状态的时候，才不会被物欲所迷惑，不仅能彻悟"非宁静而无以致远"的寓意，也能以静识物，以静观心。身处红尘之中很难保持静谧之心，而应对世事的变化皆由心生，如此心平静就能够远离纷扰、喧哗和烦躁。"心净则明，心诚则灵"，只有在心如止水的时候，才能感悟到自性的清净，并能领悟到"本来无一物，何处惹尘埃"的真谛。倘若在喧嚣浮华的环境之中，能够恪守一颗愉悦宁静之心，既可以超凡脱俗，也可以减少许多不必要的烦恼。"躁易生昏，静能生明"，讲的是人体自身的情绪所产生的各种变化，而客观环境对于人体的影响是不言而喻的。

"外躁"是指客观环境对身心的种种影响，其影响最易产生躁心、躁欲和躁进；"内躁"是指自身的情绪波动而显现出的不良反应，此时，在应对客观事物的时候，更容易产生急躁、焦躁和烦躁。诚然，当身处喧闹繁华的环境中时，若能保持清静之心，不仅是真实的自我展现，而且是一种磨炼，而当置身于宁静之地时，不仅能保持神志清醒，更会对身心大有裨益，可见"静躁稍分，昏明顿异也"。

三十九、卧雪眠云^①　吟风弄月

【原文】

　　芦花被^②下，卧雪眠云，保全得一窝夜气^③；竹叶杯中^④，吟风弄月^⑤，躲离了万丈红尘^⑥。

【注释】

　　①**卧雪眠云**：卧雪，安贫清高；眠云，喻山居。此喻悠闲自得。②**芦花被**：指用芦苇花絮做的被子。此喻粗劣的被子。③**夜气**：儒家谓晚上静思所产生的良知善念，亦指夜间的清凉之气。此喻略存暖意。④**竹叶杯中**：指竹叶茗香在杯中，亦指竹叶酒在杯中。此喻自得其乐。⑤**吟风弄月**：吟风指以风为题材作诗，弄月指赏月。即指自然景物之美。唐·范传正《李翰林白墓志铭》："吟风咏月；席地幕天。"⑥**万丈红尘**：万丈，谓很高、很深，借喻俗世的纷纷攘攘；红尘，繁华之地，闹事飞尘。即指纷纷攘攘的世俗生活。借喻名利之路。

【释义】

　　高卧在芦花絮做的棉被之下，以雪为床、以云为幔，安然而睡，则能保全一点静思后的良知善念；竹韵茗香、竹叶佳酿，尽在杯中，赏月之际以风为题随兴吟诗，则能远离一点俗世中的繁华尘嚣。

【浅析】

　　"归来饱饭黄昏后，不脱蓑衣卧月明。"暮色而归，饥来即食，和衣而卧，仰望明月，困来即眠，这种心无羁绊，自由自在，生活的闲逸与舒适是世人的一种追求；而远离喧嚣，心无俗

461

累，怡然自乐的生活状态也是一种向往。高卧在芦花絮做的棉被之下，以雪为床、以云为幔，安然而睡，则能保全一点静思后的良知善念，尽显超脱世俗的平静生活。因此，倘若内心湛然，就能够体悟到生活的乐趣。竹韵茗香、竹叶佳酿，尽在杯中，赏月之际以风为题随兴吟诗，则能远离一点俗世中的繁华尘嚣，这既描述景物之美，也体现出远离红尘悠闲自适的情怀。"一箪食，一瓢饮，在陋巷，人不堪其忧，回也不改其乐"，一种安贫乐道的生活态度，更能显现出志趣不常、内心的清静。倘若真能放下得失利弊、荣辱升沉，以平和的心态面对生活，其"不脱蓑衣卧月明"也好，"卧雪眠云""吟风弄月"也罢，可谓异曲同工，皆是超然物外；虽然生活质朴与清苦，但是能乐在其中。

<绝尘超俗，"奇"在其中>：子桑户、孟子反、子琴张三人相与友，曰："孰能相与于无相与，相为于无相为？孰能登天游雾，挠挑无极，相忘以生，无所终穷？"三人相视而笑，莫逆于心，遂相与为友。莫然有间而子桑户死，未葬。孔子闻之，使子贡往侍事焉。或编曲，或鼓琴，相和而歌曰："嗟来桑户乎！嗟来桑户乎！而已反其真，而我犹为人猗！"子贡趋而进曰："敢问临尸而歌，礼乎？"二人相视而笑曰："是恶知礼意！"子贡反，以告孔子，曰："彼何人者邪？修行无有，而外其形骸，临尸而歌；颜色不变，无以命之。彼何人者邪？"孔子曰："彼，游方之外者也；而丘，游方之内者。外内不相及，而丘使女往吊之，丘则陋矣。彼方且与造物者为人，而游乎天地之一气。彼以生为附赘县疣，以死为决溃痈，夫若然者，又恶知死生先后之所在！"

四十、浓不胜淡 俗不如雅

【原文】

衮冕①行中，着一藜杖②的山人，便增一段高风；渔
樵路上，着一衮衣的朝士③，转添许多俗气。固知浓不胜
淡，俗不如雅也。

【注释】

①衮冕：衮，古代皇帝所穿绣有卷龙的衣服；冕，古代天
子、诸侯、卿大夫等所戴的礼帽。即指古代帝王与上公的礼服和
礼冠，亦是官位的代称。喻登朝出仕。②藜杖：指用藜的老茎做
的手杖，质轻而坚实。《晋书·山涛传》："魏帝尝赐景帝春服，
帝以赐涛，又以母老，并赐藜杖一枚。"③朝士：即古代官名，
指掌外朝官次和刑狱等的人，泛指中央官员或在朝为官的人。

【释义】

在达官贵人登朝出仕的行列中，若出现一位挂着藜杖的山居
士人，便可以增加一番高雅的风采；在打鱼砍柴之人常来常往的
路上，若是有一位身穿朝服的为官之人，反而会增添许多庸俗的
气息。所以说浓艳远不及素淡，而且庸俗更比不上高雅。

【浅析】

雅与俗，因其文化形态不同，有着不同的表现形式。
"雅"，能体现出一种涵养、境界或美德等，即高雅、文雅、
素雅、雅静、不粗俗等；相对而言，"俗"，多显现出缺乏修
养、言行随意、趣味不高等，即庸俗，鄙俗，粗俗，俗丽，不雅
等。两者既对立又统一，既互相影响又相互依存，而且在一定条

463

件下二者能够相互转化。俗者往往以物质等为第一性，精神为第二性；而雅者则以精神为第一性，物质为第二性，也是在俗的基础上的升华。在"衮冕行中"，如果出现一位拄着藜杖的山居士人，便可以增添一种高雅的风采，拄藜杖的山人，抑或因其气质和修养等高于同行而格外显现；而在打鱼砍柴之人常来常往的路上，若是有一位身穿朝服的为官之人，反而会增添许多庸俗的气息，只因衮衣的朝士在出入渔樵布衣的行路上，抑或因自身缺乏修为而添加许多俗气。两者的关键都是由其自身的内涵或是内在条件来决定，而绝非出自其外表或形式。因此，在朝并非没有高雅之人，隐居山林者也并非都是有才德的人，重要的是要看一个人的学识、品行、境界和修养。"士大夫爱钱，书香化为铜臭"，读书人若是名利心重，就会心浮气躁，难以学有所成，沾满了铜臭味。鉴于此，高雅之人若忘记自身的初衷，丢弃本性，追名逐利，致使物累缠身即成为俗者；相反，俗者若能及时警醒，不断加强自身修养，淡泊名利，心境平和，不为物累，脱俗绝尘即可转变为高雅之士。人的本性即是纯朴自然，所以浓艳远不及素淡，而且庸俗更比不上高雅。

四十一、涉世出世　尽心①了心

【原文】

出世之道，即在涉世中，不必绝人②以逃世；了心之功，即在尽心内，不必绝欲以灰心。

【注释】

①尽心：指竭尽心意或心力，泛指尽用睿智多发善心。②绝

464

人：此指与人世隔绝。《越绝书·越绝外传本事第一》："贵其内能自约，外能绝人也。"

【释义】

超凡脱俗的道理和方法，应该涉身于尘世中寻找，不必刻意离群索居远离尘世；要解悟心灵智能的功用，应该在尽心竭力中去体悟，不必非要断绝欲念心如寒灰。

【浅析】

"修学好古，实事求是。"读书学习要先静心凝神，排除先入为主的观念，依据事实才能识其精髓、解悟真义。因此，修学求进本着实事求是的态度，脚踏实地的精神，才能学有所悟，由学而进；而做人做事，修身进德也要讲究实事求是，不务空名。"出世之道，即在涉世中，了心之功，即在尽心内。""出世"与"了心"都要做到静心、实事求是。所以，摆脱尘世的束缚也好，解悟心得或了悟心灵的智慧也罢，都在于用心去做人做事，而不是追求其形式，也不是要刻意追求其外在的环境或条件。否则，只是徒有其表而已。倘若置身于尘世，却常想着隐居山林，以期远离喧嚣，求得清静；或是身处山林，却常思着都市的繁华，不仅尘情未了，更是难以忍受孤寂，这些都是心浮气躁在作怪。凡事要了悟其内涵，否则会误认为出世之道即须远离凡尘俗事进入深山幽谷、山林茅屋等，才能摆脱尘世羁绊，避开烦闷苦恼等才得以恢复清静之心；而对解悟心得或了悟心灵的智慧也绝非要逃避现实，断绝一切欲念使心如死灰才可得其功用。就对人生的态度而言，两者都不是实事求是的态度，在现实生活中，如果能做到力学笃行，加强自身修养，磨炼心性，解脱心结，摆脱尘世束缚等就能达到超凡脱俗的境界；而解悟心得或了悟心灵的智慧应在立身处世上尽心竭力地多行善举，其功效自然显现。如此也就不必"绝人以逃世，绝欲以灰心"，否则既有悖实事求是之理，也远离人生常乐之道。

<出世了心，不必遁世>：无足问于知和曰："人卒未有不兴名就利者。彼富则人归之，归则下之，下则贵之。夫见下贵者，所以长生安体乐意之道也。今子独无意焉，知不足邪，意知而力不能行邪！故推正不妄邪？"知和曰："今夫此人以为与己同时而生，同乡而处者，以为夫绝俗过世之士焉；是专无主正，所以览古今之时，是非之分也，与俗化。世去至重，弃至尊，以为其所为也。此其所以论长生安体乐意之道，不亦远乎！"

四十二、身放闲处　心在静中

【原文】

此身常放在闲处，荣辱得失谁能差遣我；此心常安在静中，是非利害谁能瞒昧①我。

【注释】

①瞒昧：指隐瞒欺骗。

【释义】

若能把自身常放在悠闲的环境中，世间所有的荣辱得失又如何能左右我？若能使自心常处于安宁的环境中，世间所有的是非利害又如何能欺瞒我？

【浅析】

　　保持心灵净洁，淡泊功名利禄，悟透得失利害，学会做人做事。这是很普通的道理，其重点在于"淡泊"二字，只有保持淡泊宁静的心态，才能视功名利禄如过眼烟云。如此，就能趋福避祸，保持健康、幸福和快乐。同时保留着做人的纯真本性。世间熙熙攘攘，繁剧纷扰，即使身在闲处，其内心也难以保持平静。更何况置身于凡尘俗世之中，多有荣华富贵之念，争名逐利之心，加之人我是非的干扰，利弊得失等的诱惑，很难使自心平静下来。"世间本无物，何处惹尘埃"，世间得失与利弊，名利与富贵，皆因攀比、贪图而生，换言之，因私欲而起念，因私贪欲而腐化，兴于贪念，毁于贪念。人一旦为名利、奢望而奔波忙碌，其六根就很难清静，甚者深陷荣辱得失间，是非利害中，更是难以警醒，如此，就丧失了自我、抛弃了本性。"取凉于扇，不若清风之徐来；激水于井，不若甘雨之时降"，人生本应寻回自我的清净本性，生活本应心态平和、顺应自然，但私欲遮蔽自心，往往把控不住动静之度，常常处于妄念与躁急的盲动之中，身心背负着繁重的物累又怎能保持宁静？"一觉睡醒，看破梦里当年"，静中得悟，其性自见。"吾日三省吾身"，倘若真能做到"身放闲处，心在静中"，既是一种生活的态度，也是一种修养，能够保持豁达的胸襟和达观的境界，而"荣辱得失谁能差遣我""是非利害谁能瞒昧我"。

四十三、云中世界① 静里乾坤

【原文】

　　竹篱下，忽闻犬吠鸡鸣，恍似云中世界；芸窗②中，雅听蝉吟鸦噪③，方知静里乾坤。

【注释】

①云中世界：云中，云霄之中，高耸入云的山上，常指传说中的仙境，借喻尘世外；世界，宇宙大千世界。此喻自由自在的快乐世界。②芸窗：芸，香草，置书页内可防蠹蚀，亦作"芸牖"。指书斋。③蝉吟鸦噪：蝉吟，蝉鸣；鸦噪，鸦鸟喧噪。借喻自然界的景象。唐·杜牧《秋晚江上遣怀》："蝉吟秋色树，鸦噪夕阳沙。不拟彻双鬓，他方掷岁华。"

【释义】

当在竹篱花障之下，忽然听到犬吠鸡鸣的声音，恍然置身于白云仙境之中；当在书房读书时，微微地听到蝉吟和鸦啼，方知宁静之中别有一番天地。

【浅析】

"结庐在人境，而无车马喧。问君何能尔？心远地自偏。"虽然居住在人流稠密的地方，但丝毫不会受到世俗交往的喧扰，更不会产生浮躁和烦恼。只因胸襟旷达，心志高远，且内心已经摆脱了世俗的束缚，自然会感到身处僻静之地。与其追求静谧的环境，不如现将自心静下来，只有自心清净，才能感受到"云中世界，静里乾坤"的寓意，从而达到超凡脱俗的境界。"要能使心平气和，便有几分功夫"，倘若常能保持心平气和的心态，那么还真是有了几分的功夫，这既有平日的省身克己，谦虚谨慎，亦有待人接物的宽容大度，能近取譬等。在世事沧桑、变幻无常，虚伪浮华、贪欲无艺之中，倘若难以把控自心，便会因贪慕虚荣而眼前一片茫然，更因其心浮气躁而难有"竹篱下，芸窗

468

中"的生活情趣；在此环境中，也不乏有人能够做到沉心静气、顿悟人生，看淡荣华富贵、名利得失，只有保持平静的心态，才能忽然间听到犬吠鸡鸣的声音，恍然置身于白云仙境之中和时而能听到蝉吟和鸦啼，方知宁静之中别有一番天地的感悟。正所谓不同的心境，对同一景致会有不同的感悟。心静则凝神，神清则意静，如此，自然就会心怡神悦。

<诚心清意，静里乾坤>：清朝人张岱，字宗子，后改字石公，号陶庵，又号蝶庵居士、六休居士。周墨农向余道：闵汶水茶不置口。戊寅九月，至留都，抵岸，即访闵汶水于桃叶渡。汶水喜，自起当炉。茶旋煮，速如风雨。导至一室，明窗净几，荆溪壶、成宣窑磁瓯十余种，皆精绝。灯下视茶色与磁瓯无别，而香气逼人，余叫绝。灯下视茶色与磁瓯无别，而香气逼人，余叫绝。余问汶水曰："此茶何产？"汶水曰："阆苑茶也。"余再啜之，曰："莫绐余！是阆苑制法，而味不似。"汶水匿笑曰："客知是何产？"余再啜之，曰："何其似罗岕甚也？"汶水吐舌曰："奇，奇！"余问："水何水？"曰："惠泉。"余又曰："莫绐余！惠泉走千里，水劳而圭角不动，何也？"汶水曰："不复敢隐，其取惠水，必淘井，静夜候新泉至，旋汲之。少顷，持一壶，满斟余曰："客啜此。"余曰："香扑烈，味甚浑厚，此春茶耶？向瀹者的是秋采。"汶水大笑曰："予年七十，精赏鉴者，无客比。"遂定交。

四十四、不希荣达[①]　何畏危机

【原文】

　　我不希荣，何忧乎利禄之香饵？我不竞进[②]，何畏乎仕宦③之危机?

【注释】

①荣达：指荣耀显达，亦指位高显达。《洞灵真经·贤道篇第六》："穷厄则以命自宽，荣达则以道自正。"②竞进：指争进。喻不厌求索。《楚辞·离骚》："众皆竞进以贪婪兮，凭不厌乎求索。"③仕宦：指出仕、为官。喻仕途、官场。《史记·鲁仲连邹阳列传》："鲁仲连者，齐人也。好奇伟傲倪之画策，而不肯仕宦任职，好持高节。游于赵。"

【释义】

我不希求富贵荣达，怎么会担心别人利用财利和荣禄作香饵来诱惑我呢？我不贪求争名竞利，怎么会畏惧官场之中潜藏着难以预测的种种危机呢？

【浅析】

"不汲汲于荣名，不戚戚于卑位。"世事无常，人生沧桑，即是如此，如果能保持平静的心态，顺其自然，做到清心寡欲，淡泊名利，既不会计较个人的得失利弊，也没有追求荣贵与功名之心，且不为外物所诱惑，更不为自己的地位卑微而感到忧惧。正所谓得失尽随缘、毫无喜与忧，宠辱皆不惊、坦然而处之，我不希求富贵荣达，怎么会担心别人利用财利和荣禄作香饵来诱惑我呢？芸芸众生，"人各有志，出处异趣"，这其中包含对待人生的态度，也直接关乎自身的命运，这就有了人生的幸福快乐与忧愁苦恼，恬淡平安与危机重重等。"君子喻于义，小人喻于利"，君子不为富贵所动念，不为名利所缠牵，随遇而安，恪守内心的道义，我不贪求争名竞利，怎么会畏惧官场之中潜藏着

470

的难以预测的种种危机呢？而名利与富贵对于小人来说有着极大的诱惑力，由于私欲的膨胀，便会伺机阿谀奉迎，钻营奔竞，迫于俗累，最终落得身心疲惫，甚至在一己私利的驱使下会越来越远离"道义"二字，如此又怎能解悟人生的幸福？由此可见，君子与小人的思想境界可谓是霄壤之别，由此更能说明"无私则无畏，无所求则无所惧"的道理。

四十五、夷犹书画　俗气潜消

【原文】

徜徉①于山林泉石之间，而尘心渐息；夷犹②于诗书图画之内，而俗气潜消。故君子虽不玩物丧志③，亦常借境调心。

【注释】

①徜徉：此指闲游，安闲自得貌。唐·韩愈《送李愿归盘谷序》："膏吾车兮秣吾马，从子于盘兮，终吾生以徜徉。"②夷犹：亦作"夷由"。此指从容不迫。喻沉浸不已，从容自得。③玩物丧志：玩，玩赏；丧，丧失；志，意志、志气。即指玩弄无益之器物易丧失意志、贻误大事。

【释义】

安闲自得地漫步在山林泉石之间，世间的尘心俗念就会渐渐泯息；沉浸在读书赋诗作画的雅趣内，身上的俗气会在不知不觉中消失。所以，君子虽然不会做玩物丧志的事情，也要常借助清雅的环境来调养身心。

【浅析】

"命里有时终须有，命里无时莫强求。有喜有悲才是人生，有苦有甜才是生活。"要学会生活，更要懂得走自己的人生之路，要以心役物，切忌被物所牵缠，只有平平淡淡才是真实。"终须有"和"莫强求"，"悲喜是人生"和"甜苦是生活"，是以平淡朴实的语言阐明了人生的哲理，亦告诫世人生活即如此，面对现实更要保持平和的心态。只有静下心来，才能看到自己的内心世界，才能感悟到人生的真谛。心静则心声自鸣，而"尘心渐息"；心清则能详察到万物的本性，而"俗气潜消"。只有内心平静，才能对安闲自得地漫步在山林泉石间和沉浸在读书、赋诗、作画的雅趣中有所感悟，而置身于山林泉石间能够达到静心的效果，心在读书、赋诗、作画中能够起到养性的功用。如果能静心养性，淡泊名利，做到身外之物，无须强求，其红尘之心得以平复，俗情杂念得以消除，身心毫无俗累，人之真性自然得以显现。"声喧乱石中，色静深松里。漾漾泛菱荇，澄澄映葭苇。我心素已闲，清川澹如此"，君子虽然不会做玩物丧志的事情，但也会时常借助于清静幽雅的环境来颐养身心，而只有保持内心的清静，才能享受平淡恬适的生活情趣。

四十六、繁华①春色　不若秋实②

【原文】

春日气象繁华，令人心神骀荡；不若秋日云白风清，兰芳桂馥，水天一色③，上下空明④，使人神骨俱清也。

【注释】

①繁华：亦作"繁花"。指盛开的花，繁密的花。东晋·陶潜《荣木》："繁华朝起，慨暮不存。"②秋实：指秋季成熟的谷物及果实。借喻人的德行成就。《管子·国蓄》："春赋以敛缯帛，夏贷以收秋实。"③水天一色：指水光与天色相浑。喻水天相接的辽阔景象。唐·王勃《滕王阁序》："云销雨霁，彩彻区明。落霞与孤鹜齐飞，秋水共长天一色。"④空明：指空旷澄澈，亦指空旷澄净的天空。

【释义】

春天里繁花似锦、气象万千的景致，不禁令人心情舒畅；但不如秋日的天高云淡金风送爽，桂馥兰馨香飘四溢，水天相接天宽水阔，上下交融空旷澄澈，使人心旷神怡。

【浅析】

"天之于物，春生秋实。"大自然对于万物的哺育、滋养，是要它们在春天里茁壮生长，在秋天结出果实，如此，才能生生不息。春季不仅万物充满勃勃生机，而且景色浓郁、秀丽，其草葱林青，百花竞相开放，就连青山绿水也显得格外妩媚。正因为春天里的风景怡人，所以人们纷纷走出家门去大自然中访春、赏春、踏春等，更有诗人触景生情，赋诗抒怀，如，"千里莺啼绿映红""好雨知时节，当春乃发生。随风潜入夜，润物细无声""诗家清景在新春，绿柳才黄半未匀。若待上林花似锦，出门俱是看花人"等，真是写不尽的春日美，道不尽的人间情。然而春日的短暂却让觅春、惜春之人为花落而愁。暑去秋来，"一枕新凉一扇风"。秋季不仅果实丰硕，而且风景宜人，碧水蓝天，秋高气爽，上下空明。有诗盛赞秋色之美，如"清溪流过碧山头，空水澄鲜一色秋。隔断红尘三十里，白云红叶两悠悠"，唯有心净才有兴致欣赏秋天的美景。秋季里的菊花争奇斗艳，秋红的厚重，田野的金黄色，更有五谷丰登，果实累累等，可谓万象更新。季节的循环往复实属大自然的更新规律，并无优劣之分，只有处在不同季节的感受是因人而异。"夫学者，犹种树也。春玩其华，秋登其实。讲论文章，春华也；修身利行，秋实也"，只有抓紧春日的大好时光，才能有秋日里的丰收。春日里的学习犹如播种、栽树，如此，才能得秋日里的成果与根固。谈论文章如同观赏花之美，而修身进德不仅能收获秋季的硕果，更有劳而有获的喜悦。如此正可谓"春日里的百花繁华，不若金秋季节的硕果累累"。

四十七、诗家①真趣　禅教玄机

【原文】

一字不识而有诗意者，得诗家真趣；一偈不参②而有禅味③者，悟禅教玄机。

【注释】

①诗家：诗人。②一偈不参：偈，偈陀，梵语"颂"，即佛经中的唱词，简称"偈"；参，领悟、琢磨、研究、参悟。即指毫不揣摩佛经唱词。③禅味：此指入于禅定时安稳寂静的妙趣。

【释义】

连一个字都不认识，但说起话来却富有诗意的人，可以说他已经体悟到了作诗的真趣；一句偈语都不揣摩，但说起话来却充满禅机的人，可以说他已经领悟了禅理的奥妙。

【浅析】

　　"无财非贫，无学乃为贫。"财富是生活之本。财富大致可以分为有形的和无形的两种，有形的财富是看得见的，它可以明码标价，体现物质本身的生产价值，生活中的每一天乃至衣食住行都离不开它；而无形的财富虽然看不到，但可以通过人的言行举止体现出来，它包括学问、见识、智慧、灵感和悟性等，无形的财富虽然不能标定价值，但它能创造出财富。而过分地去追求有形的财富，就容易忽略无形的财富，因为人的精力是有限的，每个人可以利用得到时间是有限的，但是更热衷于追求哪一种财富却是因人而异。相比较而言，缺少有形的财富并不能算是贫穷，倘若缺少学问与知识等无形的财富才是真正的贫穷。学问与知识是要靠自身不断的刻苦努力，通过日积月累才能学到和掌握的，是要用心去体会和领悟的。换言之，贫穷与知足、困苦与安乐、健康与幸福始终伴随人生，如何正确对待人生和生活，全在自身的心态。心志不失何苦之有；意趣盎然自得其乐，心平气和则能生悟。"三人行，必有我师焉；择其善者而从之，其不善者而改之"，与人相处，需要不耻下问，虚心好学；学习别人好的东西，而对于别人的缺点，反躬自省是否同样存在，如果有就要及时改正，这是一种修养，也是一种智慧，更是一种经验的积累和财富。"一字不识而有诗意者""一偈不参而有禅味者"，除有天赋外，笃学、慎思和心静三者缺一不可。学则在其悟，思能有所悟，静则能开悟，而修则在其真，如此，才能领悟到"诗家"和"禅教"的奥义和真趣。

四十八、相由心生① 念息见真

【原文】

机动②的，弓影③疑为蛇蝎，寝石④视为伏虎，此中浑是杀气；念息的，石虎⑤可作海鸥，蛙声可当鼓吹，触处俱见真机。

【注释】

①相由心生：相，表象；心生，内心的活动或思想。即指触景心念即生；反之心灭则种种魔灭。喻心浊则意乱，心静则境明。②机动：此指工于心计，狡诈多虑。③弓影：语自"杯弓蛇影"的典故。指将杯中的弓影误认为蛇。喻心疑多虑。④寝石：指卧石，即横躺着的石头。《荀子·解蔽篇》："冥冥而行者，见寝石以为伏虎也。"⑤石虎：指后赵武帝石虎（295—349），字季龙，羯族，上党武乡（今山西榆社北）人。石虎非常残暴，故后人喻石虎为凶残之意。

【释义】

好动心机狡诈多虑的人，会怀疑杯中的弓影即是毒蛇，把横卧的石头看成趴着的老虎，这些幻影全都是潜藏的杀气；放下俗念内心平和的人，可以把石虎化作温顺的海鸥，也可把蛙鸣当作清脆的鼓乐，到处都可以看到真正的机趣。

【浅析】

"人心本一念，天地悉皆知。善恶若不报，乾坤必有私。"人在做，天在看，是善是恶皆有报，心存善念，坦然从容，稍有恶念，天地悉知。一念一因果，内心的念头或活动都会有所显现，更是难以修饰和遮掩，真正善良的念头，可谓一动一修行；而邪恶的念头会使人堕入无尽的苦海。人心本为善，然而一念之间有可能发生转变，这就要看人在某时某地为人处世的心态，心静能清，心清自明，心明才能豁达开朗。否则，心浊意乱，处世多生猜忌，疑神疑鬼，妄自惊慌，即是"天下本无事，庸人扰之为烦耳"。无论是怀疑杯中的弓影是毒蛇，还是把横卧的石头看成趴着的老虎，都是内心的浮躁在作怪，这种情绪不仅容易伤害自己的身心，更容易波及他人。"凡观物有疑，中心不定，则外物不清；吾虑不清，则未可定然否也"，所以心静与否，虽然只在一念之间，但对于辨明事物会有天渊之别。心静则能看淡荣辱是非、利弊得失，消除心浮气躁，学会从容自若、泰然处之；心若不静则狭隘善妒，计较个人得失，遇事忐忑不安、惊慌失措，倘若此时能够将心沉静下来，便可以祛妄除躁，心归本真。此时，自然可以把眼前的石虎化作温顺的海鸥，也可把蛙鸣当作清脆的鼓乐，到处都可以看到真正的机趣。

<像随心灭，豁然开朗>：西晋时期人乐广，字彦辅。尝有亲客，久阔不复来，广问其故，广问其故，答曰："前在坐，蒙赐酒，方欲饮，见杯中有蛇，意甚恶之，既饮而疾。"于时河南听事壁上有角，漆画作蛇，广意杯中蛇即角影也。复置酒于前处，谓客曰："酒中复有所见不？"答曰："所见如初。"广乃告其所以，客豁然意解，沈疴顿愈。

四十九、流行坎止　悠然自适

【原文】

　　身如不系之舟[①]，一任流行坎止；心似既灰之木[②]，何妨刀割香涂③？

【注释】

①**不系之舟**：指没有束缚和缆绳捆绑的船。借喻漂泊不定的生涯或无拘无束的身躯。《庄子·杂篇·列御寇》："巧者劳而智者忧，无能者无所求，饱食而遨游，泛若不系之舟，虚而遨游者也。"②**既灰之木**：指树木既已成为灰烬，形如槁木。喻毫无生气或意志消沉。③**刀割香涂**：被刀所割，被香所涂。喻毁誉成败。

【释义】

身体要像没有系缆绳的小船，任其顺流而行遇险而止；心灵要像燃烧成灰烬的树木，又何惧刀割或香料涂抹？

【浅析】

"舒卷意何穷，萦流复带空。有形不累物，无迹去随风。"云任卷舒，萦流回荡，心无物累，随风来去，悠然自适，可谓借物喻人。倘若人心不为外物所牵缠，其身犹如没有系缆绳的小船，自然就轻松愉悦。"心无一事累，物有十分春"，这是一种最理想的心境。然而人生有波澜，世路多崎岖，坎坷不平是生活，关键是看怎样去把握自身，按行自抑，如果能做到顺流则行、遇险则止，就能扎实前行；而心若能够像枯木死灰一样，身处尘世而不受物扰，就能不惧刀割之害以及香料的涂抹所带来的各种压力。耳目无累，心就无俗累，正所谓"心中无事一床宽"。不受物扰也好，身无牵绊也罢，重要的是人生要保持沉静的心态，胸中只摆脱一"恋"字，便十分爽净，十分自在。人生最苦处，只是此心拖泥带水，明是知得，不能断割耳，倘若能做到割舍、放下，则一切功名利禄，荣辱是非、利弊得失都不能左右自心，由此既可以修养身心，增添一份人生的真趣，也可以达到处世而不动念，超凡脱俗、潇洒自如的境界。

五十、厌喜培去　形气^①用事

【原文】

　　人情听莺啼则喜，闻蛙鸣则厌，见花则思培之，遇草则欲去之，俱是以形气用事；若以性天^②视之，何者非自鸣其天机，非自畅其生意也。

【注释】

　　①形气：形，具体物象或外貌、形体；气，构成宇宙万物的最根本的物质。亦指形貌和气质。西汉·贾谊《鵩鸟赋》："形气转续兮，变化而嬗。"②性天：指天性。谓人得之于自然。《中庸》："天命之谓性，率性之谓道，修道之谓教。"

【释义】

　　就世人的情感而言，听到黄莺的啼叫就会高兴，而听到青蛙的鼓鸣就会厌恶；看到花卉会即刻想到栽培，而看到野草则会想去拔掉。这些都是根据对象的外形气质来判断优劣。如果能从生物的天性来观察，哪一种动物不是在鸣放其自身的灵性，哪一种花草不是在畅抒其自身的生机？

【浅析】

　　对于大自然中事物的优与劣、美与丑等的认识都是人的一种执念，也是一种差别心。天然生成的一切事物都有其功用，只

479

是因为每个人的喜好、情绪、偏爱或在每个时段认识和兴趣等的不同而决定是否取舍。当人处于平心静气、清醒理智的状态时，就会客观地面对世事，冷静地看待事物，此时，理智高于主观臆断，排除了心理上的障碍和感情用事。就其"形气"而言，人们喜欢喜鹊而厌恶乌鸦，喜鹊其外形不仅优于乌鸦，而且从认知习惯上常能给人们带来喜庆与欢乐。相反，乌鸦寓意着某种不祥之兆。细细探究，两者皆有捕食昆虫的功用，这一点即是大自然的安排，有益于生态平衡。又如止痒草，既无艳丽的花朵，也无奇特的外表，往往容易被人们忽视，但它有着消肿、散毒、止痛、止痒的功用。同其理，就悦人耳目而言，与其闻蛙鸣之声，人们更喜欢听清脆的莺啼，与其看杂草的形态，人们更愿意观赏五彩缤纷的花卉，无论是蛙鸣还是莺啼都蕴含着大自然的玄机和奥秘，而杂草与鲜花也是大自然中生生不息的和谐之美。这种心理或感情上的忧与喜、用心与忽略也就移至于物，而非科学和理智的态度，也没有理性地去了解、认识大自然中的每一种事物。倘若能祛除偏见与执念，大自然中的美与丑、优与劣等就不复存在了。所以，对事物的认识既不可以感情用事，也不可以凭主观臆断而加以取舍，而应以安静平和的心态去观察、探究、理解和适应大自然的各种事物。

<形气用事，受其拘限>：知士无思虑之变则不乐；辩士无谈说之序则不乐；察士无凌谇之事则不乐：皆囿于物者也。

五十一、鸟吟①花笑　自性真如②

【原文】

　　发落齿疏，任幻形之凋谢；鸟吟花笑，识自性之真如。

【注释】

①鸟吟：指鸟儿鸣唱。唐·李白《金门答苏秀才》："良辰不同赏，永日应闲居。鸟吟檐间树，花落窗下书。缘溪见绿筱，隔岫窥红蕖。"②真如：佛教语。与"实相""法界"等同义，指永恒存在的实体、实性，亦即宇宙万有的本体。

【释义】

在头发脱落牙齿稀疏的衰老年龄，任凭其形体相貌的自然退化老去；在鸟儿啼啭百花盛开的春光时刻，来认识事物本性永恒不变的道理。

【浅析】

"夫哀莫大于心死，而人死亦次之。"人生在世总是在不断的磨炼中成长，每当遇到崎岖坎坷或是困惑不解之际，如果能放平心态，正确面对，既可以摆脱困苦，也可以积累经验、增强信心。反之，若是在困难或挫折面前，心绪沉郁，萎靡不振，甚至自暴自弃，不仅对人生无益，也是一种不负责任的态度，更不利于身心健康。所以，始终保持一种积极、阳光、年轻的心态对于人生是至关重要的。人体衰老犹如老树枯柴，是一种无法抗拒的自然规律，而保持年轻的心态则是一种修养，倘若心灵充满生机，容貌就能焕发青春。有的人年纪不大，却总是暮气沉沉，缺乏应有的朝气和活力；有些年近古稀的人，依旧神采奕奕，保持良好的心态和精气神。人的生命随着时光的流逝其形貌等会从年轻到衰老，但是如果能够保持良好的心态，就会放慢或延缓这一衰老的步伐。否则，心态失去平衡，就会加快衰弱的进程，甚至导致早衰。心再苦，不必常挂嘴边，路再难，唯有用脚体悟。脚踏实地地去努力是一种积极的人生姿态，放平心态、顺其自然是一种乐观豁达的生存之道，淡泊宁静是一种修养，更是一种境界。花开花落，生老病死，是自然界中新陈代谢的普遍规律，认清这一点，既不会因衰老病死而叹息，也能保持良好的心态，从而使人生活得更有意义。

<顺应自然，学无止境>：吾生也有涯，而知也无涯。以有涯随无涯，殆已！已而为知者，殆而已矣！为善无近名，为恶无近刑。缘督以为经，可以保身，可以全生，可以养亲，可以尽年。

五十二、欲心波沸　虚心①正念②

【原文】

欲其中者，波沸寒潭，山林不见其寂；虚其中者，凉生酷暑，朝市③不知其喧。

【注释】

①虚心：虚，无欲无为的思想境界，即指虚夷之心。喻恬淡寡欲之心。②正念：泛指执持善行与善念，放弃恶行与邪念，形成一种精进、炎炎夏日不放逸的力量。③朝市：指早市。《周礼·地官司徒·司市》："大市，日昃而市，百族为主；朝市，朝时而市，商贾为主；夕市，夕时而市，贩夫贩妇为主。"

【释义】

内心充满贪欲的人，能使寒凉潭水般的平静心湖掀起沸波，即使是身处山间林下也无法得到平息；内心毫无私欲的人，即使是在盛暑之际也会感到浑身凉爽，甚至身居繁华的集市也不会觉得喧嚣。

【浅析】

"重为轻根，静为躁君。"敦厚持重是轻率盲动的根本，澄心静虑是性急躁动的主宰。"轻"与"躁"，都是由于自身的私心、妄念和贪欲在作怪，当利欲熏心而达到难以自控之时，能使寒凉潭水般的平静心湖掀起沸波，即使是身处山间林下也无法得到平息，从而就失去了自我。人如果能够做到克制自我、约束自心，就能够保持冷静。当摆脱了轻率盲动，戒除了性急躁动，内心就能够安定平静，定与静可以创生出无穷无尽的智慧。而闲暇之时能够做到静心是一种修养，繁忙之时能够保持心静既是睿智，也是一种超凡脱俗的境界。心静则能思明，即心静而思绪不乱，即使有种种外物的诱惑，只要自身能够消除欲心，心存清明，恪守本分，保持清静自然，不受外界的纷扰，辨明是非长短，便会感到身心轻松愉悦，悠闲自适。同理，内心毫无私欲的人，即使是在盛暑之际也会感到浑身凉爽，甚至身居繁华的集市也不会觉得喧嚣。

五十三、富贵深忧　贫贱常安

【原文】

多藏者厚亡[①]，故知富不如贫之无虑；高步者疾颠[②]，故知贵不如贱之常安[③]。

【注释】

①多藏者厚亡：多藏，过度追求物质生活与名利欲望；厚，大、增多；亡，损失。即指积聚众多财物而不能济急，引起众怨，最终损失巨大。《道德经》："甚爱，必大费，多藏，必

厚亡。故知足，不辱，知止，不殆，可以长久。"②疾颠：指急速颠覆、失败。③常安：长久安定，经常安宁。《荀子·荣辱篇》："仁义德行，常安之术也。"

【释义】

过多积敛财富而又不去济急的人，因害怕招致巨大损失而焦心劳思，可见富有之人不如贫穷之人活得无忧无虑；虽高爵显位但不思贫贱之难的人，又恐自身的官位丢失而劳心焦思，可见显位之人不如卑贱之人活得安闲自在。

【浅析】

"富而好礼，贫而乐道。"虽富有而不骄横无礼，而处于贫穷，既不攀比，亦不趋炎附势，能以懂得道理为乐事，这其中包含着做人的准则。"多藏者厚亡，高步者疾颠"，倘若只知道敛财而心中无"礼"和"道"，亦即有钱人怕自身的财富过多的损失而常常焦心劳思；同样，虽然身处高爵显位但因怕失去其位而常常劳心焦思。因此，生活中能够做到清静自心，恬淡寡欲至关重要。无论处在何时、何地、何种状况之下，都能保持平和的心态既是一种达观的情怀，也是人生一种至高的境界。然而，世事无常，倘若能安分守己，脚踏实地地去生活实属不易。正如古圣先贤箴言所说，"立身处世常守清心寡欲""安贫乐道"等，真是大道至简，知易行难。"非知之难，行之为难；非行之难，终之斯难。"其实生活与幸福是相辅相成的，生活并非要追求富贵荣华，而是要过得适合自己、活得真实；幸福也并非要与人攀比争面子，而是要在平凡之中去细心体悟。"富不如贫之无虑，贵不如贱之常安"，富有者如果能长存振贫济乏、助人为乐之心，显贵者如果能长怀平易近人、排忧解难之情，不仅能消除几分忧

484

虑，而且能得到些许安宁。人如果处富贵之中能常思贫困、卑贱之疾苦，足见其道德修养是崇高的。布衣百姓的生活虽然贫寒，但他们节俭度日、量入为出，既能做到岁杪有余，也能心无物累，知足常乐。故立身贵在有"度"和知足，知足是人生的一种智慧，能够带来轻松愉快的人生。

<心境平和，淡泊处世>：欲贵者，人之同心也。人人有贵于己者，弗思耳。人之所贵者，非良贵也。赵孟之所贵，赵孟能贱之。《诗》云："既醉以酒，既饱以德。"而饱乎仁义也，所以不愿人之膏粱之味也；令闻广誉施于身，所以不愿人之文绣也。

五十四、读易①晓窗　松露竹风

【原文】

　　读易晓窗，丹砂②研松间之露；谈经③午案，宝磬④宣竹下之风。

【注释】

　　①**易**：指《周易》，亦称《易经》。②**丹砂**：同"丹沙"。又叫辰砂、朱砂，成分为一氧化汞，是提炼水银的主要原料，可做颜料，也可入药。③**经**：指经典，亦指被尊奉为典范的著作。④**磬**：指古代打击乐器，形状像曲尺，用玉或石制成，可悬挂。磬曾被称为"石"和"鸣球"。磬可以分为特磬和编磬两种，敲打时能发出清脆悦耳的声响。

【释义】

　　清晨静坐在窗前专心读《周易》，用松树滴下的露水研磨朱砂来圈点其中的精义；中午时分在书桌旁谈经论义，轻风将敲打古乐的清脆之声不断传送到竹林中。

【浅析】

　　"读易晓窗，谈经午案。"清晓之时能够静坐在窗前专心致志地阅读《周易》，珍惜早晨的时光，是因为此时段的精力最充沛、头脑最清醒，可谓一日之计在于晨；虽是晌午时刻但仍在谈经论义，可谓孜孜不倦，这些都寓意着清静和笃学。环境清静、幽雅只能给读书人带来适合阅读的氛围和条件，而内心清静才能识字义，解句段，从书中悟出精义和深奥的哲理。静心读书是一种乐趣和享受，否则心存杂念，即使是书卷在手也会感到枯燥乏味。读书是一种修养，亦是对精神生活的追求。然而，读书切忌流于形式，更不能为无心读书找借口，正如俗谚所说，"春天不是读书天，夏日炎炎正好眠，秋有蚊虫冬有雪，收拾书本好过年"。其实，读书并无季节之分，也无冷热之别，只要能静心去读即可，可谓"书海无尽头，切莫言无暇"。"读未见书，如得良友；读已见书，如逢故人"，读书既是颐养身心之法，也可以抚慰焦躁不安的内心。"读书处处是净土，闭门随即是深山"，倘若能以平静的心态去面对现实生活，无论身处闹市，还是浮华的环境之中，都能恪守心中那片无尘的净土，也就毫无俗累；而将门关上，并非远离繁华之地、置身山间林下，而是从思想上淡泊名利，养静气、消躁气，从内心远离世俗的尘嚣，就能感悟到身处闹市心在竹林间的意趣。

　　<笃学尚行，静心求进>：元朝人王冕，字符章，号煮石山农，亦号食中翁、梅花屋主等。元朝人韩性，字明善。王冕者，诸暨人，七八岁时，父命牧牛陇上，窃入学舍听诸生诵书，听已，辄默记，暮归，忘其牛。或牵牛来责蹊田，父怒，挞之。已

而复如初。母曰："儿痴如此，曷不听其所为？"冕因去，依僧寺以居。夜潜出，坐佛膝上，执策映长明灯读之，琅琅达旦。佛像多土偶，狞恶可怖，冕小儿恬若不见。会稽韩性闻而异之，录为弟子，学遂为通儒。

五十五、人为乏趣① 自然生机

【原文】

花居盆内终乏生机，鸟入笼中便减天趣②；不若山间花鸟错集成文，翱翔自若，自是悠然会心③。

【注释】

①**乏趣**：乏，缺少。即指无味，没意思。明·冯梦龙《醒世恒言·徐老仆义愤成家》："徐言、徐召自觉乏趣，也不别颜氏，径自去了。"②**天趣**：指自然的情趣，天然的风致。北宋·沈括《梦溪笔谈》卷十七："迪见其画山水，谓用之曰：'汝画信工，但少天趣。'用之深伏其言。"③**悠然会心**：悠然，安闲、闲适的样子，悠然自得；会心，领悟于心。

【释义】

花卉种在盆内终究缺乏自然生机，鸟被关在笼中便减少了自然生趣；皆不如层山茂林间的花与鸟那样错落有致萃集成文，观鸟儿翱翔自若的姿态，自然会将悠然自得领悟于心。

【浅析】

"园亭之妙，在邱壑布置，不在雕绘琐屑。往往见人家园亭，屋脊墙头，雕砖镂瓦。非不穷极工巧，然未久即坏，坏后极难修葺。是何如朴素之为佳乎？"人为的园亭，虽然一砖一瓦精工细琢、雕镂彩绘，布局设计穷工极态，颇有巧夺天工之美，但是远比不上藤树或攀缘灌木等天作覆盖的遮阴之处，这正是它的朴素与自然。正所谓"人为乏趣，自然生机"。因此，生长在盆中的花缺少大自然的抚育，而养在笼中的鸟则失去了生存于大自然的本能，两者都因受制于环境，而缺乏了原本应该有的活力和自然之美。"唯天地，万物父母；唯人，万物之灵"，花与鸟的成长处于大自然中，既能保持其自然生机、自然天趣，也能显现自然之美，否则，自然之美就无从谈起；为人处世也应该顺其自然，既无须刻意掩饰，也无须随声附和，才能显现心灵之美。而这种美即为"德"之美，如果能将"德"字常放在心上，人生就会多有善意之举。而做个有道德的人，既是做人的本分，也能享受人生中最质朴、最自然的悦心之趣，"自是悠然会心"。

五十六、看淡自我　安①知物贵

【原文】

世人只缘认得我字太真，故多种种嗜好种种烦恼。前人云："不复知有我，安知物为贵？"又云："知身不是我，烦恼更何侵？"真破的②之言也。

【注释】

①安：表示疑问。指岂，怎么，哪里。②破的：亦作"破镝"。指射中靶子，比喻说话中肯。南朝·宋·刘义庆《世说新语·品藻》："刘尹至王长史许清言，时苟子年十三，倚床边

听。既去，问父曰：'刘尹语何如尊？'长史曰：'韶音令辞不如我，往辄破的胜我。'"

【释义】

只因世俗之人把自我看得太重要，所以才多了各种嗜好和许多烦恼。古人曾说："如果不再知道有自我的存在，又怎么能够知道物的可贵呢？"古人又说："既然已经知道连身体都不属于我，那世间还有什么烦恼能侵害我呢？"这些话真是一语破的的肯綮之言。

【浅析】

无所欲也就无所求，无所求也就能够安下心来，继而也就没有了忧虑，更会远离烦恼。这是生活中常听到的一句话，其道理浅显易懂。然而，当遇事之际，由于把自我看得太重要，这个道理就容易被忽略。倘若做人只考虑自我、自私自利，就会多生贪欲、偏颇和执念等，最终失去本性。做人应该恪守本分，凡事应尽心做到仁慈友爱、诚恳热忱、谦恭有礼，宽大为怀。如此，才能做到无我，无我才能无私、无欲、无求，才能做到心态平和，以诚待人。"冷暖俗情谙世路"，倘若能在纷繁复杂的环境中，保持心境平和，做到心无旁骛、无杂念、无是非、无奢望、无贪欲。就能超越自我，排除纷扰、减少烦恼，做到顺应自然，修身养性。"知身不是我"，更有何烦恼。立身常能反躬自省，净化心灵，才能做到自我升华。"人不为己，天诛地灭"，做人不能常静心修身，是天地所不能容的。人生之路，凡事要懂得知足，知足并非胆小、懦弱，而是豁达大度，心无烦恼，珍惜现在。知足更是淡泊名利，无欲无求，用平常心对待一切。正是"不复知有我，安知物为贵？"

五十七、消角逐心　绝靡丽念

【原文】

自老视少，可以消奔驰角逐^①之心；自瘁^②视荣，可以绝纷华靡丽^③之念。

【注释】

①奔驰角逐：指竭力进取，拼力相争。②瘁：亦作"悴"。指劳累。③纷华靡丽：纷华，繁华富丽；靡丽，奢侈豪华。即指讲究排场，追逐华丽。《后汉书·孝安帝纪》："比年虽获丰穰，尚乏储积，而小人无虑，不图久长，嫁聚送终，纷华靡丽。"

【释义】

若从年老力衰的角度来回视年少时的往事，就可以打消很多奔驰角逐、争名竞利的心思；若从心力交瘁的角度来看盛衰荣辱的变化，就可以断绝许多追逐奢华、讲究排场的意念。

【浅析】

"日滔滔以自新，忘老之及己也。"光阴荏苒，只有不断地更新自我，生命才能更加充实。虽然衰老已悄悄地临近，但仍能保持一颗童心，只有珍惜时光，珍爱生命的人，才能理解这个道理。人的生命是有限的，而知识的海洋是无边无际的。要懂得时间的宝贵，求知进学须专心，日积月累须静心，从而提高自身的学识和修养，体味到人生的价值和情趣，看淡世间的荣华富贵，视身外之物如浮云。眼光放得长远，才能正确面对现实，静下心来，才能脚踏实地地做人做事。如此，既可以打消很多奔驰角逐、争名竞利的心思，也可以断绝许多追逐奢华、讲究排场的念头。积累需要慢慢增加，求知需要长期不懈，这就是人生的经历。没有尝过甜酸苦辣的人生滋味，哪能知道安定、平静、快乐和幸福的生活来之不易。生活中的五味杂陈在于体悟和品尝，唯有在亲力亲为中，恪守初心，心境平和地去面对才可谓有意义的人生之旅。从年老力衰的角度来回视年少时的往事和从心力交瘁的角度来看盛衰荣辱的变化，讲的是回首往昔，也是一种经历，只有经历了，才看淡了争名逐利、盛衰荣辱、利弊得失等。才能得悟"但行好事，莫问前程"的意义所在，进而理解人生若失去钱财则受损甚少，而失去了健康则损失极多。

<回首往昔，了悟人生>：明末清初人傅山，初名鼎臣，字青竹。吾家自教授翁以来，七八代皆读书解为文，至参议翁着。下至吾，奉离垢君教，不废此业。残编手泽，穷年探讨，益当精进自得。粗茶淡饭，布衣茅屋，度日尽可打遣。如求田问舍，非尔之才。即当安命安分，不可妄想。人无百年不死之人，所留在天地间可以增光岳之气、表五行之灵者，只此文章耳。念之念之。苍头小厮供薪水之劳者，一人足也。观其户，寂若无人，披其帷，其人斯在。吾愿尔为此等人也。尔颇好酒，切不可滥醉，内而生病，外而取辱，关系不小，记之记之。"韬精日沈饮，谁知非荒宴。"尔解此意，便再无向尔啰嗦者，吾自此绝笔可也。尔两人皆能读书，苏志高心细而气脆，教之使纯气。宝颇疏快，而傲慢处多，当教之使知礼。谆谆言之，皆以隐德为家法。势利富贵，不可毫发根于心。老到了自知吾言。

五十八、世态万端　处事达观

【原文】

人情世态，倏忽万端，不宜认得太真。尧夫①云："昔日所云我，而今却是伊②，不知今日我，又属后来谁？"人常作如是观③，便可解却胸中罥④矣。

【注释】

①尧夫：邵雍（1011—1077），字尧夫，自号安乐先生，北宋著名理学家、数学家、诗人。②伊：指彼，他、她。③作如是观：如是，如此这么，像这样；观，看、看法。即指抱这样的看法或对某一事物作如此的看法。《金刚般若波罗蜜经第三十二品·应化非真分》："一切有为法，如梦幻泡影，如露亦如电，应作如是观。"④罥：泛指罥结，即缠绕，牵系。喻纠结，困扰。

【释义】

人情冷暖世态炎凉，顷刻间会发生种种变化，对此大可不必看得太过认真。邵雍先生曾说："以前所说的我，如今却成了他，更不知道今天的我，以后又属于哪位？"人们若能常常抱有这种看法，就可以解除心中的困扰。

【浅析】

"观世态之极幻，则浮云转有常情。"冷眼观世态，极富变幻，难以预测；静心远眺云卷云舒，虽去留无意，但好像按常理而动。其中的"动"与"变"是一种常态，而只有静下心来，才能领悟到这一点，在适应了这种"动"与"变"的同时，就不会去在意其变化的形态。同理，人情冷暖世态炎凉，顷刻间就会发生种种变化，对此不必看得太过认真。人之所以产生忧虑或痛苦等，总是觉得在物质上得不到满足或是追求了错误的东西，与其说是他人故意制造麻烦抑或其他种种客观原因，不如说是自己的杂念、贪心太重、自身的修养不够。静观世间的种种情态变幻无常，只有保持冷静，才能处变不惊，泰然自若，否则，若是太过较真，最易产生心态失衡，多有怅然若失的感触。"世情看冷暖，人面逐高低"，敬优者，冷弱者即世态，捧尊贵，疏贫贱即人情，这是一种常态，而如何去做人做事，全在自心把控。"水流任急境常静，花落虽频意自闲"，不被尘世喧嚣所扰，不为利缰名牵，抛弃浮躁，自然心静，悠闲自得。从知足中得悟事态纷杂，变幻无常，也就不必事事计较；看淡世间之事，看透人情冷暖，就懂得了如何摆正自己的心态。坦坦荡荡去面对人生，方能豁达乐观，正所谓"人常作如是观，便可解却胸中罥矣"。

五十九、闹中能静　冷处①热心

【原文】

　　热闹中着一冷眼②，便省许多苦心思；冷落处存一热心，便得许多真趣味。

【注释】

　　①冷处：处于冷遇，遭遇冷落。②冷眼：冷静理智的眼光。唐·徐夤《上卢三拾遗以言见黜》："冷眼静看真好笑，倾怀与说却为冤。"

【释义】

在繁华喧闹的环境中，若能持冷静的眼光去观察事物的变化，便可以省去许多劳神苦虑的心思；当遭到冷遇、处在落寞时，若能保持一份热忱和乐观奋进的心态，便可以悟得许多人生真正的乐趣。

【浅析】

"淡泊之守，须从浓艳场中试来；镇定之操，还向纷纭境上勘过。"在富贵奢华的场合中，才可以检验出一个人是否真能坚持清静淡泊的操守；在纷纷扰扰喧嚣的环境中，才可以检验出一个人是否真能保持镇静安定的志节。而无论在任何情况下，置身在何种环境中，如果都能做到遵从本心，顺应本意，恪守本真，不受外界的任何诱惑和干扰，就不仅是持有淡泊名利之心，而且有镇定自若的德行，如此，才能将自身的品德修炼纯诚。反之，人生如果不经历风风雨雨的洗礼，一旦身处纷繁复杂的尘世中，是很难抵御各种外物诱惑的，这不仅会平添许多"苦心思"，保持平静的心态更无从谈起。人生之路坎坷不平，既有成功和挫折，也有顺利和困惑，"知忘是非，心之适也"。当取得成功之际，应克制情绪，保持头脑清醒，做到未雨绸缪，避免不测；当遭受挫折的时候，应正确面对，鼓起勇气，不忘初心；当处在顺利之时，要沉下心来，保持冷静；当处在困惑之时，要保持理智和一颗平常心。"热闹中着一冷眼"，既能保持客观的心态，也能辨清利弊得失、淡泊名利，减少不必要的烦恼；"冷处热心"，即是真诚所在，又是修养所为。简而言之，"闹中能静，冷处热心"既是一种智慧，也是一种境界，更能使人体悟到人生真正的乐趣。

<潜心笃志，本性常适>：达生之情者，不务生之所无以为；

494

达命之情者，不务知之所无奈何。工倕旋而盖规矩，指与物化而不以心稽，故其灵台一而不桎。忘足，屦之适也；忘腰，带之适也；知忘是非，心之适也；不内变，不外从，事会之适也。始乎适而未尝不适者，忘适之适也。

六十、事无绝对 素位安乐

【原文】

　　有一乐境界，就有一不乐的相对待①；有一好光景，就有一不好的相乘除②。只是寻常家饭，素位③风光，才是个安乐的窝巢。

【注释】

　　①对待：双方面相比较而存在，处于相对的情况，即对立，相对。宋·黎靖德《朱子语类》卷七六："是两物相对待在这里，故有文，若相离去不相干，便不成文矣。"②乘除：自然界中的盛衰变化，此消彼长，亦指抵消。唐·韩愈《三星行》："名声相乘除，得少失有余。"③素位：素指质朴，不加修饰。素位指现在所处的地位。喻安于本分。《中庸》："君子素其位而行，不愿乎其外。素富贵，行乎富贵；素贫贱，行乎贫贱；素夷狄，行乎夷狄；素患难，行乎患难。君子无入而不自得焉！"

【释义】

　　倘若有一种快乐的境界，就会有一种不快乐的境况相对应；有一种美好的光景，就会有一种不美好的景象来抵消。只有平日食用的家常饭，质朴与安分的生活景况，才是人生安逸和快乐的

495

真正归宿。

【浅析】

"祸兮，福之所倚；福兮，祸之所伏。"凡事皆有正反两个方面，遭遇挫折大可不必悲观失望，垂头丧气；处在顺利亦不要过分喜悦，忘其所以。因为，有一种快乐的境界，就会有一种不快乐的境况与之相对应；有一种美好的光景，就会有一种不美好的景象与之来抵消。简而言之，坏事可以引出好的结果，反之亦然。遇事如果能从辩证的角度去观察、分析、理解，不仅可以避免偏激和执拗，也可以学会顺其自然的处事方法，因为物极必反始终存在，譬如"有荣华者必有憔悴"等。要想客观地面对人生，全在自身的心态，做人如果能够常怀"人生哪能多如意，万事只求半称心"的平静心态，遇事又能持有"处逸乐而欲不放，居贫苦而志不倦"的生活态度，就能够体悟世间皆有乐。苦从自心生，万事皆有缘，随遇而安才能悠闲自适的道理。其实，人生真正的快乐来自平淡、质朴和安分的生活，而这种快乐才能使生活更真实、更有意义，亦即世事本"无绝对"，唯有"寻常家饭，素位风光，才是个安乐的窝巢"。

<事无坐收，物极必反>：不能耕而欲黍粱，不能织而喜采裳，无事而求其功，难矣。有荣华者，必有憔悴；有罗纨者，必有麻蒯。鸟有沸波者，河伯为之不潮，畏其诚也。故一夫出死，千乘不轻。蝮蛇螫人，傅以和堇则愈，物故有重而害反为利者。

六十一、乾坤自在　物我两忘①

【原文】

帘栊②高敞，看青山绿水吞吐云烟，识乾坤之自在；竹树扶疏③，任乳燕鸣鸠④送迎时序⑤，知物我之两忘。

【注释】

①**物我两忘**：与诗学有关的古代美学概念，指创作时艺术家的主体与创作对象的客体浑然为一而兼忘的境界。喻心无旁骛，心无杂念。②**帘栊**：亦作"帘笼"。帘指用来做窗或门的遮蔽物，栊指宽大有格子的窗户，指窗帘和窗牖，泛指门窗的帘子。③**扶疏**：亦作"扶疎"或"扶踈"。指枝叶繁茂分披貌。④**乳燕鸣鸠**：乳燕指雏燕、幼燕，鸣鸠指斑鸠。两者皆为候鸟，春北冬南。喻春秋节气。⑤**时序**：指时间的先后，季节的次序，亦指节候、时节、时间、光阴。

【释义】

当把窗帘高高卷起，敞开窗户，遥看青山绿水云雾缭绕的美景时，才识悟到大自然的逍遥自在；近观茂林修竹那般随风摇曳生姿，任凭乳燕斑鸠啼鸣，迎送季节变化，才晓悟万物合一、浑然忘我的境界。

【浅析】

"北窗疏竹，南窗丛菊；幽禽歌曲，清泉琴筑。"身在村居茅屋，近观北窗前的稀疏修竹随风摇曳生姿，南窗下的簇簇菊花姿态各异，细听鸟儿清脆的鸣叫宛如歌唱，清泉细流水潺潺，犹如击筑与鸣琴；远眺青山绿水云雾缭绕的美景，才识悟到大自然的逍遥自在。此时，凝神思索，更感悟到外物与己身完全融合一致，从而达到浑然忘我的境界。可是，在都市中居住的人，既厌倦了纷扰喧嚣的环境，又因紧张的生活节奏和沉重的精神压力，常向往一份恬静和安宁，特别是淳朴淡雅的乡间生活，想去感受清净自心、融入大自然的情怀。相反，住在远离浮躁纷繁环境中的人们却偏要融入都市的生活，甘愿自舍其静。其实，身居何处并不重要，关键在于内心清静。人生若能排除杂念，去掉妄心，忘却物我的界限，才能达到无己、无功、无名的境界。无所依凭而游于无穷，才能体悟到生活的真实乐趣，亦即知足常乐，悠然自适。

<物我两忘，飘然自得>：列子，名御寇（战国时期人）。夫列子御风而行，泠然善也，旬有五日而后反。彼于致福者，未数数然也。此虽免乎行，犹有所待者也。若夫乘天地之正，而御六气之辩，以游无穷者，彼且恶乎待哉?

六十二、生死成败　随遇而安

【原文】

　　知成之必败，则求成①之心不必太坚；知生之必死，则保生之道不必过劳。

【注释】

　　①**求成**：求得成功，希望获得预定结果；《庄子·外篇·天地》："吾闻之夫子：事求可，功求成。用力少，见功多者，圣人之道。今徒不然。执道者德全，德全者形全，形全者神全。神全者，圣人之道也。"

【释义】

若是知道做事有成功必然会有失败的道理，那么凡事求得成功的意志就不必太坚决；若是知道人的生命有生必然会有死的道理，那么对养生保健之道就不必太劳心苦思。

【浅析】

"自事其心者，哀乐不易施乎前，知其不可奈何而安之若命，德之至也。"加强自身修养，不断提高个人综合素质是人生的必修课。生活中注重自身修养的人，常能保持心静，悲哀与欢乐都难以对他产生影响。心静的人不仅能够做到审时度势，而且更善于观察，当处在无可奈何的境遇时却又能安于处境、顺应自然，这即是道德修养的最高境界。因此也就容易解悟"生死成败，一任自然"的道理。然而每个人的生存环境、成长过程、学识和经历、人生志趣等不尽相同，所以知易行难。"知成之必败，知生之必死"，人生之路崎岖不平，世事难以预料，稔知成功与失败是生活中的必然，一帆风顺亦只是暂时的道理，才能够客观、妥善地去应对；稔知生存与死亡既是人体生理的发展过程，又是大自然周而复始的更迭规律，更无须苛求养生之道。其实，保健亦好，养生亦罢，只有适合自身最好，这才是明智、理性地去面对人生。"尽人事以听天命"，做事尽心尽力，成败与否任其自然。人力终有穷，当遇到难以掌控或力所不及之事时，切忌逞强称能，更无须求全责备。而总结经验、加强学习、提高认识是不可或缺的。立身处世只要问心无愧，自可坦坦荡荡而无悔。而顺其自然，以平和心态来面对人生和养生保健抑或是更为行之有效的。

六十三、任其变幻　身心闲静

【原文】

古德①云："竹影扫阶尘不动，月轮穿沼水无痕。"
吾儒②云："水流任急境常静，花落虽频意自闲。"人常
持此意，以应事接物，身心何等自在。

【注释】

①古德：佛教徒对年高有道的高僧的尊称。北宋·释道原
《景德传灯录》："先贤古德，硕学高人。"②吾儒：吾，我、
我的、我们；儒，中国春秋战国时代以孔子、孟子为代表的一个
学派，泛指儒家。

【释义】

古代有位高僧曾说："竹影掠过台阶而地上的灰尘不会因此
飞扬，月光照入池水而水面却丝毫没有留下痕迹。"曾有儒家学
者说："无论水流多么湍急，若能保持内心清静就不会被流水声
所影响；无论花瓣凋落再多，若能保持意兴闲适就不会被花落声
所干扰。"世人若能常以这种态度待人处事，那么身心将会是多
么的安闲自在。

【浅析】

"竹影扫拂阶砌而尘灰不沸动，月轮穿度玉沼却水面无迹
痕。"从字面上看，竹影扫阶拂尘，地面上的尘土是不会被扫动
的；而月光照入池水，看似穿透水面，又怎能留下痕迹呢？这其
中的确有外在与内在两种因素，但是无论外因有何影响，内因
始终能保持静与定。如果从虚实的角度看，"竹影扫阶""月轮

穿沼"尽是虚幻之物，不会对外界事物造成实质性的影响。"知止而后有定，定而后能静，静而后能安，安而后能虑，虑而后能得。物有本末，事有终始，知所先后，则近道矣"，看到一种事物的外表容易，而真正去观察、分析和研究一种事物，透过现象看其本质，则须静下心来做深入细致的了解，才能明白本末始终的道理以及事物内在的变化，从而也就更能清楚地把握事物的发展规律。心静，物不可使之躁动；身闲，境不可使之纷乱，正所谓"心静自然天地宽，身闲何处无真性"。面对生活百态，世事繁杂，人间是非，尘世浮华，只可认真，不宜较真，心随境转，才能知足常乐；以淡泊名利的心态，摆脱物扰，心境宜静，意念宜悠，"人常持此意，以应事接物，身心何等自在"。

<心能常静，得以致远>：夫君子之行，静以修身，俭以养德。非淡泊无以明志，非宁静无以致远。夫学须静也，才须学也，非学无以广才，非志无以成学。淫慢则不能励精，险躁则不能冶性。

六十四、自然鸣佩　乾坤文章

【原文】

　　林间松韵①，石上泉声，静里听来，识天地自然鸣佩②；草际烟光③，水心云影④，闲中观去，见乾坤最上文章。

【注释】

　　①松韵：韵指和谐而有节奏，即指松风、松涛。②鸣佩：古代贵人或仕女常系的玉饰、玉佩，因触发出清脆的玉声而得名。

③**烟光**：云霭雾气。亦指春日的风光。④**水心云影**：水心指水中央，云影指云的影像。即指水中倒映的云影。

【释义】

　　风撼松林发出波涛般的音韵，石迎瀑泉发出淙淙击磬声，静心听来，就能体悟天地间自然合奏的美妙乐章；云霭雾气弥漫在草际的景色，晴空云朵倒映在水中的景观，悠闲观去，就能识悟尽是大自然描绘的绝妙文章。

【浅析】

　　以"乾坤妙趣，天地文章"来描写大自然的壮观和奇妙，犹如一幅绚丽的画卷，更似一篇质朴无华的文章。之所以说质朴无华，是因为大自然的太和与包容。谈到太和，首先是指人的精神、元气与平和的心态，这些都源于大自然的赐福。而更深一层的含义是指天地间冲和之气，它既包含着人与人之间的和谐以及人们自身心态的和谐，也包含着自然界间的和谐以及人与自然的和谐。正是因为大自然的包容气度和种种和谐氛围，才能使人们"静里听来，闲中观去"地去探究大自然的奥秘，感悟大自然的妙趣。而无论何人，只要能置身于山间林下，远离喧嚣，就会体悟到大自然带来的清新之感，使人赏心悦目，悠然自得。众所周知，美好的环境既可以陶冶情操，又可以净化心灵。"林间松韵，石上泉声""草际烟光，水心云影"，等等，这些都吸引着人们走进大自然去寻觅人生的真谛。在大自然中沐浴心灵，是大自然给人类的最好回报。身临其境抑或"静能生慧，慧能生智"，也正是大自然的包容性，使人们更了悟了"识天地自然鸣佩，见乾坤最上文章"的深刻寓意。

六十五、猛兽易服　人心难平

【原文】

　　眼看西晋①之荆榛②，犹矜白刃③；身属北邙④之狐兔⑤，尚惜黄金。语云："猛兽易伏，人心难降；溪壑易填、人心难满。"信哉！

【注释】

　　①西晋：（266—316）是中国历史上短暂的大一统王朝之一，与东晋（317—420年）合称晋朝。西晋国祚仅51年，共5位皇帝，若以灭东吴始，则仅立朝37年。②荆榛：亦作"荆蓁"。泛指丛生灌木，多用以形容荒芜情景。此喻艰危，困难。③白刃：指锋利的刀剑、利刃。《中庸》："白刃可蹈也，中庸不可能也。"④北邙：亦作"北芒"。指山名，即邙山；因在洛阳之北，故名。借指墓地或坟墓。东汉、魏、晋的王侯公卿多葬于此。⑤狐兔：指狐和兔。借喻坏人、小人。西汉·扬雄《长杨赋》："张罗罔罝罘，捕熊罴豪猪虎豹狖玃狐兔麋鹿。"

【释义】

　　眼看西晋国运已经面临危难，一些高官显贵仍在那里炫耀武力；身在死后已属北邙山狐兔的食物，还有一些人仍心存贪欲吝惜黄金。俗谚曾说："猛兽虽易制服，人心却难降服；谷壑虽易填平，人心却难满足。"这话说得真对！

【浅析】

　　"有黑蛇，青首，食象"，是指有一条黑色的巨蛇，颈上长着青色大蛇头，能吞食大象。后人根据此传说，改编成了故事，即"蛇吞象"。之后就演化出"人心不足蛇吞象"。故事本身具有一定的夸大，加之人们对贪心的憎恶，于是把"人心"二字更易为"贪心"，也就有了"贪心不足蛇吞象"的说法。字面略显直白，其意一如前句。"祸莫大于不知足，咎莫大于欲得。"蛇能吞象是指贪欲无止境，这就告诫世人既要能克制欲望、消除贪心，懂得自律，亦要安分守己，知足常乐。道理浅显，知之不难，行之非易。"猛兽易伏，人心难降；溪壑易填、人心难满"，一个"难降"，一个"难满"，可见心浮气躁、贪欲杂念等给自身带来无尽的烦恼，甚至会有很大的危害。妄心欲念若起，便会有一念之差，以致丧德没品而不悔；一时之错，以致祸罪害身而不悟。类似种种都是"欲得""不足"之心所导致。"勿以恶小而为之，勿以善小而不为"，人在善与恶、是与非的分判之际，切忌因小恶而为之，因小善而不为。自身的行为有过错，要悬崖勒马，及时悔过自新，迷途知返，以免铸成大错。"故知足之足，常足矣"，做人若能常存谦谨、知足之心，既无夸矜之妄言，又无惜金之贪念，才能拥有知足之心，而快乐亦会相伴人生。

六十六、心地平静　青山绿水

【原文】

　　心地上无风涛，随在皆青山绿树；性天中有化育^①，触处见鱼跃鸢飞。

【注释】

　　①化育：化生长育，教化培育。《中庸》："唯天下至诚，

为能尽其性；能尽物之性则可以赞天地之化育，可以赞天地之化育则可以与天地参矣。"

【释义】

如果内心没有波浪湍涛，就会觉得随处都是青山绿水锦花秀草般的美景；如果本性保有仁爱德化，就会感到处处可见鱼跃水面、鹰击长空般的自在。

【浅析】

人之存心、用心都与自身的本质和修养等密切相关。就人的存心而言，即产生的某种念头，多侧重于对某种事物的注意力，且与自身的内心活动分不开。心犹如滋养、抚育万物的大地，故称为心地。所以，心地的平静与否自然影响着对外界的认识与看法，可谓境由心生。"月下听禅，旨趣益远；月下论诗，风致益幽。"人生是一种经历，如果目光短浅，就会走弯路或是跌跤；如果丧失理智，就容易坠入深渊。与此相反，如果拥有质朴愉悦之心，就能笑迎人生，到处"皆青山绿水"。人生亦是一种态度，人生在世如果能排除外部尘俗的纷扰，抛弃自身的贪欲和杂念，便可以保持心地平静，心静自然天地宽。天地自然淳朴，人性本无善恶。人生既要不断加强自身修养，善于培养自身的浩然之气，又要做到心胸开阔，豁达处事，达观做人，才会感到处处可见鱼跃水面、鹰击长空般的自在。如此，人生终无悔，快乐常相伴！

六十七、悠悠恬静　自适其性

【原文】

峨冠大带①之士，一旦睹轻蓑小笠②飘飘然逸也，未必不动其咨嗟；长筵广席③之豪，一旦遇疏帘净几悠悠④焉⑤静也，未必不增其缱恋。人奈何驱以火牛⑥，诱以风马⑦，而不思自适其性哉？

【注释】

①峨冠大带：峨，高；冠，帽；大带，古代贵族礼服用带。高帽子和宽幅衣带，古代士大夫的装束。喻古代达官所穿的朝服。②轻蓑小笠：蓑，用草或棕毛做成的防雨器；笠，用竹篾或棕皮编制的遮阳挡雨的帽子。喻庶民的衣着。③长筵广席：长筵，宽长的竹席，多指排成长列的宴饮席位；广席，众多座席。喻宴请场面设施华丽。④悠悠：从容不迫闲适貌。⑤焉：用于后缀，表示状态，指样子。⑥火牛：用火牛御敌。借喻放纵欲望追逐富贵。⑦风马：发情之马。此喻奢望。

【释义】

头戴高冠且腰配大带的达官贵人，一旦看到身着蓑衣头戴斗笠的平民怡情悦性、清闲安逸的样子，难免会萌发些许赞叹；宴客考究且高朋满座的富贵豪人，一旦遇到稀疏竹帘、几净窗明小户的恬适安静、质朴简约的环境，难免会增添些许缱恋。世人为什么偏要放纵欲望去追逐富贵，其奢望更像是发情之马，而不想想为什么不去过自己称心适意而且乐在其中的生活呢？

【浅析】

"流水下滩非有意，白云出岫本无心。"水流至滩头，白云飘出山洞都是顺应自然。而做人也应当"自适其性"，这既可以不为外物所干扰，又可以保持平和的心态。"名利之不宜得者竟得之，福终为祸；困穷之最难耐者能耐之，苦定回甘"，能否顺其自然或懂得知足，结果截然不同。所以人们常说平衡心性，知足常乐。但是人的欲望总是难以得到满足，对现状总是抱有不满。其表现多为"此山望着那山高""身在福中不知福，船在水中不知流"，甚至怨天怨地，牢骚满腹等，这便会使峨冠大带之人羡慕轻蓑小笠百姓的飘飘然安逸自得，长筵广席的豪商巨贾仍会对疏帘净几的恬静舒适的庶民生活产生绻恋。这种心态上的不平衡，正是自身的杂念与贪欲等在作怪，可谓庸人自扰。如果换位思考，轻蓑小笠的百姓与疏帘净几的庶民亦未必会对峨冠大带之人和长筵广席富豪商贾产生了丝毫羡慕之情，这正是体现了安贫乐道的精神。今昔之人常以换个环境来调节情绪、减负，从而使身心愉悦，殊不知，这些都非长久之计。其实，无论身在何处，使自心冷静下来，才是调节情绪的有效方法，而最佳的生活方式即是适合自身本性和情趣的生活！

<复其本然，快意自适>：古之存身者，不以辩饰知，危然处其所而反其性已，又何为哉！故曰：正己而已矣。乐全之谓得志。古之所谓得志者，非轩冕之谓也，谓其无以益其乐而已矣。今之所谓得志者，轩冕之谓也。轩冕在身，非性命也，物之傥来，寄也。寄之，其来不可圉，其去不可止。故不为轩冕肆志，不为穷约趋俗，其乐彼与此同，故无忧而已矣！

六十八、超物乐天^① 怡然自得^②

【原文】

鱼得水逝，而相忘^③乎^④水；鸟乘风飞，而不知有风。识此可以超物累，可以乐天机。

【注释】

①超物乐天：超物，离尘脱俗，超然物外；乐天，乐于顺应天命。引申为乐于自己的处境而无忧虑。即指超凡脱俗而悠然自适。②怡然自得：怡然指安适愉快的样子。此指高兴而满足的样子。《列子·黄帝》："黄帝既悟；怡然自得。"③相忘：彼此忘却。《庄子·内篇·大宗师》："泉涸，鱼相与处于陆，相呴以湿，相濡以沫，不如相忘于江湖。"④乎：介绍动作、行为发生的处所。指于，在。

【释义】

鱼在水中随意游来游去，然而它们却忘了得益于水的浮力；鸟乘风在空中展翅飞翔，然而它们却不知是有风力相助。认识到其中蕴含的道理，既可以超脱外物的束缚，又可以从自然造化中感受到乐趣。

【浅析】

"山中有三乐。薜荔可衣，不羡绣裳；蕨薇可食，不贪粱肉；箕踞散发，可以逍遥。"大自然不仅给人以美的享受，使人感到身心愉悦，而且还赐予人们更多的精神财富和物质财富，供人们去学习、探究和享用。置身山中有三种乐趣，薜荔既可以做食材、入药，也可以编织麻衣，如此就不必羡慕他人的彩绣衣衫；蕨菜、薇菜可食用充饥，这样就不必去贪恋其他精美膳食；
抱持轻松愉快的心情，不由得席地而坐而不拘礼节，真可谓就地
取材，悠闲自得。沉浸在其中往往容易忽略了大自然给予的恩
惠。有如鱼在水中随意游来游去，然而它们却忘了得益于水的浮
力；鸟乘风在空中展翅飞翔，然而它们却不知是有风力的相助。
做人如果能达到清净自心，不为外物所扰，苦恼忧愁就不复存在
了。这样，既可以超然于物欲的羁绊，又可以尽享人生的乐趣。
可是，人在物质上的贪心，往往难以控制或是很难得到满足，而
去追求更美好的物质享受，贪欲和杂念就会不断产生。如此，得
到的是所谓的幸福，带来的却是不断的烦恼；而失去的是做人的
品德甚至自我。"休别有鱼处，莫恋浅滩头。去时终须去，再三
留不住"，平素，待人接物如果能不断加强自身修养，摒弃杂
念，豁达处世，凡事随缘，这样就既可以身处世间而易忘掉其中
的烦扰与不快，又可以超凡脱俗而悠然自适。

六十九、坎坷不平　人生之路

【原文】

　　狐眠败砌①，兔走荒台，尽是当年歌舞之地；露冷黄
花②，烟迷衰草，悉属旧时争战之场。盛衰何常？强弱安
在？念此令人心灰！

【注释】

　　①砌：建筑时用泥灰黏合垒砖石，台阶。②黄花：黄色的
花；金针菜的通称；菊花。宋·李清照《醉花阴·薄雾浓云愁永
昼》："莫道不销魂，帘卷西风，人比黄花瘦。"

【释义】

狐狸常眠宿残破的砌阶，野兔常奔走于荒芜的石台，这些全都是当年歌舞升平娱乐的地方；霜露冷凝着的黄花之地，烟雾弥漫中的枯草之域，这些都属于昔日虎战龙争、厮杀的战场。兴盛衰败怎能长久不变？强大弱小之势又在哪里？每当想到这些便会使人感到心灰意冷。

【浅析】

"日月得天，而能久照；四时变化，而能久成。"在宇宙中，各种天体都在运动着，而且存在着一定的运行规则。太阳和月亮因遵循天体运行的规律，从而能永远普照万物；春、夏、秋、冬四季遵循自然规律方能滋育万物。然而万物的生存状况与发展过程则是万类不齐，变化无常，亦即"藏天工之妙，变幻莫测"。大自然的变化即是如此，便会有霜露冷凝着的黄花之地，烟雾弥漫中的枯草之域。而人世间的变化亦无不同，才会有狐狸常眠宿残破的砌阶，野兔常奔走于荒芜的石台，正所谓世事无常。人之生老病死亦是自然规律，而青春永驻讲的是一种心态。人生如果能懂得"无常"的道理，就可以珍惜人生的分秒光阴，勤勉进取，心怀恬淡，随遇而安。人生无常，得失有常，坎坷不平，人生之路。相反，若是不去思考"无常"之变，不理解"盛衰何常"的哲理，就容易物欲潜生，迷失方向，终将枉费心机，愧对人生。"陋室空堂，当年笏满床；衰草枯杨，曾为歌舞场。"倘若能够彻悟盛衰无情、强弱无常的道理，不仅不会被外物所诱惑，而且不会起妄心杂念，保持一种平和的心态。"忧危启圣智，厄穷见人杰"，在领悟道理，平静心态之后，面对人生路上的困难与挫折，失败与教训，就不会灰心丧气，萎靡不振。反而能认为这一切都是人生的一种磨砺和锻炼，从而更能提高自身的修养，激发智慧，不断增强自信心。

七十、宠辱不惊^①　去留无意

【原文】

宠辱不惊，闲看庭前花开花落；去留无意，漫随天外
云卷云舒^②。

【注释】

①宠辱不惊：宠，宠爱；辱，羞辱。指受宠、受辱都不感到
惊讶，即对个人得失毫不介意。《新唐书·卢承庆传》："承庆
嘉之曰：'宠辱不惊，考中上。'其能着人善，类此。"②云卷
云舒：卷，聚集；舒，张开、散开。喻利害得失淡然处之，心态
平和，恬然自得。

【释义】

对荣耀与侮辱都能做到无动于衷，只是悠闲地欣赏庭院中的
花儿盛开与衰落；对做官与隐退都能做到毫不在意，只是随意地
远眺天空中的浮云聚拢与舒展。

【浅析】

"宠辱若惊，贵大患若身。得之若惊，失之若惊，是谓宠
辱若惊。吾所以有大患者，为吾有身，及吾无身，吾有何患？"
生命与荣辱哪个重要，人格与得失孰重孰轻？这是人生路上的一
个重要课题。倘若视荣辱重于生命，往往为了一己私利而忙于
奔波，总是搞得身心疲惫不堪，殊不知人生最宝贵的是生命；倘

若将得失看得比人格更重要，亦就缺失了自我。人的身体有了疾病，是可以医治的；而人若是有太多的私心杂念、奢望贪心、荣辱得失等，就难以医治了。这些例子都喻示着处世的哲理，亦是教喻做人的道理；既是一种智慧，又是一种修身养性的良方。立身要知足常乐，无欲则刚，行事要保持平和的心态，如此，才能做到处世"宠辱不惊，去留无意"。然而，尘世间的纸醉金迷，使人难以抵御外界的诱惑，从而物欲充满内心，随着欲望不断膨胀，致使外物的诱惑奴役了自身的灵魂，便沦落为名利的奴隶。懵懂之中，完全没认清名利只能换来暂时的快乐，而丢失了友情和亲情，甚者丧失了人性，更何谈人生的乐趣。保持内心平静才能感悟到幸福来之不易，保持心胸豁达才能体会到人生的快乐。走自己的路，优游恬淡，常存平常心，既能做到宠辱不惊淡然置之，去留无意怡然自若，亦能"闲看庭前花开花落""漫随天外云卷云舒"。

七十一、翱翔晴空　饮啄①清泉

【原文】

晴空朗月，何天不可翱翔，而飞蛾独投夜烛；清泉绿卉，何物不可饮啄，而鸱鸮②偏嗜腐鼠。噫③！世之不为④飞蛾鸱鸮者，几何人哉？

【注释】

①饮啄：指饮水啄食。喻自由自在的生活。唐·杜甫《孤雁/后飞雁》："孤雁不饮啄，飞鸣声念群。谁怜一片影，相失万重云？"②鸱鸮：亦作"鸱枭"，鸟名，俗称猫头鹰，亦指一类包

括鸺鹠、猫头鹰在内的益鸟，以有害昆虫、老鼠等为食。喻贪恶之人。③噫：文言叹词，表示感慨、悲痛、叹息。④不为：指不做，不干。

【释义】

晴空万里朗月悬光，哪里不可以自由地飞翔，而飞蛾专爱扑向夜晚的烛火；泉水清澈翠草绿果，哪种食物不能止渴果腹，而鸱鸮却偏喜欢吃死鼠的腐肉。唉！世间不做飞蛾、鸱鸮这样蠢事的人，究竟又能有几个呢？

【浅析】

"清净恬愉，人之性也；仪表规矩，事之制也。知人之性，其自养不勃，知事之制，其举错不惑。""清静恬愉"可谓人的本性，而仪表与规矩则是立身处世应该遵守的制度。知道了人的本性，就不会有悖自身的道德修养；知道了立身处世的制度，就不会因其有过失或是做错事而感到迷惑。立身处世要循规矩、懂礼貌，这既体现了自身的修养，又是对他人的尊重，更能做到少犯或避免犯错误。然而，人若不能了悟本性，便欠缺修养；如果不懂得立身处世的制度，即便是做错了事，亦仍会执迷不悟。世间万物皆有灵性，但各有其偏好，有的是源于本性，有的是缘于局限性，还有的是出自"贪"性。飞蛾又名"灯蛾"，投烛是因本性喜好靠近灯火，故有"飞蛾赴烛甘死祸"之箴言。而鸱鸮除了"食丸"的本能外，多因它活动的空间、时间和觅食争夺的局限性而有其偏嗜食腐鼠之说。飞蛾甘投灯火亦好，鸱鸮偏嗜腐鼠也罢，皆为事出有因而无奈。而"贪"性多由于内心欲望难以得到满足，所以才会贪荣慕利、贪财慕势。心无杂念、身无躁动、清静无欲是做人的准则，可是往往人在欲望的驱使下，其私心杂念难以克制，明知飞蛾鸥鹩之故，前车之鉴之理，然而真能彻悟，并从中吸取教训的人又有几个呢?

<福祸同门，皆在自心>：夫祸之来也，人自生之；福之来也，人自成之。祸与福同门，利与害为邻，非神圣人，莫之能分。凡人之举事，莫不先以其知，规虑揣度，而后敢以定谋，其或利或害，此愚智之所以异也。晓自然以为智，知存亡之枢机，祸福之门户，举而用之，陷溺于难者，不可胜计也。使知所为是者，事必可行，则天下无不达之途矣。是故知虑者，祸福之门户也；动静者，利害之枢机也。

七十二、求心内佛^① 弃心外法^②

【原文】

才就^③筏便思舍筏，方是无事道人^④；若骑驴又复觅驴，终为不了禅师^⑤。

【注释】

①心内佛：佛教禅宗认为佛在人心，自省其心性，可求悟佛理，悟道成佛。②心外法：法，佛家的道理，亦指处理事物的手段。即方法、办法。泛指脱离修德行，却妄净心行持的其他方法。③就：指凑近，靠近，到。此喻登上。④无事道人：指不为事物所牵挂的悟道之人。⑤不了禅师：禅师，和尚的尊称。即指不懂佛理的和尚。

【释义】

才登上竹筏便考虑到上岸后将它舍弃，这才是不为外物所累的悟道之人；若是骑着毛驴又考虑着另外寻找毛驴，那么他终究是不了解佛理的和尚。

【浅析】

　　"人须在事上磨，方立得住，方能'静亦定，动亦定'。"人在生活中，必须经历各种事情的磨砺，才能立足站稳，而无论是处在静还是动的情况下，都可以保持内心淡定从容的境界。步入社会去做事、去体验人生是最好的修炼方法，亦即修身进德、学用结合和躬身力行等的最好途径。倘若只知道静养，却不知道克除私心杂念，当临事之时，心境便会反复无常。求心内之佛，弃心外之法，即"佛即是心"，心无躁动则为静，心静则不为外物所累。凡事只有通过亲力亲为来磨炼自我，在此过程中，要不断总结经验和教训，这样，既能提高自身的素养，又能深刻理解事理，从而放下一切妄想与执念，使自心归于清净。倘若脱离了清净自性，仍执着于修养德行，恪守操行，念佛诵经等，都是心外求法。譬如，"才就筏便思舍筏"，即心不为外物所累，可谓舍得。舍得才能使身心愉悦恬淡自在。如果"骑驴又复觅驴"，即心为外物所累，可谓不舍。不舍则难以摆脱俗境，不舍最容易使人迷茫，甚至丧失本性。众所周知舍得之理，即有舍才有得，有得必有失。身残之人，往往内心健康和充实，通过坚韧不拔的精神而突破自我；可是也有身体健康的人却因内心残缺而自我堕落，其中多有名利之心在作怪。真是"弯弯曲曲水，层层叠叠山，燕飞达不到，名利把人牵"。真心求舍，既能静心，又能提高自身的修养。否则，则有进殿一炷香，貌似心虔诚，既求上学堂，亦求仕途好，等等。这不是求舍，而是贪求。如此，既无佛心，又不净心，怎能有修为。所以，立身处世要能克制自身的欲望，修正自身的言行，切记"小善虽无大益，而不可不为；细恶

515

虽无近祸，而不可不去"。要时刻保持清醒的头脑和内心的清静，铭记"事能知足心常泰，人到无求品自高"，如此，便能成为"无事道人"。

七十三、冷眼观之　如汤①消雪

【原文】

　　权贵龙骧②，英雄虎战，以冷眼视之，如蚁聚膻③，如蝇竞血；是非蜂起，得失猬兴④，以冷情当之，如冶化金，如汤消雪。

【注释】

　　①汤：通"烫"。热水、开水，亦指温泉。②龙骧：亦作"龙襄"。骧指昂首飞奔，泛指昂举腾跃貌。喻气势威武。③如蚁聚膻：同"如蚁附膻"。聚，聚合、聚集、聚拢；附，靠近、依傍、趋附；膻，羊肉的气味。即指似蚂蚁群居在羊肉上一般。喻许多臭味相投的人追求不好的事物或许多人依附有钱有势的人。④猬兴：猬，刺猬，哺乳动物，身上长有硬刺，遇敌毛刺勃起。即指刺猬纷纷而起。

【释义】

　　达官显贵气势威武，英雄豪杰龙战虎争，用冷静理性的眼光来看他们，犹如蚂蚁拥聚腥膻之食，又如苍蝇竞逐血腥之物；是非曲直纷然并起，利弊得失宛如刺猬的刺一样竖起来，用冷静平和的心情面对它们，犹如冶炼熔化了的金属，又如沸汤消融冰雪一般。

【浅析】

"以目视目，以耳听耳，以心复心。若然者，其平也绳，其变也循。"世事多变，以目洞识所观察到的事物，以耳明辨所听到的声音，将自心平静下来并收回分外之心，能够如此处世的人，其内心平静，直若墨线，其变化总是处处顺应。而史事中多有"权贵龙骧，英雄虎战"的一页，世事中多有"是非蜂起，得失猬兴"的一段，若以冷静理性的眼光观之，权贵豪杰犹如蚂蚁聚集臊膻、苍蝇竞逐血腥，可谓短暂；若以冷静平和的心情面对，是非得失如同冶炼熔化金属、沸汤消融冰雪，更显瞬间。"人争求荣乎，就其求之之时，已极人间之辱；人争恃宠乎，就其恃之之时，已极人间之残"，求荣争宠，皆因私利和贪欲，如此亦会落得贱辱之名。"达人远见，不与物争。视利犹粪土之污，视权犹鸿毛之轻。污则欲避，轻则易弃。避则无憾于人，弃则无累于己"，处世达观的人富有远见，不与他人争名利，并能视"利"如同粪土一样污浊，视"权"堪比鸿毛还轻；更能设法避开那些污浊的东西，抛开那些被轻视之物。避开了"利"，既不会使人不悦，也不会产生怨恨；抛开了"权"，便会感到轻松自在。倘若为人处世真能如此，既无分外追逐之心，又能保持自心清静，处事才能顺利。正是"滚滚长江东逝水，浪花淘尽英雄。是非成败转头空，都付笑谈中"。

七十四、尘情立破 圣境自臻

【原文】

羁锁[①]于物欲，觉吾生之可哀；夷犹于性真，觉吾生之可乐[②]。知其可哀，则尘情立破；知其可乐，则圣境自臻③。

菜根谭新解

【注释】

①羁锁：指羁绊、束缚。②可乐：指令人喜悦。《春秋左氏传·襄公三十一年》："容止可观，作事可法，德行可像，声气可乐，动作有文，言语有章。"③臻：至，到达、来到。

【释义】

被物质欲望束缚的人，总会觉得自身的生命很可悲；能保留纯真本性的人，总会觉得自身的生命很可喜。若能知道自身被物质欲望束缚的可悲，那么其尘世俗情就能即刻破除；若能知道自身保留的纯真本性很可喜，那么就能达到超凡入圣的境界。

【浅析】

"吾所以有大患者，为吾有身，及吾无身，吾有何患？"人之所以会有大的祸灾，皆因自身有肉体和私欲，倘若自身能够超越肉体和私欲，还能有什么祸患呢？肉体是与生俱来，而私欲多为自身的修养不足而产生。人是自然界的一部分，源于自然，归于自然，生与死都属于自然规律，而且自然规律贯穿人生始终。人体的基本生理需求既不能脱离自然，又要顺应自然，否则，脏腑功能失调，易产生疾病。所以，饥思食，冷思暖，困累则思眠。人心本无染，心净皆自然。人心如果与自然相悖，更多的是人为的因素作怪，即私心杂念、贪求奢望等，亦即内心得不到满足，或是被物欲所束缚而易产生忧患，亦可谓心理上的疾病。人的内心变化决定着人的行为，行为往往能体现出人的品质。妄念、贪欲或许能使人在物质上得到一些享受，但更多的是堕入物欲的深渊；而安分守己既能使人的精神上得到满足，又能使身心轻松愉快，更能悟得人生的真趣。因此，被物欲束缚困扰的人，总会觉得自身的生命很可悲；而能持守纯真本性的人，总会觉得自身的生命很可喜。生活中既要做到物为我用，又不能被物所奴役；要做到自我克制，亦就不会被外物所困扰。人生若能多一点平常心，多一点知足常乐的情怀，放弃身外之物，抛弃名利之心，岂不是"本来无一物，何处惹尘埃"。

七十五、胸中豁然　眼前无碍①

【原文】

胸中既无半点物欲，已如雪消炉焰冰消日；眼前自有一段空明，时见月在青天影在波。

【注释】

①无碍：佛教语。通达自在，没有障碍。西汉·扬雄《法言·君子》："子未睹禹之行水与？一东一北，行之无碍也。君子之行，独无碍乎？"

【释义】

人若心中毫无半点物欲杂念，就像炉火化雪、阳光融冰般的坦然自若；人若眼前自然呈有空旷澄澈，便会常现玉盘高悬、月映水中般的宁静景象。

【浅析】

"君子使物，不为物使。"人能恰当地利用外界事物，既是一种能力，亦是一种智慧；同时，又不被任何外物所束缚，不以

519

物累心，内心自然平静。欲望人皆有之，欲望本无善与恶之分，然而欲望却能给人带来两种苦恼，一是"求不得"，二是"放不下"。对于欲望，关键在于自身如何把控，所以才有恣意妄为与严于律己之分，贪婪者会深陷苦难，何时能够找回自我，全在觉悟；知足者能知时识务，懂得把握好"度"。人生如果能做到不追名逐利，做人谦虚谨慎，做事朴实无华，待人诚恳礼貌，言行得体、平易近人，就不仅能够体现出自身的品德修养，也能显现出自身的气质不凡。生活中如果能把控好自身的情绪，且内心不受任何外物的纷扰，即身在纷扰中，心在纷扰外，超然于物外就能保持身心清静、思无物欲、心无杂念，如此才能从事物中领悟到深刻的道理。人如果心中毫无半点物欲杂念，就好像炉火化雪、阳光化冰般的坦然自若；人如果眼前自然呈有空旷澄澈，亦就能保持像玉盘高悬、月映水中般的心境平和。内心保持清静，既可以陶冶性情、享受生活，又可以修身养性、力行笃学，更能做到心无挂碍，随遇而安。心如止水既是一种气质，又是一种修养。正如"胸中豁然，眼前无碍"。

七十六、野趣①丰处② 诗思③泉涌

【原文】

诗思在灞陵桥上④，微吟就，林岫⑤便已浩然；野兴⑥在镜湖⑦曲边，独往时，山川自相映发⑧。

【注释】

①**野趣**：山野的情趣。南朝宋·谢惠连《泛南湖至石帆》："萧疏野趣生，逶迤白云起。"②**丰处**：草木茂盛之处。③**诗**

思：作诗的思路、情致。唐·韦应物《休暇日访王侍御不遇》："怪来诗思清人骨，门对寒流雪满山。"④灞陵桥上：亦称霸陵。故址在今陕西省西安市东，汉时人们送客至此桥，常折柳赠别。⑤林岫：丛林群山，泛指山林。⑥野兴：对郊游的兴致或对自然景物的情趣。⑦镜湖：亦称鉴湖，原名为镜湖，相传黄帝铸镜于此而得名；鉴湖在浙江省绍兴城西南，为浙江名湖之一，俗话说"鉴湖八百里"，可想当年鉴湖之宽阔。⑧自相映发：自相，相互；映发，辉映。喻交相辉映。南朝宋·刘义庆《世说新语·言语》："从山阴道上行，山川自相映发，使人应接不暇。"

【释义】

作诗的思路多在霸陵桥之上，刚刚小声吟咏完篇，丛林群山间便已充满了诗情画意；郊游的兴致情趣在镜湖之畔，沿湖畔独自漫步时，层山河川交相辉映，美不胜收。

【浅析】

"幽堂昼深，清风忽来好伴；虚窗夜朗，明月不减故人。"感受到静中的一缕清风，一种亲切感油然而生；窗外夜空清朗，玉轮高挂，不由得触景生情。恬淡无欲，静虑忘忧，才能感悟到大自然的奥妙，更能睹物兴情，托物感怀。即兴作诗来描绘大自然的美丽景致，如"清风忽来好伴，明月不减故人"等，古人多以此形式来抒发自身的情怀。这其中寓意着诗人心系自然，并从大自然中静悟到人生的真趣。诗人常借助不同的景物来表达情感，写景只是一种手法，抒情才是真正目的。与此同时，能将景与情有机地结合在一起，如"诗思在灞陵桥上""野兴在镜湖曲边"。诗人就情与景的关系，以多种笔法来抒怀，譬如，借景抒情、显景隐情、寓情于景、因情造景、融情入景、显情隐景（直抒胸臆）等。诗言志，意传情，情景交融，相映成辉，即如"林岫便已浩然，山川自相映发"，这既赞颂了大自然之美，又抒发了自身情怀，诗思清澈，沁人心脾。诗人仰而赋诗，多是有感而发，思如泉涌。如此，既能使客观景物独具魅力与灵性，又能使情与景紧密相系，感人至深。真可谓妙笔生花，富有意趣，韵味无穷。

七十七、守正待时　消除躁急

【原文】

伏久者飞必高，开先者谢独早；知此，可以免蹭蹬①之忧，可以消躁急之念。

【注释】

①蹭蹬：险阻难行，困顿或失意，倒霉或倒运。喻困顿不顺利或不得志的境况。

【释义】

一只栖伏很久的鸟，必然能够飞得很高；一枝最先绽蕊的花，必然会提早凋谢；若明白了这其中的道理，既可以避免因命途多舛而常忧心忡忡，又可以消除凡事急于求成的念头。

【浅析】

"智者，知也。独见前闻，不惑于事，见微知著者也。"有智慧的人，往往是善于思考的人，他们不仅头脑清醒，而且明事理，处世不仅有独到的见解，而且不会被假象所迷惑，能从事情的苗头去了解事物的实质和发展趋势。人生之路总是崎岖不平，在前行的过程中，既要不断总结经验和教训，从中悟出处事哲理，增长经验和智慧，又要谨言慎行，稳中求进。这样不仅能够避免因命途多舛而常忧心忡忡，而且可以消除凡事急于求成、盲目躁进的念头。所以才能够做到踏实做事，潜心修炼，稳中求进；而不是草率行事，更不会急功近利。另外，"伏久"并非伏而不起，而是一个不断学习积累的过程，其过程并非一帆风顺，而是经历种种考验，承受种种挫折、失望和沮丧，甚至陷入低谷。而跌到不算是失败，只有爬不起来才算是失败；能行走并不能视其为成功，只有坚持不懈才能称为人生之路。亦即"守正"，这亦正是前进与成功的基石。而功夫不负有心人，自会有"待时，飞必高"之日。所以，做人先要正心修身，养性育德，要不断反躬自省。只有通过持之以恒的努力，有百折不挠的精神，才能够不断取得进步。

<小时了了，大未必佳>：东汉时期人孔融，字文举。孔文举年十岁，随父诣京师。时，河南尹李膺以简重自居，不妄接士宾客，敕外自非当世名人及与通家，皆不得白。融欲观其人，故造膺门。语门者曰："我是李君通家子弟。"门者言之。膺请融，问曰："高明祖父尝与仆有恩旧乎？"融曰："然。先君孔子与君先人李老君同德比义，而相师友，则融与君累世通家。"众坐莫不叹息。太中大夫陈韪后至，坐中以告韪。韪曰："夫人小而聪了，大未必奇。"融应声曰："观君所言，将不早惠乎？"膺大笑曰："高明必为伟器。"

七十八、乾坤大地　万象森罗①

【原文】

树木至归根②，而后知华萼③枝叶之徒荣；人事至盖棺，而后知子女玉帛④之无益。

【注释】

①万象森罗：万象，宇宙间各种事物和现象；森，众多；罗，罗列。即指天地间纷纷罗列的各种各样的景象。喻包含的内容极为丰富。②归根：归于本原。喻事物终究归于根本。《道德经》："致虚极，守静笃，万物并作，吾以观复。夫物芸芸，各复归其根。归根曰静，静曰复命。"③华萼：亦作"华鄂"。华，美丽而有光彩的，同"花"；萼，在花瓣下部的一圈叶状绿色小片。④玉帛：圭璋和束帛，泛指财物。《抱朴子·外篇·嘉遁》："谓荣显为不幸，以玉帛为草土。"

【释义】

花草树木到了落叶归根之时，才知道花繁叶茂仅是空有一时的繁荣；人在逝去后，到了盖棺定论之际，才知道子女财富等一切全都毫无益处。

【浅析】

随着季节的更迭，花草树木虽有一岁一枯荣的变化，但更能引起人们关注的是花繁叶茂的景象。而待到其枯萎落叶的时候，才知道花繁叶茂只不过是一时的繁荣。从花草树木的枯荣变化中可以清楚地看到繁荣的短暂和岁月的无情，这是提醒人们要珍惜时光，切莫虚度年华。落叶归根是常理，世间万物皆如此，生老病死属自然。人之生死，自然规律，无法抗拒。尽管如此，人在做事的时候容易忽略人生之短暂，往往因其私心杂念，贪慕虚荣等而执迷不悟，更因为欲壑难填而搞得身心疲惫，迷茫之中不得归宿，真是可悲！正所谓"重阶连栋，必浊汝真。金宝满室，将乱汝神。厚味来殃，艳色危身。求高反坠，务厚更贫"，只有把控好自己的情绪，消除内心的贪欲，做到从容淡定、心态平和、保持身心健康才是人生最宝贵的财富。"是非成败转空头。古今多少事，都付笑谈中"。而对"森罗万象，梦幻泡影"，又有多少人能够做到大彻大悟呢？自然界有春荣秋枯，落叶归根的变化，人生亦有生老病死的过程，两者皆顺应自然规律。人与自然在本质上是相互融通的，因此，一切人事都应该符合自然规律，即"天人合一"。倘若能够悟得此理，既能够对花繁叶茂会转瞬即逝、荣华富贵犹如过眼烟云以及"儿孙自有儿孙福"等事理有更深刻的理解，又能够在有涯的人生中，多做有意义的事情，不要做无益之事，才能做到无悔于心。

<顺应自然，乐安天命>：归去来兮，田园将芜胡不归？既自以心为形役，奚惆怅而独悲？悟已往之不谏，知来者之可追。实迷途其未远，觉今是而昨非。已矣乎！寓形宇内复几时？曷不委心任去留？胡为乎遑遑欲何之？富贵非吾愿，帝乡不可期。怀良辰以孤往，或植杖而耘耔。登东皋以舒啸，临清流而赋诗。聊乘化以归尽，乐夫天命复奚疑！

七十九、真空①不空　在世出世

【原文】

　　真空不空，执相非真，破相亦非真，问世尊②如何发

525

下卷

付^③？在世出世，徇欲是苦，绝欲亦是苦，听吾侪^④善自
修持^⑤！

【注释】

①**真空**：佛教语。真，实在；空，诸法无实体。真空是不为
一切事物所迷惑的纯真，即超出一切色相意识界限的境界。一般
指没有任何实物粒子的空间或不存在某种事物的领域。②**世尊**：
佛陀十号之一，是对佛陀的尊称。佛经上常见的"世尊"是指释
迦牟尼佛。③**发付**：打发，发落。喻发表见解或解释。④**吾侪**：
我辈，我们这类人。⑤**修持**：佛教徒依佛法修正自己因妄念而产
生的种种错误，持戒以止恶扬善，通过持之以恒的实践，而达到
求证佛果的目的。即指持戒修行，修身守道。

【释义】

即使能超出万物形貌意识的真实境界，也不能看空所有的事
物，执着于外在形貌不能看清事物的实质，剥开外在形貌同样看
不清事物的实质，请问世尊如何解释这个道理？虽身处俗世要能
够超脱俗事之外，只因追求物欲是一种痛苦，根绝物欲也是一种
痛苦，这要靠我们自身努力，好好地修身守道。

【浅析】

"凡人之性，莫不欲善其德，然而不能为善德者，利败之
也。"人的本性都希望能够完善自身的品德，但是由于生长、生
活环境等因素的影响而不能使自身的品德得到完善，或是因为自
身的意志不够坚定，或是因为心理上的脆弱，等等，最终在利欲
的诱惑之下丧失了自我。所以，人生能始终保持纯真的本性可谓
难能可贵。人的生活需要物质基础，而在恪守本分的基础上逐步

加以改善，这既体现了一种平常心，也能拥有平静快乐的生活。知足之心是一种人生的修养。对待生活乃至人生都需要把握一个"度"，过之则潜生诸多的贪欲和杂念，不足则会带来诸多不便，两者都会使身心承受压力和痛苦，追求物欲既是一种痛苦，根绝物欲也是一种痛苦。所以，古代读书人常以"林隐""耕隐""渔隐""市隐"等形式达到超凡脱俗，悠游恬淡，明心见性，修身进德以及不为一切外物的表象所迷惑的境界。而在客观现实中如果要做到"在世出世"，即身处俗世之中而能超脱俗事之外，还须要加强自身的修养且能做到持之以恒。做人做事不仅要积极主动、尽心竭力，亦要顺其自然，保持心态平和。不必苛求事事完美，做到从容淡定且能不断地完善自我，如此，才能在平淡无奇之中同样充满着生活的乐趣。

<在世出世，逍遥自在>：唐代人张志和，字子同。十六擢明经，命待诏翰林。以亲既丧，居江湖，自称烟波钓徒。着《玄真子》，亦以自号。豹席棕履，每垂钓不设饵，志不在鱼也。尝欲以大布制裘，嫂为躬绩织，及成，衣之，虽暑不解。陆羽常问："孰为往来者？"对曰："太虚为室，明月为烛，与四海诸公共处，未尝少别也，何有往来？"颜真卿为湖州刺史值志和来谒，真卿以舟敝漏，请更之，志和曰："愿为浮家泛宅，往来苕、霅间。"辩捷类如此。善图山水，酒酣，或击鼓吹笛，舐笔辄成。

八十、名利欲望　贪争无二①

【原文】

　　烈士②让千乘③，贪夫争一文，人品星渊④也，而好名不殊好利；天子营家国，乞人号饔飧⑤，位分霄壤⑥也，而

527

焦思何异⑦焦声。

【注释】

①贪争无二：泛指贪求争夺无不同。②烈士：此指有气节有壮志的人。③千乘：指兵车千辆。古代以四马匹拉一辆兵车叫一乘。春秋战国时，诸侯国小者称"千乘"，大者称"万乘"。④星渊：同"天渊"。喻差别很大。⑤饔飧：饔，早餐；飧，晚餐。喻饮食。⑥霄壤：霄，天；壤，地。喻相去甚远。⑦何异：用反问的语气表示与某物、某事没有两样。

【释义】

一个性情刚烈的人，能够将拥有战车千乘的大国拱手让人；一个贪得无厌的人，竟然为一分一厘的小钱而起蜗角之争，二者的人品真是有天壤之别。然而性情刚烈的人喜欢沽名钓誉，一个贪得无厌的小人喜欢钱财，二者就其本质没有什么不同。皇帝治理国家，乞丐讨早晚饭，虽然二者地位有着天渊之别，但做皇帝的焦思苦虑与当乞丐的焦躁哀叹，二者的情形又有什么区别呢？

【浅析】

"贪欲者，众恶之本；寡欲者，众善之基。"世间本无善恶，善恶皆在人心，因人心有所划分，就有了善与恶的区别。善与恶只在一念之间，一念为善，一念为恶，可谓霄壤之别。无论是贪图虚名、沽名钓誉，还是为一己之私而无休止的争取，并无尊卑之分，正所谓"好名之人，能让千乘之国；苟非其人，箪食豆羹见于色"，贪与争的本质亦无不同，都是众多恶行的根本；而节制欲望，安分守己才是众多善行的基础，亦只有心地清净，淡泊名利才能更好地安身立命。所谓贫与富只是依存于外物而有所不同，其富贵与贫贱都有处世之艰难，遇事之苦衷。富商大贾所担心的是利益上的利弊得失，而穷人则是追求饕餮却不满足于饕餮，虽各自有其自身的烦恼，其"担心"也好，"不满"也罢，二者的情形又有什么区别呢？而追名逐利，贪争无度，最终只能落得焦虑不安，身心疲惫。殊不知，人生不去贪求即是积德，不与人争即是豁达，懂得知足自然会感到轻松与快乐。凡事不可不求，而强求则累心，苛求则苦心，只有循序渐进，脚踏实地地去劳作、去耕耘，收获才是顺理成章的事情。做人要有定力，才能分清利与害的关系；做事要能把握分寸，才能远离祸患。处世之道若能抛却贪慕虚荣之情和私心杂念，保持平和宁静的心态，善待自己，才能拥有快乐的人生。

八十一、饱谙①世味　一任世情②

【原文】

饱谙世味，一任覆雨翻云③，总慵开眼；会尽④人情，随教呼牛唤马⑤，只是点头。

【注释】

①饱谙：指熟知，甚悉。②世情：指世态人情，世俗之情，时代风气。③覆雨翻云：喻反复无常或惯于耍手段之人。④会尽：指深解，彻悟。⑤呼牛唤马：指呼牛也好，唤马也罢，毫不介意。喻对责骂赞誉，决不计较。

【释义】

一个稔知世间百味的人，任凭世事变化反复无常，总是懒得

529

睁眼去看；一个彻悟人情世故的人，随便别人怎样责骂、赞誉，只是点头会意不置可否。

【浅析】

"昔者子呼我牛也而谓之牛，呼我马也而谓之马。苟有其实，人与之名而弗受，再受其殃。吾服也恒服，吾非以服有服。"只有静下心来，才能有一种自然的状态，倘若为了顺应某种事物，即使掩饰得再好，其内心的不自然也会或多或少有所流露。换言之，无论称我为马也好，称我为牛也罢，倘若真有此外形，对人们给予其相应的称呼不愿接受，或许会表现出不自然，也会造成尴尬的局面，甚至还会有二次祸殃。细细想来，外界如此对我，无非因自身属于弱势，或因自身的卑贱。然而，我并非为顺应而顺应，只是出于自然而然，其哲理真是浅显易懂，如同任凭世事变化反复无常，总是懒得睁眼去看；随便别人怎样责骂、赞誉，只是点头会意不置可否。古今之事多有嫌贫爱富、趋炎附势，人情冷暖，世事无常，正是"世情看冷暖，人面逐高低"。知此，要经常反躬自省，不断提高自身的修养，诚信做人，踏实做事。如果能做到"我不希荣"，自然看淡功名，何忧利禄，视富贵如浮云，一切外物皆不足以影响到自身，而且能够保持心态平和，泰然处世，"一任世情"，又能奈我如何。

八十二、随缘①处事　渐渐入无

【原文】

今人专求无念，而终不可无。只是前念不滞②，后念不迎，但将现在的随缘打发得去，自然渐渐入无。

【注释】

①**随缘**：佛教语。缘指身心对外界的感触，佛教认为由于外界事物的刺激而使身心受到感触叫作"缘"，因其缘而发生动作称"随缘"，亦即顺其自然。②**不滞**：不黏滞的简称。指思想、神形不受滞郁、阻滞，心思不局限于某个范围，不拘泥。

【释义】

现今的人一心想要做到心无妄念，而始终不可能做到。其实只要将以前的妄念不存于心，而对以后的妄念不使其产生，但还要将现在的妄念随缘打发走，自然就会渐渐进入心无妄念之境。

【浅析】

"无念"是禅宗所讲的"悟般若三昧，即是无念"，是一种澄明的境地。而一般认为"无念"之意有二，其一，"无念"是没有任何念头，什么也不去想，这其实是对"无念"二字的执着，这种人在处事过程中既常有偏颇之论也难以超脱自我；其二，"无念"即勿忘、不要忘记，如果对任何事总是念念不忘，也会扰乱自身的心性。这两种"无念"都不是真正的"无念"，如果这样"专求无念，而终不可无"。而真正的"无念"，即使是耳闻目睹，也心不染着，而且内心总能保持清净。简而言之，"无念"即"正念"而"无妄念"。而现今的一些人一心想要做到心无妄念，但总是难以做到。如此，如果不是对"无念"的认识模糊，就是缺少"正念"，且其内心也不清净。其实，祛"妄"返"正"，只要使以前的妄念不存于心，而对以后的妄念不使其产生，且将现在的妄念随机缘打发走，就会渐渐进入心无妄念之境。而"无念"的另一层含义是"内无妄思，外无妄动"，这样既能祛除各种欲念和烦恼，又能使身心倍感惬意自在。正所谓"正念常在襟，妄念则自息，万事皆随缘，知足且常乐"。

<凡事随缘，安然若素>：北宋人邵雍，字尧夫。少时，自雄其才，慷慨欲树功名。于书无所不读，始为学，即坚苦刻厉，寒不炉，暑不扇，夜不就席者数年。已而叹曰："昔人尚友于古，而吾独未及四方。"于是逾河、汾、涉淮、汉，周流齐、鲁、宋、郑之墟，久之，幡然来归，曰："道在是矣。"遂不复出。初至洛，蓬荜环堵，不芘风雨，躬樵爨以事父母，虽平居屡空，而怡然有所甚乐，人莫能窥也。及执亲丧，哀毁尽礼。富弼、司马光、吕公着诸贤退居洛中，雅敬雍，恒相从游，为市园宅。雍岁时耕稼，仅给衣食。名其居曰"安乐窝"，因自号安乐先生。

八十三、天然真机　调停减趣

【原文】

意所偶会便成佳境，物出天然才见真机，若加一分调停布置，趣意便减矣。白氏①云："意随无事②适，风逐自然清。"有味哉！其言之也。

【注释】

①白氏：指唐代诗人白居易。②无事：指无为。道家主张顺乎自然，无为而治。

【释义】

意念中偶然有所领悟便会达到美好的境界，事物出于自然生成才更能显现出玄妙之理，若加一分人为的安排调整或是适当的修饰，其中的情趣意境就会随之大为减色。所以白居易有诗曰："意念顺乎自然而使身心舒适，风吹源于自然而能感到凉爽。"细品这两句诗真是耐人寻味！诗中也包含了顺乎自然之理。

【浅析】

"文章本天成，妙手偶得之。粹然无疵瑕，岂复须人为。君看古彝器，巧拙两无施。"文章本是文学素养很高深的人在偶然间获得灵感所油然而生的妙语佳作，天然合成且纯正而无瑕疵，怎能再需人力刻意而为之。所以说，意念中偶然有所领悟便会达到佳境，亦即"平淡而山高水深，似欲不可企及，文章成就，更无斧凿痕，乃为佳作耳"。事物出于自然生成才更能显现出玄妙之理，譬如，古代宗庙常用的青铜祭器，如钟、鼎、尊、罍、俎、豆等，皆因古人偶得灵感而作，其形质或精巧，或笨拙，而无须再施为，若稍加一分人为的安排调整或是适当的修饰，则其中的情趣、意境便会随之减色不少。物贵天成，妙趣横生，人贵自然才能不失其本性。顺应自然而不昧心行事是人的本性，它源于自然，亦归属于自然。所以做人做事若有悖于自然规律，往往会适得其反。在为人处世的时候，如果能保持平和的心态，就会显现不勉强、不局促、不焦躁、不呆板，这些是一种自然表现；而更难能可贵的是，真实诚恳而不虚伪矫饰，诚实守信而不见利忘义，贤良正直而不阿世媚俗，豁达大度而不苛求责备，等等。恬淡寡欲，不为物累，不因"小惑易方，大惑易性"，并且能够恒久保持本性更为弥足珍贵。人如果能顺应自然、与自然和谐共生，才是人贵自然的立意所在。如此，更能对"意念顺乎自然而使身心舒适，风吹源于自然而能感到凉爽"的诗句感悟至深！

<不事雕饰，物见真机>：书者，散也。欲书先散怀抱，任情恣性，然后书之；若迫于事，虽中山兔豪不能佳也。夫书，先

默坐静思，随意所适，言不出口，气不盈息，沉密神采，如对至尊，则无不善矣。为书之体，须人其形，若坐若行，若飞若动，若往若来，若卧若起，若愁若喜，若虫食木叶，若利剑长戈，若强弓硬矢，若水火，若云雾，若日月，纵横有可象者，方得谓之书矣。

八十四、彻见自性　何须谈禅^①

【原文】

　　性天澄澈，即饥餐渴饮，无非康济^②身心；心地沉迷，纵谈禅演偈^③，总是播弄精魂。

【注释】

　　①谈禅：谈说佛教教义。②康济：本指安抚救助。此指健康保养。③演偈：偈指"伽陀"，梵语"颂"。佛经中的唱词。即指解释偈语，阐明佛理。

【释义】

　　本性清明纯真的人，饿了就吃，渴了就喝，无非是为了身心健康和保养；心地沉迷物欲的人，纵然谈论禅理、解释偈语，也只是在不断玩弄精神和灵魂。

【浅析】

　　"贫而无谄，富而无骄，未若贫而乐道，富而好礼者也。"即使贫穷却能做到不献媚，富贵却能做到不骄奢，这些都是一种自我克制和约束的具体体现。但仍不如贫穷而乐于仁爱之道，富贵而喜好礼数，因为这些不仅是人生中需要学习的知识，而且是修炼心性、取得进步的基石。并且，宽厚仁爱、礼数周到只有心静的人才更容易做到。进而言之，只有心存仁爱，懂得礼貌的人，才容易静下心来，调养身心，用平和的心态乐观面对人生，用积极的入世之心，坚持自身的精神生活，如此，就更容易"彻见自性"。如果能够祛除杂念，沉心静气，则禅意自生。禅是一种修炼。禅即抛弃杂念，凝心静虑，返璞归真，了悟人性，关键在于一个"静"字。在现实生活中，人往往容易被尘俗所迷，被物欲所困，被诱惑所动，终难逃脱俗累。而这些俗累皆可以在禅修中得到沉淀，从而净化心灵保持清静平和的心态。处世先要立德、正身、修心，要懂得学会做人、才会做事的道理；亦要勤于思，"讷于言而敏于行"，切忌浮夸不求实际或是敷衍塞责的做事方法；更要保持"贫贱不能移"的气节和品质。倘若想要求得心静而一味地强调客观环境的纷扰，亦即心外求法。正如沉迷物欲的人，纵然谈论禅理、解释偈语，也只是在不断玩弄精神和灵魂，更是浪费自身的精力，即使如此，仍不能反躬自省。"圣心明而不暗，贤心理而不乱。用明察非，非无不见；用理铨疑，疑无不定"，做人做事不暗、不乱，可谓心境清明，如果能做到得之自然，失之安然，自会有一颗自知、自省、自律、自然的平常心。

八十五、内心恬淡　虑忘念净

【原文】

　　人心有个真境，非丝非竹①而自恬愉，不烟不茗②而自清芬。须念净境空③，虑忘形释，才得以游衍④其中。

【注释】

①丝、竹：丝，弦乐器；竹，笙笛之类。即指民族弦乐器和竹制管乐器的统称，亦泛指音乐。《礼记·乐记》："德者，性之端也，乐者，德之华也，金石丝竹，乐之器也。诗言其志也，歌咏其声也，舞动其容也。三者本于心，然后乐气从之。是故情深而文明，气盛而化神。"②烟、茗：烟，香道之烟；茗，茶树的嫩芽。泛指由嫩芽制成的茶。喻一种恬适淡然的感觉。③境空：看淡世情，心灵寂灭，不为外物所铄。④游衍：指从容不迫，畅游自如。

【释义】

在人的内心有一个真实的境地，不需要丝竹音乐相伴自会感到轻松愉快，不需要点燃香烹芽茶自会感到清雅芬芳。必须要能做到意念清净心境虚空，继而忘记愁思忧虑解脱形体束缚，才能够从容不迫地畅游在真实的境地之中。

【浅析】

"内心恬淡"，可谓淡泊名利，清静安逸，从而达到"虑忘念净"的"无念"境界。生活的根基是持有一颗自省、自律、自知、自励、自足、自然的平常心，人生之路常存一点素心，常静思、勤感悟。无论人生路上遇到的是顺境还是逆境，成就还是挫折，进步还是教训，表扬还是批评，收获还是付出等，都能够平心静气地去面对。做到随缘即应，坦然自若，不存于心，亦即是祛除私心杂念、摆脱烦扰、超尘脱俗的有效方法。正所谓"春有百花秋有月，夏有凉风冬有雪。若无闲事挂心头，便是人间好时节"。持有这种心态，不需要丝竹音乐相伴自会感到轻松愉快，不需要点燃香烹芽茶自会感到清雅芬芳。若非如此，便会常常心生是非，多疑生烦扰，多虑生忧郁，甚至心乱则生妄，情绪难自控，处事多执迷，其身心终会落得疲惫不堪。遇到这种情况，自身如果能做到及时警悟、调整心态、回归本真，进而保持意念清净，心凝形释，自然会感到安闲自在、舒心欢愉。

<心境恬淡，安闲自适>：东晋至南朝时期人沈道虔。少仁爱。受琴于戴逵。有人窃其园菜者，还见之，乃自逃隐，待窃者取足去后乃出。人拔其屋后笋，令人止之，曰："惜此笋欲令成林，更有佳者相与。"乃令人买大笋送与之。盗者惭不取，道虔使置其门内而还。常以捃拾自资，同捃者争穟，道虔谏之不止，悉以其所得与之，争者愧恧。后每争，辄云："勿令居士知。"冬月无复衣，戴颙闻而迎之，为作衣服，并与钱一万。既还，分身上衣及钱，悉供诸兄弟子无衣者。乡里年少，相率受学。道虔常无食，无以立学徒。武康令孔欣之厚相资给，受业者咸得有成。太祖闻之，遣使存问，赐钱三万，米二百斛，悉以嫁娶孤兄子。征员外散骑侍郎，不就。累世事佛，推父祖旧宅为寺。至四月八日，每请像。请像之日，辄举家感恸焉。道虔年老，菜食，恒无经日之资，而琴书为乐，孜孜不倦。

八十六、幻中求真　雅不离俗

【原文】

金自矿出，玉从石生，非幻无以求真；道得酒中①，仙遇花里，虽雅不能离俗。

【注释】

①道得酒中：指饮酒悟得真理。此喻道理无所不在。

【释义】

黄金自矿山中掏出，美玉从石头中衍生，因此没有经过幻变就不能求得真谛；从饮酒中悟得道理，在花蕊里巧遇仙人，虽属高雅之事也不能够完全超离凡俗。

【浅析】

"言暗虚者，以为当日之冲，地体之荫，日光不至，谓之暗虚。凡光之所照，光体小于蔽，则大于本质。"解释月食为暗虚的人，认为原因是日光照不到或是地球的遮蔽，故称为暗虚。日光所照之处，其发光体小于所遮蔽的物体，就会大于本身的形体。视觉的角度也好，物体的运动也罢，最终都不会改变物体的本质，即"非幻无以求真"，是对本质与现象的深刻认识。黄金自矿山中掏出，玉石从石头中衍生，虽然黄金是经过冶炼而成，美玉要经过琢磨而成，两者既可以呈现出外形之美，也可以满足人们视觉上的审美要求，但都不能改变其本质。它们和自然界的其他物质一样，都要经过岁月的变迁，生物的演化而显现其真性，这暗喻人生要经过不断的积累，通过种种磨难和历练才能提高自我。世间的一切事物皆存在着既相互联系、互相补充，又相互包容、相互转化的规律。雅与俗既是互相依存，譬如内因是事物变化和发展的根本原因，外因是事物变化和发展的条件，外因通过内因而起作用；又是在一定条件下相互转化的。倘若一味追求清新脱俗，衿奇立异，反落俗套。而置身于尘世能够清心寡欲，淡泊名利，俭德雅操，已然达到了超凡脱俗的境界。

<雅不离俗，既明且哲>：王戎，字浚冲（三国至西晋时期人）。阮籍，字嗣宗（三国时期人）。王浑，字玄冲（三国至西晋时期人）。阮籍与浑为友。戎年十五，随浑在郎舍。戎少籍二十岁，而籍与之交。籍每适浑，俄顷辄去，过视戎，良久然

后出。谓浑曰："浚冲清赏，非卿伦也。共卿言，不如共阿戎谈。"及浑卒于凉州，故吏赙赠数百万，戎辞而不受，由是显名。戎性好兴利，广收八方园田水碓，周遍天下。积实聚钱，不知纪极，每自执牙筹，昼夜算计，恒若不足。而又俭啬，不自奉养，天下人谓之膏肓之疾。从子将婚，戎遣其一单衣，婚讫而更责取。

八十七、角度各异　何用取舍

【原文】

天地中万物，人伦①中万情，世界中万事，以俗眼②观，纷纷各异，以道眼③观，种种是常，何烦分别？何用取舍？

【注释】

①人伦：指封建礼教所规定的人与人之间的关系，特指尊卑长幼之间的等级关系。《孟子·滕文公上》："人之有道也，饱食暖衣，逸居而无教，则近于禽兽，圣人有忧之，使契为司徒，教以人伦：父子有亲，君臣有义，夫妇有别，长幼有序，朋友有信。"②俗眼：指尘世中人的眼目、浅薄势利的世俗人之眼。借指凡夫俗子。③道眼：佛教语。指能洞察一切，辨别真妄的眼力。喻超脱世俗的眼光。

【释义】

天地中的一切事物，人际中的种种情感，世界中的一切事情，以世俗人的眼光去观察，多而杂乱，各不相同；而以超俗的眼力去观察，一切事物并无不同，有何必要加以区别，又何必非加以取舍呢？

【浅析】

　　"反者道之动，弱者道之用，天下万物生于有，有生于无。"宇宙间万物都是在运动变化着的，即从无到有，最终从有返回到无。"道"的作用虽然既微妙又柔弱，但能使万物运动循环往复。简言之，天地中的一切事物，人际中的种种情感，世界中的所有事情，都是在不断地发展和变化之中，而具体去观察"万物""万情""万事"的发展和变化全由个人的内在因素而定。抱朴寡欲、正身清心、虚怀若谷、超然自得等则是其内在关键因素。"知止而后有定，定而后能静，静而后能安，安而后能虑，虑而后能得。物有本末，事有终始。"对任何事物都不要盲目地下定论，而是需要一个认识的过程，这个过程需要由表及里，认真观察、仔细分析、深入了解等。如果能够确定目标就会静下心来，心静既能安稳不乱，又能思虑周详，更能达到"至善"，进而思悟到一切事物都有其根本和末节，也都有其始端和终端以及先后次序，如此就能辨清事物的本来面目。

　　<焦尾琴声，何用取舍>：东汉时期人蔡邕，字伯喈。初，邕在陈留也。其邻人有以酒食召邕者，比往而酒以酣焉。客有弹琴于屏，邕至门试潜听之，曰："憘！以乐召我而有杀心，可也？"遂反。将命者告主人曰："蔡君向来，至门而去。"邕素为邦乡所宗，主人遽自追而问其故，邕具以告，莫不怃然。弹琴者曰："我向鼓弦，见螳螂方向鸣蝉，蝉将去而未飞，螳螂为之一前一却。吾心耸然，唯恐螳螂之失之也。此岂为杀心而形于声者乎？"邕莞然而笑曰："此足以当之矣。"

八十八、布被藜羹^①　颐养天和^②

【原文】

神酣布被窝中，得天地冲和^③之气；味足藜羹饭后，识人生淡泊之真。

【注释】

①藜羹：指用藜菜做的羹。喻粗劣的食物。②颐养天和：颐养，保养，保护调养；天和，自然的和气。即指保养大自然的和气。③冲和：指淡泊平和，谦恭和顺。

【释义】

在粗布棉被中静神熟睡的人，能够得到天地间的谦和之气；吃过粗茶淡饭仍能感到满足的人，能识悟到淡泊人生的真正趣味。

【浅析】

"竹篱茅舍风光好，道院僧房总不如。命里有时终须有，命里无时莫强求。"生活愈接近大自然，就愈能使人感悟到其中的情趣。如果物质追求无止境，烦恼就无休止，如此做人做事会与大自然渐行渐远。相反，如果能够静下心来，抛开杂念与奢望，就能够与自然相融合。道观庙宇虽然颇为华丽，但总不如山野乡间中竹篱茅舍的环境更为恬静而安适。正因为竹篱茅舍与大自然的贴合，既体现着乡居简朴的生活环境，又能使人识悟到淡泊人生的真正趣味，感悟到"颐养天和"的意趣。而命中有的需要珍惜，命中没有的不可盲目地去强求，顺其自然既是一种睿智，又是一种淡定的人生观。"饭疏食，饮水，曲肱而枕之，乐亦在其中矣。不义而富且贵，于我如浮云"，常食粗粮，多饮清水，

541

弯着胳膊作枕头睡，乐于清贫，悠游恬淡，生活中充满着无尽的情趣。而以不正当的方法所得到的财富与显贵地位，对人生来说，犹如浮云一般。物质生活要知足，知识追求要不知足，做人要知不足。有这种平平常常的生活，安安稳稳的心态，才会知足常乐。既有静坐和读书的情趣之乐，又有赏花与听鸟啼鸣的悦人耳目之乐，更有观景的闲情逸致及高卧之乐，正是"神酣布被窝中""味足藜羹饭后"，才能感悟大自然的淡泊平和，谦恭和顺之气。

八十九、尘境未了　僧仍是俗

【原文】

缠脱只在自心，心了，则屠肆①、糟廛②，居然净土。不然，纵一琴一鹤，一花一卉，嗜好虽清，魔障终在。语云："能休尘境③为真境，未了僧家④是俗家⑤。"信夫⑥。

【注释】

①屠肆：指屠宰场或肉市。②糟廛：糟，酒滓。即指酿酒场。借指集市。③尘境：佛教语。佛教以色、声、香、味、触、法为"六尘"，故称现实世界为"尘境"。④僧家：指僧人、和尚，亦指僧院。⑤俗家：泛指世俗之人，与出家人相对而言。⑥夫：文言助词用于句尾，表示感叹。

【释义】

能否摆脱世俗的缠扰只取决于自身的内心，只要内心能够了悟，即使身处屠宰场或街市店中亦如一片净土。否则，纵然与琴鹤为伴、与花卉结缘，这些爱好虽然清雅，但缠缚的心魔始终存在。人们常说："摆脱尘世的缠扰才能达到纯真高洁的境地，而未能了却尘缘的僧人与俗人没有不同。"这句话说的真是在理啊！

【浅析】

　　"欲修其身者，先正其心；欲正其心者，先诚其意；欲诚其意者，先致其知，致知在格物。"励志笃学，严谨求实，持之以恒，方可把握知识的真谛。修身也好，进德也罢，都要静下心来才行之有效。因此，要锻造、修炼自身的品行和人格，应该先从端正自身的心态做起，做到意念诚实；在躬身力行的过程中，了解天地万物的真实本质，探究事物的原理，掌握事物的本源，从而增长见识，学到知识，提高自身的智慧和修养。与此同时，还要祛除内心的杂念、私欲和各种不安的情绪，以及世俗的烦扰，无论身处何地都不会被物欲所遮蔽，这样才能保持心灵的安静。而摆脱世俗的缠扰只在于自身的内心是否能够"清静"与"明理"，只要内心能够了悟事理，即使身处屠宰场或街市店中也犹如一片净土。控制自身的情绪是一种磨炼，也是一种能力，而能克制自身的欲望是一种美德，也是一种境界。"种树者必培其根，种德者必养其心"，根实才能枝繁叶茂，心清才能进德修身，加强心育才能不断提高自身的修养、完善自我，而修心则要扎扎实实地日积月累；种树培根，种德修心犹如立身之源、正身之本，如此，才能排除缠缚的心魔，做到"休尘境为真境"。

九十、万虑都捐　一真自得

【原文】

斗室中，万虑都捐，说甚画栋飞云，珠帘卷雨①；三杯后，一真自得，唯知素琴②横月③，短笛吟风④。

【注释】

①画栋飞云，珠帘卷雨：画栋，屋的正梁，房屋的脊檩，即指有彩绘装饰的栋梁；飞云，飘动着的云团；珠帘，用线穿成一条条垂直串珠构成的帘幕；卷雨，裹挟带动的雨滴。借指情景交融。喻房屋颇为华丽。唐·王勃《滕王阁序》："画栋朝飞南浦云，珠帘暮卷西山雨。"②素琴：素，本来的，质朴，不加修饰的。即指不加装饰的琴。《晋书·陶潜传》："性不解音，而畜素琴一张，弦徽不具，每朋酒之会，则抚而和之，曰：'但识琴中趣，何劳弦上声！'"③横月：指横霄之月。④吟风：指在风中有节奏地作响。

【释义】

虽然身居狭小的房间里，但能抛弃一切烦恼忧虑，而那些雕梁画栋飞檐入云、珠帘卷雨楼阁殿堂全然不值一提；唯有三杯小酒下肚之后，显现一片纯真本性，此时只知道在月光下弹拨不加装饰的琴、在轻风中吹奏短笛。

【浅析】

身居斗室茅屋之中，千愁万虑尽都抛弃，可谓如释重负；三杯浅斟低酌之后，淡泊真趣悠然自得，可谓轻松愉悦。然而，在现实生活中要做到如释重负则需要学会自我克制，不断加强自律；而要做到轻松愉悦需要心态平和，知足常乐。"人皆知富贵为荣，却不知富贵如霜刀；人皆知贫贱为辱，却不知贫贱乃养身之德。倘知贫贱之德，诵之不辍，始可履富贵之地矣"，认清自我，摆正位置，不忘初心，勤奋努力，踏实本分，才能走好人生的每一步，才能体会到生活中的真趣。否则，在心浮气躁的环境中，最容易潜生私欲和杂念，甚至为追名逐利而妄动，而"达人远见，不与物争。视利犹粪土之污，视权犹鸿毛之轻。污则欲避，轻则易弃。避则无憾于人，弃则无累于己"。人生之路如果不能经常反躬自省，既难以保持头脑清醒，又很难做到恬淡寡欲，如此又怎么能悟得"素琴横月，短笛吟风"之趣？唯有沉心静气，恪守本分，才能行稳致远。亦如"斯是陋室，惟吾德馨，可以调素琴……何陋之有"。

九十一、机神触发　应物①而生

【原文】

万籁寂寥中，忽闻一鸟弄声②，便唤起许多幽趣；万卉摧剥③后，忽见一枝擢秀④，便触动无限生机。可见性天未常枯槁，机神最易触发。

【注释】

①应物：指顺应事物。《庄子·外篇·知北游》："其来无迹，其往无崖，无门无房，四达之皇皇也。邀于此者，四枝强，思虑恂达，耳目聪明，其用心不劳，其应物无方。"②弄声：弄，做，显现。喻发出声音。即指鸣声。③摧剥：指摧残。喻毁坏，折断。④擢秀：指生长茂盛的植物。亦指草木之欣欣向荣。

【释义】

当大自然处在寂静无声之中时，忽然听到一只小鸟的啼叫声，便能唤起许多幽静雅致的趣味；当所有的花草都枯黄凋零后，忽然看到一枝生长茂盛的植物，便能触发大自然中的无限生机。由此可见，万物得之于自然的本性不曾枯萎过，因为它们的生命活力最易焕发出生机。

【浅析】

"万籁寂寥中"，本是清心养性之时，而且在这沉寂之中亦蕴藏着无穷无尽的幽趣。此时，忽然听到鸟的啼鸣声，的确颇能引人遐思。这也足以说明"心静"。正所谓"蝉噪林逾静，鸟鸣山更幽"。秋风吹拂之下的花草日渐凋枯，忽然看见一枝仍然生长茂盛的植物，这足以使人领悟到大自然中存在着能够激发出生命活力的要素，而这种要素具有一种能够使万物不断生长、发育的巨大力量，这即是"生机"。倘若脱离了大自然，"生机"就无从谈起。"观朱霞，悟其明丽；观白云，悟其卷舒；观山岳，悟其灵奇；观河海，悟其浩瀚，则俯仰间皆文章也。对绿竹得其虚心；对黄华得其晚节；对松柏得其本性；对芝兰得其幽芳"，由此可见，只有保持心静，才能感悟到大自然中如画一般的景致，并作出无数篇精美的文章。否则，大自然中的一切皆显得枯燥无味。"学博而后可约，事历而后知要"，知识要通过刻苦学习、日积月累，才能把握其要领；事情要通过亲力亲为，不断总结，才能懂得其中的道理。所以，知识的广博与勤于学习、刻苦钻研是分不开的；而阅历的积淀与善于实践、饱经磨砺是密不可分的，这两方面又为互补。人只有融入大自然，才能了解大自然，从而静悟到大自然里的种种玄机和有趣的奥秘。同样，人要在现实生活中不断地去体验、去磨炼，才能在世事纷繁的人生之路中把握处事的要领，体味其中的哲理，并且能够正确面对进步与挫折；常存自省之心，从人生的经历中不断学习，积累经验，才能砥砺前行。进而才会理解"机神触发，应物而生"的真实含义。

<机神触发，应物而生>：北宋时期人晏殊，字同叔。谥号元献。晏元献赴杭州，道过维扬，憩大明寺，瞑目徐行，使侍史读壁间诗板，戒其勿言爵里姓氏，终篇者无几，又俾诵一诗，云："《水调》隋宫曲。"徐问之，江都尉王琪诗也。召至同饭，饭已，又同步池上，时春晚，已有落花，晏云："每得句书墙壁间，或弥年未尝强对，且如无可奈何花落去，至今未能对也。"王应声曰："似曾相识燕归来。"

九十二、善操心者　收放自如①

【原文】

白氏云："不如放身心，冥然任天造。"晁氏②云："不如收身心，凝然③归寂定④。"放者流为⑤猖狂，收者入于枯寂。唯善操身心者，把柄在手，收放自如。

【注释】

①**收放自如**：指对某件事物的拿捏游刃有余，恰到好处。②**晁氏**：晁补之（1053—1110），字无咎，因慕陶渊明而修归来园，故号"归来子"，济州巨野（今属山东巨野县）人，北宋时期著名文学家。为"苏门四学士"（另有北宋诗人黄庭坚、秦观、张耒）之一。③**凝然**：指坚定的样子，安然。④**寂定**：佛教语。指心不驰散，保持安静不动的精神状态。⑤**流为**：流指变

化，演变。即指转变为。

【释义】

白居易在诗中说道："凡事不如放任身心，默默任凭天地造化。"晁补之亦曾经说道："凡事不如收敛身心，安然归复寂静平定。"过于放任则易趋向随心所欲，过于敛心则易枯燥烦闷，只有善于把握心志的人，才能控制自身的思想和行为，达到收放自如的境界。

【浅析】

"放者流为猖狂，收者入于枯寂。"其中的过于"放身心"者最易产生豪放不羁之情，而过于"收身心"者则易产生内心苦涩不堪之情。"收"与"放"，形成了两个极端。这既有外在因素的影响，譬如家庭环境、社会环境、成长环境、识人交友等，又有自身在一瞬间控制能力的偏差等。在正常情况下，理智和自律往往起着决定性的作用。"欲虽不可尽，可以近尽也；欲虽不可去，求可节也"。首先，凡事要懂得适可而止，不可贪心；其次，要做到自律节制，恰到好处，而其"度"的把握对于人生至关重要。人既要不断探究和认识事物发展变化的规律，如对立统一、量变到质变和否定之否定，又要了解事物具有偶然性和必然性的自然法则，不能消极地顺从自然，要善于把握自心，控制自身的思想、言行和情绪。要能做到心态平和，知足常乐，不为尘世所扰，不为外物所累，常怀"世间尤物，不敢妄取"的敬畏之心，才能做到"把柄在手，收放自如"。

<神气冲和，收放自如>：东汉时期人郭泰，字林宗。家世贫贱。早孤，母欲使给事县廷。林宗曰："大丈夫焉能处斗筲之役乎？"遂辞。就成皋屈伯彦学，三年业毕，博通坟籍。善谈论，

美音制。性明知人，好奖训士类。身长八尺，容貌魁伟，褒衣博带，周游郡国。乃游于洛阳。始见河南尹李膺，膺大奇之，遂相友善，于是名震京师。司徒黄琼辟，太常赵典举有道。或劝林宗仕进者，对曰："吾夜观干象，昼察人事，天之所废，不可支也。"遂并不应。或问汝南范滂曰："郭林宗何如人？"滂曰："隐不违亲，贞不绝俗，天子不得臣，诸侯不得友，吾不知其它。"后遭母忧，有至孝称。

九十三、自然心境　融和一体

【原文】

当①雪夜月天，心境便尔②澄澈；遇春风和气③，意界④亦自冲融⑤。造化⑥人心，混合无间。

【注释】

①当：此指在。②尔：指近，接近。喻随之。③春风和气：指春天和煦的春风吹拂着人们。喻对人态度和蔼可亲。④意界：指意境、境界，想象范围。⑤冲融：此指冲和，恬适。⑥造化：指创造、化育，使得福。

【释义】

在雪后晴朗的夜晚，皓月当空，人的心境也会随之变得清澈澄明；遇春风吹过的时候，轻拂和煦，人的意境也会恬静适意。由此可见，大自然的造化与人之心灵的感触是浑然一体的。

【浅析】

雪后晴朗的夜晚，玉轮高悬，远远望去，人的心境也会随之清澈澄明；春风吹过，轻拂和煦，人的意境也会自然恬静适意，这说明寒冷与温暖的天气变化都会给人的身心带来一定影响。不仅如此，四序的更迭都会对人的情绪有所触动。譬如，"雪里已知春信至，寒梅点缀琼枝腻"，虽然还是严冬日，但是寒梅迎雪报春来，以景传情，意中有景；又如，"毕竟西湖六月中，风光不与四时同。接天莲叶无穷碧，映日荷花别样红"，是以季节的变换来寓情于景，景中寄意；再如，"江南仲夏天，时雨下如川。卢桔垂金弹，甘蕉吐白莲"，则是寄兴寓情，盛夏的果实是大自然给予人们的养分；还如"空山新雨后，天气晚来秋。明月松间照，清泉石上流"，金秋送爽和秋景之美更使人留恋；复如，"春发其华，秋收其实"，是指挥汗如雨的耕耘之后，根据物种进行适时播种，获得"秋实"丰收的喜悦之情；等等。皆可谓人与大自然的关系是密不可分的。因此，人类的身心与健康、生存与发展、生命的延续等，不可能脱离自然规律，因为大自然给予了人们宝贵的资源，人们通过学习和实践从大自然中得到启迪，并且不断对大自然产生新的认识，从而利用大自然的变化规律来维护人类的正常生活。所以人与大自然是相融合的，即"造化人心，混合无间"。

九十四、以拙[①]求成　自然淳朴

【原文】

文以拙进，道以拙成，一"拙"字有无限意味。如桃源犬吠，桑间鸡鸣，何等淳庞[②]。至于寒潭之月，古木之鸦，工巧③中便觉有衰飒④气象矣。

【注释】

①拙：此指质朴无华。《韩非子·说林》："故曰：'巧诈不如拙诚。'"②淳庞：亦作"湻庞"。指淳厚，淳朴。③工巧：指精致美妙。东汉·王充《论衡·自纪》："'文不与前相似，安得名佳好，称工巧？'答曰：'饰貌以强类者失形，调辞以务似者失情。'"④衰飒：指清冷之状，颓废失落。

【释义】

写文章要以质朴无华为本才能有所长进，修道德要以朴实的态度才能学有所成，由此可见一个"拙"字蕴含着无限的意味。如桃花源中的狗叫，还有桑林间的鸡鸣，是多么淳朴的景象。至于寒潭中倒映的月轮，枯枝老树上栖息的乌鸦，虽然显现出诗画的意境，但是更有些清冷的气象。

【浅析】

"勤勉之道无他，在有恒而已。良马虽善走，而力疲气竭，中道即止。驽马徐行弗间，或反先至焉。是故举一事，学一术，苟进取不已，必有成功之一日，在善用其精力耳。"这里讲的持之以恒也好，驽马不懈奋进也罢，都是扎扎实实、脚踏实地。笃志精进地做事和走路，才能不断地获益和进步。时间对每个人都是公平的，朴实无华的人，无论在做事，还是在学习等方面都更懂得充分利用时间，这就体现了一个"勤"字。"凡人做一事，便须全副精神注在此一事，首尾不懈，不可见异思迁，做这样，想那样，坐这山，望那山。人而无恒，终身一无所成"，探求知识、修身进德等都要潜心笃志，精进不休，一步一个脚印地去努力，正所谓不积跬步，何以求进。这是一种生活态度，也是一种修养，更是一种智慧。否则，凡事总想投机取巧，既心存侥幸，又华而不实，轻者事倍功半，重者半途而废。做人做事如此，聚字成文、汇文成章更是如此，因为文章包含了各种文体，如记叙、说明、议论和应用文等，无论选用哪种文体，既要浅显易懂，质朴无华，又要情理兼容，寓意深刻。关键在于如何去"写"，这就需要在文字上下功夫，字义要经过反复推敲、反复锤炼，才能学有积累，积有所悟，悟有所得。正所谓"文以拙进"，成文并无捷径，只有勤能补拙。

九十五、以我转物①　逍遥自得②

【原文】

以我转物者，得固不喜，失亦不忧，大地尽属逍遥；以物役我③者，逆固生憎，顺亦生爱，一毛便生缠缚。

【注释】

①**以我转物**：转，运转、转变。即指以自我为中心自由自在的把握，运用一切外物。喻我为万物的主宰。②**逍遥自得**：指无拘无束，安闲自得。《庄子·杂篇·让王》："日出而作，日入而息，逍遥于天地之间，而心意自得。"③**以物役我**：指以物为中心，而人成了物的奴隶为物所驱使。

【释义】

若能以我为中心来支配一切外物的人，即使得到了也不会欣喜，即使失去了也不会忧愁，因为广袤的大地到处都可得逍遥自在；若是以物为中心而受外物所奴役的人，遇到不顺时固然生憎怨，而在得意时总是有不舍，一些细微之事也会使身心受到困扰缠缚。

【浅析】

"知与恬交相养，而和理出其性。夫德，和也；道，理也。德无不容，仁也；道无不理，义也。"如何妥善地处理好生活中的各种事物，既是一种磨炼，又是一种不断提高自我的过程，只有把控好自心，才能坦然面对每一天。心智和恬静交相调治，本性更显露出顺应和谐，心智"恬静"，才能有"仁义"之心。简而言之，只有心静才能做到"以我转物"，正确处理富贵与贫贱、荣与辱、得与失等的关系。既不会因为得到了而惊喜、矜夸，又不会因为失去了而忧愁、烦躁，甚至改变人生。如此，立身于广袤的天地之间，无处不可以安闲自在。否则，即是"以物役我"，便会"今寄去则不乐。由是观之，虽乐，未尝不荒也。故曰：丧己于物，失性于俗者，谓之倒置之民"。换言之，身为物役，必多俗累，当遇到不顺的时候便会心生憎怨，而在得意时便多有不舍，更会在处理一些细微之事时使身心受到困扰缠缚。因此，觉悟与迷失、清静与烦扰、快乐与痛苦等，都在于"我役物"与"物役我"的一念之间。以我转物，可以做到物为我所用，处世自会清心寡欲，淡看得与失、利与弊，身无物累，自然豁达开朗；如果以物役我，因无远虑，而多近忧，迷失心性，妄念迭生，烦恼不已。由此可见，物扰无处不在，只要内心平静，就能严于律己，修身慎行，"大地尽属逍遥"。

<以我转物，顺时施宜>：战国时期人白圭，名丹，字圭。当魏文侯时，李克务尽地力，而白圭乐观时变，故人弃我取，人取我与。夫岁孰取谷，予之丝漆；茧出取帛絮，予之食。太阴在

卯，穰；明岁衰恶。至午，旱；明岁美。至酉，穰；明岁衰恶。至子，大旱；明岁美，有水。至卯，积着率岁倍。欲长钱，取下谷；长石斗，取上种。能薄饮食，忍嗜欲，节衣服，与用事僮仆同苦乐，趋时若猛兽挚鸟之发。

九十六、形影①悉去　心境尽空

【原文】

理寂则事寂，遣事执理者，似去影留形；心空则境空，去境存心者，如聚膻却蚋②。

【注释】

①形影：指物体和身影，亦指人的形体与影子。《抱朴子·外篇·交际》："若乃轻合而不重离，易厚而不难薄，始如形影，终为参辰，至欢变为笃恨，接援化成雠敌，不详之悔。"②蚋：指一类与蚊子和家蝇相近的、小的、吸血蝇类的总称。

【释义】

道理空寂则事情就空寂，处理事情只执着于道理的人，就像要去掉影子而留下形体那样不通；内心空寂则环境就空寂，舍弃环境只执着于本心的人，就像聚集腥膻还要驱赶蝇虫那样愚蠢。

【浅析】

"寂而常惺，寂寂之境不扰；惺而常寂，惺惺之念不驰。"做人需要内心清静，这是立身处世之良方。在寂静的状态中，既要保持头脑清醒，又要做到心境常静；而在清醒的状态中更要保持寂静，才能避免心念疾驰无度。这里既说明了动与静的结合，又强调了做人做事要松紧有度、收放自如，如此，才不会有"遣事执理者""去境存心者"。同理，处理事情只执着于道理，而空泛的道理则缺乏客观事物作为依据。而在心浮气躁、争名逐利的环境中，要能做到"心空"，即"内心虚静"，并非容易之事，这既要看自身的本质和自律能力，又要看自身的修养和意志力。这种道理的确是知易行难，所以自古有"小隐在山林，大隐于市朝"来告诫世人，要做到内心清静，无论身在何处，腥膻之物多么有诱惑力或是有多么喧嚣的环境干扰等，都不要为之心动。换言之，如果能够抛弃私心杂念、妄想贪欲，就能够静下心来，明心见性。进而，如果真能达到物我两忘的境界，既能做到超然物外，又能"心境尽空"，恬然自得。

九十七、顺应自然　其乐融融①

【原文】

　　幽人清事总在自适。故酒以不劝为欢，棋以不争为胜，笛以无腔②为适，琴以无弦为高③，会以不期约为真率④，客以不迎送为坦夷⑤。若一牵文泥迹⑥，便落尘缘苦海矣。

【注释】

　　①**其乐融融**：融融，和乐自得的心情。即指快乐和谐的景象。《左传·隐公元年》："公入而赋：'大隧之中，其乐也融融。'"②**无腔**：腔，曲调、曲谱，喻规范之曲调。即指融汇自然信口而生。③**琴以无弦为高**：指弹琴只是为了闲趣，以不求旋

律为高雅。唐·房玄龄等《晋书·列传·陶潜》："性不解音，而畜素琴一张，弦徽不具，每朋酒之会，则抚而和之，曰：'但识琴中趣，何劳弦上声！'"④真率：指真诚直率，不做作。⑤坦夷：指坦率平易。⑥牵文泥迹：牵文，拘泥于字面；泥迹，遵循固执、死板之物。即指为烦琐冗杂的世俗之情所约束。

【释义】

　　隐居的人去做清新高雅之事总是出于悠闲自适。所以，饮酒以不相劝酒为欢悦，下棋以不求争赢为胜妙，吹笛以信口一曲为顺适，弹琴以不求旋律为高雅，相会以不期邀约为真诚，待客以不拘迎送为自然。倘若有丝毫受到世俗之情的约束，便会坠于烦嚣尘寰的苦海之中。

【浅析】

　　"烦恼场空，身住清凉世界；营求念绝，心归自在乾坤。"烦恼都在一念之间，倘若能够静下心来，烦恼尘劳，常能不染，犹如身处清静凉爽之地；断绝钻营逐利的念头，少私寡欲，内心回归清净自在。这样既可以维护人的纯真本性，而不被外界事物的诱惑等所改变，又能做到处事"任其自然，万事安乐"。烦恼痛苦缘于内心的复杂，欲望太重，常常容易忽略"不如意事常八九"的道理；而真正的快乐幸福缘于简单，化繁为简，以简驭繁，自然内心清静。世人追求内心清静大致可分为两种情况，一种是寻求幽静之处，以平复内心的波澜，缓解紧张的情绪，通过减负从而使身心愉悦，但这只能是得到暂时的解脱，内心的偏执仍未改变；另一种是通过不断的磨砺来洗涤心灵的尘埃，抚平内心的浮躁，提高自身的修养，做到凡事顺应自然，从而达到超凡脱俗的人生境界。因此，无论置身何处都能保持心境平和，泰然处世，悠然自得。只有保持这种心态，才能感悟到饮酒以不相劝酒为欢悦，下棋以不求争赢为胜妙，吹笛以信口一曲为顺适，弹琴以不求旋律为高雅，相会以不期邀约为真诚，待客以不拘迎送为自然，等的人生意趣。如此，更有益于身心健康。

<弦声琴趣，万事安乐>：东晋时期人陶潜，字符亮，又名潜，私谥"靖节"，世称靖节先生。潜少怀高尚，博学善属文，颖脱不羁，任真自得，为乡邻之所贵。其亲朋好事，或载酒肴而往，潜亦无所辞焉。每一醉，则大适融然。又不营生业，家务悉委之儿仆。未尝有喜愠之色，惟遇酒则饮，时或无酒，亦雅咏不辍。尝言夏月虚闲，高卧北窗之下，清风飒至，自谓羲皇上人。性不解音，而畜素琴一张，弦徽不具，每朋酒之会，则抚而和之，曰："但识琴中趣，何劳弦上声！"

九十八、思及生死　万念①灰冷

【原文】

　　试思未生之前有何象貌，又思既死之后作何景色，则万念灰冷，一性寂然②，自可超物外③游象先④。

【注释】

　　①**万念**：指常态下的意识，反复思考或多方面思考。亦称为意识流。亦指种种妄想杂念。②**一性寂然**：一性指专一本性，寂然指肃静的样子。即指天性静逸。③**物外**：指世外，世俗之外。喻超脱于尘世之外。东汉·张衡《归田赋》："挥翰墨以奋藻，陈三皇之轨模，苟纵心于物外，安知荣辱之所如！"④**象先**：象，形象；先，在其前。即指超越各种形象。

【释义】

　　试想人在出生之前会是什么容貌，再想人在已经死后会是什么景象。想到这些就会使人感到心灰意冷，随之内心趋于宁静并显现出本性，自然可以超脱于物象之外而悠游自在。

【浅析】

　　"思及生死，万念灰冷。"首先，认识到生与死既是一种自然规律，也是人体从出生至衰亡的一种自然现象。气血不滞，脉络通畅，则肌体充满活力。气在体内的运行具有很强的活力，这种活力既能使人体内部的各个器官正常运转和新陈代谢，也能使生命得以延续。活力旺盛，则精力充沛；反之，活力减弱，则精力衰退；而活力的终止就意味着生命的结束。正所谓"人活一口气"，养气即健体养命之基。而血液正常循环起到了滋养周身的作用。二者缺一不可。知此若能有所醒悟，又何至心灰意冷。其次，立身行己，珍爱生命，因为"身体发肤，受之父母，不敢毁伤，孝之始也"，为孝之道，立身之本，万业之始，正所谓"孝居百行之先"。做人要本分，做事要有度，心态要平和，身心才能愉悦，如此，既是一种健康的心态，又是一种责任心，更是一种修养。以平常心走好人生之路，历练是必不可少的，即忍耐、淡定、拿得起、放得下。忍耐并非软弱无能，而是一种豁达和明智之举，故忍一时之气，远离不测。"忍"还是一种人生的磨砺，更能体现出宽仁厚重，进而处世更为淡定。淡定并非看破红尘，而是彻悟人生之后依然能够保持积极的心态去热爱生活；"拿得起"是要正确面对人生，既视死生如夜旦之常，又敢于承担而不回避；"放得下"是要放下偏执，放下私欲和杂念，做到心境静谧，简约平淡。生活中常保持好的心态，既能做到乐观豁达，又能克服困难、树立信心，更能淡泊名利，知足常乐。如此，自然可以超脱于物象之外而悠游自在。

九十九、先知祸因　尤为卓见

【原文】

遇病而后思强之为宝，处乱而后思平之为福，非蚤智①也；幸福②而知其为祸之本，贪生而知其为死之因，其卓见乎③。

【注释】

①蚤智："蚤"同"早"。（少年儿童）智力提前发育，亦称早慧。喻先知先觉或先见之明。三国·魏·刘劭《人物志·七缪》："夫人材不同，成有早晚，有早智而速成者，有晚智而晚成者，有少无智而终无所成者，有少有令材遂为隽器者。"②幸福：幸，侥幸。此喻侥幸、非分之福。清·魏源《默觚下·治篇》："不幸福，斯无祸；不患得，斯无失；不求荣，斯无辱；不干誉，斯无悔。"③乎：用在句尾，表示肯定语气。

【释义】

人只有在害病之后才能思悟出健康的宝贵，只有在遭遇变乱之后才能思念太平时的幸福，其实这些都不是超前的智慧；若能知晓获得的幸福中隐藏着祸患的根源，虽过于爱惜生命却能知晓生死必有其因，这些才是真知灼见。

【浅析】

智慧源于脚踏实地的勤奋和努力。真正有智慧的人，既善于

559

总结，又善于观察，对自身的所见所闻都有独到的见解，不会被事物的表象所迷惑，从细小的环节中能够逐步了解事物的实质和发展趋势。这其中不仅包含了遇事要身体力行，析微察异，才能得出较为客观的见解和道理，也包含了人生只有多经一事、多长一智，才能懂得以小见大，从而悟出其中哲理的道理，可谓"先知之明"，是一种成熟的体现。见微知著也好，先知之明也罢，皆源于"静"与"定"，因"静定"而能生智慧。然而，这种经历和积累并非一朝一夕所能获得的，只有在人生路上遭受到挫折和教训的时候，才能知道世事无常、行路之难以及自身经历的欠缺；只有在身患疾病而感到痛苦的时候，才能体会到日常需要加强锻炼，做到膳食合理、作息规律和注意健康的必要性；只有在失去亲人的时候，才能感悟到平时的关怀、体贴、尊重、注重理解、换位思考等的重要性；只有在生活中遇到困难的时候，才能注意到在平日里为人有礼、做事有度、谦虚谨慎等的必要性；等等。这些都不是超前的智慧。若要避免这些情况，既需要加强自身的道德修养和在困苦之中的磨炼，也需要经常反躬自省，通过积累经验来增长智慧，做到"前事之不忘，后事之师"；更要树立信心，勇于面对人生，切记"宜未雨而绸缪，毋临渴而掘井"。思维的预见性即常说的先见之明，它是根据平素所积累的经验以及不断总结事物的变化规律，对事物发展的未来趋势等做出的推测，可谓"世事洞明皆学问，人情练达即文章"。对遇到的各种事物要做到细心揣摩，深入了解，掌握要点，持之有故，才能从多角度、全方位地分析客观现状和发展，在具备敏锐捕捉信息的能力之后，提前做出准确的推断。

一〇〇、雌雄妍丑　俄而①安在

【原文】

优伶②傅粉调朱③，效妍丑于毫端④，俄而歌残场罢，妍丑何存；弈者争先竞后，较雌雄于着子，俄而局尽子收，雌雄安在？

【注释】

①俄而：亦作"俄尔"。指短暂的时间，不久，突然间。《庄子·内篇·大宗师》："俄而子舆有病，子祀往问之。"②优伶：优，俳优；伶，乐工。指古时以乐舞、戏谑为业的艺人，后指戏曲演员。古汉语里优指男演员，伶指女演员，现在伶人或伶多指戏曲演员。③傅粉调朱：亦称调朱傅粉。调弄，涂抹脂粉。喻刻意修饰。④毫端：指细毛的末端。此喻画笔笔锋。《后汉书·南匈奴列传》："呜呼！千里之差，兴自毫端，失得之源，百世不磨矣。"

【释义】

戏曲演员涂脂抹粉，用笔锋妆饰出美与丑的脸谱，不久歌舞结束，场散人去，刚才的美与丑现在何方；对弈的人攻守兼备，布局下棋全都为了逞强好胜，不久对局结束，收子散去，刚才的胜与负又在哪里？

【浅析】

"生，好物也；死，恶物也；好物，乐也；恶物，哀也。哀乐不失，乃能协于天地之性。"生与死总是伴随着人生，一个家庭中宝宝的降生，新添丁口，总会带来欢乐；而家庭中有人过世，总会带来哀伤。欢乐与哀伤皆因事情而生，且能做到有度，才能与自然之性相协调，就情感而言，这既是一种爱心，也是一种责任心。由此，使我们珍惜身边的人，看淡身外之物。"优伶傅粉调朱，效妍丑于毫端"，这其中既有迫于生活的无奈，也有一味地追求外在的妍美等。若为后者，其妍与丑的真实差别更多地取决于内心的充实和内在之美，外表的美饰只是暂时的，因此才会有"歌舞结束随之场散人去，刚才的美与丑现在何处"。而"弈者争先竞后，较雌雄于着子"，这其中既有暂时的愉悦之情，又有争强好胜之心等，布局对弈本是休闲娱乐之事，倘若非要争强好胜，既无切磋棋艺、以棋会友之意，也失去了"礼"的约束，最终会落得败兴而去。此时，最容易忽略的是下棋以不求争赢为胜妙。仔细想去，真是对局结束之后收子散去，那刚才的胜与负又在哪里？人生亦是如此，"是非成败转头空"。一切功过是非，妍丑雌雄只不过是过眼烟云，正所谓"衰草枯杨，曾为歌舞场。说甚么脂正浓、粉正香，如何两鬓又成霜"。虽然事理浅显易懂，但真正能够参悟且获益又谈何容易？

一〇一、自然景趣　闲静①可识

【原文】

　　风花之潇洒，雪月之空清，唯静者为之主；水木之荣枯，竹石之消长，独闲者操②其权。

【注释】

　　①闲静：指安闲宁静，文雅安详。东晋·陶渊明《五柳先生传》："闲静少言，不慕荣利。"②操：指掌握。

【释义】

　　花儿在轻风的吹拂下更显得风姿潇洒，雪后静谧的夜空月光更显得空静清照，只有内心平静的人才能观察到此景趣；大自然的水涨潮落时序中的树木荣枯，竹叶的嫩绿与枯黄山石的风化与破碎，只有安闲的人才能把握这奇妙的变化。

【浅析】

　　"春听鸟声，夏听蝉声，秋听虫声，冬听雪声。"春天里的百鸟啁啾，夏日里的喧聒蝉声，秋天里的清亮虫鸣，冬日里沙沙的落雪声，都是大自然的一种景象，整日疲于生活而奔忙劳碌的人，根本无暇顾及这些；而只有静下心来，才能有所感悟，聆听到大自然中的"无弦"之曲。同理，花儿在轻风的吹拂下显得更加风姿潇洒，雪后静谧的夜空，月光更显得空静清照，只有内心平静的人才能观察到这些景趣，在观赏大自然的美景之余，既能陶冶情操，又能使身心得到休息，感到轻松愉快。正所谓"无视无听，抱神以静，形将自正。必静必清，无劳汝形，无摇汝精，乃可以长生"，只有这种人才能"胸藏丘壑，兴寄烟霞"，并能以"城市不异山林，阉扶有如蓬岛"的心态乐观面对人生。而面对世事的"荣枯"与"消长"，自然就能够做到潇洒自如，镇定自若。以平淡之心处世，以清闲静心生活，也只有这种人才能领悟到"白昼听棋声，月下听箫声，山中听松声，水际听欸乃声"的自然真趣。

　　<自然趣味，怡然理顺>：唐朝人陆龟蒙，字鲁望，号天随子。天随生自言，常食杞菊。及夏五月，枝叶老硬，气味苦涩，犹食不已。因作赋以自广。始予尝疑之。以为士不遇，穷约可也。至于饥饿，嚼啮草木，则过矣。而予仕宦十有九年，家日益贫，衣食之奉，殆不如昔者。及移守胶西，意且一饱，而斋厨索

然，不堪其忧。日与通守刘君廷式，循古城废圃，求杞菊食之，扪腹而笑。然后知天随生之言可信不缪。

一〇二、天全①欲淡　欣喜逸乐

【原文】

　　田父野叟②，语以黄鸡③白酒则欣然喜，问以鼎食④则不知；语以缊袍⑤裋褐⑥则油然乐，问以衮服⑦则不识。其天全，故其欲淡，此是人生第一个境界。

【注释】

　　①天全：指保全天性，浑然天成，无斧凿雕饰之迹。②田父野叟：同"田夫野老"。指乡间农夫、山野父老。泛指民间百姓。③黄鸡：指肥鸡煮熟后上面有一层黄色的油皮，俗称白切鸡或白斩鸡。④鼎食：指列鼎而食，吃饭时排列很多鼎。形容富贵人家豪华奢侈的生活。⑤缊袍：指以乱麻为絮的袍子，古指穷人的棉服。《论语·子罕》："衣敝缊袍，与衣狐貉者立，而不耻者，其由也与？不忮不求，何用不臧？"⑥裋褐：指粗陋的短衣或粗陋布衣。古代多为贫贱者所服。战国·列子《列子·力命》："朕衣则裋褐，食则粢粝，居则蓬室，出则徒行。"⑦衮服：指古代皇帝及上公的礼服或称官服。

【释义】

　　遇到乡间的农夫或山村的老人时，和他们谈起白切鸡和白酒，他们会笑逐颜开，而和他们提及列鼎而食的佳肴，他们茫然不知；与他们说起粗布袍和麻布短衣，他们会油然而笑，而与他们提到蟒袍玉带的礼服，他们丝毫不识。因为他们保持了自然纯朴的本性，所以他们处世恬淡寡欲、悠闲自适，能做到这点才是人生第一等境界。

【浅析】

"莫笑农家腊酒浑，丰年留客足鸡豚。"农家为了客人的到来，准备了足够多的自酿酒和以所养禽畜为材料的佳肴，这其中既包含了农家的辛勤耕作，年成丰收的景象，又有农家热情待客的淳朴品行，而更多的是体现出一种天全淡欲、知足常乐的心态。如果在此时与农家提及列鼎而食的佳肴或是蟒袍玉带的礼服等类似的事情，他们则难以领会和理解；相反，如果与农家说到浊酒、白切鸡等家乡的味道，他们就会十分高兴。昔时的"莫笑农家"可谓有远见，但用在今日，改为"笑居农家"更为贴切。因为今人常以"减压""减负""放松自我""愉悦身心"等词汇来形容抽暇驱车前往"农家乐"的闲情逸致。昔日则有"江城白酒三杯酽，野老苍颜一笑温"，这种自酿美酒的味道和笑容满面的待客之道，既淳朴，又热情，使客人感到家的温馨。另外，世人常提及，"节俭即种田人丰年"，因为农家耕作多是靠天吃饭，即使再有耕农知识，对季节中的天气变化也很难准确把握，所以难以保证逐年丰收，这便养成以节俭为美德、重视平素简约的习惯。平日如果能做到省吃俭用，略有盈余，即使年景稍差，也能保持平静如常的生活态度。这种平静如常之中的恬淡寡欲，可谓"人生第一个境界"。

一〇三、心无其心①　何须观心②

【原文】

　　心无其心，何有于观？释氏曰"观心"者，重增其障；物本一物，何待于齐？庄生③曰"齐物④"者，自剖其同。

【注释】

　　①心无其心：词头之"心"指本体、本性，词尾之"心"指忧虑或杂念。喻毫无思虑或杂念。②观心：亦称"内观"。指观察心性，佛教以心为万法的主体，无一事在心外，故观心即能究明一切事（现象）理（本体）。喻自省。③庄生：指庄子（约前369—前286，一说公元前275年），庄子姓庄名周，东周战国中期著名的思想家、哲学家和文学家。④齐物：指宇宙间一切事物，如生死寿夭，是非得失，物我有无，都应当同等看待。

【释义】

　　心中若没有杂念或忧虑，又有何必要观察心性呢？佛教所说的"反观自省"，则更增加了修行的障碍；天地间的万物本为一体，又有何必要人为统一呢？庄子所说"万物齐一"，就是将本属一体的物性分割而论。

【浅析】

　　"心无其心，何有于观？"既然内心毫无忧虑和杂念，又为何执意要反观自心呢？对此，大致可以从两个方面来分析，第一，如果"心无其心"，就能够保持自身的清静之心，可以说是具有从容淡定的心态；第二，"心无其心"是否能够长期保持，既要看自身的修养，又要看自我的约束力，因为一切外在的因素都是变化的条件，而内因才是变化的关键。如果能够排除物欲纷扰，做到恪守本心、保持本真，亦即"心净"。换言之，"心气和平，而有强毅不可夺之力"。相反，如果自身执迷于某种事物或是私心妄念太重，就可以通过"观心"，反省自我，祛除"心魔"，来达到排除物扰、恢复身心健康的目的。由此看来，如果心中没有杂念或忧虑，却非要"观心"，这既是"重增其障"，又是偏执。正所谓"菩提本无树，明镜亦非台。本来无一物，何处惹尘埃"。而懂得知足常乐，又能保持内心平静，何必非要去"持戒"？而能保持言信行直、踏实本分、谦虚谨慎、为人本真，又何必非要去"坐禅"？同理，既然宇宙万物皆为齐一，又何必把原本一体之物来分割而论呢？

一〇四、凡事有度　适可而止①

【原文】

　　笙歌②正浓处，便自拂衣长往③，羡达人撒手悬崖；更漏已残④时，犹然⑤夜行不休，笑俗士⑥沉身苦海。

【注释】

　　①适可而止：适可，恰好可以。即指到适当的程度就停下来，不要过头。南宋·朱熹《四书章句集注·论语·乡党》："不撤姜食。姜，通神明，去秽恶，故不撤。不多食。适可而止，无贪心也。"②笙歌：笙指管乐器名，一般用十三根长短不同的竹管制成。即指合笙之歌或吹笙唱歌。西汉·戴圣《礼记·檀弓》："孔子既祥，五日弹琴而不成声，十日而成笙歌。

有子盖既祥而丝屦组缨。"③拂衣长往：指提起或撩起衣襟一去不返，毫无留恋。喻避世隐居。④更漏已残：更漏，漏壶，即计时器。古代用滴漏计时，夜间凭漏刻传更，夜分五更。即指已至深宵。⑤犹然：指仍然。⑥俗士：指庸俗、不高尚的人。亦称见识浅陋的人。

【释义】

当笙歌燕舞的气氛正处在高潮的时候，便起身自行撩起衣襟毫不留恋地离去，真美慕那些豁达的人能够在紧要关头做到及早抽身；滴漏传更已经时值深夜，但仍有些忙于应酬的人，可笑那些平庸鄙陋的人虽身坠苦海却浑然不知。

【浅析】

"敖不可长，欲不可从，志不可满，乐不可极。"做人要庄重守正，但不可过，过则潜生傲慢；欲望要有节制，否则即是放纵，放纵则会失去本真；志向要通过努力，坚持不懈，切忌自满；享乐要能克制，要懂得恰到好处，过则有害身心。这其中的"长""从""满""极"讲的是物极必反，而"不可"讲的是凡事要有"度"，要做到适可而止。因为做人懂得"度"的道理，保持头脑清醒，才能做到当笙歌燕舞的气氛正处在高潮的时候，便起身自行撩起衣襟毫不留恋地离去。相反，滴漏传更已经时值深夜，仍忙于应酬的人，则是失"度"之举。凡事，恰如其分就好，好在有度，谬在失度，害在过度。譬如"惟酒无量，不及乱"，说的是饮酒既要尽兴而不能失态。酒能活血，众人皆知。饮酒适度既有益身体健康又解乏御寒；会饮酒亦能调节气氛、加强了解、增进友谊；反之，饮酒过量则伤胃害身，甚者，痛苦不堪，落下病根。所以，古人常以"醉不忘礼"的规矩来加以克制。这既是保护自身，又是对他人的尊重。"悬崖"和"苦海"虽是人生中的痛苦和磨难，但只要自身能够把握"度"，增强自我约束意识和能力，就能够克服和解脱。"人生哪能多如意，万事只求半称心"，求"半"，可谓适度，"半称心"并非是消极，而是一种豁达，一种修养。"适可而止，无贪心也"，这其中既有做人的道德标准，又有顺应自然、知足常乐的心态；既富有人生哲理，又是一种智慧。如此才能晓悟做人做事要"拂衣长往""撒手悬崖"的道理。

<勿待尽兴，处世有度>：君子食无求饱，居无求安，敏于事而慎于言，就有道而正焉。不得其酱，不食。肉虽多，不使胜食气。惟酒无量，不及乱。不撤姜食，不多食。

一〇五、见欲不乱　养吾圆机

【原文】

把握未定①，宜绝迹尘嚣，使此心不见可欲②而不乱，以澄吾静体：操持既坚，又当混迹③风尘④，使此心见可欲而亦不乱，以养吾圆机⑤。

【注释】

①**把握未定**：指思想上理解、把握本质不足，意志不坚，缺乏自控能力。②**不见可欲**：不见，不易看到；可欲，足以引起欲念的事物。即指不易看到引起欲念的事物。③**混迹**：指杂身其间。喻隐身不露。④**风尘**：指纷扰的现实生活境界或平庸的世俗之事。⑤**圆机**：指见解超脱，圆通机变。喻超脱是非，不为外物所拘牵。

【释义】

当无法坚定地把控自身意志时，就应该远离尘世的喧嚣浮华，使自心不易因外物的诱惑而心神迷乱，从而使自身更加平静与纯净；当能够坚定地把控自身的意志时，就应该置身于纷扰的尘世中，使自身不会因外物的诱惑而心烦意乱，从而培养自身成熟朴实的灵性。

【浅析】

"人之初，性本善。性相近，习相远。苟不教，性乃迁。教之道，贵以专。"人出生之始，其禀性本身皆为善良。而要教育好孩子，后天的教育方法是关键，这既包括家长、老师的正身直行、为人师表，又包括孩子的谦虚礼貌，专心致志等。而生长环境亦是至关重要的，它受家庭氛围、左邻右舍、待人接物方式、是否彼此关爱、学习气氛等影响，正因为孩子所受到教育方法和所处的生长环境等的不同而习性迥异。父母是孩子的第一任老师，当孩子到了上学年龄、进入学校后，虽然学校的老师从父母手中接过了教育和培养孩子的接力棒，但是父母和家庭中的其他成员仍有指导和教育孩子的义务和责任。孩子在这之后成长与发展得快与慢、成熟得早与晚，要视其自身的刻苦和努力而定。因此，当无法坚定地把控自身的意志时，就应该远离尘世的喧嚣浮华，使自心不易因外物的诱惑而心神迷乱，从而使自身更加平静与纯净。"孟母三迁"的道理就在于此。而择友也是人生非常重要的一个环节。"君子先择而后交，小人先交而后择"，因为君子交友是以道德为目的，也是以提高自身的修养为目的，可谓交心为上，所以既平淡、诚信，又牢固、持久；而小人交友是以利益为先，不如意者多弃之。亦即"以利相交者，利尽则散；以心相交，淡泊明志，友不失矣"。世事纷繁复杂，人生路上的荆棘、坎坷、挫折、教训、艰难、困惑和欲望等都需要自身去克服与摆脱、克制和忍耐，忍耐既是一种胸怀，也是一种修炼，更是一种智慧。人生只有历经世事才能彻悟，当能够坚定地把控自身的意志时，就应该置身于纷扰的尘世中，使自身不会因为受到外物的诱惑而心烦意乱，从而培养自身成熟朴实的灵性。

<以教予子，操持即坚>：浙人沈某，缘自起于寒微，知民间之疾苦，故其理事也勤而恕。方其在任时，生二子，谓其妻曰："予年将半百，有子已足。况再索耶？予意送汝归故里，以教予子。是方成童，尚不知习俗，假令长在署中，其安分者不过无能，其不安分者则竟败类矣。盖衙门之所尚者，骄惰奢侈，娼酒赌博，无所不为。此则知识未定之人之所大忌。天下之不为习俗所移出类拔萃者，能有几人乎？予以何等起家，祖功宗德，尽于此矣。安敢望后世有豪杰之士耶？汝以二子归，先训之读二三年，可知其志，倘能读则善，否则农工商贾各予一业，决不至饿殍者。若曰少君而已矣，此不但饿殍，皆俳优之流亚也。"其母妻皆性喜俭朴，亦恶坐享，欣然同归。

一〇六、人我一视① 动静两忘

【原文】

喜寂厌喧者，往往避人②以求静，不知意在无人，便成我相③。心着于静，便是动根，如何到得人我一视，动静两忘的境界？

【注释】

①人我一视：人我，佛教语。指人相（佛教语。指一切众生

外现的形象状态。喻凡是能够领悟道理，能够取舍任何境界的，就是人相），和"我相"并称的略语。即指他人与我合为一处、视为一体。②避人：指避世。即避开喧嚣的世俗，远离世间的喧闹，隐居清静悠然的居所，避免和外界接触。③我相：佛教语。是佛教四相（我相、人相、众生相、寿者相）之一。喻凡是可以证"我"存在的任何境界，都是我相。

【释义】

喜欢安静讨厌喧嚣的人，往往离群索居以求得静逸，岂不知刻意离开人群已是执着于自我。若是一心想着避嚣求静，本身便是躁动的根源，这又怎样能达到人我如一体，又怎能达到动静两相忘的境界呢？

【浅析】

"山栖是胜事，稍一萦恋，则亦市朝。书画鉴赏是雅事，稍一贪痴，则亦商贾。"置身于山林之中，或是休闲，或是小憩，本是件美好的事情，因其既能潜心静气、忘却烦恼，又能享受大自然的美景。而充足的负氧离子，也是大自然给予人们的养分，但若稍有贪恋之情，则与集市有何不同？写字作画，既能净心正行，又能愉悦自我，鉴赏书画本是风雅之事，若稍有贪欲，则与商贾并无二致。"胜事"也好，"雅事"也罢，如果能做到心无旁骛，静心而为，就可以达到事半功倍的效果，进而神思融入大自然、静悟书画行笔洒脱、笔触细腻的意境，也就可以做到心凝形释，则便无"我相"，正所谓"动静两忘"，清净自然。"人有能游，且得不游乎？人而不能游，且得游乎？"修身养性是要通过反躬自省，自然而然地去戒除"贪、嗔、痴、慢、疑"等，无论身处何处，都能遵行戒律，从而使身心达到完美的境界。清修善行，并非易事，全在自心。但是如果刻意静修，只求境静，不求心静，则难以排除自身的私欲杂念，殊不知，心之"静"则无所不"静"。如果一心想着避嚣求静，本身便是躁动的根源，这又怎样能达到人我如一体，继而达到动静两相忘的境界呢？唯有在动中能做到平心静气，或是在喧哗的环境中，能做到心如止水，才能真正体悟到静中的乐趣。亦即"乐不在外而在心。心以为乐，则是境皆乐，心以为苦，则无境不苦"。

一〇七、山居清洒　皆有佳思

【原文】

山居胸次①清洒，触物皆有佳思；见孤云野鹤②而起超绝之想，遇石涧流泉③而动澡雪④之思；抚老桧⑤寒梅而劲节⑥挺立，侣沙鸥⑦麋鹿⑧而机心顿忘。若一走入尘寰⑨，无论物不相关，即此身亦属赘旒⑩矣！

【注释】

①胸次：指胸间。亦指胸怀、心里、心情。②孤云野鹤：指空中独自飘动的浮云，旷野任意漫游的仙鹤。旧指闲散自在，不求名利的人。③石涧流泉：石涧，山沟；流泉，流动的泉水。即指山涧蜿蜒曲折、潺潺不倦的泉水。④澡雪：指洗涤使之清洁。喻高洁。⑤老桧：亦叫刺柏。树龄较长的桧树。⑥劲节：节指竹木枝干分枝处。以其质地坚实，故称劲节。多喻坚贞的节操。⑦沙鸥：指栖息沙洲的鸥一类的水鸟。⑧麋鹿：麋，大鹿，因为它头脸像马，角像鹿，颈像骆驼，尾像驴，故亦称"四不像"，性温柔。⑨尘寰：指人世间。⑩赘旒：赘，连缀；旒，旌旗上的飘

带。泛指多余的装饰物。

【释义】

居住在山中使人胸怀清逸洒脱，所接触到的一切事物皆有美好的意趣。看见孤云野鹤便心生超群绝俗的感想，遇到山坳流泉便萌动洗涤尘念的静思。抚摸老桧寒梅更能恪守节操、持身正直，与沙鸥麋鹿为伴，顿时忘却功利杂念。一回到尘世中，即使不与各种事物产生接触，也会觉得自身就像旗帜上的飘带一样，纯属多余之物！

【浅析】

"居移气，大哉居乎！"环境可以改变人的气质，可见环境的重要性。大自然的环境会使人感到宁静舒适、轻松愉快，然而再回到尘嚣之中，就会觉得处处不适应。可是，人生不可能完全脱离现实生活环境。人处在不同成长时期会遇到不同环境，而各种环境对人生都会产生不同程度的影响。"里仁为美，择不处仁，焉得知？"与仁德之人的住所邻近，自然是好；相反，如果并非与仁德之人相处为邻，又怎能说是明智之举呢？这强调了好的环境熏陶对提高自身的修养大有裨益，而自身也应该懂得"见贤思齐焉，见不贤而内自省也"的道理。即在好的环境中，见到有德行或才干的人，就要想着向他学习，并努力与之看齐；而见到没有德行的人，就要反躬自省，引以为鉴，取长补短。

一〇八、景与心会　鸟伴云留

【原文】

兴逐时来，芳草中撒履闲行[①]，野鸟忘机[②]时作伴；景与心会，落花下披襟兀坐，白云无语漫相留。

【注释】

①闲行：亦作"间行"。指漫步。唐·张籍《与贾岛闲游》："水北原南草色新，雪消风暖不生尘。城中车马应无数，能解闲行有几人。"②忘机：指没有巧诈的心思，消除机巧之心。唐·王勃《江曲孤凫赋》："迫之则隐，驯之则前。去就无失，浮沉自然。尔乃忘机绝虑，怀声弄影。"

【释义】

兴致来的时候，脱下鞋子漫步在草地上，野鸟也会忘记被捕捉的危险不时飞来做伴；当景色融会于心时，在落花下敞开衣襟独自静坐，白云也在悄然无声的飘动间尽显不舍之情。

【浅析】

"有梅无雪不精神，有雪无诗俗了人。日暮诗成天又雪，与梅并作十分春。"其中梅、雪、诗三者密不可分，因为只有梅花而无雪花则缺少精神气质，只有皑皑白雪而无诗文相合则略显俗气。时值夕阳西下，成诗之际又逢雪花飘落，梅雪争春尽在诗思之中，而有"梅须逊雪三分白，雪却输梅一段香"的诗情画意。心中领会大自然的季节变化和美丽的景色，油然而生的是一种寄寓自然的"深情"，这种情感在笔墨中抒发，可谓"天人合一"。由此可见，大自然的美丽景色不仅能使人触景生情，而且能给心静之人带来视觉上的享受和精神上的愉悦。"艺花可以邀蝶，累石可以邀云，栽松可以邀风，贮水可以邀萍，筑台可以邀月，种蕉可以邀雨，植柳可以邀蝉"，大自然赋予人类无尽的宝藏、智慧和无限风光，人类既要对大自然持感恩之心，又要对大自然的环境精心呵护，才能使其变得更加富饶和美丽。如此，也就能从野鸟也会忘记被捕捉的危险不时飞来做伴，白云亦在悄然无声的飘动间尽显不舍之情的景物之中感悟到大自然的意趣。世人只有抛却私欲杂念，静下心来，使身心与大自然浑然一体，才会有兴致来的时候，脱下鞋子漫步在草地上和景色融会于心，在落花下敞开衣襟独自静坐的闲情逸致。

一〇九、福境祸区　一念之差

【原文】

人生福境祸区皆念想①造成，故释氏云："利欲炽然即是火坑②，贪爱沉溺便为苦海；一念清净烈焰成池，一念警觉船登彼岸③。"念头稍异，境界顿殊，可不慎哉！

【注释】

①念想：指惦记、想念。元·白朴《东墙记》第一折："不争你这等念想，倘若其身有失，如何是了？休休，莫要护病成疾，自损其身。"②火坑：佛教语。指烈火弥漫的坑堑。喻极端悲惨的苦境。③彼岸：佛教语。指脱离尘世烦恼，取得正果之处。

【释义】

人生的福祸都是意念造成的，所以释迦牟尼曾说："利欲炽烈就是火坑，贪得无厌就是苦海；一个清净的念头生犹如炽烈的火焰成为池水，一个警觉的念头起有如小船脱离苦海到达彼岸。"可见起心动念稍有不同，人生的境界便大相径庭，所以做人做事须要谨慎！

【浅析】

"人为善，福虽未至，祸已远离；人为恶，祸虽未至，福已远离。"积德行善只有以一颗平常心，不求人见，才能无怨无悔、淡定从容。而善恶、福祸都在自身的一念之间，如果欲念丛生，便会弃善福去、为恶祸近，所以，人生的福祸都是缘于起心动念。一念之差大致可以从两个方面来理解，第一，善恶之分只是相对平衡的，如果高于这个平衡点便为善，反之则为恶，如"名利之不宜得者竟得之，福终为祸"；第二，善恶是可以互相转化的，如果能猛然警醒，明鉴本心，悬崖勒马就能向善，如果是为善而好名，沾沾自喜，矜夸凌上，就已潜生恶念。另外，真正的"恶"是萦绕于心的偏激与冥顽、刚愎与自负，真正的"善"是发自内心的仁德与善良、理解与体谅、豁达与潇洒，所以"有心无相，相逐心生；有相无心，相逐心灭"。立身处世要常抚躬自问，以纠偏归正、止恶行善。亦要考虑到"积善之家，必有余庆；积不善之家，必有余殃"，如此，行善积德利己利人并福庇子孙，多行不义害己受罚并殃及子孙。想到这些也就能够彻悟"念头稍异，境界顿殊，可不慎哉"的寓意所在。

一一〇、跬步千里^①　铁杵成针^②

【原文】

　　绳锯^③木断，水滴石穿，学道者须加力索^④；水到渠成^⑤，瓜熟蒂落^⑥，得道者一任天机。

【注释】

　　①跬步千里：跬步，半步。即指走一千里路，是半步半步积累起来的。喻学习应该持之以恒，不要半途而废。《荀子·劝学篇》："不积跬步，无以至千里；不积小流，无以成江海。"②铁杵成针：铁杵，舂米或捣衣的铁棒。喻只要有毅力，肯下苦功，事情就能成功。③绳锯：引绳为锯。喻力量虽小，日久显效。④力索：指力尽、竭力探索。⑤水到渠成：渠指水道。即指水流到的地方自然形成一条水道。喻条件成熟，事情自然会成功。北宋·苏轼《答秦太虚书》："度囊中尚可支一岁有余，至时别作经画，水到渠成，不须顾虑，以此胸中都无一事。"⑥瓜熟蒂落：瓜熟了，瓜蒂自然脱落。喻时机一旦成熟，事情自然成功。北宋·张君房《云笈七签》卷五十六："喻瓜熟蒂落，啐啄同时，既而产生，为赤子焉。"

【释义】

　　牵拉绳子可以锯断木头，水滴于石日久可以穿石，所以学习道义的人须要更加勤奋、悉力探索；水流汇聚自然形成水渠，瓜果成熟瓜蒂自然脱落，所以悟得道理的人也需要听凭自然的契机。

【浅析】

　　"人生在勤，不索何获？"人生之路贵在勤奋努力，倘若不能做到笃志好学，悉力探索研究，哪能取得进步或有所成就呢？"功夫若深，水到渠成"，才能获益。反之，如果心浮气躁、揠苗助长，多是半途而废，甚者一事无成。"跬步不休，跛鳖千里；累积不辍，可成丘阜"，要想取得进步或是有所成就，既要勤奋好学，又要脚踏实地、循序渐进，更要持之以恒。也可以说，重在勤奋。"勤奋"二字关键在"勤"，即在振作精神，树立信心的基础之上，既要勤学不怠，不耻下问，又要敏于观察，勤于思考，更要潜心涤虑，精进不休，通过躬行实践的辛勤付出，才能取得日积月累的效果。"铁杵成针"的典故早已家喻户晓，即"磨针溪，在眉州象耳山下。世传李太白读书山中，未成，弃去。过小溪，逢老媪方磨铁杵，问之，曰：'欲作针。'太白感其意，还卒业。媪自言姓武。今溪旁有武氏岩"。这说明了一些浅显易懂的道理就在我们身边和日常生活之中，只有细心、善于观察，才能领悟到；亦要专心、刻苦，勤学好问才能学有所成。"书山有路勤为径，学海无涯苦作舟"，要想通过学习锻炼思维能力、取得点滴进步，通过实践和磨砺提高自身的修养，既要有"绳锯木断，水滴石穿"的精神，又要有学中有乐、孜孜不倦的志趣，更要懂得"得道者一任天机"的道理。

一一一、心远机息[①]　月到风来[②]

【原文】

　　机息时便有月到风来，不必苦海人世；心远处自无车尘马迹[③]，何须痼疾[④]丘山。

【注释】

①**机息**：指心机止息，亦称忘机。即忘掉世俗的机巧之心，淡泊名利，与世无争。②**月到风来**：指清新。喻清凉明净。北宋·邵雍《清夜吟》："月到天心处，风来水面时；一般清意味，料得少人知。"③**车尘马迹**：指车马行过的痕迹。南宋·朱熹《卧龙庵记》："予既惜其出于荒堙废坏，而又幸其深阻复绝，非车尘马迹所能到，倘可得擅而有也。"④**痼疾**：指积久难以治愈的病或长期养成难易的癖好。亦指长期存在难以解脱的疾苦。

【释义】

若能消除机巧之心，便会感悟到朗月清风的到来，无须将人世间视为苦海；若能做到心胸豁达，自然不会有车马喧嚣与纷扰，何必非要隐居山林生活？

【浅析】

"拨开世上尘氛，胸中自无火炎冰竞；消去心中鄙吝，眼前时有月到风来。"与其说拨开尘俗的烟雾，不如说摆脱名利得失的束缚，如此，胸中自然没有了焦灼与翻涛般的纷扰；消除心中的鄙俗和狭隘，眼前时常会有怡人景致。由此可知，内心的"魔障"对人的影响之大，如果能够消除"心魔"，自然会感到神清气爽。长此以往，心如止水，则无须将人世间视为苦海，从而能够抛弃烦恼，简单做人，放平心态，淡然处世。而无论置身何处，都能够排除私欲杂念，学会修炼自我，保持静心养性，也就没有必要隐居山林生活。"有心为善，虽善不赏；无心为恶，虽恶不罚"，有心与无心，即刻意与无意，如果是无心之过，或是非本意而做了错事，也可以不受到处罚；相反，如果是为了一己私利而行善，其心非善亦不美，尽显世俗的机巧之心。"持而盈

之，不如其已；揣而锐之，不可长保。功成身退，天之道也"，
即告诫世人立身要有"度"，与其过之不如适可而止。做事既要
得休便休，切忌居功自傲，贪功求利；又要藏锋敛锐，切忌恃才
傲物、锋芒毕露，才能长保安康；更要懂得功成身退而不盈，
才能行稳致远、顺应自然。如此平常心，既不会有车马喧嚣与纷
扰，又会感悟到朗月清风的到来。

一一二、零落萌颖①　天地之心

【原文】

　　草木才零落，便露萌颖于根底；时序虽凝寒②，终回
阳气③于飞灰④。肃杀⑤之中，生生之意常为之主。即此可
以见天地之心。

【注释】

　　①萌颖：萌，植物的芽；颖，禾本科植物小穗基部的苞片。
喻推陈出新。②凝寒：凝，结冰，聚集。即指严寒。③阳气：指
暖气，生长之气。《管子·形势解》："春者，阳气始上，故万
物生。夏者，阳气毕上，故万物长。"④飞灰：指律管中飞动的
葭灰，古代以此候测节气。⑤肃杀：指严酷萧瑟貌，泛指深秋或
冬季的天气和景色。

【释义】

　　花草树木刚刚枯萎凋谢，根部便已绽露出根芽；虽然处在隆冬
严寒时节，终将回归到温暖的阳春。往往在萧索的景象之中，亦
正在孕育着勃勃生机。由此可见，天地化育万物的博大胸怀。

581

【浅析】

"寒暑易节",春秋代序,季节变换的脚步从未停止过,大自然给予万物的养分亦从未中断过,所以自然界中的万物才得以新老交替,生生不息。静观"落叶萌芽",方才领悟到在萧索的景象中,正在孕育着勃勃生机,可见天地化育万物的博大胸怀。如此,只有尊重自然,珍爱生命才是感恩大自然的抚育。换言之,如果能怀有感恩之心,珍惜宝贵时光、注重作息规律、爱护环境卫生,既能最好地回报大自然,又能脚踏实地地取得进步。其中的尊重与珍爱尤为重要,要在日常生活中做到"食饮有节,起居有常,不妄作劳,故能形与神俱,而尽终其天年"。只有顺应大自然的规律,才能健康平安一生。但"今时之人不然也,以酒为浆,以妄为常,以耗散其真,不知持满,不时御神,务快其心,逆于生乐,起居无节,故半百而衰也",等等。这些都是健康之大忌。如此,既对不起父母的生育、抚养,又对不起自己的人生。生活习惯因人而异,但只要能够遵守大自然的规律,就能精力充沛,较好地适应季节性的变化,有效地改善身体的困倦、疲乏等生理状态。健康的状态既有符合自然规律和正常作息的层面,又有来自内心和精神的层面,若能做到"恬淡虚无,真气从之,精神内守,病安从来",亦即淡泊名利,豁达开朗,谦恭有礼,宽怀大度,心境平和,自然能够调节人体的各个器官,提高身体的自愈力和免疫力,从而养精蓄锐,祛病除害。珍爱生命也包括珍惜时间。光阴荏苒,时光总是无情,要利用好分分秒秒,不可虚度此生。"学无止境",人生就是在不断的学习中进步,切记不可懈怠,既要持之以恒,又要"善妖善老,善始善终"。生老始终属于自然,无须介怀,落叶归根是常理,自有新生在其中。

一一三、雨余观山　静夜听钟

【原文】

雨余观山色，景象便觉新妍；夜静听钟声，音响①尤②为清越③。

【注释】

①音响：此指声音（多就声音所产生的效果说）。②尤：此指尤其，更加。③清越：声音清脆高扬。西汉·戴圣《礼记·聘义》："叩之，其声清越以长，其终诎然，乐也。"

【释义】

雨后观赏青峦叠嶂的山色，便会觉得景致格外清新美丽；夜深人静时聆听到的钟声，会觉得声音尤为清脆悠扬。

【浅析】

"楼上看山，城头看雪，灯前看月，舟中看霞，另是一番情境。"其实"看山""看雪""看月""看霞"，既无奇景，也无异观，但如果能做到平心静气，仔细观赏，才能从"楼上""城头""灯前""舟中"不同的位置感悟到"另是一番情境"。同理，雨后观赏青峦叠嶂的山色，自然会觉得景致格外清新美丽。一句"雨余观山色"，既有对大自然的赞美之情，又有大自然给予人们的启迪与智慧，很好地体现出情景交融的艺术特色。"松下听琴，月下听箫，涧边听瀑布，觉耳中别有不同。"其"耳中别有不同"大致有两层含义，一是心如明镜，即摒弃浮躁情绪，做到心神合一，达到无忧忘我的境界，才能获得愉悦的心情和美的享受，这便有了在夜深人静的时候聆听到钟声，就会

583

觉得声音尤为清脆悠扬。否则尘心未了，私欲膨胀，妄念丛生，就很难领悟到人生中真正的快乐与幸福。二是每个人的兴趣、修养、审美观不同，感受就迥然相异，可谓"仁者见仁，智者见智"。自然界中"凡声皆宜远听，惟听琴则远近皆宜"。如果能真有如此雅兴，在"夜静听钟声"之时，以远为宜。

一一四、雪夜读书　神清①气全

【原文】

登高使人心旷，临流使人意远；读书于雨雪之夜，使人神清；舒啸②于丘阜之巅，使人兴迈。

【注释】

①神清：指心神清朗。西汉·刘安等《淮南子·内篇·齐俗训》："是故凡将举事，必先平意清神，神清意平，物乃可正。"②舒啸：指长啸，放声歌啸。喻缓解内心郁闷。东晋·陶潜《归去来兮辞》："怀良辰以孤往，或植杖而耘籽。登东皋以舒啸，临清流而赋诗。"

【释义】

登上高处能够使人心旷神怡，面对溪流能够使人感觉意境深远；在雨雪的夜晚读书，使人神清气爽；在山丘上放声歌啸，使人意兴朗迈。

【浅析】

"会当凌绝顶，一览众山小。"山虽高，但是否有决心和毅力去攀登，是否能克服耐力与体力上的不足，能否经得起艰难困苦的磨炼而登顶，可谓是人各有志。最终登顶者，心旷神怡，自然会感到"一览众山小"。登顶后若能保持心境平和，亦即常人。"登高"也好，"临流"也罢，或是"舒啸于丘阜之巅"，既可以使自己疲惫的身心得到释怀，心灵得到放飞，又可以使情绪得到放松，情感得到陶冶，才能有"心旷""意远""使人兴迈"的感悟。可见，人与大自然的融合，对人的身心大有裨益。人生之路犹如登山，既要坚持不懈，勇于攀登；又要脚踏实地，扎实进取；更要珍惜时光，爱惜生命。因为笃志不倦，持之以恒，才能有所收获；足履实地，抱诚守真，才能克服浮躁的心理；珍爱时光和生命，才能懂得有得必有失，劳逸结合。而读书更是人生之路中不可或缺的，读书，既可以使人拓宽视野，丰富知识；又可以净化心灵，升华自我。能充分利用余暇而从书中获益，才可谓人生一大幸事。"读书于雨雪之夜"，既是一种情怀，又是一种感悟，关键在于一个"静"字。与其环境之静相比，更多的是心静。读书有"读过"和"读懂"之分，前者也许是印象浅薄，而后者不仅要识文谈字，更多的是要用心去读，才能逐渐领悟到字里行间蕴含的哲理和精华。若无心静，难以为继。静心读书既可以使人精气内守，气血平和，又可以使人清心寡欲，调节情感，这便会"使人神清"。

<读书百遍，其义自见>：三国时期人董遇，字季直。性质讷而好学。遇善治《道德经》，为《道德经》作训注。又善《左氏传》，更为作《朱墨别异》，人有从学者，遇不肯教，而云："必当先；读百遍！"言："读书百遍，其义自见。"从学者云："苦渴无日。"遇言："当以'三余'。"或问"三余"之意。遇言："冬者岁之余，夜者日之余，阴雨者时之余也。"

一一五、心之旷隘　万钟①一发

【原文】

心旷则万钟如瓦缶，心隘则一发似车轮。

【注释】

①万钟：钟，古量器名。即指优厚的俸禄。亦指丰富的粮食。

【释义】

心胸豁达的人，会将优厚的俸禄视如沙钵瓦缶；心胸狭隘的人，会视微小的事物宛似车轮般大。

【浅析】

"生年不满百，常怀千岁忧。"论人生长短，可以说不同的人根据各自所处的环境、位置、角度等来认识事物，就会产生不同的看法。如果懂得清净自心，就没有了千愁万绪。古人对高寿有老、耆、耋、耄、期颐之分，而今人多有百岁之寿，由此可见，人生不过百年。人生有进步与挫折，生活有快乐与痛苦，心情有悲伤与喜悦，日子有阴霾与阳光，只有经历过才能有所感知和体悟，如何面对，关键在自心。日出日落，即是一日，幕布升降，即是人生。烦恼忧愁是一世，开心快乐亦一生，只有拿得起放得下，凡事不仅要尽心尽力，还要顺应自然，才能无愧于人生。而真正做到安然于心，心情安定、平静且不追名逐利实属不易。淡然不是消极、颓废、傲慢、厌恶所有，而是以坦诚质朴之心、简单真诚的态度去面对生活和人生。若能如此，就不会视微小的事物宛似车轮般大，而更能显现出心胸宽阔，性格开朗。拥有豁达的胸怀，才能在思想上坦率洁净，言谈举止更能做到从容淡定；反之，如果是私欲杂念太多，心理负担过重，就会常生忧愁和疑虑，一举一动都会表现出心神不定，局促不安，正是"相由心生"。而胸襟开阔、潇洒豁达，才能显现出外在的大气。大气是为人处世的风范、魄力、气度和人格魅力。大气的人既能做到进退有礼，又能在得失之间做到取舍有度，所以才能做到视"禄俸万钟犹如沙钵瓦罐"。

一一六、以我转物　物难役我

【原文】

　　无风月花柳不成造化①，无情欲嗜好不成心体。只以我转物，不以物役我，则嗜欲莫非天机，尘情即是理境②矣。

【注释】

　　①造化：指自然界的创造者。亦指自然。《庄子·内篇·大宗师》："今一犯人之形，而曰'人耳人耳'，夫造化者必以为不祥之人。今一以天地为大炉，以造化为大冶，恶乎往而不可哉？"②理境：指通过叙事说理而体现的境界。

【释义】

　　如果没有清风明月和花红柳绿则不能构成自然，如果没有情感欲望和喜好亦不成其为人之本心。只有以自我为中心去运转外物，而不能以外物为中心来奴役自我，那么自身的嗜好与欲念无非是自然的情趣，种种凡心俗情就成了理想的境界。

【浅析】

　　"春有百花秋有月，夏有凉风冬有雪，若无闲事挂心头，便是人间好时节。"一年有四个季节，每个季节都有各自的景致和特色：春之暖，则万物复苏；夏之炎，则瓜熟蒂落；秋之凉，则稻谷成熟；冬之寒，虽多有冰雪之美，但迎接春日的步伐从未停止过，冬日的寂寥与沉默孕育着无限的生机。四季的变化是地球自转与地球绕太阳公转所处位置与角度的不同而形成的，由此可知，如果没有清风明月和花红柳绿，就不能构成大自然的全貌。"一年四季，春夏秋冬，好是快活也呵！"大自然给予人类无尽的资源，这不仅使人们在了解和认识大自然的情况下可以充分地利用这些资源，同时也使人们汲取着大自然的养分。更因为自然景致的恬静、幽雅，往往使人们想到，若无闲事搅扰，无忧愁焦思等缠绕自心，则"人间好时节"常会在人生。可是如果没有情感欲望和喜好亦不成其为人之本心。心中储存了一切欲望的种子，如果是"以物役我"，则心存贪欲，难御物扰，轻者追名逐利，甚者穷奢极欲，即"事随心，心随欲。欲无度者，其心无度。心无度者，则其所为不可知矣"。反之，如果能做到"以我转物"，就能摒弃物累，祛除名利之心，所以，心静是关键。因为"心静则明，水止乃能照物。品超斯远，云飞而不碍空"，即内心平静则自然澄明，而品行高尚就能远离物扰，这才会有自身的欲念与嗜好是自然的情趣，种种凡心俗情就成了理想的境界。

一一七、就身了①身　以物付②物

【原文】

　　就一身了一身者，方能以万物③付万物；还天下于天下者，方能出世间于世间。

【注释】

①了：了解、知悉、觉悟。②付：托属、赋予。③万物："万"字因数字较大，故有"最多"之义，并非指有一万个。此指宇宙内外一切存在物（即物质）。亦指地球一切存在物。

【释义】

能跳出自我来了悟自我的人，才能使万物按其本性自然发展而物尽其用；能够把天下还于天下人的人，才能够做到身处尘世之中而已超然于物外。

【浅析】

"目彻为明，耳彻为聪，鼻彻为颤，口彻为甘，心彻为知，知彻为德。"目、耳、鼻、口通畅称为"明""聪""颤""甘"。换言之，目光犀利可谓明，耳力敏锐可谓聪，嗅觉灵敏可谓颤，味觉之好可谓甘，而心灵澄澈可谓智，了悟明澈可谓德。一个"彻"字，寓意着人体的各个器官畅通无阻，各司其职。反之，如果是梗阻瘀滞，就会危害身体健康。"心居中虚以治五官，夫是之谓天君"，"心"之健康，五官各就其位，各尽其责。内心澄澈，既能主宰五官，使神态自若，又能自照，更能映物鉴人，从而使自身与自然相融相通，彼此协调。与此同时，能跳出自我来了悟自我的人，就能使万物按其本性自然发展而达到物尽其用，这更有益于人类的身心健康。与此同时，做人做事亦要懂得，"了心自了事，犹根拔而草不生；逃世不逃名，似膻存而蚋还集"，倘若非要执着于某种事物，而不能摆脱自我，心魔就难以消除，往往会失去理智。"烦恼场空，身住清凉世界；营求念

589

绝，心归自在乾坤"，如果心境平和，就能彻悟烦恼之根源，自身也就可以安住在清静凉爽之地。如果能绝弃营营求取的念头，此心便能够在天地间超然自得，做到身处尘世之中而超然于物外。

一一八、不可太闲　切忌盲动

【原文】

　　人生在世，太闲则别念窃生①，太忙则真性不现。故士君子不可不抱身心之忧，亦不可不耽②风月之趣。

【注释】

　　①窃生：窃，私自、暗中。此指暗中萌生。②耽：指嗜，沉溺。

【释义】

　　人生活在世上，过于散闲，其杂念则会暗暗地萌生，过于忙碌，其真性则往往难以显现。所以，凡有才德的人，既不可以不抱有身心俱疲的忧患，也不可以没有喜好吟风弄月的雅趣。

【浅析】

　　"勤有功，戏无益"，生活既要"动"，更要"勤"，动能体健，不动则体衰；"勤则智，惰则愚"。如果只满足于衣食无忧而游手好闲，不思进取，就不能及时醒悟，这种人很难办啊！因为医治懒散，教化习性，改善生存观念是要经过艰苦的磨炼才能取得良好的效果，如同蛹羽化成蝶，势必要经过一番痛苦的蜕变。而坐下来读书、抚琴看似简单，这其中讲究的是人在闲暇之时，要能静心、专一、修身养性。否则，人一旦闲散则会变得焦躁不安，胡思乱想。倘若这些躁动是因自身情绪上的不稳定而产生的，就既会忧心忡忡、忐忑不安；又会牢骚满腹、怨天尤人；更会有以己之长比人之短的清高自傲等私心杂念，所以，人过于闲散，自身的私心杂念就会暗暗地萌生。外在的闲散，即心性的懒惰，这不仅会影响身体健康，而且是浪费生命。可见，闲人愁思多，懒人易生病，而懂得劳逸结合的人更容易保持轻松愉快。因此要注意的是，忙，既要清心正身，有的放矢，做人踏实本分，避免无用之功；又要劳逸结合，量力而为，做事在保证效率的基础上要有"度"，要做到循序渐进，过于忙碌则其本性往往难以显现，更容易失去人生的乐趣。"业精于勤，荒于嬉"，无论是做事还是学习，都要自己去摸索、下功夫，虽然有自身的基础和条件等的因素，但是只有做到勤奋才能精湛，更能有所进步，倘若稍有贪乐亦就容易荒废。所以凡有才德的人，既要抱有身心俱疲的忧患，又要有欣赏月朗风清的乐趣。

一一九、触处真境　物物①真机

【原文】

　　人心多从动处失真，若一念不生，澄然②静坐，云兴③而悠然④共逝，雨滴而冷然⑤俱清；鸟啼而欣然有会，花落而潇然⑥自得。何地非真境，何物无真机？

【注释】

　　①物物：指各种物品，各样事物。②澄然：指宁静，清澈。喻内心清净，安宁。③云兴：即云起。指趁时奋起。④悠然：指淡

泊，闲适貌。⑤**冷然**：形容凉爽，超脱。⑥**潇然**：指脱俗不羁貌。

【释义】

人心多从躁动之处而失去本来的真性，如果能不产生任何杂念，并能静坐保持内心清净，则内心的萌动都会伴随着白云悠然地消失，而心灵伴随着雨滴也会格外感到凉爽清静，当听到鸟啼声便会有欣然而至的感觉，看到花瓣飘然而落便会有清新脱俗的感觉。由此可见，什么地方没有人间仙境，什么事物没有玄妙之理？

【浅析】

"夜莺啼绿柳，皓月醒长空。最爱垄头麦，迎风笑落红。"夜莺啼鸣于翠柳枝头，皓洁的月光照亮了夜空，此时，已经灌浆饱满、即将成熟的麦穗随风轻摆，笑看红花渐落。一个"笑"字，将情与景有机地融合在一起，既有对春天终将离去的惋惜，又有对眼前景致的赞美；而"四月中，小满者，物致于此小得盈满"，则更多的是"小满"之后，对即将迎来丰收的喜悦之情。由此可见，什么地方没有人间仙境，什么事物没有玄妙之理？触景生情之余，亦显现出知足常乐的人生态度。二十四节气中的小满，是初夏的美好时节，特别是在北方，气候暖而不热，树叶翠而不浓，即一年中的最佳季节。而此时对于农作物来说，更应该注意的是与气候相适应的对策，通过细心耕耘和静心守望才能顺利地获得丰收，所以农谚说，"小满小麦粒渐满，收割还需十多天。收前十天莫浇水，防治麦蚜和黄疸。去杂去劣选良种，及时套种粮油棉。干旱风害和雹灾，提早预防灾情减"。小满过后，便会迎来酷热难耐的夏季，随后进入西风扫落叶的秋季，不久步入朔风凛冽的冬季。季节变换的步伐从未停止过，而人生之路则应该保持"小满"。首先小满时节对人体新陈代谢有着积极的作

用，但容易产生季节性的疾病，如风热、风湿和肠胃积热等，应
该注意季节性的调理和养护；其次在心态上应该延续"小满"，
即心态平和，切忌躁心，否则，便会潜生不满或自满。不满既源
于自身的认知水平，又源于自身欲望得不到满足，由此而产生怨
天尤人的情绪；自满导致故步自封，目中无人，使人难以取得进
步。无论是不满还是自满都是自身的心浮气躁所致，如此人的心
灵亦就失去了纯真的本性。躁动之际如果能猛然警醒，抛弃一切
杂念，静坐澄思，抚躬自问，正己修心，就能思悟到"云兴而悠
然共逝，雨滴而冷然俱清；鸟啼而欣然有会，花落而潇然自得"
的理趣。

一二〇、顺逆①一视　欣戚②两忘

【原文】

子生而母危，锱积而盗窥③，何喜非忧也；贫可以节
用，病可以保身④，何忧非喜也。故达人当顺逆一视，而
欣戚两忘。

【注释】

①顺逆：指顺正与邪逆。《管子·四称》："循其祖德，辩
其顺逆，推育贤人，谗慝不作。"②欣戚：亦作"欣戚"。指喜
乐和忧戚。③盗窥：指伺机窃取。④保身：指保全自身。《庄
子·内篇·养生主》："缘督以为经，可以保身，可以全生，可
以养亲，可以尽年。"

【释义】

在孩子出生时，母亲会面临生命危险；财富积累过多，会招致盗贼乘隙窥窃，怎么说这只是喜而不是忧呢？当处在贫困时，可以迫使人们勤俭节约；在身患疾病时，可以促使人们重视保健，如何说这只是忧而不是喜呢？因此，豁达豪放的人，应当将顺境与逆境同等看待，也应将喜乐与忧戚同时忘掉。

【浅析】

"人有祸则心畏恐，心畏恐则行端直，行端直则无祸害，无祸害则尽天年。而福本于有祸。故曰：'祸兮福之所倚。'"反之亦然。福祸相依，既对立又统一。要能从"福"中看到"祸"的潜在，从"祸"中看到"福"的希望，才能从客观的角度处理好"福"与"祸"这对矛盾。这是对"福"与"祸"最本质的认识。婴儿降生，添嗣之喜，可谓家族一大幸事，同时又担心生母的安危；积蓄过多，便会招致盗贼乘隙窥窃，可谓招贼之患，由此可见，喜幸之余不无堪忧。贫困可以迫使人懂得勤俭持家，而处在贫困的时候能够做到勤俭，必然对生活拥有积极乐观的心态。就勤俭而言，既有勤能修身，俭能养德，又有一生勤劳动，暮年筋骨健，还有内心常存"俭"，做人守本分等。人只在身患疾病的时候，才懂得健康对于人生的重要性。身体不健康本身是坏事，但这可以促使人们加强保健意识，学会健身方法，注意自身的饮食和作息时间，不难看出，忧思之中亦伴随着喜慰。由此可知，福与祸、喜与忧、顺境与逆境、成功与失败等总是伴随着人生之路。所以，无论处在何种情况下，若能保持一种良好的心态，即遇苦不言，恪守一个"忍"字，逢喜不语，保持一个"静"字，谦卑低调，虚怀若谷，拿得起、放得下，坦然自若，泰然处之，就可以达到"达人"的境界，做到"顺逆一视，欣戚两忘"。

<无所挂碍，鼓盆而歌>：战国时期人庄周，姓庄，名周。战国时期人惠子，惠氏，名施。庄子妻死，惠子吊之，庄子则方箕踞鼓盆而歌。惠子曰："与人居，长子、老、身死，不哭亦足矣，又鼓盆而歌，不亦甚乎！"庄子曰："不然。是其始死也，我独何能无概！然察其始而本无生；非徒无生也，而本无形；非徒无形也，而本无气。杂乎芒芴之间，变而有气，气变而有形，形变而有生。今又变而之死。是相与为春秋冬夏四时行也。人且偃然寝于巨室，而我噭噭然随而哭之，自以为不通乎命，故止也。"

一二一、风音①月色　过而不留

【原文】

耳根②似飈谷投响，过而不留，则是非俱谢；心境如月池浸色，空而不着，则物我两忘。

【注释】

①风音：指风声。②耳根：佛教语。六根（眼、耳、鼻、舌、身、意）之一。指耳郭的根端。亦指对声境而生耳识者（识此指判别力）。

【释义】

耳根清净就像大风吹过山谷而发出的风声，去而不留痕迹，则所有是非纷扰也随之消失；心境犹如皓洁的月光倒映在池水表面，空明而不附着，则能达到物我两忘的境界。

【浅析】

"与可画竹时，见竹不见人。岂独不见人，嗒然遗其身。"观画者"见竹不见人"，只因"其身与竹化"；作画者，凝神屏气，情景交融，超然物外，所以才能达到心境犹如皓洁的月光倒映在池水表面，空明而不附着、物我两忘的境界。作画如此，做人做事亦当如此。做事要先学会做人，而做人要始于修"德"，以"德"立身。如何做人，既是一种磨炼，又是人生必须懂得的道理。佛教所说的六根清净，是指清静自心、远离烦恼的境界。即心无挂碍无烦累，"人到无求品自高"。而"六根"指的是视根、听根、嗅根、味根、触根和念虑之根，简而言之，即眼、耳、鼻、舌、身、意。可见，"六根"皆有其功用。人的生活脱离不了现实，而能做到心静则六根皆"净"。世事纷繁复杂，而做人要真诚，做事要踏实，生活要简单。不睹是修养，不闻则清静，不嗅则寡欲，不辨是智慧，修身慎行，意气平和，从而以积极乐观的心态面对生活。正所谓"相由心生，境随心转"。如此，既能做到抵御物扰，顺应自然，又能做到"风音月色，过而不留"。

一二二、淡泊处世　自无怨尤

【原文】

世人为荣利缠缚，动曰尘世苦海，不知云白山青，川行石立，花迎鸟笑，谷答①樵讴②，世亦不尘，海亦不苦，彼自③尘苦其心尔。

【注释】

①谷答：指山谷间的回音（由反射声波引起的萦绕声音）。

②樵讴：指樵夫唱歌。③彼自：指那个和这个。喻各种。

【释义】

世人如果被功名利禄所牵制束缚，动不动就会说凡尘俗世犹如苦海，根本不知道白云青山的优美，江川贯行、穹石耸立的壮观，花迎初春、鸟笑踏鸣的妙趣，樵夫讴歌山谷应答的意境。由此可见，其世不尽是尘嚣，其海不尽是苦境，而各种尘嚣与苦境皆来源于自心。

【浅析】

"伯牙善鼓琴，钟子期善听。伯牙鼓琴，志在登高山。钟子期曰：'善哉！峨峨兮若泰山！'志在流水，钟子期曰：'善哉！洋洋兮若江河！'伯牙所念，钟子期必得之。"伯牙与钟子期两人气味相投，心心相印。最重要的是彼此皆心如止水，这样才能"同声相应，同气相求"。只有存在此种心境，才能得悟白云蓝天、青山叠嶂的优美，江川贯行、穹石耸立的壮观，花迎初春、鸟笑踏鸣的妙趣，樵夫讴歌、山谷应答的意境。世路曲折，世事多变，身置其中，如果能保持心静，身就不会妄动，反之，私心过多，就会患得患失；妄念太深，就会难以自拔，甚至会有伤身痛骨之苦。换言之，此身多有妄念私心，则易失去本真，此身多有攀比之心，则易失去人生乐趣，此身多有妒忌之心，则易潜生嗔怒，更多的会怨天尤人。所以，动不动就会说凡尘俗世犹如苦海；相反，若此身常存平常心，则能淡然自守；此身常存简单心，则会少些烦扰；此身常存知足心，则会多有幸福相伴。所以才会觉得其世不尽是尘嚣，其海不尽是苦境，而各种尘嚣与苦境皆来源于自心。

一二三、履盈满者　宜思谦谨

【原文】

　　花看半开，酒饮微醉，此中大有佳趣。若至烂漫酕醄①，便成恶境矣。履盈满者，宜思②之。

【注释】

　　①酕醄：指大醉貌。此喻烂醉如泥的样子。②宜思：指理应思忖。

【释义】

　　赏花要看其吐绽半开的姿态，饮酒要饮到略带醉意的乐境，这其中有着很多美妙的情趣。倘若花开色泽艳丽或是饮酒竟至酩酊大醉，便失去花开淡雅之美，更有身心俱损之苦。所以，事业有成、志得意满的人，应当静心深思这些人生哲理。

【浅析】

　　"品诣常看胜如我者，则愧耻自增；享用常看不如我者，则怨尤自泯。"当看到品行优于自身的人，羞耻感油然而生，这反映了做人既要懂得谦虚谨慎，见贤思齐，又要做到修身进德，知耻自新；当看到物质享受不如自己的人，埋怨、责怪就会自然消失，这反映了做人既要懂得自我克制，特别是在物质享受上要有自律，又要做到心态平衡，少发牢骚。立身处世常能反躬自省，不仅是一种修养，也是一种理智，更是一种凡事能把握"度"的生活态度，如此，才能了悟"履盈满者，宜思谦谨"的道理。而赏花要看其吐绽半开的姿态，饮酒要饮到略带醉意的乐境，这既是一种品位，又是一种修养，更多的是要保持头脑清醒，做事谨慎，其中有很多美妙的情趣。否则，花开色泽艳丽或是饮酒竟至酩酊大醉，便失去花开淡雅之美，更有身心俱损之苦。做人做事如果能够保持克己慎行，淡泊明志，就能对人生大有裨益。所以，事业有成、志得意满的人，应当静心深思这些人生哲理。而"澄思"的关键在于静，因为"静能制动"，继而"沉能制浮，宽能制偏，缓能制急"，只有思虑周全，心静而不乱，才能心无妄动，进而克服心浮气躁、偏恣等情绪，安时处顺，才能扎实求进。正是"心志要苦，意趣要乐，气度要宏，言动要谨"。

一二四、山肴^①野禽　自然洌香

【原文】

　　山肴不受世间灌溉，野禽不受世间豢养^②，其味皆香而且洌，吾人能不为世法所点染，其臭味^③不迥然^④别乎！

【注释】

　　①山肴：肴，荤菜。即指用山间猎得的鸟兽做成的菜。此指山蔬，即香菇、木耳、竹笋等山产。②豢养：指喂养或饲养。亦指养育、供养。③臭味：指臭恶之气味。喻指世俗物欲之味。④迥然：指差得很远或截然不同。

【释义】

　　山林中的野菜并没有经过人工的施肥浇灌，大自然的野鸟亦没有经过人工的精心喂养，但它们的味道既香甜又浓厚，我们若能够不被功名利禄所点染，就跟那些热衷于名利的人迥然不同。

【浅析】

　　"云烟影里见真身，始悟形骸为桎梏；禽鸟声中闻自性，方知情识是戈矛。"在云雾和烟气中认识到真正的自我，由此开始了悟人的躯体与容貌是约束人的东西。或者说，人之本性是纯真的，而因人背负着肉身，不仅要为其竭尽心力妆饰打扮，还要提供锦衣玉食，殊不知这已然是以物役我，身心早已无轻松愉快可言；在鸟啼声中悟到了自身的本性，才知道情感和欲望都是戈矛之利器。情感与欲望人皆有之，但做人要懂得自我约束，做事要懂得把握好"度"，才能够处理好情感与欲望上的事情，反之，就会成为俗情和贪欲。换言之，人的躯体与容貌本因符合自然规律而焕发活力，倘若一味地追求营养和修饰，不仅有损健康、失去了自然之美，而且容易产生杂念与奢望，这岂不是一种桎梏？情感是内在的自然现象，欲望是心理上的自然现象，两者都要做到有分寸，否则就失去了自然之性。由此可知，"世间灌溉""世间豢养"与自然生长的意义相去甚远。"人了了不知了，不知了了是了了；若知了了，便不了"，世人虽然耳聪目明，但往往容易忽略自我解脱，凡事如果能够做到放得下，就了却了烦恼，如果心中还有要了事的念想，就还有未了却的事情。而"不染世法"即不受功名利禄所点染，其中的"不染"，既有点染之后拟"了"染，又有静心而不染，所以两者之间迥然有别。

　　<内心清明，摒除杂念>：春秋时期人颜回，曹姓，颜氏，名回，字子渊。颜回曰："吾无以进矣，敢问其方。"仲尼曰："斋，吾将语若！有心而为之，其易邪？易之者，暤天不宜。"颜回曰："回之家贫，唯不饮酒不茹荤者数月矣。如此，则可以为斋乎？"曰："是祭祀之斋，非心斋也。"回曰："敢问心斋。"仲尼曰："若一志，无听之以耳而听之以心，无听之以心而听之以气！听止于耳，心止于符。气也者，虚而待物者也。唯

道集虚。虚者，心斋也。"

一二五、勿徒流连　方为佳趣

【原文】

栽花种竹，玩鹤观鱼，亦要有段自得处。若徒流连光景，玩弄物华①，亦吾儒之口耳②，释氏之顽空而已，有何佳趣？

【注释】

①物华：指自然景物，物的精华。此喻旖旎景色。②口耳：口传耳听。喻无益于身心的教学。《荀子·劝学篇》："小人之学也，入乎耳，出乎口；口耳之间则四寸耳，曷足以美七尺之躯哉！君子之学也，以美其身；小人之学也，以为禽犊。"

【释义】

栽培花草、营种竹林，倚松玩鹤、临池观鱼，也要有一点悠闲自得的情趣。倘若仅仅流连于风光与景象，玩味欣赏大自然的旖旎景色，也只不过是儒家的口传耳听，或是佛家说的冥顽不化而已，如此又有什么美妙的情趣呢？

【浅析】

"用志不分，乃凝于神。"凡事要聚精会神，用心去做，这既可以排除物扰，持之以恒，又可以深入其中，自得其乐。其实，这是一个很简单的道理，即使没有被忽视，往往也难以做到。栽培花草、营种竹林，倚松玩鹤、临池观鱼，本属闲情雅

601

致，但要真能静下心来，深入了解其中的内涵，并非一件容易的事情。譬如，花、草、竹、松、鹤、鱼等的生长习性、适应环境、生长规律等，还有品种、土壤、气候、水分、季节等。如果能从中学习，略知一二或是有所领悟其中的奥妙，既可以丰富知识，磨炼心性，又可有一点悠然自得的情趣。对于大自然中的景物只是走马观花，浮光掠影，如果不是心浮气躁，就是有自身修养上的欠缺，如此，仅仅是流连于风光与景象，玩味欣赏大自然的旖旎景色而已。倘若可以做到静心观赏，细心品味，既能陶冶情操，提高自身的修养，又能融入自然，自有一番情趣在心中，真是惬意无限。当然这些作为放松自我，调节心性的手段是非常必要的。"心心在一艺，其艺必工"，做事要讲究效率，但这并不只是求"快"，因为只是"快"，往往会有马虎疏漏或是不求甚解等。相反，要在细心扎实的基础上专心致志，相比较而言，这样做的效率是极高的；另外，在用心去做的基础上，更要精益求精，才能做好一件事。进而言之，在做事的过程中，不仅要虚心好学、踏实勤奋、持之以恒，还要静心思考、心领神悟，才能学有所成，否则，只是口耳之学，"顽空而已"。

<心无旁骛，观物有得>：仲尼适楚，出于林中，见佝偻者承蜩，犹掇之也。仲尼曰："子巧乎！有道邪？"曰："我有道也。五六月累丸二而不坠，则失者锱铢；累三而不坠，则失者十一；累五而不坠，犹掇之也。吾处身也，若厥株拘；吾执臂也，若槁木之枝；虽天地之大，万物之多，而唯蜩翼之知。吾不反不侧，不以万物易蜩之翼，何为而不得！"

一二六、山林农野 逸趣天真

【原文】

　　山林之士^①，清苦而逸趣自饶；农野之夫，鄙略^②而天真浑具。若一失身^③市井^④驵侩^⑤，不若转死沟壑^⑥神骨^⑦犹清。

【注释】

　　①山林之士：山林，有山有林的地区。亦指隐居之地。借指隐居。旧时指山林中的隐士。②鄙略：鄙，浅陋；略，计谋、谋略。即指认识粗浅，闭目塞听。③失身：此指身心失去控制。亦指失节，失去操守。喻追求利益。④市井：指古代城邑中集中买卖货物的场所。亦指商贾或城市中流俗之人。⑤驵侩：驵，壮马、骏马；侩，以拉拢买卖、从中获利的人。即指马匹交易的经纪人，泛指经纪人。⑥转死沟壑：指弃尸于山沟水渠。《资治通鉴·汉纪》："国相会稽骆俊素有惠恩，是时王侯无复租禄，而数见虏夺，或并日而食，转死沟壑，而陈独富强，邻郡人多归之，有众十余万。"⑦神骨：指神韵风骨。唐·元稹《画松》："张璪画古松，往往得神骨。"

【释义】

　　居住在山林中的人，虽然生活清苦但富有洒脱不俗的情趣；从事农田耕种的人，虽然浅识寡闻但具有纯真质朴的本性。一旦自我失控，成为市井中唯利是图的商人，还不如弃尸于沟壑中，才能保持冰清的神韵风骨。

【浅析】

"宁为真士夫，不为假道学；宁为兰摧玉折，不作萧敷艾荣。"一个"宁"字，既有二者之中，必取其优的含义，又有不忘初心，始终不渝的志向；而一个"真"字，可谓凡事自本性而出才能真实。读书学习知识是为了丰富自身的内心世界，不断丰富人生的精神财富。倘若是为了炫耀、好名等，其心不静，又怎能有扎实的进步？萧艾之花草长得再茂盛，哪能比得上兰花的幽芳高雅和琼玉的高洁纯净。自然与真实是大自然不可或缺的，人的本性也是纯真的。居住在山林中的人，虽然生活清苦，却出自真实，所以才富有洒脱不俗的情趣；从事农田耕种的人，虽然浅识寡闻，却出自真性，所以才能具有纯真质朴的本性。二者皆可谓顺应自然。"南金不为处幽而自轻，瑾瑶不以居深而止洁；志道者不以否滞而改图，守正者不以莫赏而苟合"，做人不要妄自菲薄，要保持自心的清洁，不改变自身的操守，不与人同流合污，这些只有出自真实与真性的"山林之士""农野之人"，才最易恪守不渝。而他们的"逸趣"与"天真"，皆源自他们的内心清静。也正是他们内心的清静，才能做到"吾不能变心而从俗兮"，因此，既不会"失身市井驵侩"，又不会"陷于不义"，做到"宁为兰摧玉折"，保持冰清的神韵风骨。

一二七、非分①利福　无非饵诱

【原文】

非分之福，无故之获，非造物之钓饵，即人世之机阱②。此处着眼不高，鲜不堕彼术中③矣。

【注释】

①非分：指不合本分，越过常度。《抱朴子·外篇·交际》："市虚华之名于秉势之口，买非分之位于卖官之家。"②机阱：指设有机关的捕兽陷阱。喻坑害人的圈套。③术中：术，权术、计谋。即指谋术之中。《史记·张仪列传》："张仪曰：'嗟乎，此在吾术中而不悟，吾不及苏君明矣。'"

【释义】

不是自己该得到的利福，或无缘无故得到的收获，不是上天为考验你而设下的诱饵，就是人间故意布下坑害人的陷阱。遇到这种情况，自身若无足够的认识和警醒，则很少有人能不落入这有意为之的圈套中。

【浅析】

"慎思之，明辨之，笃行之。"人生在世须要做到谨言慎行，凡事不可异想天开，要有细致周密的思考；不可含混不清，需要甄别良莠、明辨是非；要做到躬行践履，潜心笃志，如此，既不会接受不是自己该得到的富禄、无缘无故得到的收获，又不会深深陷入错误的泥泞沼泽之中而无法自拔。"贫而无谄，富而不骄"，无论生活境遇怎样变化，都要保持一颗平常心，保持做人的人格。而临事制变皆在自心，往往一念之差，则有霄壤之别。"心为形役，尘世马牛；身被名牵，樊笼鸡鹜"，以物役我，犹如牛马般地活着，亦就丧失了自我；心为"名"所束缚，犹如笼中的鸡鸭一般，失去了"心"的主宰，何谈人的尊严。而"非分收获"，不是上天有意安排的诱饵，就是故意设下的陷阱……这些诱惑与物扰正是自身的杂念贪欲所致。"解铃还须系铃人"，排除物扰，既要不断反躬自省，又要保持清心寡欲，即

非分之念不可有、非己之物不可贪、分外之财不心动；处事既要
意志坚定，头脑清醒，又要安分守己，脚踏实地，才能做到战胜
自我，超越自我。如此，不仅能禁得起各种诱惑的考验，也不会
落入有意为之的圈套中。

一二八、行止在我　卷舒自适

【原文】

　　人生原是一傀儡①，只要根蒂②在手，一线不乱，卷舒
自由，行止在我，一毫不受他人提掇③，便超出此场中矣！

【注释】

　　①傀儡：指木偶戏中的木头人。喻受人操纵而不能自立的人
或组织。②根蒂：指植物的根及瓜果的把儿。喻事物的根基或基
或事物发展的根本或初始点。③提掇：指提携，挈带。

【释义】

　　人生原本就是一场木偶戏，只要自身能够把握好木偶的牵线，
做到一线不乱，卷缩和伸展自由自在，行进与止步皆在我掌控，丝
毫不受他人提挈播弄，便能超然于此尘嚣场外。

【浅析】

　　"君子耻不修，不耻见污；耻不信，不耻不见信；耻不能，
不耻不见用。是以不诱于誉，不恐于诽，率道而行，端然正己，
不为物倾侧，夫是之谓诚君子。"立身处世一切都要从我做起，
既要做到自我制约和调节，自我克制和磨砺，又要常存仁爱、敬

畏之心，才能不断提高自身的素养。因此，要特别注重自身的道德修养、诚实守信和自我约束能力的提升，若有不足，便会以此为耻；同时，不去在意他人的污蔑、不信任以及没被任用等，就不会为浮名虚誉所诱惑、被诽谤中伤所吓倒，这正是能够把握好"木偶"的牵线。或者说，依据一定的道德原则去行事，才能做到人生一点也不紊乱，从而，端正自身的言行，培养自身坚定的意志，这样才不会被外界事物的诱惑所动摇，正如卷缩和伸展都能自由自在，行进与止步皆在自身的掌控之中，丝毫不会受到他人提挈与播弄。如此，在把握事物发展规律的同时，更要认清自我，摆正位置，不能高估、贬低自我，做人心存清明，恪守本分，才能做到辨明是非，冷静判断，超然物外，行稳致远。

一二九、世路坎坷　无事为福

【原文】

　　一事起则一害生，故天下常以无事为福。读前人①诗云："劝君莫话封侯事，一将功成万骨枯。"又云："天下常令万事平，匣中②不惜千年死。"虽有雄心猛气，不觉化为冰霰③矣。

【注释】

　　①前人：指唐代晚期诗人曹松（830—903），字梦征，舒州（今安徽潜山）人。曹松诗作工于凝字炼句，有《曹梦征诗集》三卷；《全唐诗》录其诗一百四十首。"前人诗"为曹松的《己亥岁二首》之一。②匣中：匣，匣剑。即指把宝剑藏在匣中。喻止戈散马。③冰霰：指的是下雪前或下雪时降落的白色小冰粒，

在不同的地区有米雪、雪霰、雪子、雪糁、雪豆子等称。

【释义】

若有一件事发生就会有一害随之产生，所以人世间常以无事作为人生的福分。品读前人诗语："我奉劝阁下还是不要再谈封侯拜相的事情，因为一将的功名要牺牲千万士兵才能换来。"古人又曾说过："想要天下永远太平无事，只有把所有的兵器藏入库中。"当初虽然怀有雄心壮志，但不知不觉中也会冰消雪释。

【浅析】

"天下事有一利即有一弊，那里有没有弊病的道理。"一切事情都充满着变化，而这些变化既有序，又相互转化，可谓物极必反。譬如，利与害，得与失，是与非，福与祸等，既互相依存，又相互对立，其对立统一亦即事物的两个方面。因此，凡事皆有因果，如果有一件事发生，就会有一害随之产生，而趋利避害，皆在自心。世事皆繁复，人心多不同。人生之路总有顺境和逆境，当处在顺境的时候，切记谦虚谨慎，戒骄戒躁，否则，便会埋下祸根，顺境就难以长久；而处在逆境的时候，切忌怨天尤人，沮丧气馁，否则，就难以摆脱逆境。而福与祸始终伴随着人生之路，当处在福中，既容易产生不满足，又容易懈怠，这些都种下祸源，因此，其"福"就会渐渐远去；当祸患降临时，既要大彻大悟，又要改过迁善，其"福"就会不期而至。无论"利""得""是""福"，还是"害""失""非""祸"，都是由主观、客观两个方面造成的。对客观世界的诸多变化不能改变，而对主观世界的调控与约束全在自心，一切唯心造，内心淡然，"六根"清净，才能处事冷静。平平淡淡才是真，健健康康才是福。人生在世如果能保持豁达大度、从容淡定的心态，就能够做到超然物外。所以，世人常以"无事为福"。

一三〇、克己正身　自然清净

【原文】

淫奔①之妇，矫②而为尼③；热中④之人，激而入道。清净之门，常为淫邪之渊薮⑤也如此。

【注释】

①淫奔：不守礼法，自行婚娶。②矫：指假托，诈称，伪装。③尼：古同"昵"。梵语"比丘尼"的简称。佛教中指出家修行的女子。④热中：指内心躁急，泛指巫逐名利权势。《孟子·万章章句》："人少，则慕父母；仕则慕君，不得于君则热中。大孝终身慕父母。"⑤渊薮：渊，鱼居之所；薮，兽栖之处。泛指人或事物聚集的地方。

【释义】

不守节操而私奔的妇女，往往掩盖实情削发为尼；内心躁急趋名鹜利的人，亦会因为受人所激当了道士。原本是修身养性、自勉进德的清净之地，竟成为淫荡邪恶之徒的常聚之处。

【浅析】

"淡泊之守，须从浓艳场中试来；镇定之操，还向纷纭境上勘过。"坚强的意志和良好的心态都要在实践中才能得到证实。淡泊与镇定需要在特定的情况下经受住考验，才能与之匹配，否则，可谓虚谈。淡泊清静的操守，需要看在富贵奢华的场合中，

609

能否抵御外界的诱惑等才能得以检验；而镇静稳定的志节，还需要通过纷纭杂沓的环境才能判断。淡泊清静与镇静稳定都指的是自身的心态，若心态平静即使是在"浓艳场中"或是"纷纭境上"都不会为之所动，不然，就会有不守节操而削发为尼或是受人所激当了道士的结果。就"淫奔之妇"而言，无论迫于传统婚姻制度下的无奈，还是因一时的冲动，都是一种鲁莽的行为；而对于"热中之人"而言，若不是心浮气躁，就是利欲熏心，严重的会造成"一失足成千古恨"的后果。总之，无论身处何处，倘若不能保持内心清净，摒除杂念妄求，就不可能从本质上得到真正的改变。所以，巧遁俗世也好，暂栖此身亦罢，都难以求得身心清净，其行为只能是一时的掩人耳目而已，徒有虚名，又有何益？"清净之门"，并不是只要环境清静，而更重要的是要内心清净，即祛染杂之心为清净之心才可称为修身养性的"静"地，如果不是如此，则有玷污"清净"二字之嫌，亦即"常为淫邪之渊薮"。

一三一、身在事中 心在事外

【原文】

波浪兼天①，舟中不知惧，而舟外者寒心；猖狂骂坐②，席上不知警，而席外者咋舌③。故君子身虽在事中，心要超事外也。

【注释】

①兼天：指连天、滔天。喻波浪极大。唐·杜甫《秋兴·其一》："玉露凋伤枫树林，巫山巫峡气萧森。江间波浪兼天涌，

塞上风云接地阴。"②骂坐：指谩骂同席的人。《史记·魏其武安侯列传》："武安乃麾骑缚夫置传舍，召长史曰：'今日召宗室，有诏。'劾灌夫骂坐不敬，系居室。"③咋舌：指惊异、畏惧以致不敢出声。此喻惊吓不语之貌。

【释义】

当遇到波浪滔天时，坐在船中的人并不知道害怕，而身处船外的人却胆战心惊；狂徒谩骂同席的人，坐在席上的人并不知道惊惧，而置身席外的人却惊恐不安。所以君子虽然身处事中，心却要超脱于事物之外。

【浅析】

"身外都无事，舟中只有琴。"无论所处的环境有何种变化，都不会感到有任何影响，只有入耳的琴声为知音，这既是一种境界，又是一种修养，更是处事心静。"身在事中，心在事外"，大致可分为心浮与心静两种。心浮则容易气躁，"躁"既乱又飘，可谓身在此而心在彼，倘若是处于"忙、盲、茫"的心境，亦即心不在焉；而保持心静，处事既能做到以"冷眼观人，冷耳听语，冷情当感"，又能做到"每临大事有静气"，临危不惧，从容自若，同时，"静而后能安，安而后能虑，虑而后能得。物有本末，事有终始"。可见，时刻保持"冷静"对于人生的重要性。简而言之，内心"静"，才能做到遇事不慌、处事不乱，从而能分清事物发生的缘由，找出事物发展的规律，才能采用正确的方法妥善应对。譬如，波浪滔天之际，坐在船中的人并不知道害怕。而狂徒谩骂同席的人，如果不是心情抑郁，就是酒醉失言，正是因为"骂坐"之人的鲁莽和不雅行为，才使置身席外的人感到惊恐不安。倘若此时置身席间，能够做到平心静气，即"耳不闻人之非，目不视人之短，口不言人之过"，心胸坦荡，头脑清醒，才是"身虽在事中"，而此心已是超然于事外。

一三二、日减烦冗　悠然自在

【原文】

　　人生减省一分便超脱一分，如交游减，便免纷扰^①，言语减，便寡愆尤^②，思虑减，则精神不耗，聪明减，则混沌可完，彼不求日减而求日增者，真桎梏^③此生哉！

【注释】

　　①纷扰：指内心混乱，纷乱骚扰。战国·宋玉《神女赋》"王曰：'其梦若何？'玉对曰：'晡夕之后，精神恍忽，若有所喜，纷纷扰扰，未知何意？'"②愆尤：指过失，罪咎。③桎梏：指古代的刑具，在足曰"桎"，在手曰"梏"，类似于现代的手铐、脚镣。引申为束缚、压制之义。

【释义】

　　人生如果能够减少一点事情，便能超脱一些俗世中的烦扰。譬如，减少人际间的交往应酬，可避免许多麻烦和纷扰；减少一些出言吐语，可避免一些过失和懊悔；减少一些私虑愁思，可以降低精神上的消耗；遇事少耍一些小聪明，可保持纯真朴实的本性。针对这些，如果不求逐日减少反而希望增加的人，才真正是束缚自己的人生啊！

菜根谭新解

【浅析】

"不与居积人争富，不与进取人争贵，不与矜饰人争名，不与盛气人争是非。"一个"争"字，会搞得精神困乏，身体疲惫不堪。所以，不与囤积钱财的人争辩财富，不与趋名逐利的人争辩贵贱，不与骄傲自夸的人计较名气，不与争强好胜的人计较高低，才能减少许多纷扰，求得长久的安宁与快乐。"减省一分"，其要义既不是自私自利，以求清闲；也不是非要离群索居，傲世轻物，而是指做人要懂得自律，做事要有"度"，如此，立身处世才能把握好分寸、掌握好尺度，超脱一些俗世中的烦扰。"处难处之事愈宜宽，处难处之人愈宜厚，处至急之事愈宜缓，处至大之事愈宜平，处疑难之际愈宜无意"，人生之路如果能够始终保持良好的心态，就能做到以冷静、谦虚、平和、诚信和宽仁的态度待人处事，而这些都需要自身去实践、去体验，也需要不断的磨砺和积累。譬如，当遇到难以处理之事宜当宽缓，遇到难以相处之人宜当宽厚，遇到非常紧急之事宜当从容自若，遇到重大之事宜当沉着冷静，遇到疑惑难解之事不要心存成见，宜胸怀大度，坦然处之，这样做，既行之简便，又表现了对他人的尊重，更体现出自身的修养。人生如果能够静下心来，"日减烦冗"，简单生活，恪守本性，可谓"悠然自在"。

一三三、满腔和气　遍地春风

【原文】

天运①之寒暑易避，人世之炎凉难除；人世之炎凉易除，吾心之冰炭难去。去得此中之冰炭②，则满腔皆和气，自随地有春风矣。

【注释】

①天运：指大自然时序的运转或各种自然现象无心运行而自动。②冰炭：指冰和火炭。引申为互不兼容的事物，关系恶化成冰炭一般。此喻为争斗。

【释义】

大自然的严寒与酷暑虽容易躲避，但人世间的炎凉之态则难以消除；人世间的炎凉之态即使容易消除，而我们内心争斗的念头却难去除。倘若能去除我们内心争斗的念头，则心中自然充满着宽舒和顺之气，如此所到之处都会有和煦的春风！

【浅析】

"大直若屈，大巧若拙，大辩若讷。静胜躁，寒胜热。"真实的本性总是自然而然地流露，无须任何巧饰。最正直的东西好似弯曲一般，最灵巧的东西好似很笨拙，最卓越的辩才好似不善言辞。一个"若"字包含着其中的细节。"若屈"中的每个节点间形似弯曲，但不失其大直，如，正直之人反倒屈身顺和；"若拙"中的日常举止形似笨拙，但无伤大巧，如真正聪明之人更懂得谦虚谨慎；"若讷"中的出言吐语会显得笨嘴拙舌，但雄辩无碍，如看似拙嘴笨腮之人往往更善于雄辩，这其中既体现了一种智能，又体现出一种修养；等等。这些既包含了为人处世不露圭角，谨言慎行，又寓意着凡事都要恪守一个"忍"字。立身处世常守"忍"，不仅能克己慎行，而且能磨炼意志，更能体现自身的心胸开阔，豁达开朗。"人有不及，可以情恕；非意相干，可以理遣"，人情冷暖，实属自然，把握分寸，皆在自心。遇到拂意之事，宜当原谅；而遇到无意触犯之事，可以从事理上以理说服，设法宽解。人生如果能抱有这种心态，不仅能够冷静下来克服躁动，而且能够祛除自身内心争斗的念头。由此可知，"恕忍"既可以做到平心静气，又可以照顾彼此。而能做到"忍"字，关键在于心静，内心清静既能消除躁与热，又能客观地应对"人世之炎凉"，如此，心中自然充满着宽舒和顺之气，所到之处都会感到有春风的和煦！

<逊以自免，满腔和气>：唐朝人娄师德，字宗仁。唐朝人李昭德。师德长八尺，方口博唇。深沉有度量，人有忤己，辄逊以自免，不见容色。尝与李昭德偕行，师德素丰硕，不能遽步，昭德迟之，恚曰："为田舍子所留。"师德笑曰："吾不田舍，复在何人？"其弟守代州，辞之官，教之耐事。弟曰："人有唾面，洁之乃已。"师德曰："未也。洁之，是违其怒，正使自干耳。"

一三四、不燥不空　常调自适

【原文】

茶不求精而壶亦不燥，酒不求冽而樽①亦不空；素琴无弦而常调，短笛无腔而自适；纵难超越羲皇②，亦可匹俦③嵇阮④。

【注释】

①樽：指古代的盛酒器具。形状似今天的痰盂，下方多有圈足，上有镂空，中间可点火对器中的酒加热。②羲皇：即伏羲氏，古人所说三皇之一。③匹俦：指配得上的，比得上的，匹敌。此喻媲美。④嵇阮：指三国时期嵇康与阮籍的并称，嵇康，字叔夜，资性高迈不群，官拜中散大夫不就，常弹琴咏诗以自娱；阮籍，字嗣宗，好老庄，嗜酒善琴，对俗士以白眼而待。二

人均属"竹林七贤"（嵇康、阮籍、山涛、刘伶、王戎、向秀、阮咸）。两人诗文齐名，皆以嗜酒、孤高不阿著称。

【释义】

茶不宜苛求最精美，而茶壶则不能燥涸，酒不宜苛求最醇冽，而酒樽亦不能空尽；素琴虽然不配琴弦，但可领悟其中韵调，短笛虽然毫无韵腔，却能觉得悠然自适；这纵然比不上伏羲氏的清静无为，却比得上嵇康、阮籍的逍遥自在。

【浅析】

"从江干溪畔箕踞，石上听水声，浩浩潺潺，㶁㶁冷冷，恰似一部天然之乐韵。"凡事如果能够做到静下心来，就会有所感悟，抑或从中学到一些知识。譬如，随意席地而坐于江边或溪畔，聆听大自然的美妙清乐，细品大自然的幽雅景象，自然会感到悦人耳目，心旷神怡。正因为身心融入大自然，得到了充分的享受，才能领悟到不配琴弦的素琴所弹拨出韵调的意境，正所谓"得识琴中趣，何劳弦上音"。同理，短笛虽无韵腔，但总能觉得悠然自适。"无弦"也好，"无腔"也罢，只要静心去听、用心听来，总能体味到自然真趣。茶不宜苛求其精美，酒不宜苛求其醇冽，这既体现着一种情感，又是一种修为，更是因其质朴而淡泊，质朴能平静自身的心态，淡看世俗的喧嚣，达到身心俱净。因"淡泊"而"宁静"，既能把握好人生的"度"，走稳人生的路，又能使心灵获得解脱，保持一种乐观和平和的心态。正如"胸藏丘壑，城市不异山林；兴寄烟霞，阆浮有如蓬岛"。而其"不燥"与"不空"，只因"佳酿"和"芳茗"的余香尽在其中，并能从中品味到生活的乐趣。

　　<笃志不倦，唯求真趣>：唐朝人陆羽，字鸿渐。貌侻陋，

口吃而辩。闻人善，若在己，见有过者，规切至忤人。上元初，更隐苕溪，自称桑苎翁，阖门着书。羽嗜茶，着经三篇，言茶之原、之法、之具尤备，天下益知饮茶矣。时鬻茶者，至陶羽形置炀突间，祀为茶神。有常伯熊者，因羽论复广着茶之功。御史大夫李季卿宣慰江南，次临淮，知伯熊善煮茶，召之，伯熊执器前，季卿为再举杯。至江南，又有荐羽者，召之，羽衣野服，挈具而入，季卿不为礼，羽愧之，更着《毁茶论》。

一三五、凡事皆缘　随寓而安

【原文】

　　释氏随缘，吾儒素位，四字是渡海的浮囊①。盖世路茫茫，一念求全则万绪纷起，惟随寓而安②，则无入不得矣。

【注释】

　　①浮囊：浮囊亦称气囊。即指渡水用的气囊，借指法宝。
②随寓而安：亦作"随遇而安"。指在任何环境中，都能安然自得，感到满足。

【释义】

　　佛家主张凡事应该做到各随缘去，儒家主张凡事应该做到安分守己，"随缘""素位"四字是人生渡海的法宝。因为人生的道路是那么漫长无际，倘若一产生凡事追求完美的念头，则诸多纷乱的烦扰也会相继产生，任何事只要能够做到随遇而安，这样立身处世处处都能怡然自乐。

【浅析】

人生苦短也好，"世路茫茫"也罢，关键要看自身的心态，倘若能够保持一颗平常心，凡事做到随遇而安、平淡无奇，才是人生最大的幸福。往往平凡之中孕育着不平凡。"随贫随富且欢乐，不开口笑是痴人"，这句话既体现了其胸襟的豁达，又是常存笑对人生的心态，更是脚踏实地，从容淡定的生活态度。"君子素其位而行，不愿乎其外"，生活中要恪守本分，即恪尽职守、清心寡欲，努力做好自身应该做到的事情。无论处在何时、何地，顺境与逆境，成功与失败，挫折与教训，喜悦与忧愁等，皆不生非分之念、不妄图虚名。万事皆随缘，简而言之，缘是发自内心的感悟，也是一种机缘，更多的是顺其自然。所以，要能做到苦乐尽随缘，得失亦淡然。世间因缘而生的事物，种类繁多，大致可以归纳为两类，即做人与做事。做人要严于律己、虚怀若谷，谦虚谨慎、戒骄戒躁，安心恬淡、不慕虚荣等，做到一切顺其自然；待人既要与人友善、以诚相待，又要换位思考、平易近人，切记"良言一句三冬暖，恶语伤人六月寒""己所不欲，勿施于人"等；做事既要勤奋努力、尽力而为，又要安分守己、足履实地等，切忌揠苗助长，急于求成，所以，行事应把握事物的发展规律，循序渐进，审慎行事，克服心浮气躁。一旦产生凡事追求完美的念头，则诸多纷乱的烦扰会相继而来，而"天下不如意，恒十居七八"。世间之事，岂能都随人意？所以，凡事随缘，随缘心静，缘来平静，缘去淡定，只有做到一切顺其自然才能换来一份安静。切记不要攀缘，不要攀比，踏踏实实做人，勤勤恳恳做事，才能坚守本心，不忘初心，怡然自乐。